3-1

수학문제 해결을 위한 완벽한 전략

매스두잉

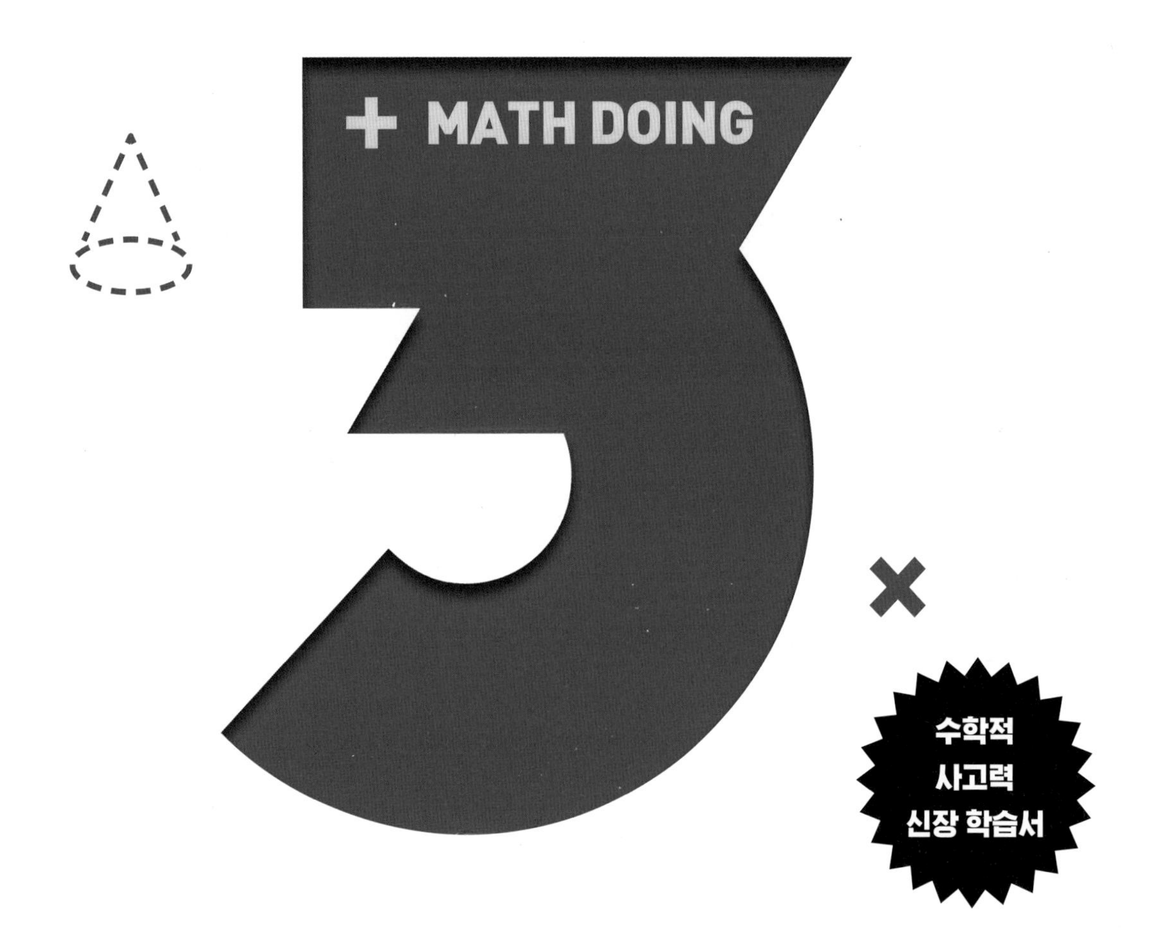

수학적
사고력
신장 학습서

서사원주니어

들어가며

우리는 '34+2', '12×3'과 같이 수와 연산기호로 이루어진 문제의 답을 고민 없이 구할 수 있습니다. 누구나 아는 쉬운 규칙이기 때문이지요. 하지만 이것은 수학의 세계로 들어가는 입구에 불과합니다. 수식으로 제시된 문제와 달리 문장제 문제는 학생 스스로 주어진 상황에 필요한 수학 개념을 떠올려 답을 구해야 합니다. 학생들은 이러한 문제를 해결해내면서 수학적 사고력이 신장되고, 나아가 세상을 새롭게 해석할 수 있게 됩니다.

이것이 우리가 수학을 학습하는 최종 목표라고 할 수 있습니다. 그리고 이를 가능하게 하는 것은 바로 '내가 수학을 하는' 경험입니다. 학생 자신의 힘으로 수학 문제를 해결하는 경험을 쌓으며 스스로 문제해결의 주인이 되어야만 이 단계에 이를 수 있습니다.

《매쓰 두잉》(Math Doing)은 개념 학습을 끝낸 후, 학생들이 수학 문제해결력을 신장시킬 수 있는 긍정적인 경험을 할 수 있도록 구성된 교재입니다. '이 문제를 어떻게 풀 것인가' 하는 고민을 문제를 만나는 순간부터 답을 구하고 확인하는 내내 하게 되지요.

문제해결의 4단계(문제 이해—계획 수립—실행—확인)를 고안한 폴리아(George Pólya, 헝가리 수학자, 수학 교육자)에 따르면, 수학적 사고 신장은 '수학 문제의 해법 추측과 발견의 과정'을 통해 이루어집니다. 이에 본 교재는 학생들이 문제를 이해하고 어떻게 풀 것인가를 계획하는 과정에서 추측과 발견의 기회를 가질 수 있도록 다음과 같은 방법을 제시합니다.

첫째, 식 세우기, 표 그리기, 예상하고 확인하기, 그림 그리기 등 다양한 문제해결의 전략을 단계적으로 학습할 수 있도록 합니다.

둘째, 이 학습 단계는 총 4단계로 구성됩니다. 1단계에서는 교재가 도움을 제공하지만 단계가 올라갈수록 문제해결의 주체가 점점 학생 본인으로 옮겨 가게 됩니다. 이는 비고츠키(Lev Semenovich Vygotsky, 구소련 심리학자)의 '근접발달영역'이라는 인지 이론을 바탕으로 한 것입니다.

셋째, 《매쓰 두잉》만의 '문제 그리기' 방법입니다. 문제해결을 위해 문제의 정보를 말이나 수, 그림, 기호 등을 사용하여 표현해 보는 것입니다. 이를 통해 문제 정보를 제대로 이해하고 '어떻게 문제를 풀 것인가'에 대한 계획을 세우는 기회를 가질 수 있습니다.

이와 같은 방법을 통해 많은 학생들이 진정으로 수학을 하는 경험을 가질 수 있을 것이라는 기대로 이 문제집을 세상에 내어놓습니다.

2025년 1월

박 현 정

《매쓰 두잉》의 구성

《매쓰 두잉》에서는 3~6학년의 각 학기별 내용을 3개의 파트로 나누어 학습하게 됩니다. 한 파트는 총 4단계의 문제해결 과정으로 진행됩니다. 각 단계는 교재가 제공하는 도움의 정도에 따라 나누어집니다.

PART1 수와 연산	PART2 도형과 측정	PART3 변화와 관계, 자료와 가능성

준비 단계 개념 떠올리기

해당 파트의 주요 개념과 원리를 떠올리기 위한 기본 문제입니다.

STEP 1 내가 수학하기 배우기

아무런 도움 없이 스스로 알맞은 전략을 선택, 사용하여 사고력 문제해결에 도전합니다.

❶ 전략 배우기

파트마다 5~6개의 전략을 두 번에 나누어 학습합니다.

- 식 만들기
- 그림 그리기
- 표 만들기
- 거꾸로 풀기
- 단순화하기
- 규칙 찾기
- 예상하고 확인하기
- 문제정보를 복합적으로 나타내기

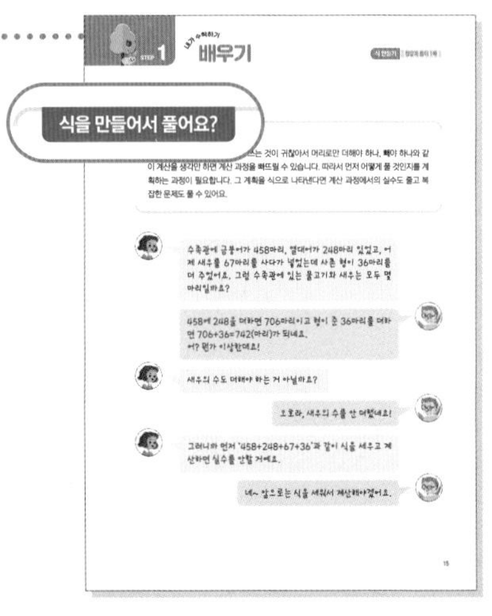

❷ 전략을 사용해 문제 풀기

교재의 도움을 받아 문제를 이해하고 표현해 봅니다.

문제 그리기 불완전하게 제시된 말이나 수, 다이어그램 등을 보고 □ 안에 적합한 수, 기호 등을 넣으며 해법을 계획합니다.

계획-풀기 제시된 풀이 과정에서 틀린 부분을 찾아 밑줄을 긋고 바르게 고칩니다.

확인하기 적용한 전략을 다시 떠올립니다.

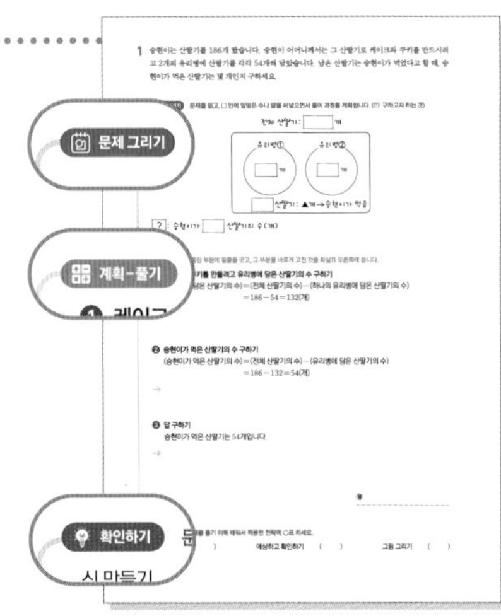

STEP 2 내가 수학하기 해보기

'문제 그리기'와 '계획-풀기'에만 도움이 제공됩니다.

문제 그리기 불완전하게 제시된 말이나 수, 다이어그램 등을 보고 □ 안에 적합한 수, 기호 등을 넣으며 해법을 계획합니다.

계획-풀기 해답을 구하기 위한 단계만 제시됩니다. 과정은 스스로 구성해 봅니다.

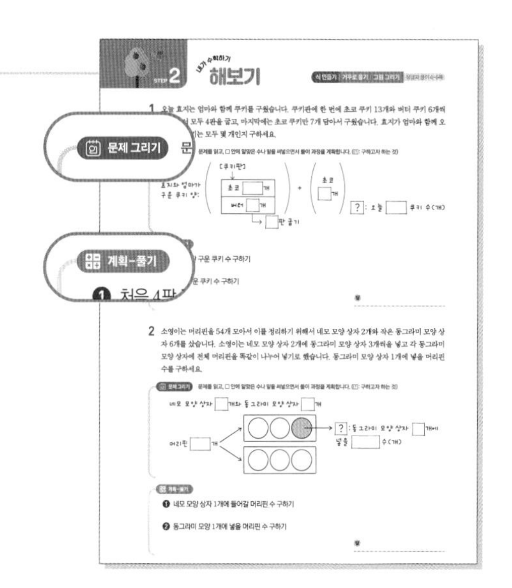

STEP 3 내가 수학하기 한단계 UP

'문제 그리기'에만 도움이 제공됩니다.

문제 그리기 불완전하게 제시된 말이나 수, 다이어그램 등을 보고 □ 안에 적합한 수, 기호 등을 넣으며 해법을 계획합니다.

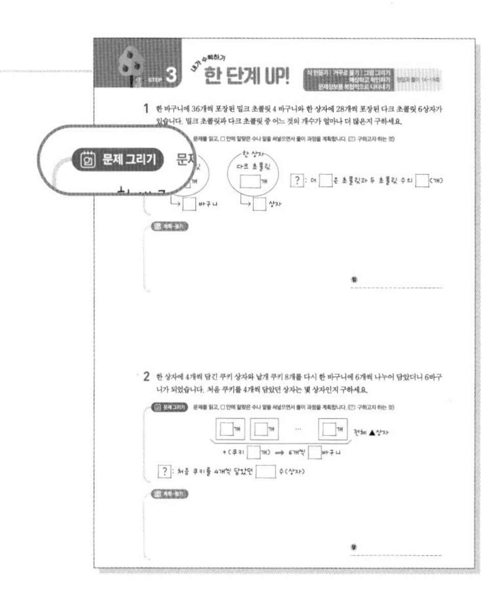

STEP 4 내가 수학하기 거뜬히 해내기

아무런 도움 없이 스스로 알맞은 전략을 선택, 사용하여 사고력 문제해결에 도전합니다.

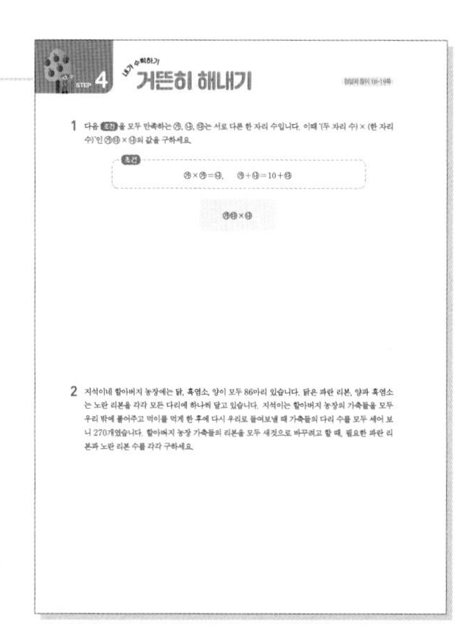

핵심 역량 말랑말랑 수학

유연한 주제로 재미있게 수학에 접근해 봅니다. Part1에서는 문제해결과 수-연산 감각, Part2에서는 의사소통, Part3에서는 추론 및 정보처리를 다룹니다.

《매쓰 두잉》의 문제해결 과정

《매쓰 두잉》에서 제시하는 문제해결의 과정은 다음과 같습니다.

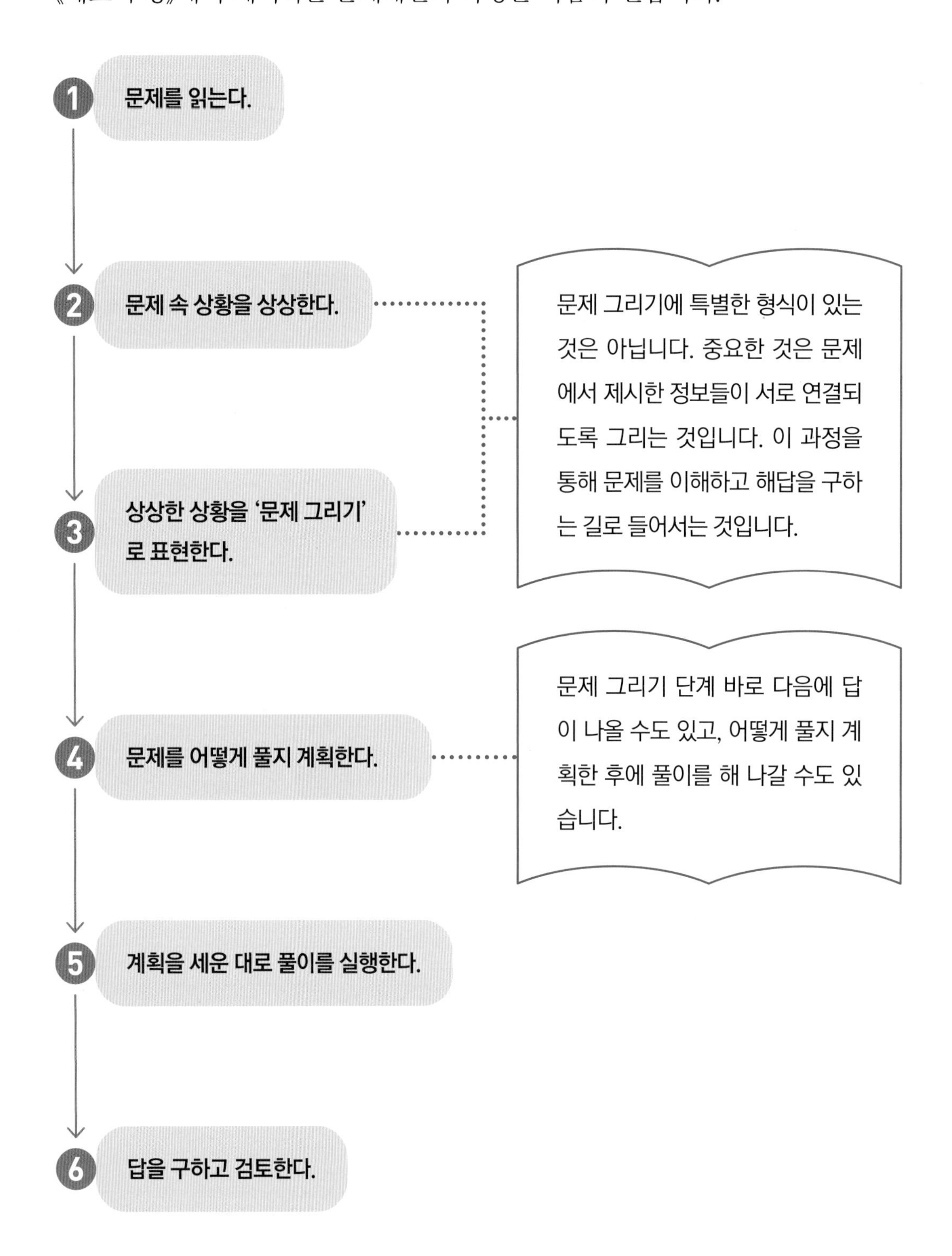

예시 문제

농장에 있는 양들을 한 무리에 40마리씩 나누어야 합니다. 그런데 잘못해서 34마리씩 나누었더니 21개의 무리가 생기고, 20마리의 양이 남았습니다. 올바르게 나누었다면 몇 개의 무리가 생기고, 남는 양은 몇 마리였을까요?

1 문제를 읽는다.

'농장에 있는 양들을 한 무리에 40마리씩 나누어야 합니다. 그런데 잘못해서 34마리씩 나누었더니 21개의 무리가 생기고, 20마리의 양이 남았습니다. 올바르게 나누었다면 몇 개의 무리가 생기고, 남는 양은 몇 마리였을까요?'

2 문제 속 상황을 상상한다.

실제로 양들을 무리로 나누는 상황을 상상하며, 원래 나누었어야 하는 방법과 잘못 나눈 방법을 생각해 봅니다. 이 과정을 통해 실제 양의 수를 구할 수 있다는 생각에 도달하게 됩니다.

3 상상한 상황을 '문제 그리기'로 표현한다.

문제 정보와 구하고자 하는 것이 모두 들어가도록 수나 도형, 화살표, 기호 등으로 나타냅니다.

문제 그리기

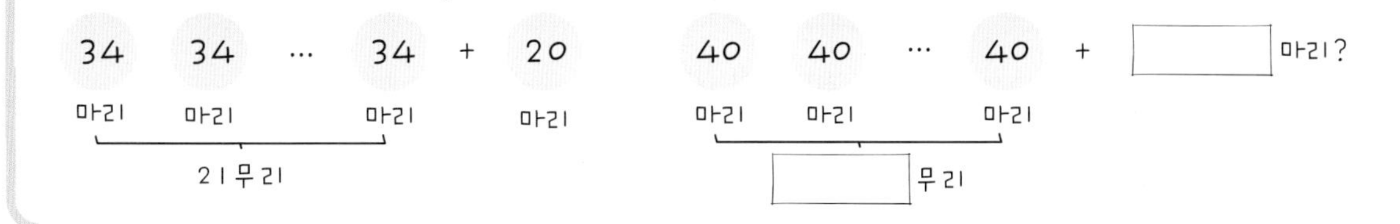

4 문제를 어떻게 풀지 계획한다.

식 만들기, 거꾸로 풀기, 단순화하기 등 문제에 알맞은 전략을 선택합니다.

5 계획을 세운 대로 풀이를 실행한다.

이 문제에서는 무리를 잘못 나눈 경우를 '식 만들기'로 표현하여 전체 양의 수를 구한 후, 다시 올바르게 무리를 나눔으로써 몇 개의 무리가 생기고 남는 양은 몇 마리인지 구할 수 있습니다.

계획-풀기

$34 \times 21 = 714$

$714 + 20 = 734$

$734 \div 40 = 18 \cdots 14$

따라서 양들은 모두 734마리이며, 18무리로 나눌 수 있고, 14마리가 남는다는 답을 얻습니다.

6 답을 구하고 검토한다.

문제와 '문제 그리기'를 다시 읽으며 풀이 과정을 검토하고 구한 답이 맞는지 확인합니다. 이때 실수를 찾아내거나 다른 풀이 과정을 생각해낼 수도 있습니다.

답 **18무리, 14마리**

차례

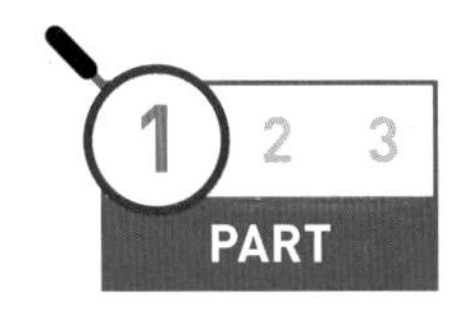

수와 연산

도형과 측정

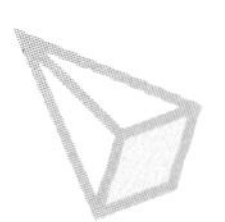

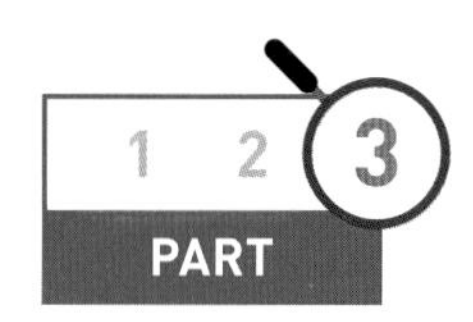

변화와 관계 / 자료와 가능성

단원 연계

2학년 2학기

네 자리 수

- 천, 몇천 알아보기
- 네 자리 수 알아보기

곱셈구구

- 2～9단 곱셈구구를 이용하여 문제 해결하기

3학년 1학기

덧셈과 뺄셈

- 세 자리 수의 덧셈과 뺄셈

나눗셈

- 뺄셈을 이용한 나눗셈
- 나눗셈의 몫 구하기

곱셈

- 덧셈을 이용한 곱셈
- 곱셈과 나눗셈의 관계

분수와 소수

- 똑같이 나누기
- 분수와 소수의 관계 및 크기 비교

3학년 2학기

곱셈

- (세 자리 수) × (한 자리 수)
- (두 자리 수) × (두 자리 수)

나눗셈

- (두 자리 수) ÷ (한 자리 수)

분수

- 단위분수, 진분수, 가분수, 대분수를 알고, 그 관계 알기
- 분모가 같은 분수의 크기 비교

이 단원에서 사용하는 전략

- 식 만들기
- 거꾸로 풀기
- 그림 그리기
- 예상하고 확인하기
- 문제정보를 복합적으로 나타내기

PART 1

수와 연산

관련 단원

덧셈과 뺄셈 | 나눗셈 |
곱셈 | 분수와 소수

개념 떠올리기

정답과 풀이 1쪽

더해? 뺀다고? 다른 방법은 없어?

1 □ 안에 알맞은 수를 써넣으세요.

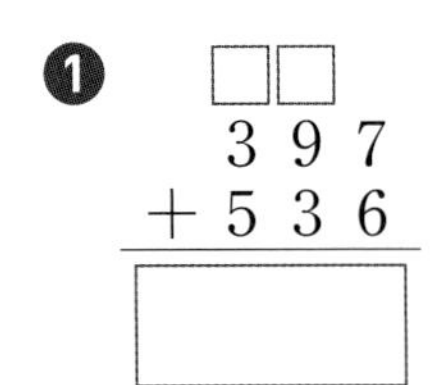

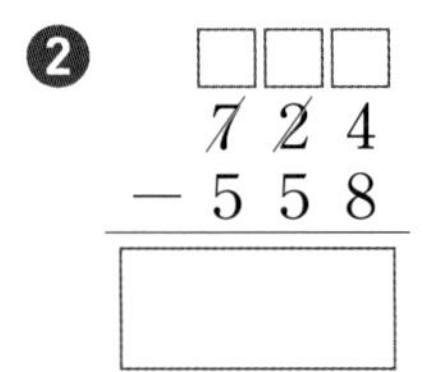

2 다음 선의 연결이 바르게 이루어지도록 □ 안에 알맞은 수를 써넣으세요.

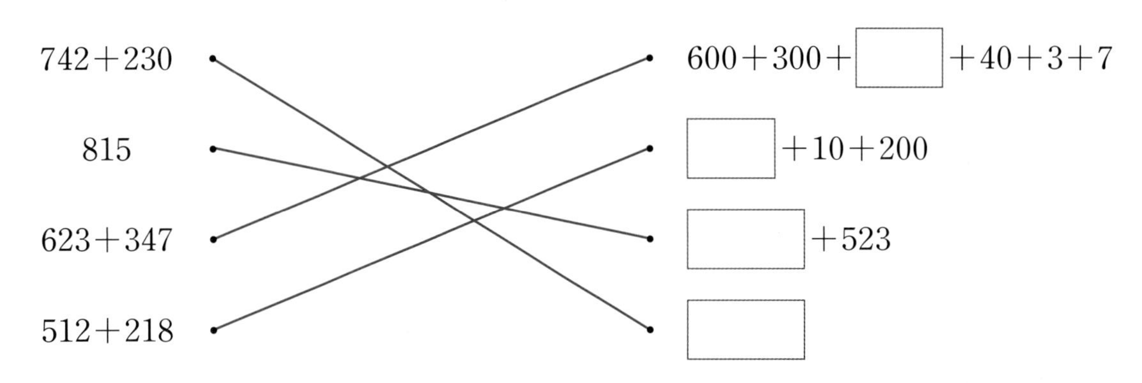

3 그림을 보고 3가지 식을 완성하려고 합니다. □ 안에 알맞은 수를 써넣으세요.

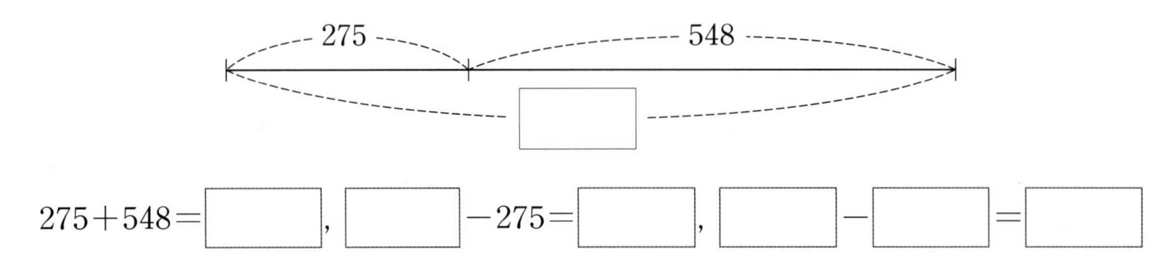

이번 주 수요일에 미술관 전시를 관람하기 위해서 미술관을 찾은 어린이는 183명, 청소년은 119명이었고, 어른은 385명이었어. 수요일에 미술관을 찾은 어린이와 청소년은 모두 몇 명이었고, 어린이가 청소년보다 몇 명이 더 많았는지 알 수 있을까?

그럼! 덧셈과 뺄셈을 하면 알 수 있어. 어린이와 청소년은 183+119를 계산하면 돼. 183+119=100+100+83+19=200+(83+17)+2=200+100+2=302(명)이고, 어린이는 청소년보다 183-119=83-19=83-20+1=63+1=64(명) 더 많아.

'60÷4=15'를 보고 '15×▲=60 또는 4×▲= 60'에서 ▲의 값을 구한다고?

4 다음 주어진 그림 전체와 관계없는 식을 찾아 기호를 쓰세요. (　　　　　)

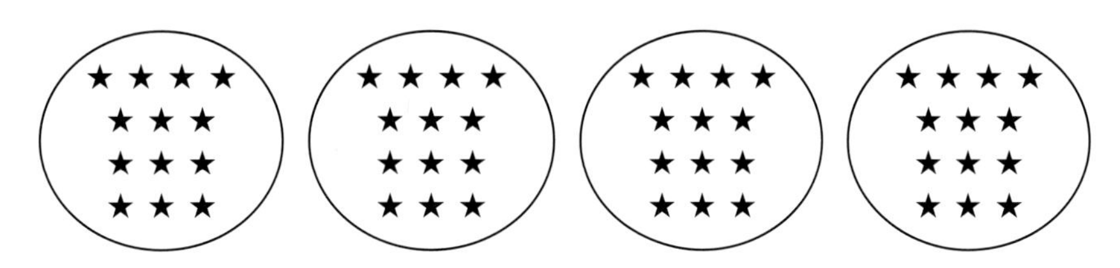

㉠ $52 \div 13 = 4$　　　　㉡ $52 \div 4 = 13$

㉢ $52-13-13-13-13=0$　　　　㉣ $34+3+3+3\times4=52$

5 다음은 나눗셈의 의미를 곱셈이나 뺄셈과 관련하여 설명한 문장입니다. □ 안에 알맞은 수를 써넣어 문장을 완성하세요.

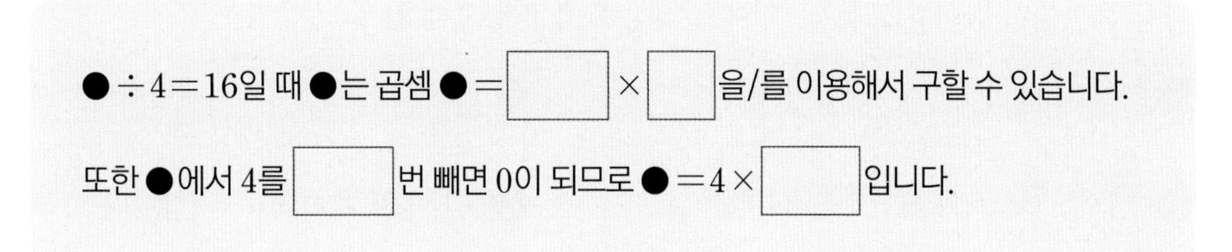

●$\div 4=16$일 때 ●는 곱셈 ●$=$□$\times$□을/를 이용해서 구할 수 있습니다.

또한 ●에서 4를 □번 빼면 0이 되므로 ●$=4\times$□입니다.

6 다음 수 카드를 한 장씩만 사용하여 가장 큰 수가 되는 (두 자리 수)×(한 자리 수)의 곱셈식을 만드세요.

5　6　8 ➡ □□×□

7 다음을 계산하세요.

❶ $\begin{array}{r} 86 \\ \times\ \ 7 \\ \hline \end{array}$　　　　❷ $\begin{array}{r} 78 \\ \times\ \ 4 \\ \hline \end{array}$

8 다음 중 [2]가 나타내는 수가 다른 식을 찾아 기호를 쓰세요.

㉠ $\begin{array}{r} \boxed{2}\ \ \\ 57 \\ \times\ \ 3 \\ \hline 171 \end{array}$　　㉡ $\begin{array}{r} 4\boxed{2}3 \\ +\ 136 \\ \hline 559 \end{array}$　　㉢ $\begin{array}{r} 2\ \ \\ 67 \\ \times\ \ 4 \\ \hline \boxed{2}68 \end{array}$

(　　　　　)

1분당 심장이 뛰는 횟수가 심박수야. 움직이지 않을 때, 1세에서 12세까지의 정상적인 심박수가 약 70번에서 120번이래. 그래서 내가 30초 동안 몇 번 뛰는지 손목에서 뛰는 맥으로 측정해 보니 46번이더라고. 그러면 6분 동안은 몇 번 뛰는지 어떻게 구할 수 있지?

우리가 배운 곱셈을 이용해서 구하면 되잖아. 1분은 30초의 2배이니까 너의 1분에 뛰는 심박수는 46×2=92(번)이야. 그러면 6분 동안 92×6=552(번)을 뛴다는 걸 알 수 있어.

똑같이 나누고 그 부분을 수로 나타낼 수 있어?

9 다음 중 $\frac{1}{3}$만큼 색칠하지 <u>않은</u> 것을 찾아 기호를 쓰세요.

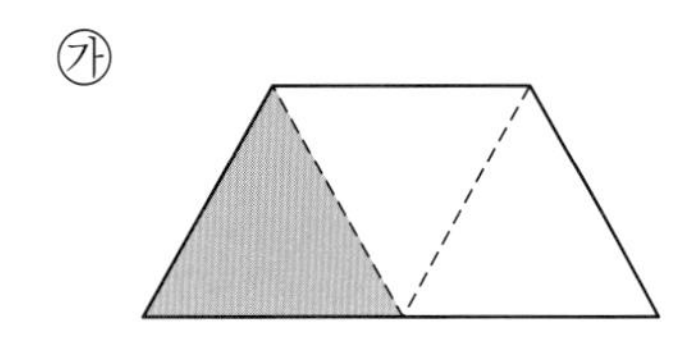

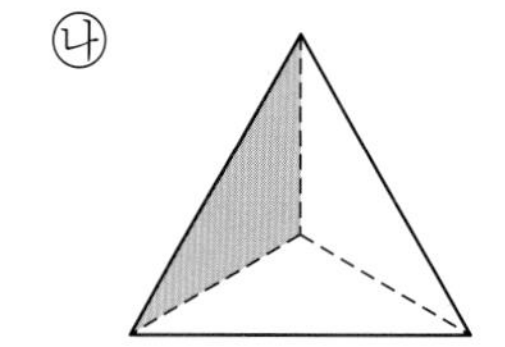

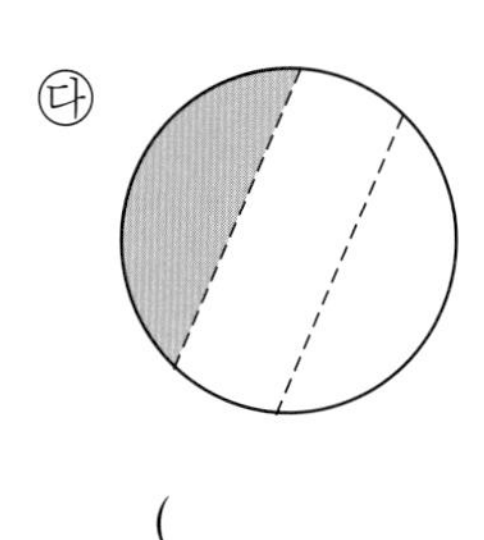

(　　　　　　　　)

10 다음 문장들이 참이 되도록 □ 안에 알맞은 수를 써넣으세요.

❶ 8.4는 0.1이 □ 개입니다.　　❷ 1.6은 0.1이 □ 개입니다.

❸ 0.1이 □ 개이면 7.6입니다.　　❹ 0.1이 30개이면 □ 입니다.

11 다음 수들을 가장 큰 수부터 차례대로 쓰세요.

$4\frac{7}{10}$　　3.9　　$\frac{41}{10}$　　4.5

(　　　　　　　　)

과자를 전체의 $\frac{2}{3}$까지만 먹으라고 했는데, 얼마까지 먹어도 된다는 걸까?

과자 전체를 똑같이 셋으로 나누면 부분이 3개가 되잖아. 그 부분들 중 부분 2개까지 먹어도 된다는 거야.

내가 수학하기

배우기

식을 만들어서 풀어요?

문제를 읽고 답을 구할 때, 글로 쓰는 것이 귀찮아서 머리로만 더해야 하나, 빼야 하나와 같이 계산을 생각만 하면 계산 과정을 빠뜨릴 수 있습니다. 따라서 먼저 어떻게 풀 것인지를 계획하는 과정이 필요합니다. 그 계획을 식으로 나타낸다면 계산 과정에서의 실수도 줄고 복잡한 문제도 풀 수 있어요.

수족관에 금붕어가 458마리, 열대어가 248마리 있었고, 어제 새우를 67마리를 사다가 넣었는데 사촌 형이 36마리를 더 주었어요. 그럼 수족관에 있는 물고기와 새우는 모두 몇 마리일까요?

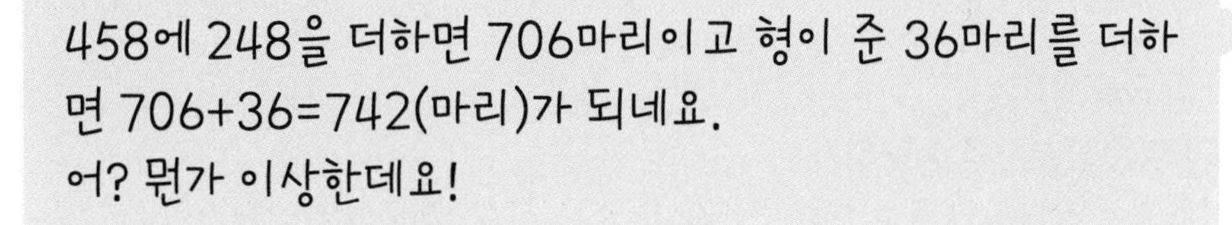

새우의 수도 더해야 하는 거 아닐까요?

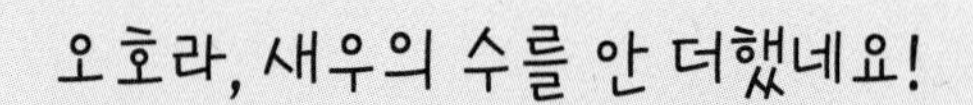

그러니까 먼저 '458+248+67+36'과 같이 식을 세우고 계산하면 실수를 안할 거예요.

네~ 앞으로는 식을 세워서 계산해야겠어요.

1 승현이는 산딸기를 186개 땄습니다. 승현이 어머니께서는 그 산딸기로 케이크와 쿠키를 만드시려고 2개의 유리병에 산딸기를 각각 54개씩 담았습니다. 남은 산딸기는 승현이가 먹었다고 할 때, 승현이가 먹은 산딸기는 몇 개인지 구하세요.

문제 그리기 문제를 읽고, □ 안에 알맞은 수나 말을 써넣으면서 풀이 과정을 계획합니다. (?: 구하고자 하는 것)

전체 산딸기 : □개

유리병① □개

유리병② □개

□ 산딸기 : ▲개 → 승현이가 먹음

?: 승현이가 □ 산딸기의 수(개)

계획-풀기 틀린 부분에 밑줄을 긋고, 그 부분을 바르게 고친 것을 화살표 오른쪽에 씁니다.

❶ 케이크와 쿠키를 만들려고 유리병에 담은 산딸기의 수 구하기

(유리병에 담은 산딸기의 수)=(전체 산딸기의 수)−(하나의 유리병에 담은 산딸기의 수)

=186−54=132(개)

→

❷ 승현이가 먹은 산딸기의 수 구하기

(승현이가 먹은 산딸기의 수)=(전체 산딸기의 수)−(유리병에 담은 산딸기의 수)

=186−132=54(개)

→

❸ 답 구하기

승현이가 먹은 산딸기는 54개입니다.

→

답

확인하기 문제를 풀기 위해 배워서 적용한 전략에 ○표 하세요.

식 만들기 (　　) 예상하고 확인하기 (　　) 그림 그리기 (　　)

2 민정이는 가족 여행으로 부산을 가는데 경주에 사시는 할아버지 댁에 들렀다가 간다고 합니다. 서울에서 부산까지 바로 가는 거리는 396 km이고, 서울에서 경주까지 거리는 336 km입니다. 경주에서 부산까지 거리가 89 km일 때 민정이가 서울에서 경주를 거쳐 부산으로 가는 것은 서울에서 부산까지 바로 가는 것보다 몇 km 더 먼지 구하세요.

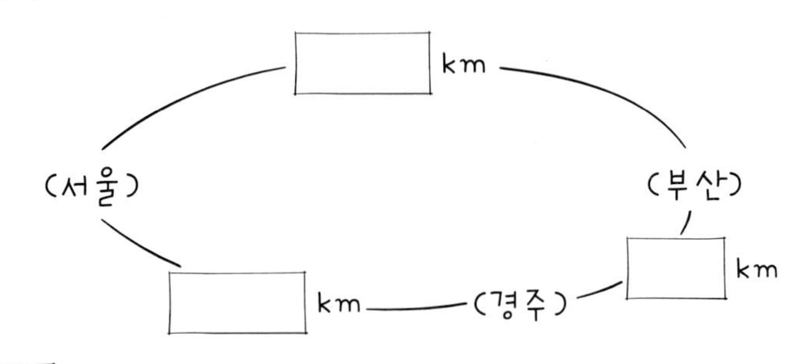

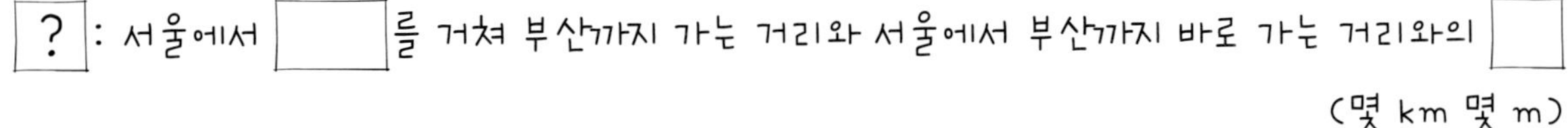

(몇 km 몇 m)

계획-풀기 틀린 부분에 밑줄을 긋고, 그 부분을 바르게 고친 것을 화살표 오른쪽에 씁니다.

❶ 서울에서 경주를 거쳐 부산까지 가는 거리 구하기

(서울에서 경주를 거쳐 부산까지 가는 거리)

=(서울에서 경주까지의 거리)+(서울에서 부산까지 바로 가는 거리)

$=336+396=732(\text{km})$

→

❷ 서울에서 경주를 거쳐 부산까지 가는 거리와 서울에서 부산까지 바로 가는 거리와의 차 구하기

(두 거리 사이의 차)

=(서울에서 경주를 거쳐 부산까지 가는 거리)−(서울에서 부산까지 바로 가는 거리)

$=732-396=336(\text{km})$

→

❸ 답 구하기

서울에서 경주를 거쳐 부산으로 가는 것은 서울에서 부산까지 바로 가는 것보다 336 km 더 멉니다.

→

답 ______________

확인하기 문제를 풀기 위해 배워서 적용한 전략에 ○표 하세요.

식 만들기 (　　)　　예상하고 확인하기 (　　)　　그림 그리기 (　　)

3 구름 초등학교에서는 장미 72송이를 바구니 8개에 똑같이 나누어 담고 한 바구니에 담긴 장미들을 유리병 3개에 똑같이 나누어 꽂았습니다. 한 학급에 유리병을 1개씩 전달하였더니 남은 유리병이나 장미는 없었습니다. 한 개의 유리병에 꽂은 장미 수와 학급 수를 각각 구하세요.

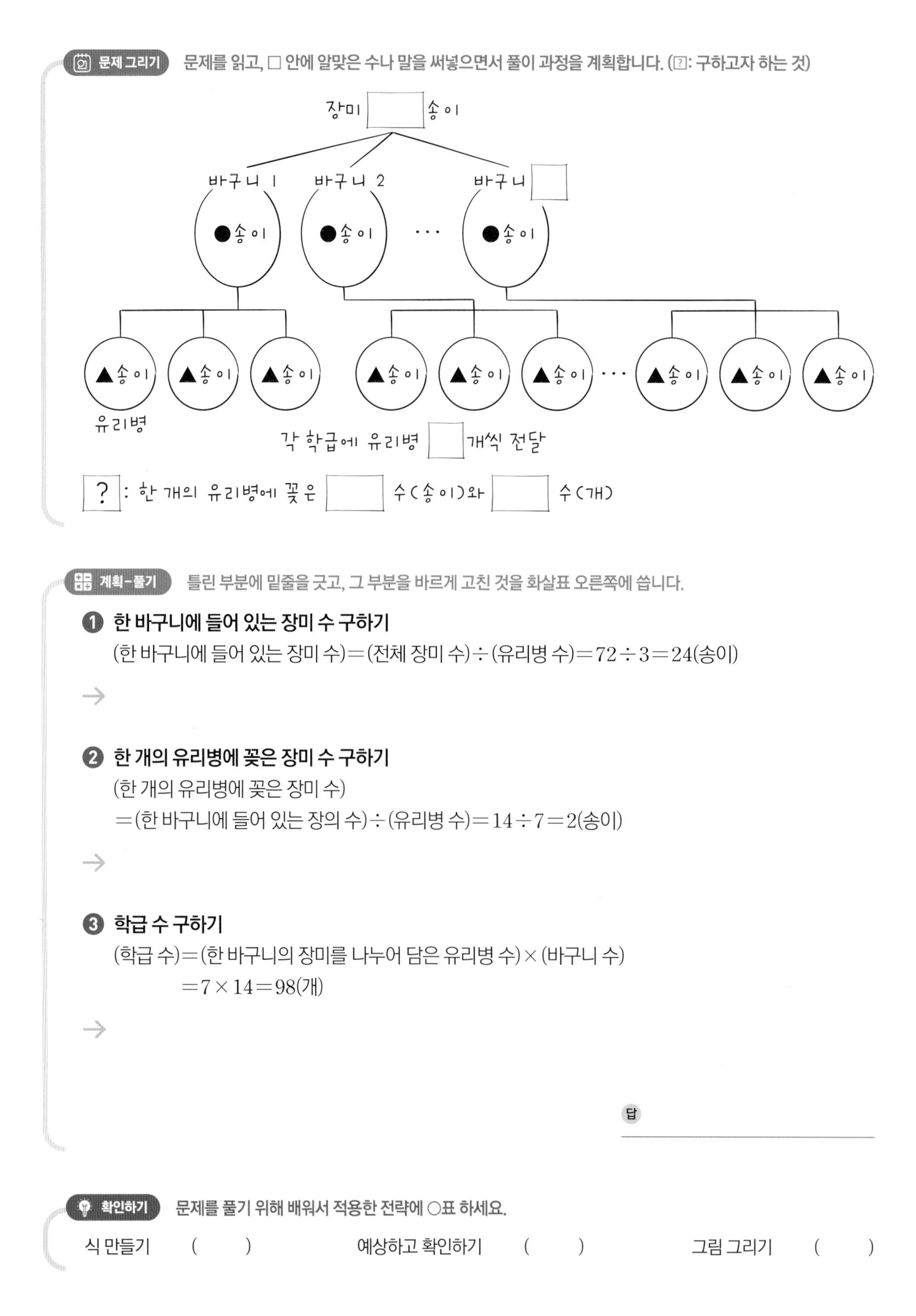

문제 그리기 문제를 읽고, □ 안에 알맞은 수나 말을 써넣으면서 풀이 과정을 계획합니다. (?: 구하고자 하는 것)

계획-풀기 틀린 부분에 밑줄을 긋고, 그 부분을 바르게 고친 것을 화살표 오른쪽에 씁니다.

① 한 바구니에 들어 있는 장미 수 구하기

(한 바구니에 들어 있는 장미 수)＝(전체 장미 수)÷(유리병 수)＝72÷3＝24(송이)

→

② 한 개의 유리병에 꽂은 장미 수 구하기

(한 개의 유리병에 꽂은 장미 수)

＝(한 바구니에 들어 있는 장의 수)÷(유리병 수)＝14÷7＝2(송이)

→

③ 학급 수 구하기

(학급 수)＝(한 바구니의 장미를 나누어 담은 유리병 수)×(바구니 수)

＝7×14＝98(개)

→

답

확인하기 문제를 풀기 위해 배워서 적용한 전략에 ○표 하세요.

식 만들기 (　　)　　예상하고 확인하기 (　　)　　그림 그리기 (　　)

내가 수학하기
배우기

거꾸로 풀어요?

'거꾸로 풀기'는 계산한 과정을 답에서부터 거꾸로 계산해서 답을 구하는 전략입니다. 예를 들어 처음 수에 4를 더해서 26을 구했다고 할 때, 처음 수를 △라고 하면 '$\triangle+4=26$'이므로 처음 수는 $\triangle=26-4=22$입니다.

'거꾸로 풀기'요? 물구나무 서기? 그런 자세로 계산한다는 건가요?

물구나무가 아니고, 계산하는 순서와 방법을 거꾸로 한다는 거예요. 자! 보세요!
내가 어떤 수를 생각했어요. 그 수를 맞춰봐요! 내가 생각한 처음 수를 6으로 나눈 수에 235를 더했더니 243이에요. 내가 생각한 수가 무엇인지 구해봐요.

오호라. 계산한 순서를 거꾸로! 더하면 빼고, 곱하면 나누는 식으로 구하라는 거네요. 그러면 243에서 235를 빼면 8이고, 8×6=48이니까 처음 생각한 수는 48이군요.

맞아요. 답에서부터 거꾸로 계산해서 모르는 수를 찾는 계산법!
'거꾸로 풀기'를 하면 그렇게 처음 수를 구할 수 있어요.

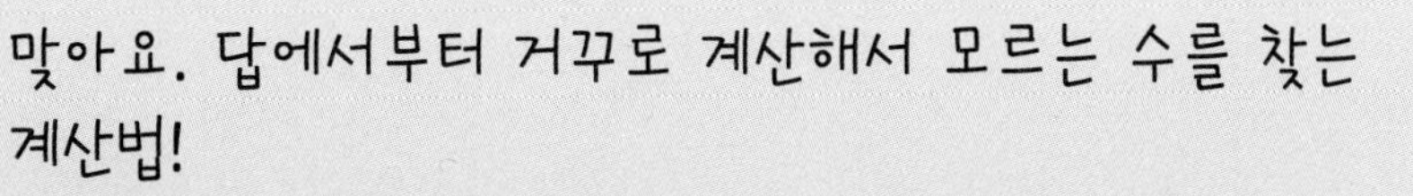

1 주하는 똑같은 젤리 두 상자를 샀습니다. 한 상자는 선물을 하고 한 상자는 먹으려고 합니다. 친구에게 한 상자를 선물로 주자 친구는 젤리가 몇 개 들어 있는지 물었습니다. 주하의 대답을 보고 한 상자에 들어 있는 젤리의 수를 구하세요.

> 주하의 대답: 나도 똑같은 젤리를 한 상자 샀는데 그걸 이번 주의 화요일부터 목요일까지 매일 17개씩 똑같이 먹었더니 금요일에 16개가 남았어.

문제 그리기 문제를 읽고, □ 안에 알맞은 수나 말을 써넣으면서 풀이 과정을 계획합니다. (?: 구하고자 하는 것)

화 요일 ~ □ 요일, □ 요일

□ 일 동안 □ 개씩 □ 개 남음

? : □ 상자에 들어 있는 □ 수(개)

계획-풀기 틀린 부분에 밑줄을 긋고, 그 부분을 바르게 고친 것을 화살표 오른쪽에 씁니다.

❶ 한 상자에 들어 있는 젤리 수를 △개로 하여 식 세우기

한 상자에 들어 있는 젤리 수를 △개라고 하면 남은 젤리 수는 한 상자에 들어 있는 젤리 수에서 (화요일에서 금요일까지 하루에 먹은 젤리 수) × (먹은 날수)를 빼서 구합니다.

$16 \times 4 = 64$이므로 $△ - 64 = 17$

→

❷ 한 상자에 들어 있는 젤리 수 구하기

$△ = 17 + 64 = 81$(개)

→

❸ 답 구하기

주하가 산 젤리 한 상자에 들어 있는 젤리 수는 81개입니다.

→

답

확인하기 문제를 풀기 위해 배워서 적용한 전략에 ○표 하세요.

식 만들기 (　　)　　거꾸로 풀기 (　　)　　그림 그리기 (　　)

2 어떤 수에서 5를 빼고 그 수에 8을 곱해야 하는데 잘못하여 5를 뺀 후 8로 나누었더니 계산 결과가 8이 되었습니다. 어떤 수와 바르게 계산한 값을 각각 구하세요.

문제 그리기 문제를 읽고, □ 안에 알맞은 수나 말을 써넣으면서 풀이 과정을 계획합니다. (?: 구하고자 하는 것)

△: 어떤 수

바른 계산: △ − □ → × □

잘못된 계산: △ − □ → ÷ □, 계산 결과: □

? : □ 수와 □ 계산한 값

계획-풀기 틀린 부분에 밑줄을 긋고, 그 부분을 바르게 고친 것을 화살표 오른쪽에 씁니다.

❶ 어떤 수를 △로 하여 식 만들기

어떤 수를 △라 하고,

△−5=□라 하면 □÷9=8입니다.

→

❷ 어떤 수 구하기(→ 오른쪽에 완전하게 식의 풀이 과정을 쓰세요.)

□÷9=8
□=8×9=72
△−5=72
△=72+5=77

→

❸ 바르게 계산한 값 구하기

어떤 수가 77이므로 77−5=72이고, 바르게 계산한 값은 72×8=576입니다.

→

❹ 답 구하기

어떤 수는 77이고, 바르게 계산한 값은 576입니다.

→

답 ____________________

확인하기 문제를 풀기 위해 배워서 적용한 전략에 ○표 하세요.

식 만들기 (   )   거꾸로 풀기 (   )   그림 그리기 (   )

3 놀이공원을 가기 위해 효원이는 놀이공원까지 운영하는 열차를 부모님과 함께 탔습니다. 그 열차는 놀이공원까지 가는 과정에 3개의 역에서 멈추는데 효원이네는 마지막 역인 셋째 역에서 탔습니다. 효원이네가 타기 전인 둘째 역에서는 136명이 탔고, 효원네가 탈 때는 효원이네를 포함하여 128명이 타서 전체 열차에 탄 사람의 수가 312명이었다고 합니다. 중간에 내린 사람이 한 명도 없었다고 할 때, 처음 역에서 탄 사람들은 몇 명이었는지 구하세요.

문제 그리기 문제를 읽고, □ 안에 알맞은 수나 말을 써넣으면서 풀이 과정을 계획합니다. (?: 구하고자 하는 것)

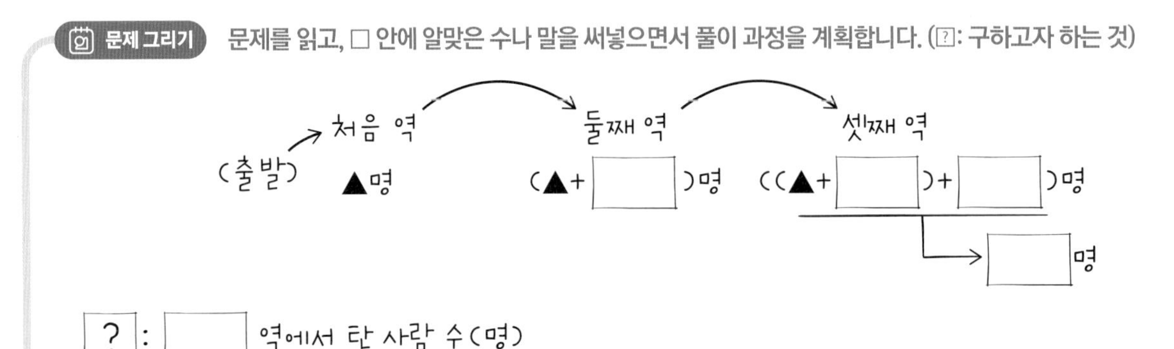

? : 역에서 탄 사람 수(명)

계획-풀기 틀린 부분에 밑줄을 긋고, 그 부분을 바르게 고친 것을 화살표 오른쪽에 씁니다.

❶ 첫째 역에서 탄 사람 수를 ▲명이라고 하여 이를 구하는 덧셈식 만들기

첫째 역에서 탄 사람 수를 ▲명이라고 할 때

▲$-136-128=312$

→

❷ 첫째 역에서 탄 사람 수 구하기

▲$-136-128=312$, ▲$-136=312+128$, ▲$-136=440$,

▲$=440+136$, ▲$=576$

→

❸ 답 구하기

첫째 역에서 탄 사람 수는 576명입니다.

→

답

확인하기 문제를 풀기 위해 배워서 적용한 전략에 ○표 하세요.

식 만들기 (　　)　　거꾸로 풀기 (　　)　　그림 그리기 (　　)

내가 수학하기 배우기

문제를 그림으로 그려서 풀라구요?

'그림 그리기'는 문제 상황을 대강 그려도 그 문제 내용을 이해할 수 있으며, 정확하게 그리면 그 답조차도 바로 구할 수 있습니다. 정말 중요한 것은 그림을 그릴 때 반드시 문제에 주어진 것과 구해야 할 것을 모두 나타내야 합니다.

문제에서 주어진 정보와 구하고자 하는 것을 그리라는 게 어떻게 그리라는 거예요?

예를 들어 볼게요. "수족관에 금붕어가 458마리, 열대어가 248마리가 있었고, 어제 새우를 67마리를 사다가 넣었는데 사촌 동생이 36마리를 가져갔어요. 물고기와 새우는 몇 마리가 남았는가?"라는 문제를 풀기 위해 어떻게 그리겠어요?

물고기와 새우를 어떻게 하나하나 그려요?

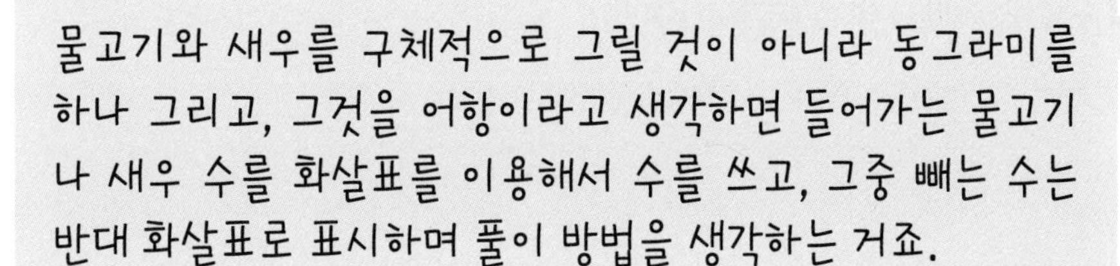

물고기와 새우를 구체적으로 그릴 것이 아니라 동그라미를 하나 그리고, 그것을 어항이라고 생각하면 들어가는 물고기나 새우 수를 화살표를 이용해서 수를 쓰고, 그중 빼는 수는 반대 화살표로 표시하며 풀이 방법을 생각하는 거죠.

아하! 그러면 무엇을 더하고 빼야 하는지 그 상황을 이해할 수 있다는 거군요!

1 지수는 어릴 때 읽었던 책들을 모두 정리하여 기부하기로 했습니다. 한 상자에 기부할 책을 가득 넣었더니 12 kg이 되었습니다. 그렇게 12 kg으로 가득 채운 상자는 6개였고, 가득 채우지 못한 상자가 1개였습니다. 마지막에 가득 채우지 못한 일곱째 상자는 8 kg일 때, 지수가 정리하여 상자에 넣은 책들의 무게는 모두 몇 kg인지 구하세요. (단, 상자만의 무게는 생각하지 않습니다.)

문제 그리기 문제를 읽고, □ 안에 알맞은 수나 말을 써넣으면서 풀이 과정을 계획합니다. (?: 구하고자 하는 것)

책을 가득 넣은 상자: □개

가득 채우지 못한 상자

□kg, □kg, □kg, □kg, □kg, □kg, □kg

?: 지수가 정리하여 상자에 넣은 □들의 □(kg)

계획-풀기 틀린 부분에 밑줄을 긋고, 그 부분을 바르게 고친 것을 화살표 오른쪽에 씁니다.

❶ 정리된 상자의 무게들을 수직선에 나타내기

▲: 13kg

▲ ▲ ▲ ▲ ▲ ▲ +9kg

→

❷ 정리한 책들의 무게를 구하기 위한 식 세우기

(정리한 책들의 무게)=(한 상자 13 kg씩 정리한 무게)+(13 kg이 아닌 무게)

→

❸ 정리한 책들의 무게 구하기

(한 상자 13 kg씩 정리한 무게)=$13\times6=78$(kg)

(정리한 책들의 무게)=$78+9=87$(kg)

→

❹ 답 구하기

지수가 정리한 책들의 무게는 87 kg입니다.

→

답

확인하기 문제를 풀기 위해 배워서 적용한 전략에 ○표 하세요.

식 만들기 (　　) 규칙성 찾기 (　　) 그림 그리기 (　　)

2 현주의 생일날 저녁에 가족들이 모여 커다란 케이크를 똑같은 크기와 모양 9조각으로 나눈 다음 가족 5명이 한 조각씩 먹었습니다. 남은 양은 전체의 얼마인지 분수로 나타내세요.

문제 그리기 문제를 읽고, □ 안에 알맞은 수나 말을 써넣으면서 풀이 과정을 계획합니다. (?: 구하고자 하는 것)

케이크를 똑같이 □ 조각으로 나눈 뒤 □ 조각 먹음

□ 케이크 남은 케이크

? : □ 양은 전체의 얼마인지 □ 로 나타내기

계획-풀기 틀린 부분에 밑줄을 긋고, 그 부분을 바르게 고친 것을 화살표 오른쪽에 씁니다.

❶ 전체를 똑같은 모양과 크기로 나눈 케이크 중 한 조각은 전체의 얼마인지 구하기

전체를 똑같은 모양과 크기로 나눈 케이크 중 한 조각은 전체의 $\frac{1}{8}$입니다.

→

❷ 현주네 가족들이 먹은 케이크의 양을 그림으로 나타내기

다음 주어진 직사각형을 케이크 전체의 양이라고 할 때, 전체를 똑같이 나누고 현주네 가족이 먹은 케이크의 양만큼 색칠하면 다음과 같습니다.

→

❸ 남은 양은 전체의 얼마인지 분수로 나타내기

남은 양은 전체를 똑같이 8로 나눈 것 중 3부분이므로 전체의 $\frac{3}{8}$입니다.

→

❹ 답 구하기

현주네 가족이 먹고 남은 케이크의 양은 케이크 전체의 $\frac{3}{8}$입니다.

→

답

확인하기 문제를 풀기 위해 배워서 적용한 전략에 ○표 하세요.

식 만들기 ( ) 규칙성 찾기 ( ) 그림 그리기 ( )

3 승호가 모은 스티커는 234장이었는데 동생이 달라고 해서 135장을 주었습니다. 남은 스티커를 긴 종이띠에 같은 간격으로 모두 붙이고 가위로 8번 잘라서 같은 길이의 종이띠 도막들로 나누었습니다. 종이띠 한 도막에 붙인 스티커 수는 몇 장인지 구하세요. (단, 자를 때 스티커는 잘리지 않습니다.)

문제 그리기 문제를 읽고, □ 안에 알맞은 수나 말을 써넣으면서 풀이 과정을 계획합니다. (?: 구하고자 하는 것)

승호가 모은 스티커: □장

동생에게 준 스티커: □장

□은 스티커

가위로 □번 자름

?: 자른 도막 중 □ 도막에 붙인 스티커 □(장)

계획-풀기 틀린 부분에 밑줄을 긋고, 그 부분을 바르게 고친 것을 화살표 오른쪽에 씁니다.

❶ 동생에게 주고 남은 승호의 스티커 수 구하기

승호의 스티커가 234장이었는데 동생에게 144장을 주어서 남은 스티커의 수는 234－144＝90(장)입니다.

→

❷ 종이띠를 몇 도막으로 잘랐는지 구하기

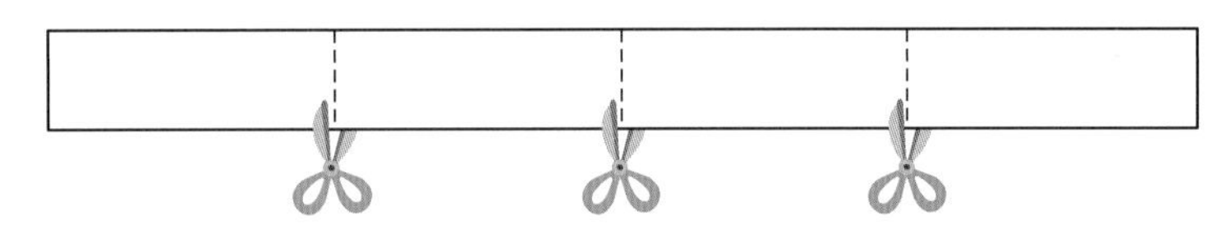

3번 자르면 4도막 생기므로 스티커를 붙인 긴 종이띠를 9번 잘랐으므로 10도막으로 자른 것입니다.

→

❸ 종이띠 한 도막에 붙어 있는 스티커 수 구하기

(종이띠 한 도막에 붙어 있는 스티커 수)＝(남은 스티커 수)÷(종이띠 도막의 수)＝90÷10＝9(장)

→

❹ 답 구하기

종이띠 한 도막에 붙어 있는 스티커 수는 9장입니다.

→

답

확인하기 문제를 풀기 위해 배워서 적용한 전략에 ○표 하세요.

식 만들기 (　　)　　규칙성 찾기 (　　)　　그림 그리기 (　　)

식 만들기 | 거꾸로 풀기 | 그림 그리기 정답과 풀이 4~6쪽

1 오늘 효지는 엄마와 함께 쿠키를 구웠습니다. 쿠키판에 한 번에 초코 쿠키 13개와 버터 쿠키 6개씩을 담아서 모두 4판을 굽고, 마지막에는 초코 쿠키만 7개 담아서 구웠습니다. 효지가 엄마와 함께 오늘 구운 쿠키는 모두 몇 개인지 구하세요.

문제 그리기 문제를 읽고, □ 안에 알맞은 수나 말을 써넣으면서 풀이 과정을 계획합니다. (?: 구하고자 하는 것)

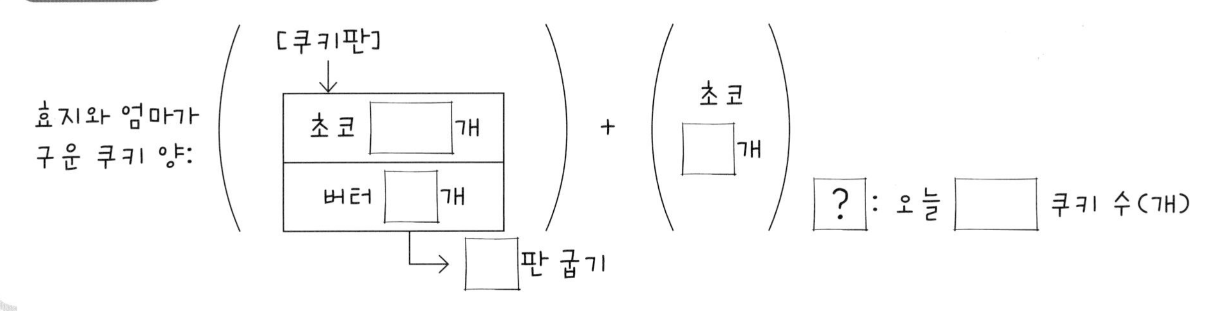

계획-풀기

❶ 처음 4판 구운 쿠키 수 구하기

❷ 오늘 구운 쿠키 수 구하기

답 ____________

2 소영이는 머리핀을 54개 모아서 이를 정리하기 위해서 네모 모양 상자 2개와 작은 동그라미 모양 상자 6개를 샀습니다. 소영이는 네모 모양 상자 2개에 동그라미 모양 상자 3개씩을 넣고 각 동그라미 모양 상자에 전체 머리핀을 똑같이 나누어 넣기로 했습니다. 동그라미 모양 상자 1개에 넣을 머리핀 수를 구하세요.

문제 그리기 문제를 읽고, □ 안에 알맞은 수나 말을 써넣으면서 풀이 과정을 계획합니다. (?: 구하고자 하는 것)

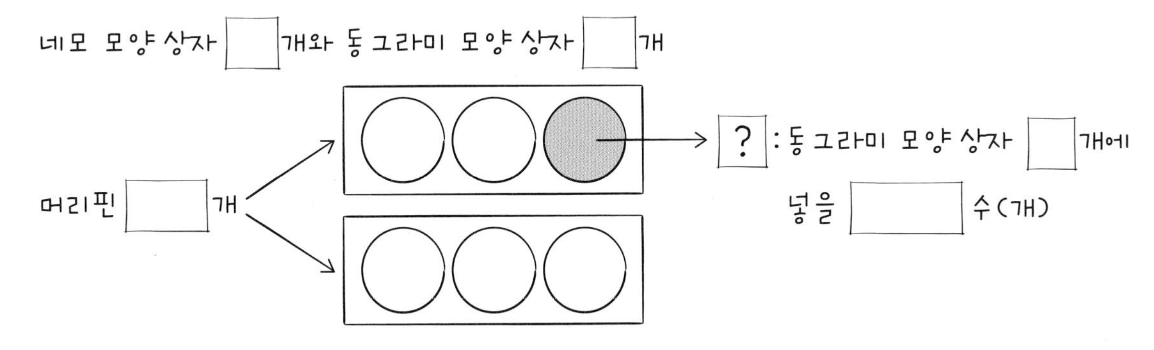

계획-풀기

❶ 네모 모양 상자 1개에 들어갈 머리핀 수 구하기

❷ 동그라미 모양 1개에 넣을 머리핀 수 구하기

답 ____________

3

심박수는 일반적으로 1분 동안 심장이 뛰는 횟수입니다. 나이에 따라 최대의 심박수를 구하는 계산 방법은 '220 − (나이)'가 일반적입니다. 현정이가 가족들의 최대의 심박수를 일반적인 방법으로 구했을 때 가족들의 최대 심박수의 합은 얼마인지 구하세요.

아빠: 42세, 엄마: 38세
오빠: 14세, 현정: 10세

문제 그리기 문제를 읽고, □ 안에 알맞은 수나 말을 써넣으면서 풀이 과정을 계획합니다. (?: 구하고자 하는 것)

최대 심박수: □ − (□)

아빠 □세, 엄마 □세, 오빠 □세, 현정 □세

?: 가족들의 최대 □의 □

계획-풀기

❶ 각 가족들의 최대 심박수 구하기

❷ 가족들의 최대 심박수의 합 구하기

답 ________________

4

민이는 문구점에서 570원인 공책 1권과 280원인 빨간 색연필은 1자루를 사고 1000원을 냈습니다. 민이가 받아야 할 거스름돈을 구하세요.

문제 그리기 문제를 읽고, □ 안에 알맞은 수나 말을 써넣으면서 풀이 과정을 계획합니다. (?: 구하고자 하는 것)

(공책 1권 □원) + (색연필 1자루 □원) + 거스름돈

= □원

?: □돈

계획-풀기

❶ 거스름돈을 구하기 위한 식 세우기

❷ 거스름돈 구하기

답 ________________

5 수연이네 가족과 미지네 가족은 함께 여행을 가서 공 찾기 게임을 했습니다. 부모님들께서 숨겨놓은 빨간 공, 노란 공, 파란 공을 수연이와 미지가 찾아오는 게임이었습니다. 공에 대한 점수와 찾은 색깔별 공의 수가 다음과 같을 때, 수연이와 미지의 점수의 차는 몇 점인지 구하세요.

빨강 공: 16점, 노란 공: 12점, 파란 공: 8점
(수연이 찾은 공) 빨강 공: 2개, 노란 공: 3개, 파란 공: 2개
(미지가 찾은 공) 빨간 공: 1개, 노란 공: 4개, 파란 공: 1개

문제 그리기 문제를 읽고, □ 안에 알맞은 수나 말을 써넣으면서 풀이 과정을 계획합니다. (?: 구하고자 하는 것)

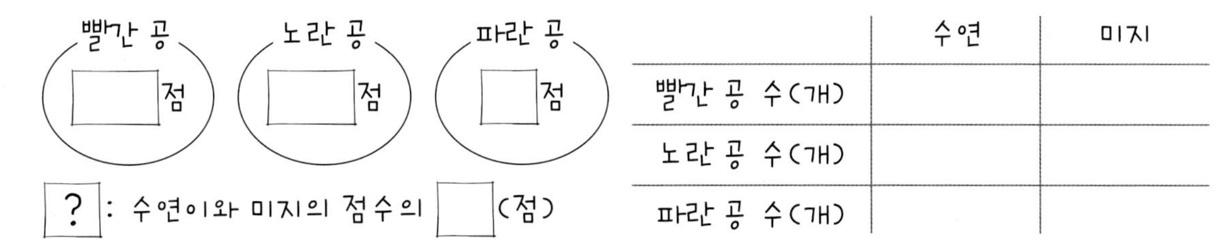

	수연	미지
빨간 공 수(개)		
노란 공 수(개)		
파란 공 수(개)		

계획-풀기

❶ 수연이와 미지가 받은 점수는 각각 얼마인지 구하기

❷ 수연이와 미지의 점수 차 구하기

답 ____________________

6 민주는 언니가 학교 행사를 위해서 한 상자에 쿠키 4개씩, 또 다른 상자에 젤리 3개씩을 넣어 쿠키와 젤리를 각각 포장하는 것을 도왔습니다. 쿠키 32개, 젤리 21개를 모두 상자로 포장했을 때, 각각 몇 상자씩이며 전체 몇 상자가 만들어졌는지 구하세요.

문제 그리기 문제를 읽고, □ 안에 알맞은 수나 말을 써넣으면서 풀이 과정을 계획합니다. (?: 구하고자 하는 것)

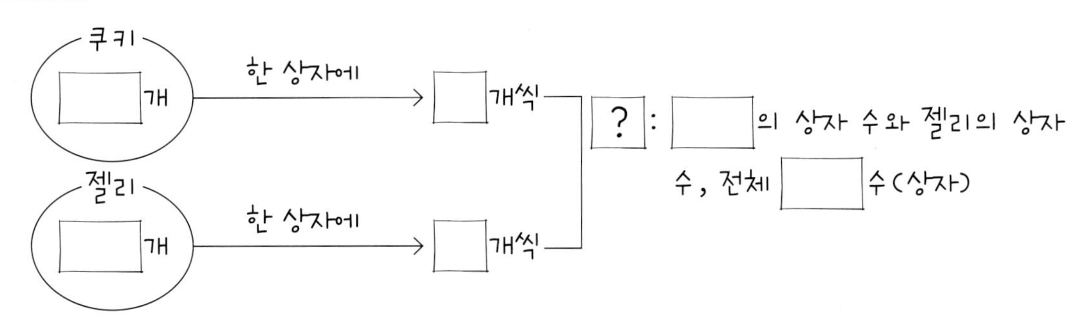

계획-풀기

❶ 쿠키의 상자 수 구하기

❷ 젤리의 상자 수 구하기

❸ 전체 상자 수 구하기

답 ____________________

7 준하가 지하철역에서 할아버지 댁까지 가는 데는 베이커리를 지나가는 방법과 공원을 지나가는 방법이 있습니다. 지하철역에서 베이커리까지는 478 m이고, 베이커리에서 할아버지 댁까지는 246 m입니다. 지하철역에서 공원까지는 138 m이고, 공원에서 할아버지 댁까지는 512 m입니다. 두 길 중 더 가까운 길은 어디를 지나는 것이고, 몇 m가 더 가까운지 구하세요.

문제 그리기 문제를 읽고, □ 안에 알맞은 수나 말을 써넣으면서 풀이 과정을 계획합니다. (?: 구하고자 하는 것)

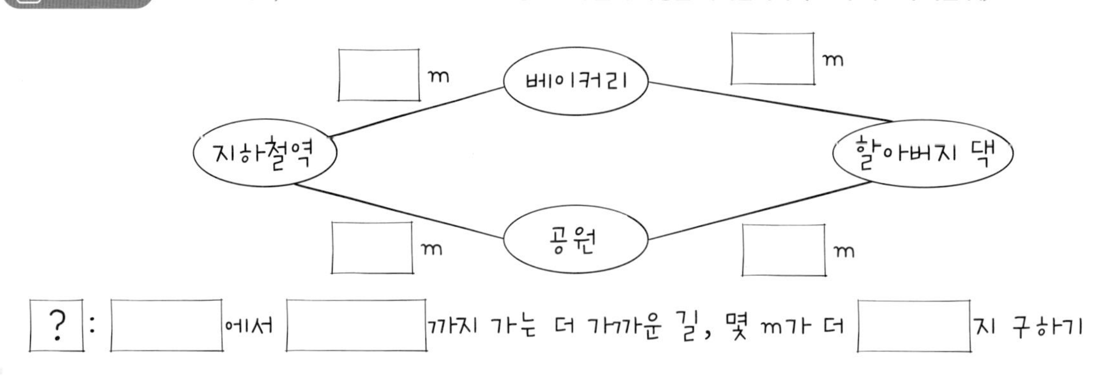

계획-풀기

❶ 지하철역에서 베이커리를 지나 할아버지 댁까지 가는 거리 구하기

❷ 지하철역에서 공원을 지나 할아버지 댁까지 가는 거리 구하기

❸ 두 길 중 더 가까운 길은 어디를 지나는 것이고, 몇 m가 더 가까운지 구하기

8 정우는 학기 초에 지우개가 달린 연필 3타와 지우개가 없는 연필 2타를 샀는데, 그중 지우개 달린 연필 18자루와 지우개가 없는 연필 6자루를 썼습니다. 정우는 남은 연필들을 모두 지우개가 달린 것과 상관없이 동생 3명과 똑같은 개수로 나누어 가지려면 한 사람당 몇 자루씩 가져야 하는지 구하세요.

(단, 연필 1타는 12자루입니다.)

문제 그리기 문제를 읽고, □ 안에 알맞은 수나 말을 써넣으면서 풀이 과정을 계획합니다. (?: 구하고자 하는 것)

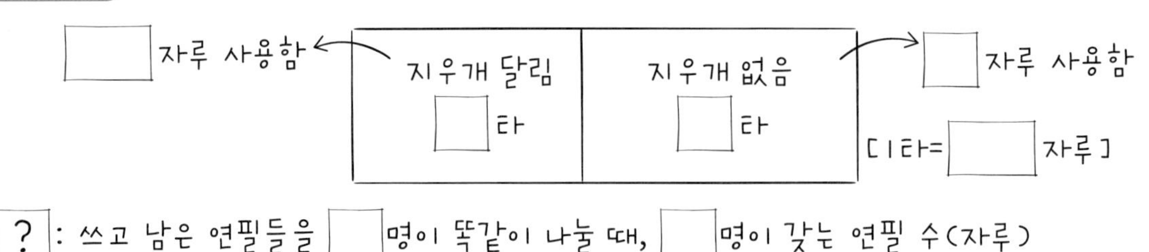

계획-풀기

❶ 정우가 처음 산 연필 수 구하기

❷ 정우가 쓰고 남은 연필 수 구하기

❸ 정우가 동생들과 남은 연필들을 나누어 가질 때, 한 사람당 갖게 되는 연필 수 구하기

9 6에서 어떤 수를 빼고 그 값에서 3을 곱해야 하는데 잘못하여 6에 어떤 수를 더하고 3을 곱해서 24가 되었습니다. 바르게 계산하면 얼마인지 구하세요.

문제 그리기 문제를 읽고, □ 안에 알맞은 수나 말을 써넣으면서 풀이 과정을 계획합니다. (?: 구하고자 하는 것)

어떤 수 : △

바른 계산: (6 − △)의 값에 □을 곱한 값

잘못한 계산: (6 + △)의 값에 □을 곱한 값 ⟹ □

? : □ 계산한 값

계획-풀기

❶ 어떤 수 구하기

❷ 바르게 계산한 값 구하기

답

10 승희는 바구니에 담아 두었던 물건들에서 270 g짜리 인형을 빼고, 300 g짜리 책도 뺐었더니 남은 무게가 380 g이 되었습니다. 바구니에서 인형과 책을 빼기 전의 무게는 몇 g이었는지 구하세요.

문제 그리기 문제를 읽고, □ 안에 알맞은 수나 말을 써넣으면서 풀이 과정을 계획합니다. (?: 구하고자 하는 것)

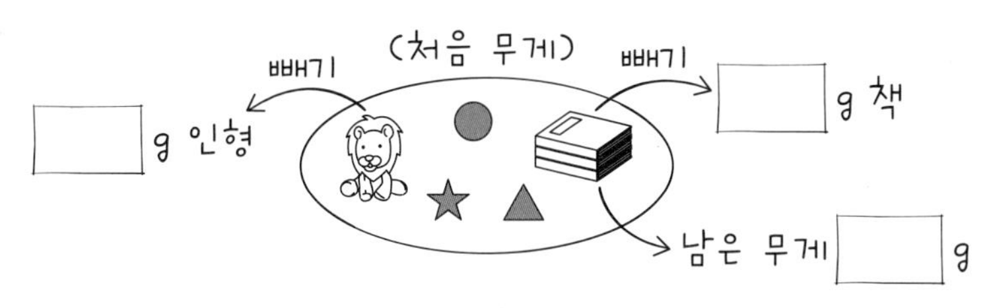

? : 인형과 책을 빼기 □의 무게(g)

계획-풀기

❶ 책을 다시 넣은 무게 구하기

❷ 바구니에서 인형과 책을 빼기 전의 무게 구하기

답

11 지아네 가족은 귤 농장에서 귤 따기 체험을 했습니다. 지아와 동생이 딴 귤은 28개씩 7바구니에 모두 담았고, 엄마와 아빠가 딴 귤은 34개씩 8바구니에 담았더니 몇 개가 남았습니다. 지아네 가족이 딴 귤이 모두 480개일 때, 엄마와 아빠가 딴 귤 중 바구니에 담고 남은 귤은 몇 개인지 구하세요.

문제 그리기 문제를 읽고, □ 안에 알맞은 수나 말을 써넣으면서 풀이 과정을 계획합니다. (?: 구하고자 하는 것)

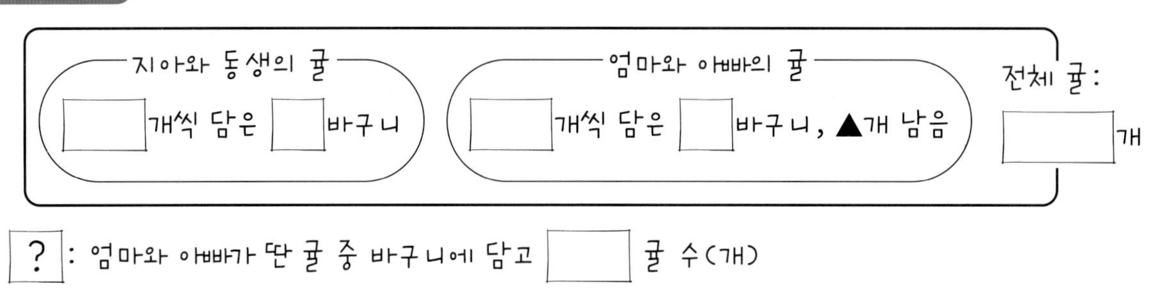

계획-풀기

❶ 지아와 동생이 딴 귤 수 구하기

❷ 엄마와 아빠가 딴 귤 중 바구니에 담은 귤 수 구하기

❸ 엄마와 아빠가 딴 귤 중 바구니에 담고 남은 귤 수 구하기

답 ____________________

12 호정이와 주호는 각자 쓴 수의 합이 999가 되는 놀이를 하고 있습니다. 먼저 호정이가 어떤 수를 쓰고 주호가 348이라고 썼습니다. 아직 198이 부족하다고 할 때, 호정이가 쓴 수를 구하세요.

문제 그리기 문제를 읽고, □ 안에 알맞은 수나 말을 써넣으면서 풀이 과정을 계획합니다. (?: 구하고자 하는 것)

△ + □ + □ = □

호정이가 쓴 수 ← 주호가 쓴 수 부족한 수

?: □이가 쓴 수

계획-풀기

❶ 호정이가 쓴 수를 △라 하고, 답을 구하기 위한 식 만들기

❷ 호정이가 쓴 수 구하기

답 ____________________

13 서연이가 식 '△×8과 18÷3의 합은 70입니다.'에서 △를 구하기 위해 다음과 같은 풀이 과정을 썼습니다. 이 풀이에서 틀린 부분에 밑줄을 그어 바르게 고치고 △를 구하세요.

> △를 구하기 위해서 먼저 18÷3을 계산하고, 그 값을 70에 더하면 △×8을 구할 수 있어.
> 그리고 그 구한 값에 8을 곱하면 돼.

문제 그리기 문제를 읽고, □ 안에 알맞은 수나 말 또는 기호를 써넣으면서 풀이 과정을 계획합니다. (?: 구하고자 하는 것)

"△×8과 □÷□의 합은 □입니다."

서연이의 풀이 ⟹ (△를 구하기 위해 □÷□을 계산한 값을 □에 더하면 △×8을 구할 수 있어. 그리고 그 구한 값에 □을 곱하면 돼.)

? : □ 부분을 찾아 밑줄 그어 바르게 고치고, □ 구하기

계획-풀기

❶ 틀린 부분에 밑줄 긋고 고치기

❷ △ 구하기

답 ______________________

14 패밀리 사이즈의 피자 한 판을 똑같이 여러 조각으로 나누어 주형이가 3조각을 먹고, 준섭이가 4조각을 먹었더니 3조각이 남았습니다. 주형이가 먹은 피자는 전체의 얼마인지 분수와 소수로 각각 구하세요.

문제 그리기 문제를 읽고, □ 안에 알맞은 수나 말을 써넣으면서 풀이 과정을 계획합니다. (?: 구하고자 하는 것)

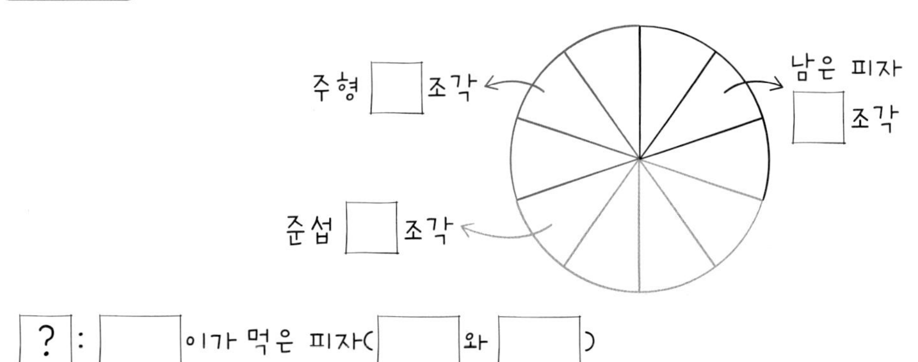

? : □이가 먹은 피자(□와 □)

계획-풀기

❶ 피자를 모두 몇 조각으로 나누었는지 구하기

❷ 주형이가 먹은 피자는 전체의 얼마인지 분수와 소수로 구하기

답 ______________________

15 다음 정희와 새미의 대화를 읽고, 거위의 무게와 오리의 무게의 합이 몇 kg인지 구하세요.

> 정희: 45를 거위의 무게로 나누면 몫이 9이고, 나누어떨어져.
> 새미: 거위의 무게와 오리의 무게의 곱은 10이야.

문제 그리기 문제를 읽고, □ 안에 알맞은 수나 말을 써넣으면서 풀이 과정을 계획합니다. (?: 구하고자 하는 것)

□ ÷ (□) = 9

(□) × (오리의 무게) = □

? : □와 오리의 무게의 □(kg)

계획-풀기

❶ 거위의 무게 구하기

❷ 오리의 무게 구하기

❸ 거위의 무게와 오리의 무게의 합 구하기

답 ____________________

16 어떤 수에 7을 더한 수에 5를 곱해야 하는데, 잘못해서 어떤 수에 5를 더한 수에 7을 곱했더니 63이 되었습니다. 어떤 수와 바르게 계산한 값을 구하세요.

문제 그리기 문제를 읽고, □ 안에 알맞은 수나 말을 써넣으면서 풀이 과정을 계획합니다. (?: 구하고자 하는 것)

△: 어떤 수
- 바른 계산: (△+□)에 □를 곱한 수
- 잘못된 계산: (△+□)에 □을 곱한 수 ⟹ □

? : □ 수와 □ 계산한 값

계획-풀기

❶ 어떤 수 구하기

❷ 바르게 계산한 값 구하기

답 ____________________

17 진희는 할머니께서 사 오신 가래떡 2줄을 각각 똑같이 3조각으로 나누어 그중 4조각을 먹었습니다. 가래떡 2줄을 전체로 볼 때 진희가 먹고 남은 양은 전체의 얼마인지 분수로 나타내세요.

문제 그리기 문제를 읽고, □ 안에 알맞은 수나 말을 써넣으면서 풀이 과정을 계획합니다. (?: 구하고자 하는 것)

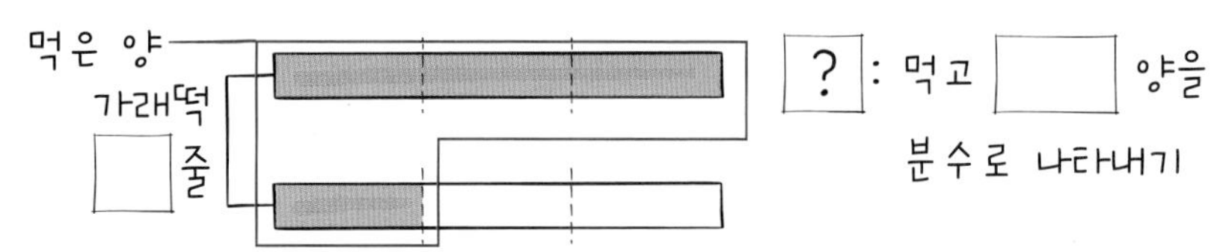

계획-풀기

❶ 다음 그림을 나누고 먹은 양만큼 색칠하기

❷ 남은 양을 분수로 나타내기

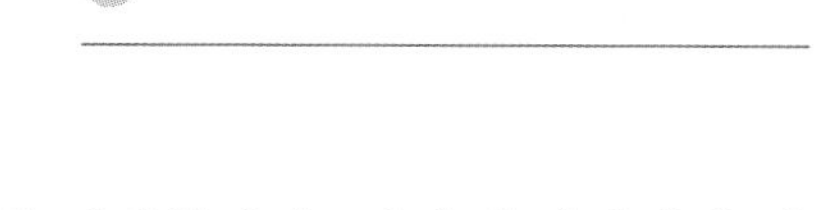

18 승철이네 학교 운동회에서 직선으로 된 트랙에서 이어달리기를 진행합니다. 먼저 출발선에서 빨간 리본을 맨 주자가 124 m를 달려서 대기하던 노란 리본을 맨 주자에게 바톤을 주면 노란 리본을 맨 주자는 136 m를 달려 트랙의 끝에 있던 초록 리본을 맨 주자에게 바톤을 넘깁니다. 초록 리본을 맨 주자는 방향을 바꾸어 출발선이 있는 방향으로 140 m를 달려 도착선에 도착합니다. 도착선은 출발선에서 몇 m 떨어진 곳에 있는지 구하세요.

문제 그리기 문제를 읽고, □ 안에 알맞은 수나 말을 써넣으면서 풀이 과정을 계획합니다. (?: 구하고자 하는 것)

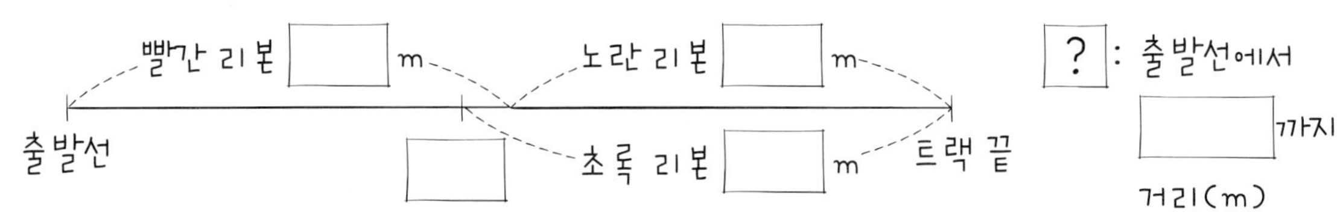

계획-풀기

❶ 다음 그림 위에 달린 거리를 표시하고 출발선에서 트랙 끝까지의 거리 구하기

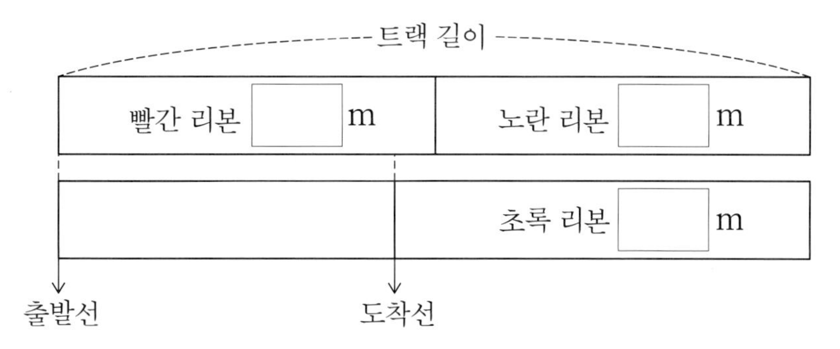

❷ 출발선에서 도착선까지의 거리 구하기

19 견학을 간 농장에서는 함께 견학 간 모든 팀에게 물을 받기 위해 사용할 긴 호스를 주었습니다. 56 m의 호스를 7 m씩 잘라 남김 없이 모든 팀에게 나누어 주었다면 호스를 몇 번 잘랐는지 구하세요.

문제 그리기 문제를 읽고, □ 안에 알맞은 수나 말을 써넣으면서 풀이 과정을 계획합니다. (?: 구하고자 하는 것)

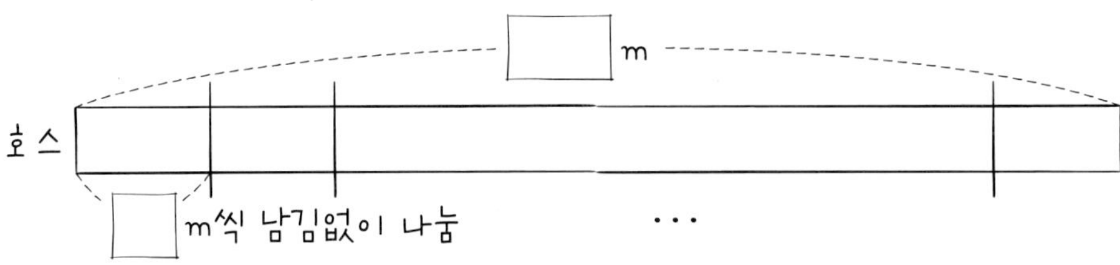

? : 호스를 □ 횟수(번)

계획-풀기

❶ 호스를 몇 도막으로 나눌 수 있는지 구하기

❷ 다음 제시된 띠를 등분하여 호스를 몇 번 잘랐는지 구하기

답 ____________

20 정후는 포장지로 엄마와 아빠의 선물을 따로 포장했습니다. 먼저 포장지 한 장의 $\frac{3}{10}$으로 아빠의 선물을 포장하고, 전체의 $\frac{6}{10}$으로 엄마의 선물을 포장했습니다. 남은 포장지는 전체의 얼마인지 소수로 나타내세요.

문제 그리기 문제를 읽고, □ 안에 알맞은 수나 말을 써넣으면서 풀이 과정을 계획합니다. (?: 구하고자 하는 것)

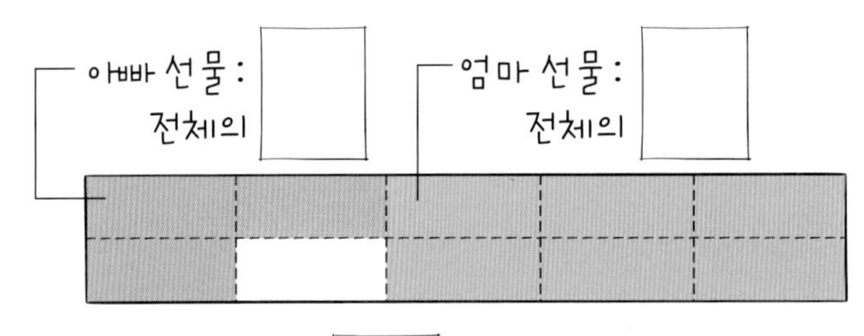

? : □ 포장지는 전체의 얼마인지 □로 구하기

계획-풀기

❶ 포장지를 사용한 만큼 색칠하여 그림으로 나타내기

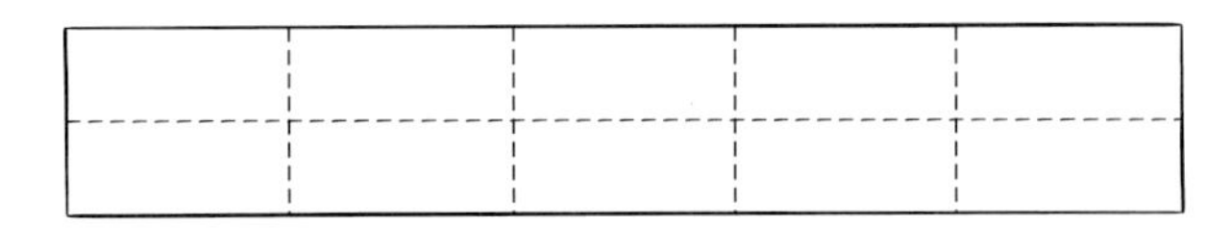

❷ 남은 포장지는 전체의 얼마인지 소수로 나타내기

답 ____________

21 학교 정문에서 체육관 입구까지 54 m의 길 양쪽에 각각 6 m 간격으로 나무가 있습니다. 이 나무에 모두 전구를 4개씩 단다고 할 때 전구는 모두 몇 개가 필요한지 구하세요. (단, 길의 처음과 끝에는 나무가 있습니다.)

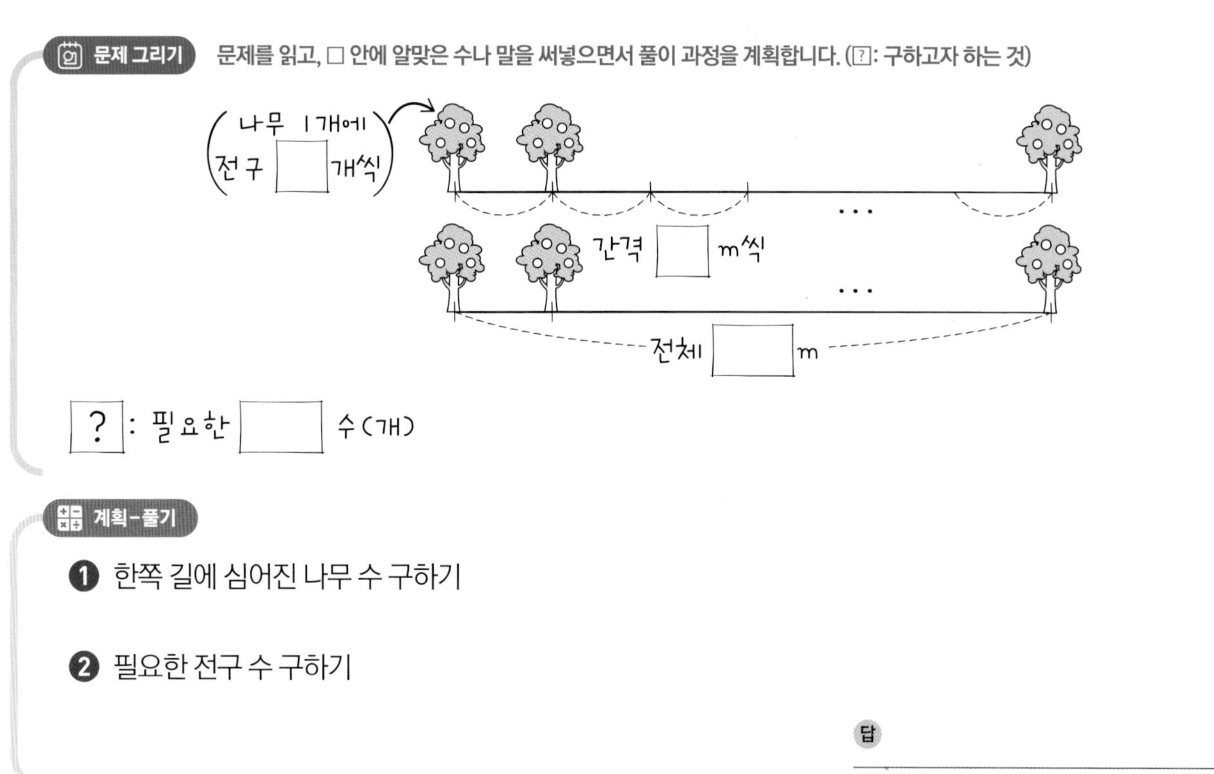

계획-풀기

❶ 한쪽 길에 심어진 나무 수 구하기

❷ 필요한 전구 수 구하기

답 ______________________

22 엄마가 준호와 형에게 가죽 벨트를 직접 만들어 주셨습니다. 형의 벨트는 준호의 벨트보다 7 cm 더 길고, 준호와 형의 벨트 길이의 합은 105 cm입니다. 준호 벨트의 길이는 몇 cm인지 구하세요.

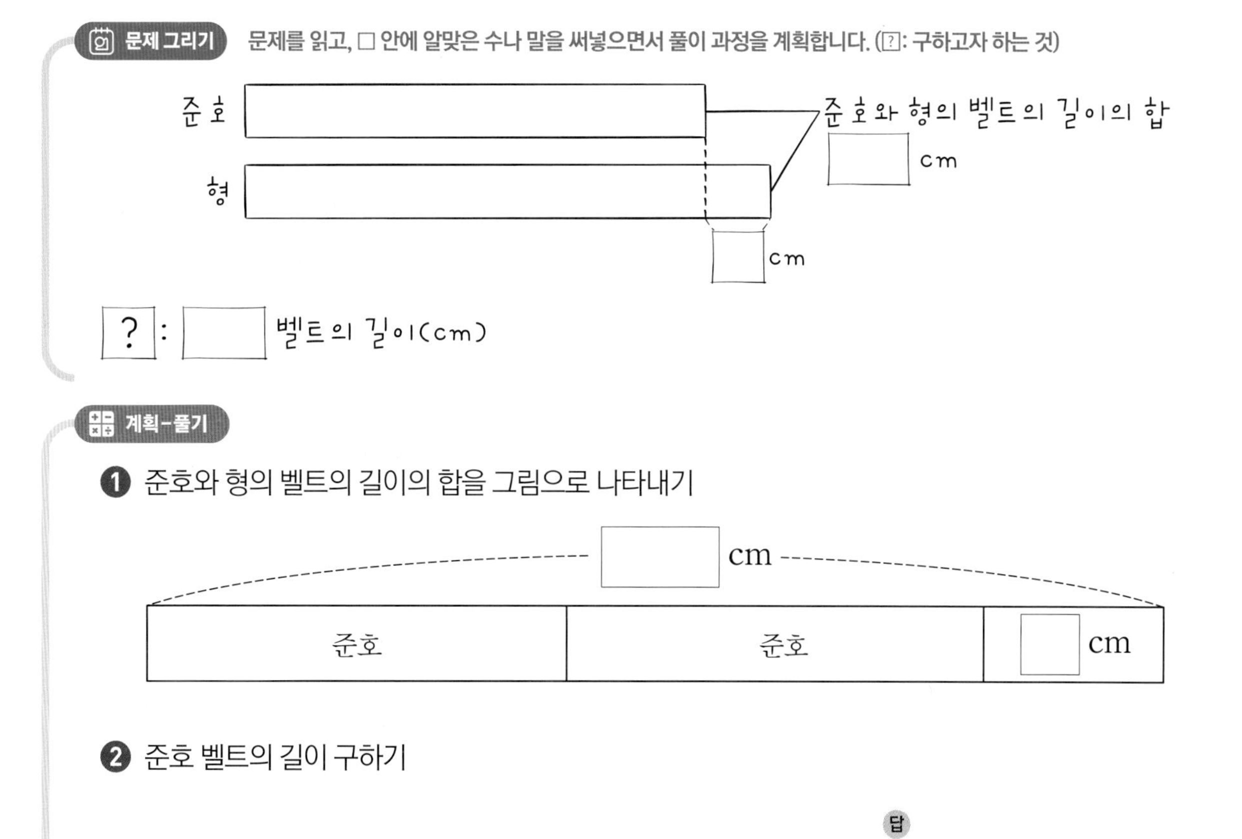

❷ 준호 벨트의 길이 구하기

답 ______________________

23 주희는 오빠와 장식품을 선반 위에 놓기 위해 장식품의 무게를 측정하였습니다. 석고 천사 4개가 84 g, 나무 자동차 1대가 96 g이고, 철 병정 1개의 무게는 석고 천사 2개의 무게와 나무 자동차 4대의 무게를 합한 것보다 400 g 가벼웠습니다. 철 병정 1개의 무게는 몇 g인지 구하세요.

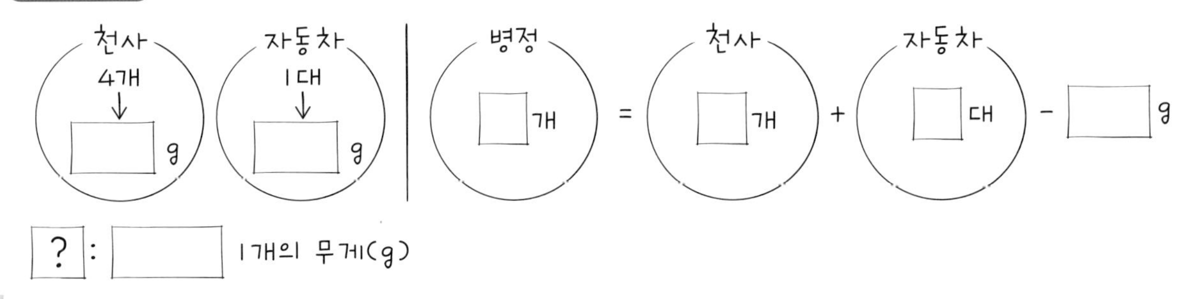

계획-풀기

❶ 다음 그림을 이용해 석고 천사 2개와 나무 자동차 4대의 무게 구하기

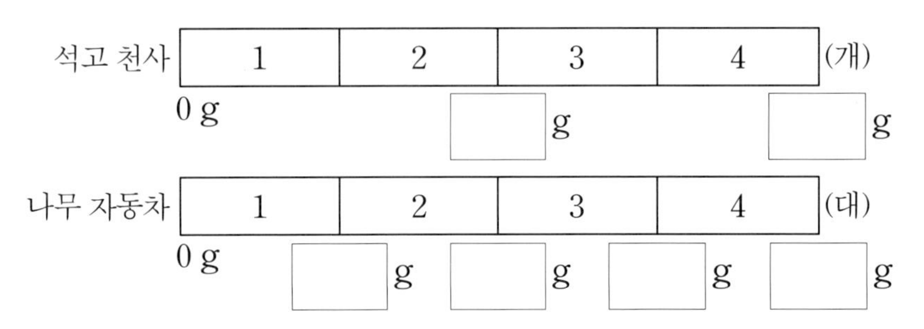

❷ 철 병정 1개의 무게 구하기

답 ______________________

24 새 3마리가 전선 위에 앉아 있습니다. 비둘기는 참새보다 187 cm 앞에 있고, 까치는 참새보다 412 cm 앞에 앉아 있습니다. 비둘기와 까치 사이의 거리는 몇 cm인지 구하세요.

문제 그리기 문제를 읽고, □ 안에 알맞은 수나 말을 써넣으면서 풀이 과정을 계획합니다. (?: 구하고자 하는 것)

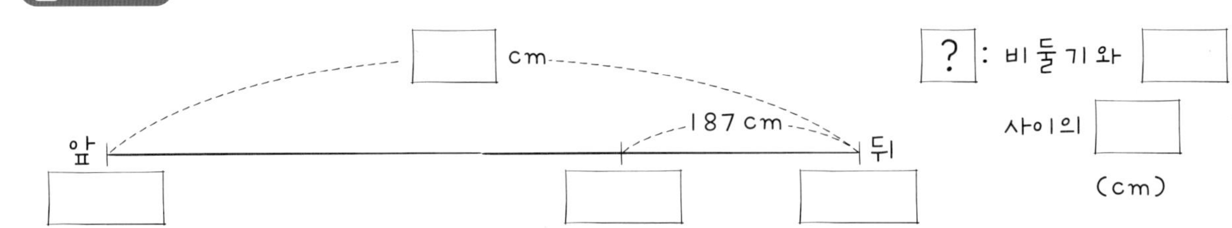

계획-풀기

❶ 비둘기와 까치 사이의 거리를 구하는 식 세우기

❷ 비둘기와 까치 사이의 거리 구하기

답 ______________________

예상한 다음에 답을 확인해요?

문제의 답을 미리 예상해 보고 그 답이 문제의 조건에 맞는지 확인하는 과정을 반복하여 문제를 푸는 전략입니다. 먼저 예상하고 답이 틀렸으면 예상했던 수를 늘이거나 줄여서 다시 예상하고 확인하는 과정을 반복합니다.

상자 안에 6 g짜리 초콜릿과 5 g짜리 사탕을 합쳐서 12개 넣었더니 상자 무게를 빼고 64 g이 되었어요. 그러면 초콜릿과 사탕이 각각 몇 개씩일까요?

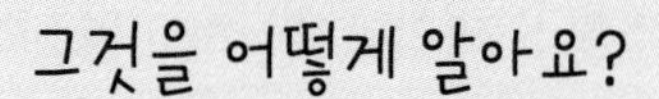

예상해 보는 거예요. 합쳐서 12개라고 했으니까 초콜릿이 5개, 사탕 7개라고 말이죠. 그렇게 예상하고 확인해요.

오호라. 무게의 합으로 확인하는 거군요? $6\times5=30$, $5\times7=35$이고 $30+35=65$이니까 답이 아니네요. 그 다음은 어떻게 예상을 하죠?

합이 64 g이니까 무게를 더 줄여야 하겠죠? 그러면 더 무거운 초콜릿의 수를 줄이는 거죠. 다시 예상해서 초콜릿의 수를 1개 줄여 4개라고 하고, 사탕의 수를 8개라고 하면 $6\times4=24$, $5\times8=40$이고, $24+40=64$가 맞네요.

1 민영이네 농장에는 염소와 오리가 모두 32마리 있는데 우리를 더 늘리기 위해 2층으로 확장했습니다. 민영이는 아빠와 시장에 염소와 오리를 더 사러 갔는데 현재 몇 마리씩인지를 잊었다고 합니다. 염소 1마리는 4 kg, 오리 1마리는 2 kg이고 무게의 합이 94 kg이라는 것만 기억할 때, 현재 염소와 오리는 각각 몇 마리씩 있는지 구하세요.

문제 그리기 문제를 읽고, □ 안에 알맞은 수나 말을 써넣으면서 풀이 과정을 계획합니다. (?: 구하고자 하는 것)

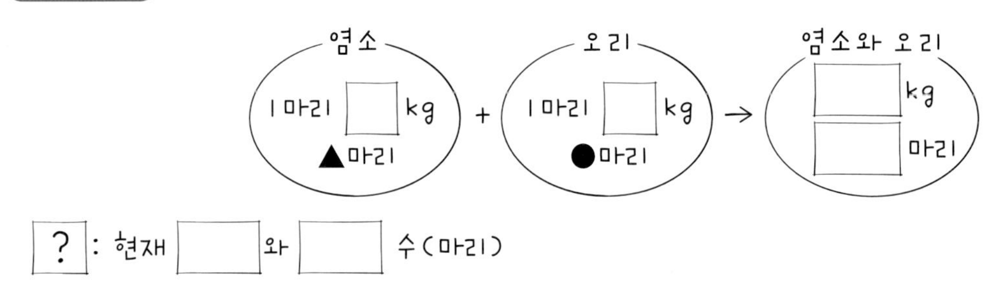

계획-풀기 틀린 부분에 밑줄을 긋고, 그 부분을 바르게 고친 것을 화살표 오른쪽에 씁니다.

❶ 염소의 수를 17마리로 예상하고 염소와 오리 무게의 합 확인하기

염소가 17마리이면 오리는 $31-17=14$(마리)이므로 무게의 합은
$4\times17=68$, $3\times14=42$에서 $68+42=110$(kg)이므로 틀립니다.

→

❷ 염소의 수를 16마리로 예상하고 염소와 오리 무게의 합 확인하기

염소가 16마리이면 오리는 $31-16=15$(마리)이므로 무게의 합은 $4\times16=64$, $3\times15=45$에서
$64+45=109$(kg)이므로 틀립니다.

→

❸ 염소의 수를 15마리로 예상하고 염소와 오리 무게의 합 확인하기

염소가 15마리이면 오리는 $31-15=16$(마리)이므로 무게의 합은 $4\times15=60$, $3\times16=48$에서
$60+48=108$(kg)이므로 맞습니다.

→

❹ 답 구하기

민영이네 농장에 염소는 15마리이고, 오리는 16마리입니다.

→

답 ____________________

확인하기 문제를 풀기 위해 배워서 적용한 전략에 ○표 하세요.

단순화하기 (   ) 예상하고 확인하기 (   ) 문제정보를 복합적으로 나타내기 (   )

2 주하와 단지가 책의 '쪽수 맞추기' 놀이를 합니다. 주하가 책을 펼쳐 두 쪽수의 합이 353이라고 말했더니 단지가 어떤 계산을 하더니 오른쪽의 쪽수를 말했습니다. 틀려서 몇 번을 다시 말하더니 맞추었습니다. 단지가 올바르게 말한 오른쪽의 쪽수를 구하세요.

문제 그리기 문제를 읽고, □ 안에 알맞은 수나 말을 써넣으면서 풀이 과정을 계획합니다. (?: 구하고자 하는 것)

왼쪽 쪽수 → ● ▲ ← 오른쪽 쪽수

● + ▲ = □

? : □ 쪽수 구하기

계획-풀기 틀린 부분에 밑줄을 긋고, 그 부분을 바르게 고친 것을 화살표 오른쪽에 씁니다.

❶ 오른쪽의 쪽수를 172쪽이라고 예상하고 쪽수의 합 확인하기

오른쪽의 쪽수를 172쪽이라고 예상하면 (왼쪽의 쪽수)=172−2=170(쪽)입니다.
(두 쪽수의 합)=172+170=342(쪽)이므로 쪽수의 합이 352가 아닙니다.

→

❷ 오른쪽의 쪽수를 177쪽이라고 예상하고 쪽수의 합 확인하기

오른쪽의 쪽수를 177쪽이라고 예상하면 (왼쪽의 쪽수)=177−2=175(쪽)입니다.
(두 쪽수의 합)=177+175=352(쪽)이므로 두 쪽수의 합이 352와 같습니다.

→

❸ 답 구하기

오른쪽 쪽의 쪽수는 175쪽입니다.

→

답 ______________________

확인하기 문제를 풀기 위해 배워서 적용한 전략에 ○표 하세요.

단순화하기 ( ) 예상하고 확인하기 ( ) 문제정보를 복합적으로 나타내기 ( )

문제정보를 복합적으로 나타내기가 뭐예요?

문제에서 제시하는 정보나 조건을 이용하여 문제를 푸는 경우입니다. 단 하나의 식이나 그림이 아니라 조건에 따라 다르게 표현할 수 있습니다. 대부분 예상하고 확인하기 전략과 함께 사용되는 전략입니다.

문제에서 주어진 정보나 조건에 따라 푸는 경우라고요?

맞아요! 주어진 조건을 적용하는데 그것을 풀어가는 과정이 아주 단순한 그림일 수도 있고 식을 세울 수도 있어요. 이 모든 경우가 대부분 예상하고 확인하는 방법을 함께 사용하지요.

잘 이해가 안 돼요.

간단하게는 '3, 4, 5의 세 수가 적힌 수 카드 3장으로 가장 큰 세 자리 수 만들기' 문제에서 '가장 큰 수'와 사용할 수 있는 카드가 3, 4, 5라는 조건에 따라 세 자리 수라고 했으니까 세 칸을 만든 다음 가장 큰 수라고 했으니까 가장 큰 수부터 앞에서 차례대로 넣어 '543'을 만드는 경우도 해당돼요.

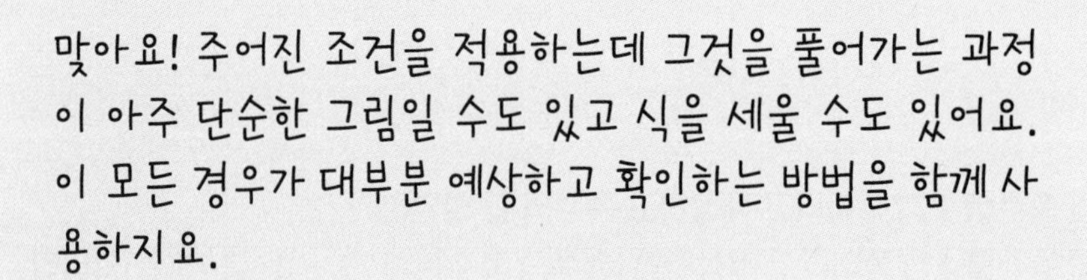

1 주어진 두 조건 ㉠, ㉡을 모두 만족하는 분수 중 가장 작은 분수를 구하세요.

조건
㉠ 0.1보다 큰 수
㉡ $\frac{1}{6}$보다 작은 단위분수

문제 그리기 문제를 읽고, □ 안에 알맞은 수나 말을 써넣으면서 풀이 과정을 계획합니다. (?: 구하고자 하는 것)

조건
- □보다 □수
- □보다 작은 □분수

?: 위 조건을 모두 만족하는 □ 중 가장 □ 분수

계획-풀기 틀린 부분에 밑줄을 긋고, 그 부분을 바르게 고친 것을 화살표 오른쪽에 씁니다.

❶ 0.1을 분수로 나타내기

0.1을 분수로 나타내면 $\frac{1}{100}$입니다.

→

❷ $\frac{1}{6}$보다 작은 단위분수 구하기

분모가 작을수록 단위분수의 크기가 작으므로 $\frac{1}{6}$보다 작은 단위분수는 분모가 6보다 작은 분수입니다.

따라서 $\frac{1}{2}$, $\frac{1}{3}$, $\frac{1}{4}$, $\frac{1}{5}$입니다.

→

❸ ❷에서 구한 분수 중 ❶의 조건에 맞는 분수 구하기

❷에서 구한 분수 중 $\frac{1}{100}$보다 큰 분수는 $\frac{1}{2}$, $\frac{1}{3}$, $\frac{1}{4}$, $\frac{1}{5}$입니다.

→

❹ 주어진 조건을 모두 만족하는 분수 구하기

$\frac{1}{2}$, $\frac{1}{3}$, $\frac{1}{4}$, $\frac{1}{5}$ 중 가장 작은 분수는 $\frac{1}{2}$입니다.

→

답 ______________________

확인하기 문제를 풀기 위해 배워서 적용한 전략에 ○표 하세요.

단순화하기 (　　)　　규칙성 찾기 (　　)　　문제정보를 복합적으로 나타내기 (　　)

2 3장의 수 카드 2, 5, 6 을 한 번씩만 사용해서 '(두 자리 수)×(한 자리 수)'를 만들려고 합니다. 곱한 값 중 가장 큰 수와 가장 작은 수의 차를 구하세요.

문제 그리기 문제를 읽고, □ 안에 알맞은 수나 말을 써넣으면서 풀이 과정을 계획합니다. (?: 구하고자 하는 것)

수 카드 □, □, □을 □ 번씩만 사용하여 만든

(□ 자리 수)×(□ 자리 수)

? : 두 자리 수와 □ 자리 수의 곱 중 가장 □ 수와 가장 작은 수의 □

계획-풀기 틀린 부분에 밑줄을 긋고, 그 부분을 바르게 고친 것을 화살표 오른쪽에 씁니다.

❶ 가장 큰 수 구하기

수 카드에 적힌 숫자는 2, 3, 5이므로 가장 큰 수를 만드는 곱은 $52 \times 3 = 156$입니다.

→

❷ 가장 작은 수 구하기

가장 작은 수를 만드는 곱은 $23 \times 5 = 156$입니다.

→

❸ 곱한 값 중 가장 큰 수와 가장 작은 수의 차 구하기

(가장 큰 곱과 가장 작은 곱의 차)$=156-156=0$이므로 그 차는 0입니다.

→

답

확인하기 문제를 풀기 위해 배워서 적용한 전략에 ○표 하세요.

단순화하기 (　　) 규칙성 찾기 (　　) 문제정보를 복합적으로 나타내기 (　　)

1 다음 보기 와 같이 숫자들 사이에 '×'를 한 곳에만 넣어 곱셈식을 완성해 보세요.

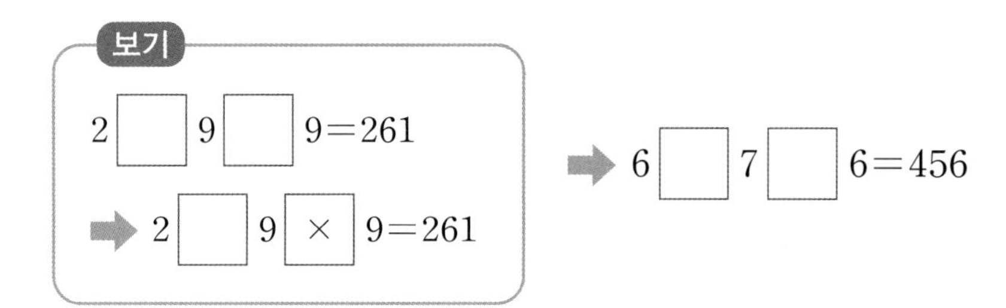

문제 그리기 문제를 읽고, □ 안에 알맞은 수나 말을 써넣으면서 풀이 과정을 계획합니다. (?: 구하고자 하는 것)

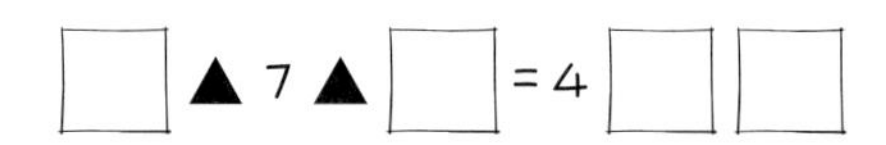

?: 숫자들 사이에 □를 한 곳에만 넣어 □식 완성하기

계획-풀기

❶ (두 자리 수)×(한 자리 수)로 예상하고 확인하기

❷ (한 자리 수)×(두 자리 수)로 예상하고 확인하기

답

2 다음 3장의 수 카드를 모두 □ 안에 써넣어 곱셈식을 완성하세요.

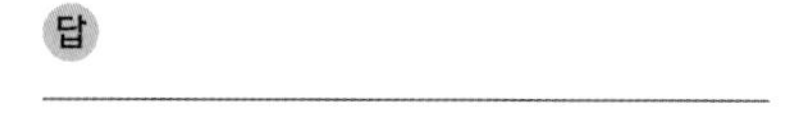

문제 그리기 문제를 읽고, □ 안에 알맞은 수나 말을 써넣으면서 풀이 과정을 계획합니다. (?: 구하고자 하는 것)

세 장의 수 카드 □, □, □

→ □▲×□=▲□▲

?: 수 카드 □장을 모두 사용하여 □식 완성하기

계획-풀기

❶ 곱해지는 수를 82로 예상하고 답 확인하기

❷ 곱해지는 수를 85로 예상하고 답 확인하기

❸ 곱해지는 수를 87로 예상하고 답 확인하기

답

3 지난해 달력은 달을 나타내는 숫자들만 보라색과 노란색으로 되어있는데, 홀수 달은 보라색, 짝수 달은 노란색입니다. 보라색 수 중 ㉠과 ㉡이 될 수 있는 서로 다른 두 수를 모두 구하세요.

$$㉠+9-㉡=13$$

문제 그리기 문제를 읽고, □ 안에 알맞은 수나 말을 써넣으면서 풀이 과정을 계획합니다. (?: 구하고자 하는 것)

㉠+□-㉡=13

홀수 달은 □색, 짝수 달은 □색, ㉠과 ㉡은 □색 수

? : □과 □이 될 수 있는 서로 □ 두 수

계획-풀기

❶ 보라색 수 구하기

❷ 보라색 수 ㉠을 예상하고 ㉡을 확인하기

답

4 제시된 4장의 수 카드 중 2장을 뽑아 그 합이 다음과 같이 되도록 하는 두 장의 수 카드의 수를 각각 구하고, 그 두 수의 차를 구하세요.

345	415	337	257	➡ □ + □ = 672

문제 그리기 문제를 읽고, □ 안에 알맞은 수나 말을 써넣으면서 풀이 과정을 계획합니다. (?: 구하고자 하는 것)

수 카드 4장: □, □, □, □

→ 2장을 뽑아 그 합이 □가 되도록 하기

? : 합이 □인 두 수, 그 두 수의 □

계획-풀기

❶ 처음 수를 예상하고 확인하여 두 수 구하기

❷ 두 수의 차 구하기

답

5 형의 빈 가방은 6 kg이고 옷이 들어 있는 아빠의 가방은 19 kg이었습니다. 무게가 같은 두 물건을 형과 아빠의 가방에 각각 1개씩 넣었더니 아빠의 가방 무게는 형의 가방 무게의 2배가 되었다면 아빠와 형의 가방에 똑같이 넣은 물건의 무게는 몇 kg인지 구하세요.

문제 그리기 문제를 읽고, □ 안에 알맞은 수나 말을 써넣으면서 풀이 과정을 계획합니다. (?: 구하고자 하는 것)

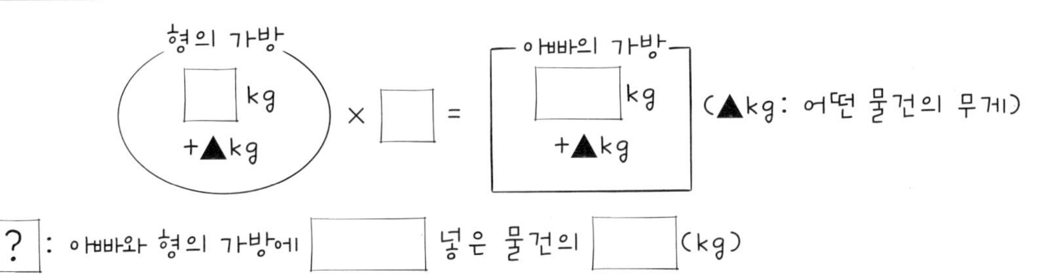

?: 아빠와 형의 가방에 □ 넣은 물건의 □(kg)

계획-풀기

❶ 더 넣은 물건의 무게를 5 kg이라고 예상하고 확인하기

❷ ❶이 틀린 경우 물건의 무게를 바꿔서 예상하고 확인하기를 반복해서 답 구하기

답 ____________

6 주하와 용훈이는 각각 펼친 책의 쪽수를 한 쪽씩 말했습니다. 주하와 용훈이가 말한 쪽수의 합은 401이고, 주하가 말한 쪽수는 짝수이며 용훈이가 말한 쪽수보다 13이 작습니다. 주하와 용훈이가 말한 쪽수를 각각 구하세요.

문제 그리기 문제를 읽고, □ 안에 알맞은 수나 말을 써넣으면서 풀이 과정을 계획합니다. (?: 구하고자 하는 것)

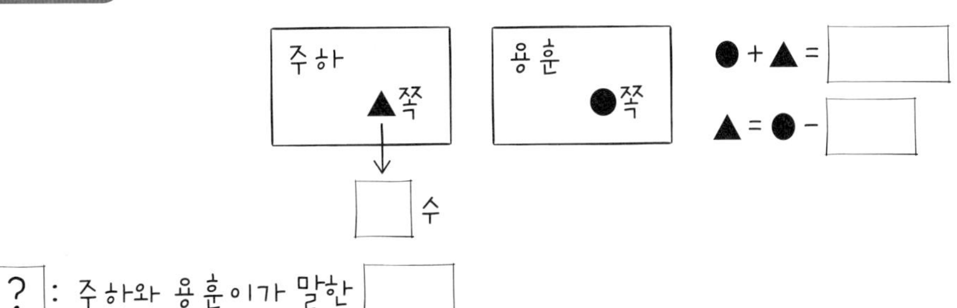

?: 주하와 용훈이가 말한 □

계획-풀기

❶ 주하가 말한 쪽수를 190이라고 예상하고 확인하기

❷ ❶이 틀린 경우 다른 쪽수를 예상하고 확인하여 답 구하기

답 ____________

7 다음 보기 와 같이 두 자리 수 □4와 한 자리 수 6의 곱은 백의 자리와 일의 자리의 숫자가 각각 4인 세 자리 수 4★4입니다. 이때 □ 안에 알맞은 수를 구하세요.

보기

□4×6=4★4

문제 그리기 문제를 읽고, □ 안에 알맞은 수나 말을 써넣으면서 풀이 과정을 계획합니다. (?: 구하고자 하는 것)

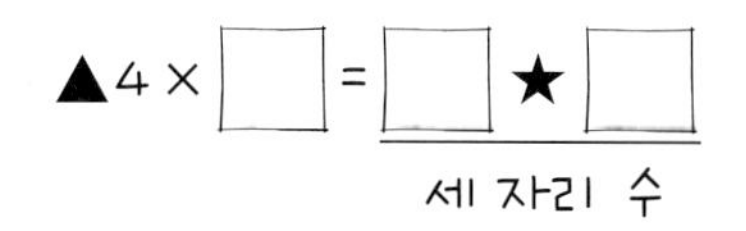

? : □ 안에 알맞은 □

계획-풀기

❶ □ 안의 수를 6으로 예상하고 확인하기

❷ ❶이 틀린 경우 다른 수를 예상하고 확인하기를 반복하여 답 구하기

답

8 다음 중 두 수를 골라 두 수의 차를 구했을 때, 그 차가 200에 가장 가까운 두 수를 골라 두 수의 차를 구하세요.

653 308 497 127

문제 그리기 문제를 읽고, □ 안에 알맞은 수나 말을 써넣으면서 풀이 과정을 계획합니다. (?: 구하고자 하는 것)

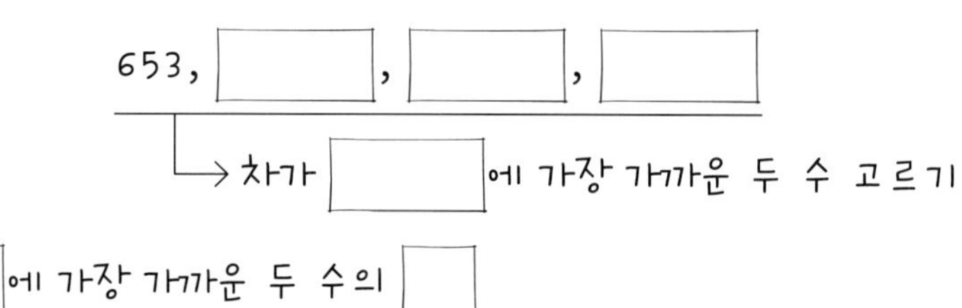

? : □에 가장 가까운 두 수의 □

계획-풀기

❶ 백의 자리의 숫자의 차가 2인 경우를 각각 구하여 그 차 구하기

❷ 백의 자리의 숫자의 차가 1인 경우를 각각 구하여 그 차 구하기

❸ ❶과 ❷ 중에서 차가 200에 가장 가까운 경우를 구해 두 수의 차 구하기

답

9 진영이는 새로 이사 간 집 마당에 있는 화단에 엄마와 꽃을 심기로 했습니다. 화단의 $\frac{4}{15}$에는 데이지를 심고, $\frac{7}{15}$에는 장미를 심기로 했습니다. 그리고 화단의 나머지 부분에는 엄마가 좋아하시는 수국을 심기로 했다면 수국은 전체의 몇 분의 몇에 심게 되는지 구하세요.

문제 그리기 문제를 읽고, □ 안에 알맞은 수나 말을 써넣으면서 풀이 과정을 계획합니다. (?: 구하고자 하는 것)

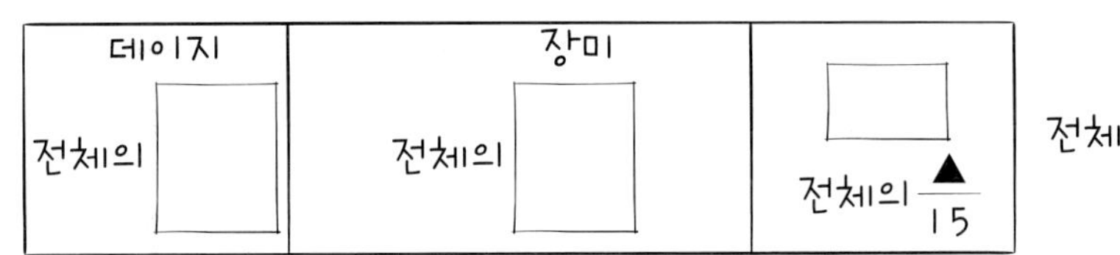

전체 화단의 크기: 1

? : □을 심는 곳은 전체의 얼마인지 분수로 구하기

계획-풀기

❶ 데이지와 장미를 심는 곳은 화단 전체의 얼마인지 구하기

❷ 수국을 심는 곳은 화단 전체의 얼마인지 구하기

답 ______________

10 민지와 오빠는 선물 상자를 포장했습니다. 가로의 길이와 세로의 길이와 높이 중 가장 긴 길이에 맞춰서 상자에 붙일 색 테이프를 하나 자르려고 합니다. 각 길이가 다음과 같을 때, 색 테이프를 몇 cm로 자르면 되는지 구하세요.

> 가로의 길이: 0.1 cm가 86개인 수, 세로의 길이: $\frac{1}{10}$ cm가 8개인 수
>
> 높이: 6 cm보다 0.99 cm만큼 긴 수

문제 그리기 문제를 읽고, □ 안에 알맞은 수나 말을 써넣으면서 풀이 과정을 계획합니다. (?: 구하고자 하는 것)

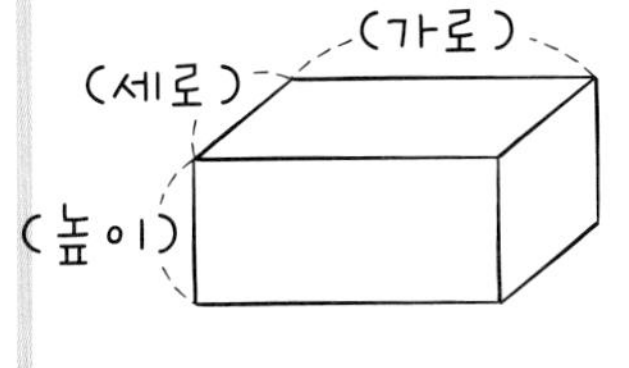

가장 □ 길이에 맞춰 색 테이프를 자름.

가로 : 0.1 cm가 □개인 수, 높이 : □ cm보다 □ cm만큼 긴 수,

세로 : $\frac{1}{10}$ cm가 □개인 수

? : 자르는 색 테이프의 □(cm)

계획-풀기

❶ 가로, 세로, 높이를 소수로 나타내기

❷ 색 테이프를 몇 cm 자르면 되는지 구하기

답 ______________

11

다음 그림에 0.7, 0.3, $\frac{9}{10}$, 1.8, $\frac{2}{10}$, 1.1, 2.1의 수들을 위치에 맞춰서 쓰려고 합니다. 색칠한 부분에 들어갈 수 있는 수는 모두 몇 개인지 구하세요.

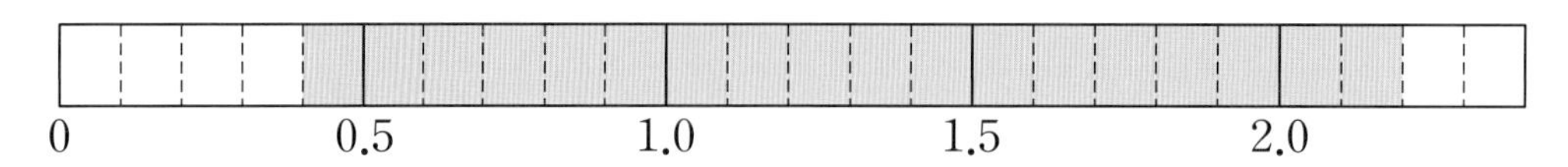

문제 그리기 문제를 읽고, □ 안에 알맞은 수나 말을 써넣으면서 풀이 과정을 계획합니다. (?: 구하고자 하는 것)

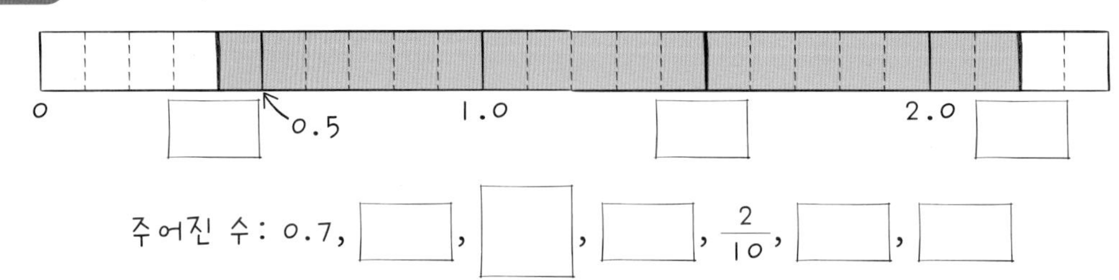

계획-풀기

❶ 분수를 소수로 나타내기

❷ 색칠한 부분에 들어갈 수 있는 수의 개수 구하기

답

12

철진이는 젤리를 영호, 민수와 가위바위보를 해서 나누어 가지려고 합니다. 각자 가위바위보를 한 전체 횟수를 분모로, 각자 이긴 횟수를 분자로 하여 전체의 각 분수만큼의 젤리를 가졌습니다. 모두 13번의 가위바위보를 해서 영호가 철진이를 5번 이겼고, 민수는 철진이를 4번 이겼습니다. 철진이가 나머지 가위바위보에서 모두 이겼을 때, 철진이가 먹게 되는 젤리는 전체의 얼마인지 분수로 구하세요. (단, 비기는 경우는 없습니다.)

문제 그리기 문제를 읽고, □ 안에 알맞은 수나 말을 써넣으면서 풀이 과정을 계획합니다. (?: 구하고자 하는 것)

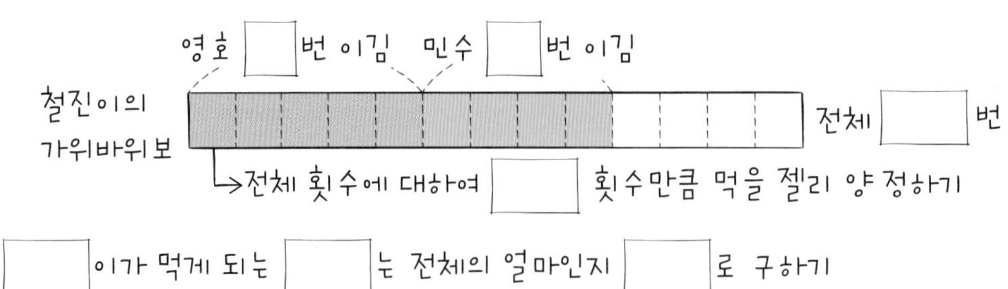

계획-풀기

❶ 철진이가 이긴 횟수 구하기

❷ 철진이가 먹게 되는 젤리는 전체의 얼마인지 구하기

답

13 토끼들과 다람쥐들이 모은 당근과 도토리를 보며 나눈 대화를 보고 당근과 도토리의 수를 각각 구하세요.

> 토끼: 지금까지 우리가 함께 모은 당근과 도토리의 수를 모두 더하니 785개야.
> 다람쥐: 맞아! 그리고 도토리의 수가 당근의 수보다 185개가 더 많아.

문제 그리기 문제를 읽고, □ 안에 알맞은 수나 말을 써넣으면서 풀이 과정을 계획합니다. (?: 구하고자 하는 것)

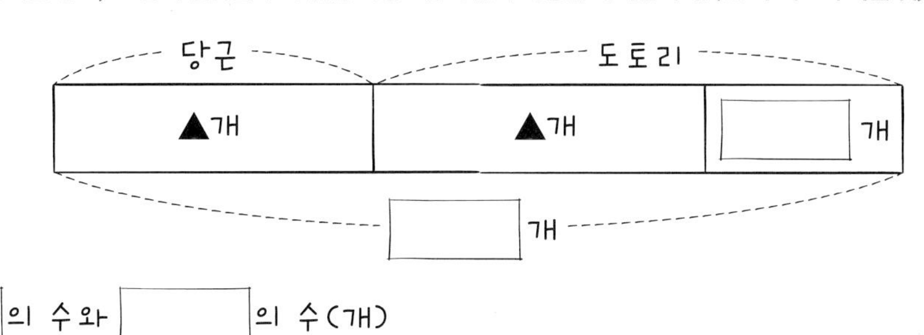

계획-풀기

❶ 당근의 수 구하기

❷ 도토리의 수 구하기

답 ________________

14 다음 ㉠과 ㉡에 알맞은 숫자의 합을 구하세요.

$$\begin{array}{r} 8\ ㉠ \\ \times\quad 6 \\ \hline ㉡\ 3\ 4 \end{array}$$

문제 그리기 문제를 읽고, □ 안에 알맞은 수나 말을 써넣으면서 풀이 과정을 계획합니다. (?: 구하고자 하는 것)

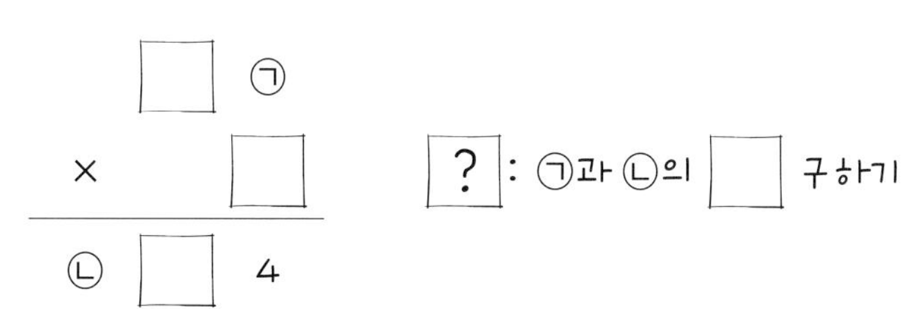

계획-풀기

❶ ㉠에 알맞은 숫자 구하기

❷ ㉠, ㉡에 알맞은 숫자의 합 구하기

답 ________________

15 3장의 수 카드 3 , 4 , 5 로 만든 세 자리 수를 다음 식의 □ 안에 넣어 뺄셈식을 만들려고 합니다. 뺄셈식의 차가 백의 자리 숫자가 2인 세 자리 수일 때, 수 카드로 만들 수 있는 모든 세 자리 수들의 합을 구하세요.

740 − □

문제 그리기 문제를 읽고, □ 안에 알맞은 수나 말을 써넣으면서 풀이 과정을 계획합니다. (?: 구하고자 하는 것)

세 장의 수 카드 □, □, □

↓

7□□ − (만든 세 자리 수) = □▲●

?: 만들 수 있는 □ 자리 수들의 □

계획-풀기

❶ 만들 수 있는 세 자리 수 구하기

❷ 세 자리 수들의 합 구하기

답 ______________

16 학교에서 '예술의 날'을 정해서 강당을 글짓기와 그림, 그리고 서예를 할 수 있는 공간으로 꾸민다고 합니다. 강당 전체의 $\frac{12}{23}$에는 그림과 서예 공간을 만들고, 전체의 $\frac{5}{23}$에는 휴식 공간을 만들고, 나머지 부분에는 글짓기 공간을 만든다고 할 때, 글짓기 공간은 전체의 얼마인지 분수로 구하세요.

문제 그리기 문제를 읽고, □ 안에 알맞은 수나 말을 써넣으면서 풀이 과정을 계획합니다. (?: 구하고자 하는 것)

강당	그림과 서예 전체의 □	휴식 공간 전체의 □	글짓기

?: □ 공간은 전체의 얼마인지 분수로 구하기

계획-풀기

❶ 그림과 서예 공간과 휴식 공간은 전체의 얼마인지 구하기

❷ 글짓기 공간은 전체의 얼마인지 구하기

답 ______________

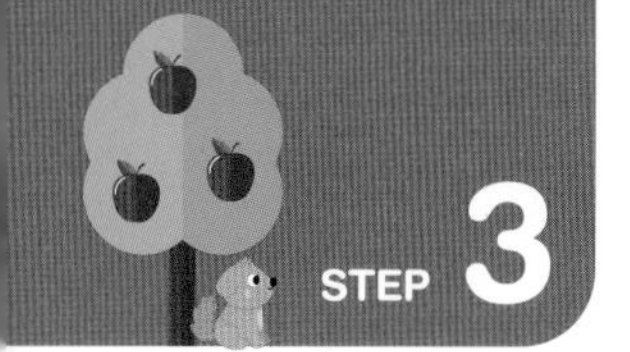

STEP 3 내가 수학하기

한 단계 UP!

식 만들기 | 거꾸로 풀기 | 그림 그리기
예상하고 확인하기
문제정보를 복합적으로 나타내기

정답과 풀이 14~18쪽

1 한 바구니에 36개씩 포장된 밀크 초콜릿 4바구니와 한 상자에 28개씩 포장된 다크 초콜릿 6상자가 있습니다. 밀크 초콜릿과 다크 초콜릿 중 어느 것의 개수가 얼마나 더 많은지 구하세요.

문제 그리기 문제를 읽고, □ 안에 알맞은 수나 말을 써넣으면서 풀이 과정을 계획합니다. (?: 구하고자 하는 것)

한 바구니
밀크 초콜릿
□개
→ □ 바구니

한 상자
다크 초콜릿
□개
→ □ 상자

? : 더 □은 초콜릿과 두 초콜릿 수의 □(개)

계획-풀기

답 ____________________

2 한 상자에 4개씩 담긴 쿠키 상자와 낱개 쿠키 8개를 다시 한 바구니에 6개씩 나누어 담았더니 6바구니가 되었습니다. 처음 쿠키를 4개씩 담았던 상자는 몇 상자인지 구하세요.

문제 그리기 문제를 읽고, □ 안에 알맞은 수나 말을 써넣으면서 풀이 과정을 계획합니다. (?: 구하고자 하는 것)

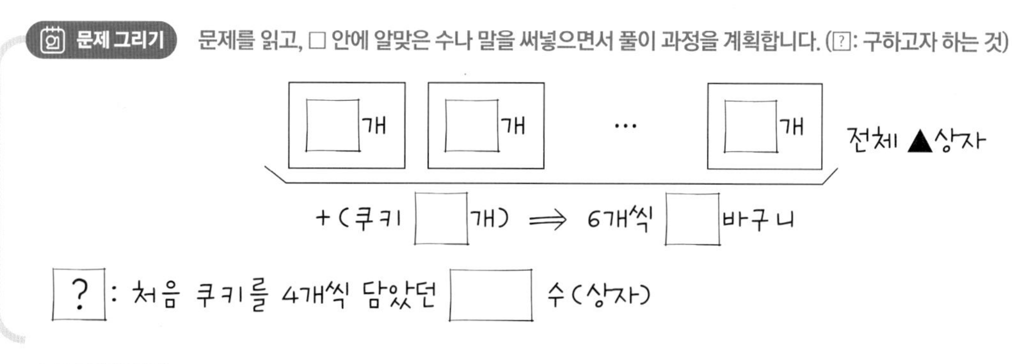

계획-풀기

답 ____________________

3 다음 세 자리 수 중 두 수의 합이 700에 가장 가깝게 되는 덧셈식을 만드세요.

176 253 538 476

문제 그리기 문제를 읽고, □ 안에 알맞은 수나 말을 써넣으면서 풀이 과정을 계획합니다. (?: 구하고자 하는 것)

주어진 수: 176, □, □, □

?: 두 수의 합이 □에 가장 가까운 □식

계획-풀기

답

4 5장의 수 카드 중에서 3장을 뽑아서 만들 수 있는 세 자리 수 중에서 가장 큰 수와 가장 작은 수의 차를 구하세요.

2 3 5 7 9

문제 그리기 문제를 읽고, □ 안에 알맞은 수나 말을 써넣으면서 풀이 과정을 계획합니다. (?: 구하고자 하는 것)

5장의 수 카드 □, □, □, □, □

→ □장을 뽑아 □자리 수 만들기

?: 만든 □자리 수 중 가장 큰 수와 가장 작은 수의 □

계획-풀기

답

5 다음 대화를 보고 호정이의 질문에 답하세요.

호정: 가로가 54 cm이고 세로가 36 cm인 색 도화지를 가져왔어. 이것으로 정사각형을 만들자.
소영: 그래! 한 변의 길이가 6 cm인 정사각형 모양으로 자르면 될 것 같아.
호정: 그러면 정사각형을 최대 몇 개 만들 수 있어?

문제 그리기 문제를 읽고, □ 안에 알맞은 수나 말을 써넣으면서 풀이 과정을 계획합니다. (?: 구하고자 하는 것)

계획-풀기

답 ______

6 '쿵'이라는 나무 다리는 너무 오래되어 1500 kg을 넘는 무게를 견디지 못합니다. 나무 다리를 보기 의 무게를 가진 하마들이 한 번에 2마리씩 건널 때, 이 다리를 한 번에 건널 수 있는 하마 2마리의 무게의 합 중 가장 무거운 무게를 구하세요.

보기

876 kg　738 kg　586 kg　634 kg　656 kg

문제 그리기 문제를 읽고, □ 안에 알맞은 수나 말을 써넣으면서 풀이 과정을 계획합니다. (?: 구하고자 하는 것)

하마 무게 □, □, □, □, □ (kg)

나무 다리를 건널 수 있는 최대 무게: □ kg

? : 다리를 건널 수 있는 최□ 무게의 2마리 하마의 무게의 □ (kg)

계획-풀기

답 ______

7 철용이가 잉크를 넣으면 14 cm 간격으로 일정하게 발자국을 찍는 원숭이 인형을 민지에게 보여주자, 민지는 커다란 도화지를 가져와서 원숭이의 발자국으로 포장지를 만들자고 합니다. 원숭이는 곧은 선으로 움직이면서 발자국 9개를 일정하게 찍었을 때, 원숭이가 움직인 거리가 몇 cm인지 구하세요. (단, 원숭이 발길이는 생각하지 않고, 처음과 끝에는 발자국이 있습니다.)

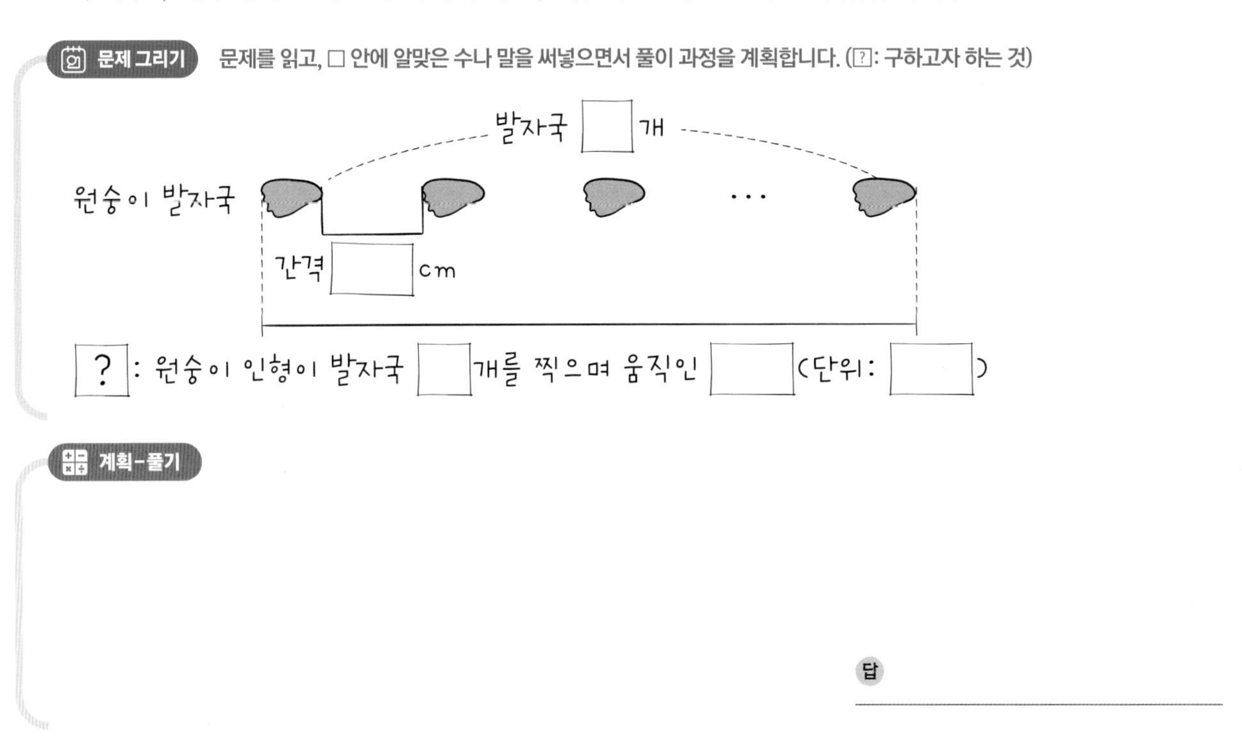

8 거울 앞에 비춰지는 모양은 실제와는 다릅니다. 예를 들어 숫자 2를 거울에 비추면 왼쪽과 오른쪽이 바뀌어 5로 보입니다. 0을 포함한 한 자리 숫자들 중 거울에 비춰도 모양이 변하지 않는 숫자가 3개 있습니다. 그 숫자들을 한 번씩만 사용하여 만들 수 있는 세 자리 수 중 가장 큰 수와 가장 작은 수의 차를 구하세요.

문제 그리기 문제를 읽고, □ 안에 알맞은 수나 말을 써넣으면서 풀이 과정을 계획합니다. (?: 구하고자 하는 것)

거울에 비춰도 실제와 모양이 같은 숫자 □개

□ 번씩만 사용하여 가장 □ 세 자리 수, 가장 □ 세 자리 수 만들기

?: 가장 큰 세 자리 수와 가장 작은 세 자리 수의 □

계획-풀기

답

9 다음 조건을 만족하는 소수를 만들기 위해서 $\frac{1}{10}$이 몇 개 필요한지 구하세요.

- 0.4와 0.9 사이에 있습니다.
- $\frac{7}{10}$보다 큰 소수 한 자리 수입니다.

문제 그리기 문제를 읽고, □ 안에 알맞은 수나 말을 써넣으면서 풀이 과정을 계획합니다. (?: 구하고자 하는 것)

□ □/10 □

? : 선(──)의 범위에 있는 소수 한 자리 수를 만들기 위해 필요한 □의 개수(개)

계획-풀기

답 ______

10 명지가 다니는 초등학교 3학년 학생 수는 65명에서 76명 사이입니다. 3학년 전체 학생을 모두 8개의 모둠으로 나누어 연극 대회에 출전시키려고 합니다. 각 모둠의 학생 수는 같고, 모든 학생들은 같은 학교를 나타내는 20 cm짜리 보라색 띠를 달고 출전합니다. 이때 한 모둠에 필요한 보라색 띠의 길이는 몇 cm인지 구하세요.

문제 그리기 문제를 읽고, □ 안에 알맞은 수나 말을 써넣으면서 풀이 과정을 계획합니다. (?: 구하고자 하는 것)

3학년 학생 수 : □명에서 □명 사이

1 모둠당 ▲명

□cm 짜리 보라색 띠 □개의 모둠

? : □ 모둠에 필요한 보라색 띠의 □(단위 : □)

계획-풀기

답 ______

11 수호와 현지는 6으로 나누었을 때 나머지가 0이 되는 수를 '어떤 수'라고 했습니다. 수호와 현지는 어떤 수 중 하나씩을 각각 골라 그 두 수의 합으로 행운의 수를 정하기로 했습니다. 수호는 40보다 크고 45보다 작은 어떤 수를, 현지는 50보다 크고 55보다 작은 어떤 수를 골라 행운의 수를 만들었습니다. 수호와 현지가 만든 행운의 수를 구하세요.

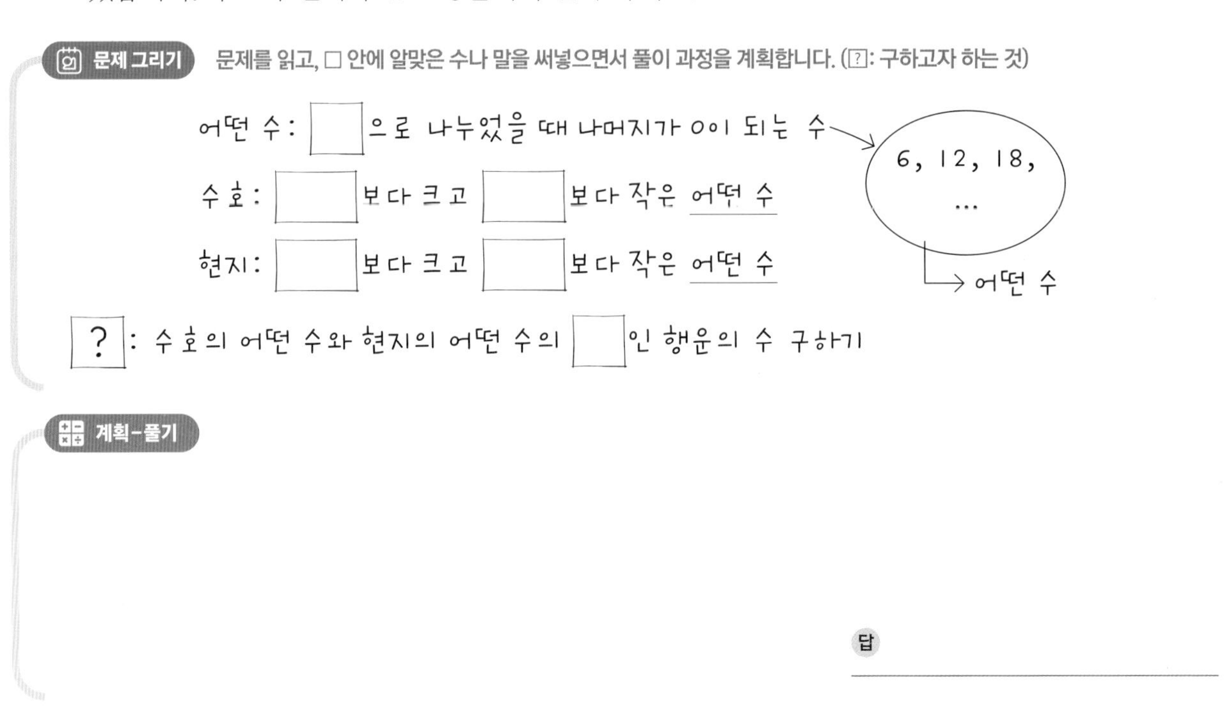

계획-풀기

답

12 소금 장수가 마을에서 산 소금 두 자루를 당나귀 등에 싣고 집으로 가고 있습니다. 길을 가다가 소금 장수의 친구를 만나서 보리 한 자루를 당나귀 등에 더 실었더니 짐의 무게가 모두 816 g이 되었습니다. 집으로 돌아가기 위해서 냇물을 건너다가 당나귀가 등에 지고 있던 소금 한 자루를 떨어뜨려 모두 녹아서 짐의 무게는 542 g이 되었습니다. 당나귀 등에 실었던 소금 한 자루의 무게는 몇 g인지 구하세요.

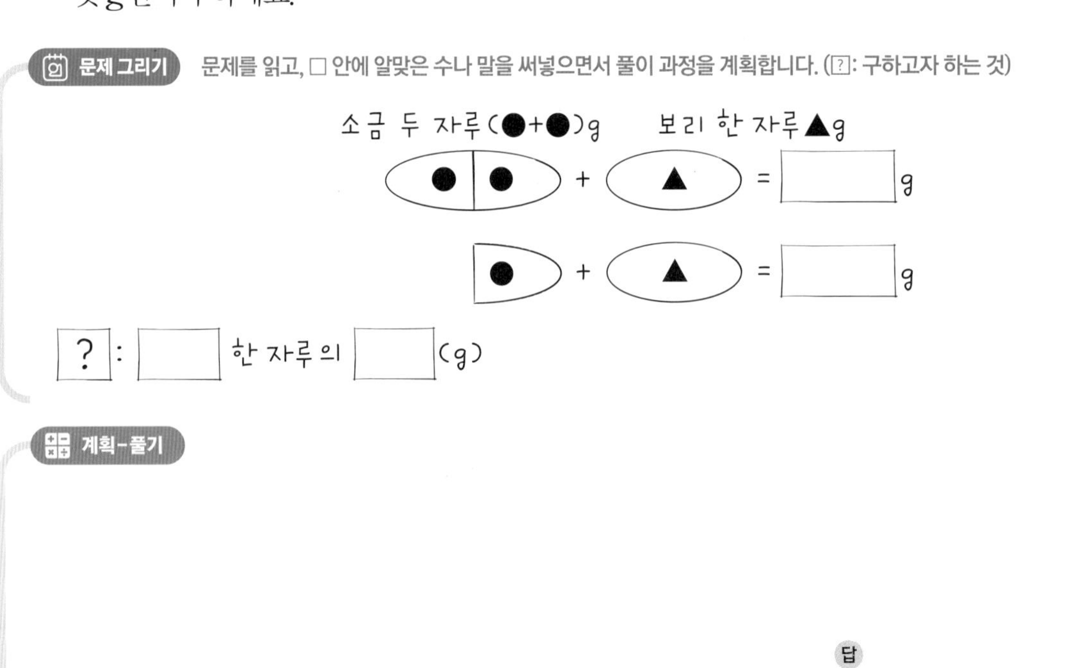

계획-풀기

답

13 오른쪽 식에서 ㉠, ㉡, ㉢에 알맞은 수를 각각 구하세요.

(단, ㉠, ㉡, ㉢은 모두 1보다 큽니다.)

	8	㉠	6
×			㉡
6	㉢	2	8

문제 그리기 문제를 읽고, □ 안에 알맞은 수나 말을 써넣으면서 풀이 과정을 계획합니다. (?: 구하고자 하는 것)

	□	㉠	□
×			㉡
6	㉢	□	8

? : ㉠, ㉡, □에 알맞은 수

계획-풀기

답

14 오른쪽 그림은 서울시 지하철 2호선 순환선의 노선도입니다. 시청역부터 지하철이 각 역을 모두 돌 때 첫째 출입문이 열리는 곳 바닥에 스티커를 붙이려고 합니다. 모든 역에 스티커를 붙이는 데 걸리는 시간은 몇 분인지 구하세요. (단, 2호선 순환선의 역은 모두 43개이고 각 역 사이를 가는 데 2분, 스티커를 붙이는 데 8분이 걸립니다.)

문제 그리기 문제를 읽고, □ 안에 알맞은 수나 말을 써넣으면서 풀이 과정을 계획합니다. (?: 구하고자 하는 것)

시청 ① ② ③ ④ ⑤ … ㊸

전체 역 수 □개

역과 역 사이 □분

스티커 붙이는 시간 □분

? : 전체 □개 역에 스티커를 모두 붙이는 데 걸리는 □(단위: □)

계획-풀기

답

15 별이는 종이 인형 98개를 만들었습니다. 종이 인형의 색은 노랑, 초록, 파랑이며, 노란 인형의 수는 26개입니다. 만든 종이 인형을 다음과 같이 나누어 담았을 때, 초록 인형의 수를 구하세요.

- 바구니에는 노란 인형을 담고, 초록 인형과 파란 인형은 8개의 상자에 똑같이 나누어 담았습니다.
- 같은 색 인형은 같은 상자에 담았습니다.
- 초록 인형이 담긴 상자 수는 파란 인형이 담긴 상자 수의 3배입니다.

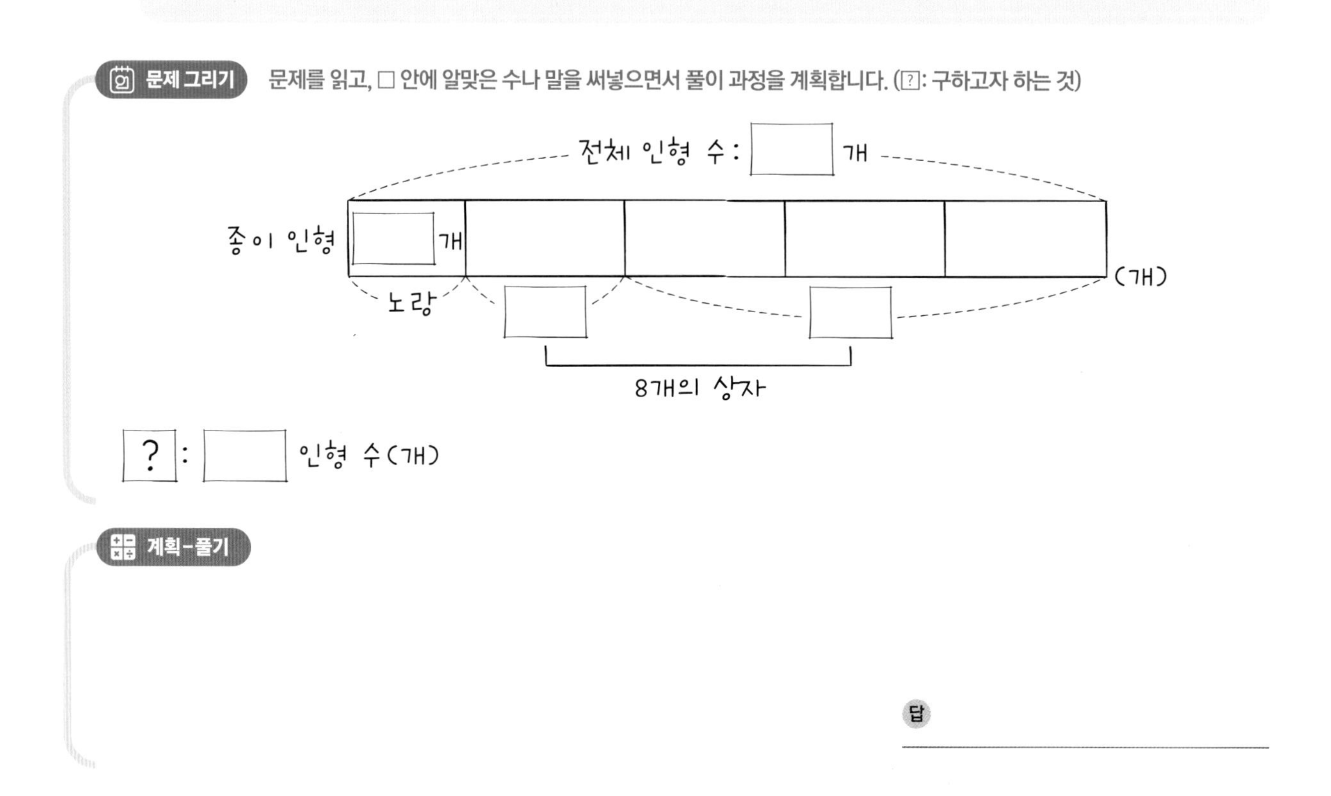

계획-풀기

답

16 다음 식이 올바르게 성립하도록 □ 안에 들어갈 ＋와 －의 기호를 차례대로 구하세요. (단, ＋와 －가 섞여 있는 식의 계산은 앞에서부터 순서대로 합니다.)

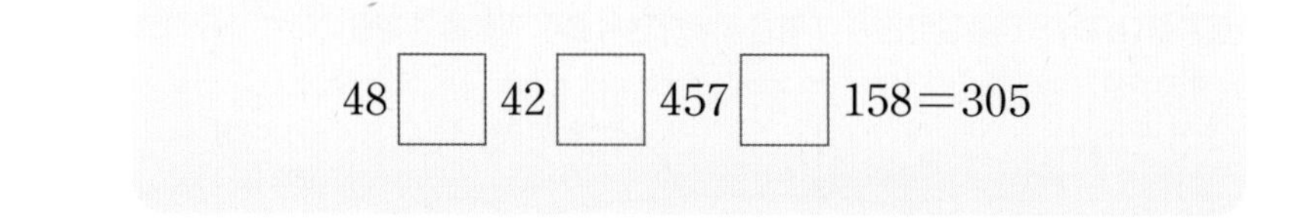

문제 그리기 문제를 읽고, □ 안에 알맞은 수나 말 또는 기호를 써넣으면서 풀이 과정을 계획합니다. (?: 구하고자 하는 것)

48 ▲ □ ▲ □ ▲ 158 = □

? : □와 □를 알맞게 넣기

계획-풀기

답

17 4장의 수 카드 2, 3, 5, 7 중에서 3장을 뽑아 한 번씩만 사용하여 세 자리 수를 만들려고 합니다. 만들 수 있는 세 자리 수 중 두 번째로 큰 수와 가장 작은 수의 차를 구하세요.

문제 그리기 문제를 읽고, □ 안에 알맞은 수나 말을 써넣으면서 풀이 과정을 계획합니다. (?: 구하고자 하는 것)

□, □, □, □ → □장을 뽑아서 □자리 수 만들기

?: 만들 수 있는 □자리 수 중 □번째로 큰 수와 가장 작은 수의 □

계획-풀기

답 ______________

18 주희는 제일 좋아하는 체리 주스를 사 왔습니다. 전체 양을 여러 컵으로 나누어 담고 그중 3컵을 마시고 8컵이 남았습니다. 주희가 마신 체리 주스의 양은 전체의 얼마인지 분수로 나타내세요.

문제 그리기 문제를 읽고, □ 안에 알맞은 수나 말을 써넣으면서 풀이 과정을 계획합니다. (?: 구하고자 하는 것)

○, ○, ○, ○, ○, ○, ○, ○, ○, ○, ○

□컵을 마시고 □컵이 남음

?: 마신 체리 주스의 양은 전체의 □인지 □로 나타내기

계획-풀기

답 ______________

정답과 풀이 18~19쪽

1 다음 조건 을 모두 만족하는 ㉮, ㉯, ㉰는 서로 다른 한 자리 수입니다. 이때 '(두 자리 수)×(한 자리 수)'인 ㉮㉰×㉯의 값을 구하세요.

조건

㉮×㉮=㉯, ㉮+㉯=10+㉰

㉮㉰×㉯

2 지석이네 할아버지 농장에는 닭, 흑염소, 양이 모두 86마리 있습니다. 닭은 파란 리본, 양과 흑염소는 노란 리본을 각각 모든 다리에 하나씩 달고 있습니다. 지석이는 할아버지 농장의 가축들을 모두 우리 밖에 풀어주고 먹이를 먹게 한 후에 다시 우리로 들여보낼 때 가축들의 다리 수를 모두 세어 보니 270개였습니다. 할아버지 농장 가축들의 리본을 모두 새것으로 바꾸려고 할 때, 필요한 파란 리본과 노란 리본 수를 각각 구하세요.

3 호준이는 수학 숙제를 하다가 잠이 들었습니다. 꿈에서 공책에 적힌 숫자들이 일어나서 음악에 맞춰 춤을 추다가 음악이 멈춘 순간, 두 수가 한 쌍이 되어 작은 수가 큰 수의 어깨 위로 올라가서 분수를 만들었습니다. 잠에서 깬 호준이는 나열된 분수들을 기억하여 다음과 같은 문제를 만들었습니다. △에 공통으로 들어갈 수 있는 수들의 합을 구하세요.

$$\frac{3}{17} < \frac{\triangle}{17} < \frac{16}{17}, \quad \frac{2}{9} < \frac{\triangle}{9} < \frac{8}{9}, \quad \frac{5}{19} < \frac{\triangle}{19} < \frac{15}{19}$$

4 다음 덧셈식과 뺄셈식에서 ㉠, ㉡, ㉢, ㉣, ㉤, ㉥, ㉦의 숫자들이 지워져서 보이지 않습니다. 지워진 숫자들을 구하세요. (단, ㉠~㉦은 모두 다른 한 자리 수입니다.)

$$\begin{array}{r} ㉠\ 6\ 8 \\ +\ 4\ ㉡\ ㉢ \\ \hline ㉣\ 4\ 3\ 5 \end{array} \qquad \begin{array}{r} 8\ ㉤\ 3 \\ -\ ㉥\ 6\ ㉦ \\ \hline 5\ 3\ 8 \end{array}$$

정답과 풀이 19쪽

문제해결과 연산 감각

1 먹구름은 비가 되어 내리길 원합니다. 먹구름이 비가 되기 위해서는 5개의 문을 통과해야 합니다. 각 문에는 문제가 있고 각 문들을 지키는 용들에게 답을 제시하면 문을 열어줍니다. 동쪽의 문을 지키는 청룡, 남쪽의 문은 적룡, 중앙의 문은 황룡, 서쪽의 문은 백룡, 북쪽을 지키는 현룡의 문들을 모두 통과하면 비가 되어 내립니다. 다섯 용들이 낸 문제는 ◎, ▲, ◍, ●, △의 값을 구하는 것이고, 먹구름은 그 답을 바르게 제시했습니다. 먹구름이 제시한 답 중 3개의 숫자를 골라서 만들 수 있는 가장 큰 수와 가장 작은 수의 차를 구하세요.

청룡 ➡ 0.1이 27개인 수는 ◎.7입니다.

적룡 ➡ 0.1이 82개인 수와 $\frac{84}{10}$ 사이에 있는 소수 한 자리 수는 8.▲입니다

황룡 ➡ 0.1이 66개인 수보다 크고 6과 0.8의 합보다는 작은 소수 한 자리 수는 6.◍입니다.

백룡 ➡ 다음 두 식에서 ●는 같은 숫자입니다.

> 1.3 < 1.● < $\frac{1}{10}$이 16개인 수, 5.4 < 5.● < $\frac{1}{10}$이 58개인 수

현룡 ➡ $\frac{4}{10} < \frac{4}{\square} < \frac{4}{5}$에서 □가 될 수 있는 자연수는 △개입니다.

(단, 자연수는 1, 2, 3, 4, …와 같은 수입니다.)

2 어느 섬에는 계단이 없는 성이 있습니다. 그 성에는 노랑 요정과 빨강 요정이 갇혀 있습니다. 요정들이 갇힌 층에서 성의 꼭대기까지의 높이는 23 km이고, 그 높이는 전체 성의 높이의 $\frac{1}{7}$에 해당합니다. 노랑 요정과 빨강 요정은 그 성을 빠져나가기 위해서 긴 밧줄을 만들었습니다. 부지런한 노랑 요정과 빨간 요정은 일정한 빠르기로 45분 동안 필요한 밧줄의 $\frac{5}{6}$를 완성했습니다. 두 요정이 함께 나머지 밧줄을 완성하는 데 걸리는 시간은 몇 분인지 구하고, 전체 성의 높이는 몇 km인지 구하세요.

3 사과 범인을 찾으려고 합니다. 치타 형사 ②의 질문에 대한 답을 구하세요.

> 원숭이는 캥거루보다 376 m 뒤에 있어.
> 캥거루는 사슴보다 198 m 앞에 있어.
> 사슴은 타조보다 584 m 뒤에 있어.

치타 형사 ①: 원숭이와 타조 사이에 사과를 훔친 범인이 숨어 있어.
치타 형사 ②: 사과 범인을 찾기 위해 뒤져봐야 하는 거리는 몇 m인거야?

단원 연계

2학년

여러 가지 도형
- 원, 삼각형, 사각형, 오각형, 육각형

길이 재기
- cm, m 알아보기
- 길이 재기, 길이의 덧셈과 뺄셈

시간과 시각
- 몇 시 몇 분
- 1시간, 하루의 시간, 달력 알아보기

3학년 1학기

평면도형
- 선분, 반직선, 직선, 각, 직각
- 직각삼각형, 직사각형, 정사각형

길이와 시간
- 길이 단위 mm, cm, m, km
- 1분과 1초의 관계
- 시간의 합과 차

4학년 1학기

원
- 원의 중심, 반지름, 지름
- 원의 성질

들이와 무게
- 들이와 무게의 단위
- 들이와 무게의 덧셈과 뺄셈

이 단원에서 사용하는 전략

- 식 만들기
- 그림 그리기
- 거꾸로 풀기
- 단순화하기
- 문제정보를 복합적으로 나타내기

PART 2

도형과 측정

평면도형 | 길이와 시간

개념 떠올리기

정답과 풀이 20쪽

선으로 무엇을?

1 다음 제시된 선들 중 선분은 ○표, 반직선은 △표, 직선은 ◎표 하세요.

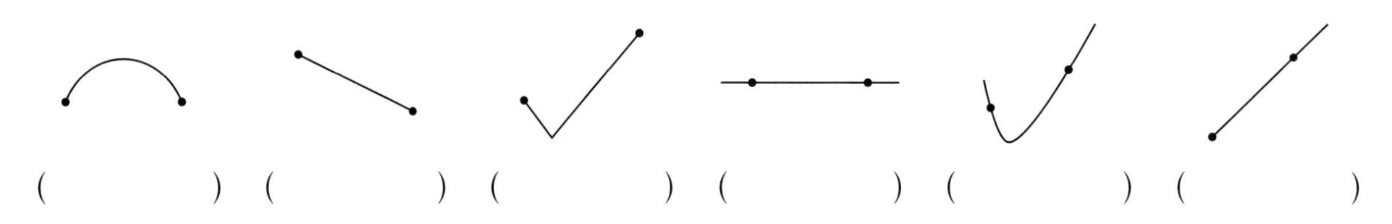

(　　　) (　　　) (　　　) (　　　) (　　　) (　　　)

2 다음 □ 안에 알맞은 수나 말을 써넣으세요.

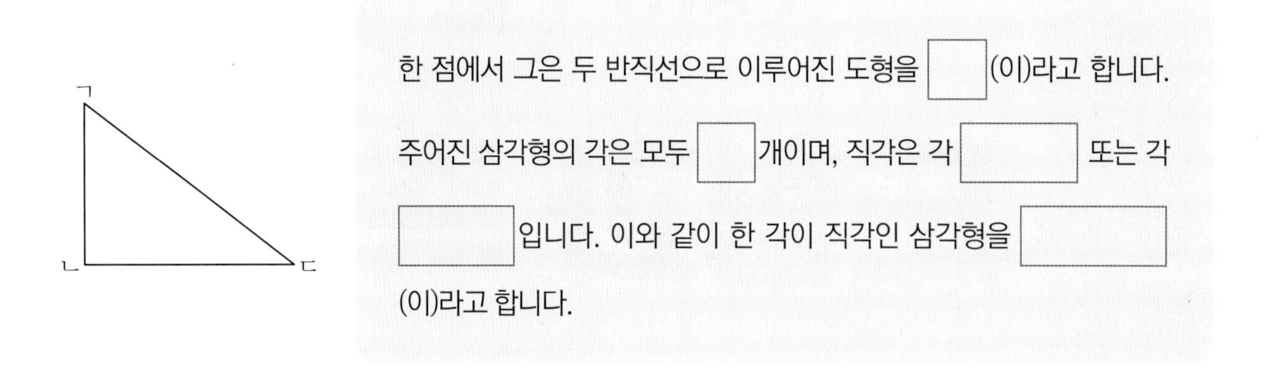

한 점에서 그은 두 반직선으로 이루어진 도형을 □(이)라고 합니다. 주어진 삼각형의 각은 모두 □개이며, 직각은 각 □ 또는 각 □입니다. 이와 같이 한 각이 직각인 삼각형을 □(이)라고 합니다.

3 다음 도형에서 직각을 모두 찾아 ⌞로 표시하고, 직각이 모두 몇 개인지 구하세요.

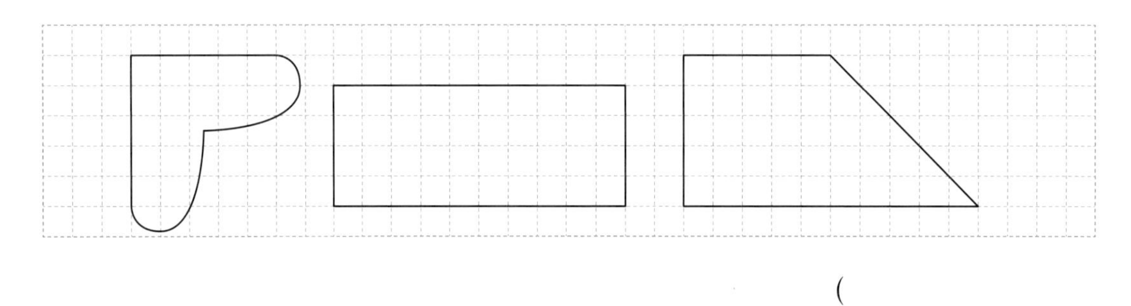

(　　　　　　)

우리 식탁은 직사각형과 직각삼각형을 변끼리 붙여 놓은 모양 맞지?

정말 그렇게 보이네요. 그래도 직각은 뾰족해서 부딪히면 위험하니까 고무 커버 씌우도록 하자. 고무 커버는 몇 개가 필요할까?

다리에는 안 씌우는 거니까 3개가 필요해.

도형은 모양만이 아니라 성질로도 알 수 있어

4 직사각형을 모두 찾아 기호를 쓰세요.

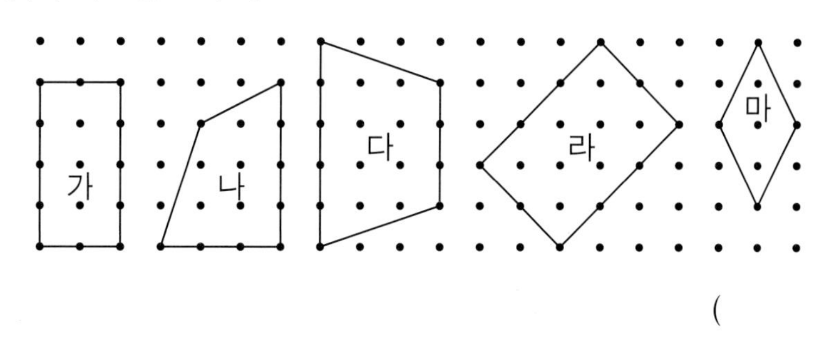

( )

5 다음 설명 중 정사각형에 대한 설명으로 잘못된 것을 모두 고르세요. ( )

㉠ 네 각이 모두 직각이고 네 변의 길이가 모두 같습니다.
㉡ 정사각형은 직사각형이라고 할 수 있습니다.
㉢ 직사각형은 정사각형이라고 할 수 있습니다.
㉣ 네 변의 길이가 모두 같은 사각형은 정사각형뿐입니다.

6 다음 도형 (가)에서 크고 작은 직각삼각형의 개수와 도형 (나)에서는 크고 작은 직사각형의 개수를 각각 구하세요.

(가)
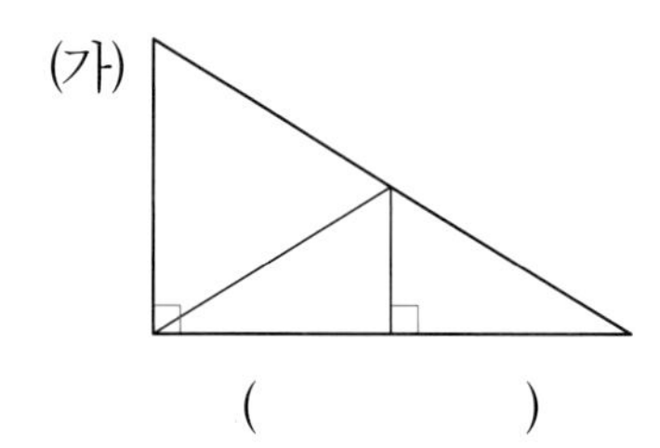

( )

(나)
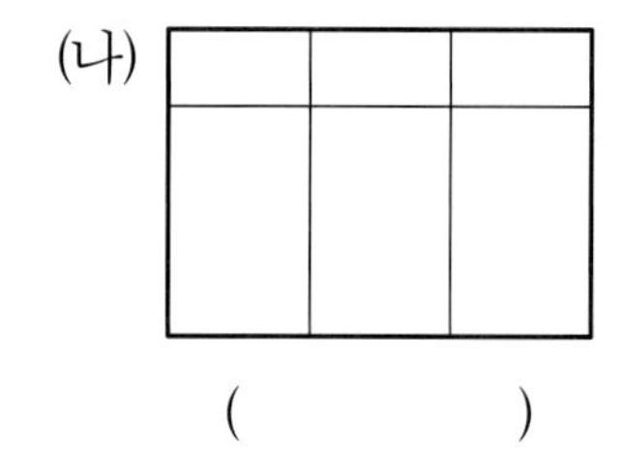

( )

저기 섬까지 가려면 배를 타야 하는데 빨리 가려면 배의 항로를 여기 선착장에서 저 섬까지의 직선을 그어서 그 선을 따라 가면 되겠지?

그렇지. 하지만 중간에 다른 선이 있거나 중간에 파도가 심하면 항로는 바뀔 거야. 그런데 저 섬 모양은 신기하네. 정사각형인가?

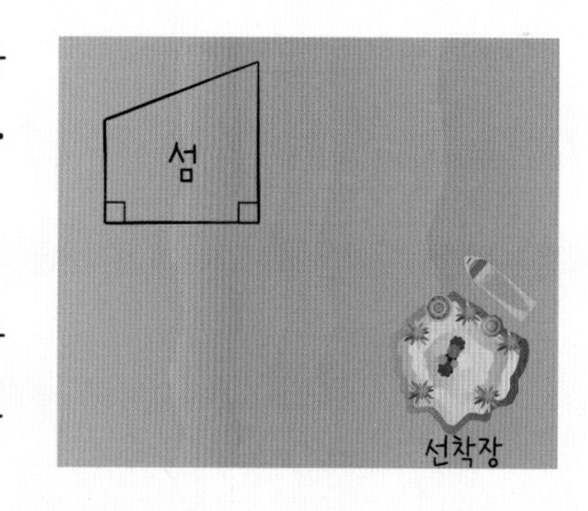

직각보다 더 작은 각과 더 큰 각도 있는 것 같은데! 정사각형은 네 각과 네 변이 모두 같아야 하는데, 저 섬은 아닌 것 같아.

길이(mm, cm, m, km), 시간(시, 분, 초)을 구할 수 있어!

7 다음 그림은 엄지손가락의 길이입니다. 엄지손가락의 길이로 옳은 것을 모두 골라 기호를 쓰세요.

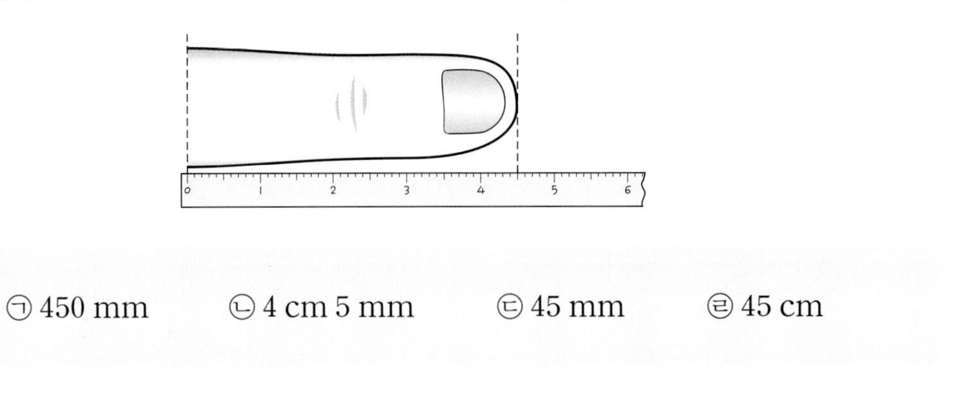

㉠ 450 mm　　㉡ 4 cm 5 mm　　㉢ 45 mm　　㉣ 45 cm

(　　　　　　　　)

8 □ 안에 알맞은 수를 써넣으세요.

❶ 7 km보다 254 m 더 먼 거리 ➡ □ km □ m

❷ 8300 m = □ km □ m　　❸ 3 km 700 m = □ m

❹ 2 km는 500 m의 □ 배입니다.

9 □ 안에 초, 분, 시간 또는 알맞은 수를 써넣으세요.

❶ 오늘 미술 수업은 160□ 동안 진행한다고 합니다.

❷ 지금이 아침 9시 15분이니까 오늘 학교 수업이 끝나려면 7□ 이/가 지나야 합니다.

❸ 눈을 한 번 깜박이는 데 1□ 이/가 걸립니다.

❹ 초바늘이 시계를 한 바퀴 도는 동안 긴바늘은 작은 눈금을 1칸을 지나므로 걸리는 시간은 □ 초 = □ 분입니다.

10 다음을 계산하세요.

❶
```
  12 km  450 m
−  9 km  760 m
```

❷
```
  1시간 40분 24초
+ 3시간 54분 50초
```

❸
```
  6시    32분 12초
− 4시간 48분 38초
```

우리 집에서 할머니 댁까지의 거리는 320 km인데 1시간에 80 km씩 간다고 하면 도착하는 데 몇 시간 몇 분 정도 걸릴까? 지금 시각은 오전 9시 25분 45초야.

320은 80의 4배니까 4시간이 걸릴 것 같아.

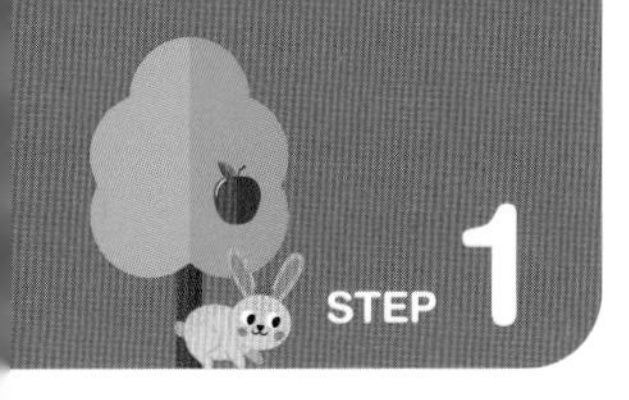

식을 만들어서 풀어요?

문제를 풀기 위해서는 먼저 어떻게 풀지를 생각해야 합니다. 먼저 문제정보를 정확하게 이해한 후 식으로 계획을 세우는 방법이 '식 만들기'입니다. 문제가 복잡하고 몇 단계의 계산이 필요한 경우는 실수를 줄일 수 있는 방법입니다.

맞게 계산했는데 왜 틀렸죠?

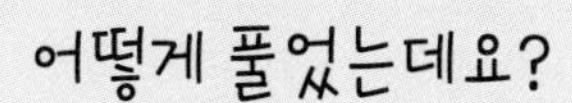

머리셈으로 했어요, 잠깐만요. 다시 문제를 읽어봐야 해요.

왜 식을 안 세웠어요?

그냥 안세웠는데요. 계산만 하면 되는데요. 뭐

하하하~ 그래서 틀렸잖아요. 보니까 그냥 더하기만 했네요.
더한 다음 빼야 하는데.

앗! 실수

그러니까 문제를 읽고 식을 세운 다음에 계산을 하면 확인도 할 수 있고, 순서대로 계산도 할 수 있어요.

앞으로는 꼭 식 세울게요.

1 민정이는 친구 집에 놀러 가서 강아지가 귀여워서 사진을 찍고 놀았습니다. 친구 집을 방문한 지 55분 52초 후에 시계를 보니 오른쪽과 같았고, 그때부터 1시간 40분 20초 후에 친구 집을 나왔습니다. 민정이가 친구 집을 방문한 시각과 나온 시각은 각각 몇 시 몇 분 몇 초였는지 구하세요.

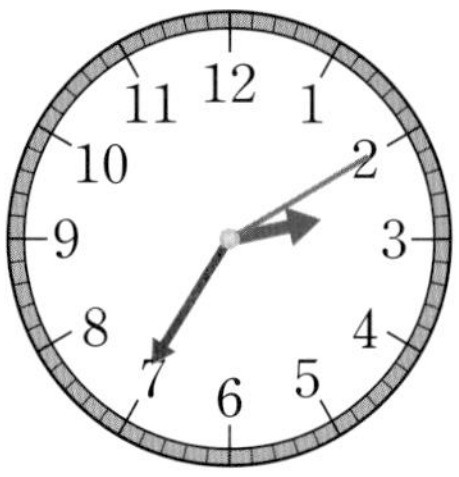

문제 그리기 문제를 읽고, □ 안에 알맞은 수나 말을 써넣으면서 풀이 과정을 계획합니다. (?: 구하고자 하는 것)

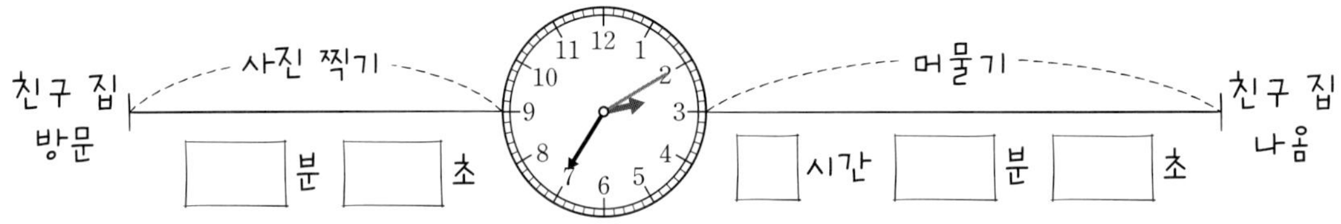

? : 친구 집을 □한 시각과 □ 시각(단위: 몇 □ 몇 □ 몇 □)

계획-풀기 틀린 부분에 밑줄을 긋고, 그 부분을 바르게 고친 것을 화살표 오른쪽에 씁니다.

❶ 시계가 가리키고 있는 시각 구하기

시계가 가리키고 있는 시각은 2시 10분 35초입니다.

→

❷ 친구 집을 방문한 시각 구하기

방문해서 55분 52초 후 시각이 2시 10분 35초였으므로

방문한 시각은 2시 10분 35초－55분 52초＝1시 14분 43초입니다.

→

❸ 친구 집을 나온 시각 구하기

시계를 본 시각으로부터 1시간 40분 20초 후에 친구 집을 나왔습니다.

(친구 집을 나온 시각)＝2시 10분 35초＋1시간 40분 20초＝3시 50분 55초

→

답

확인하기 문제를 풀기 위해 배워서 적용한 전략에 ○표 하세요.

식 만들기 (　　) 거꾸로 풀기 (　　) 그림 그리기 (　　)

2 주진이는 다음 왼쪽 직각삼각형을 2개 사용하여 정사각형을 만들고 그 정사각형의 네 변의 길이의 합과 같은 길이의 철사로 직사각형을 오른쪽과 같이 만들었습니다. 오른쪽 직사각형의 세로의 길이를 구하세요.

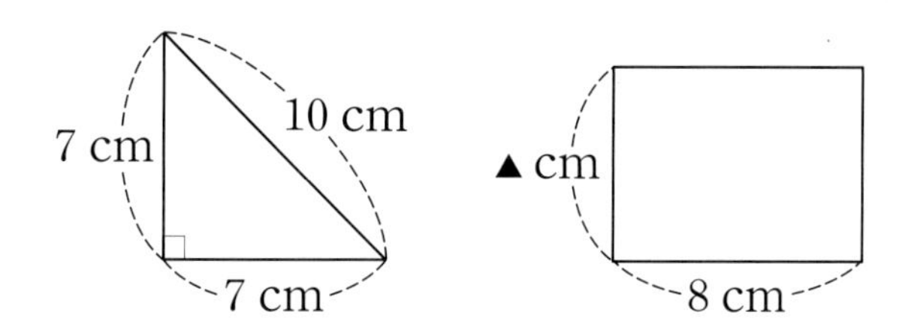

문제 그리기 문제를 읽고, □ 안에 알맞은 수나 말을 써넣으면서 풀이 과정을 계획합니다. (?: 구하고자 하는 것)

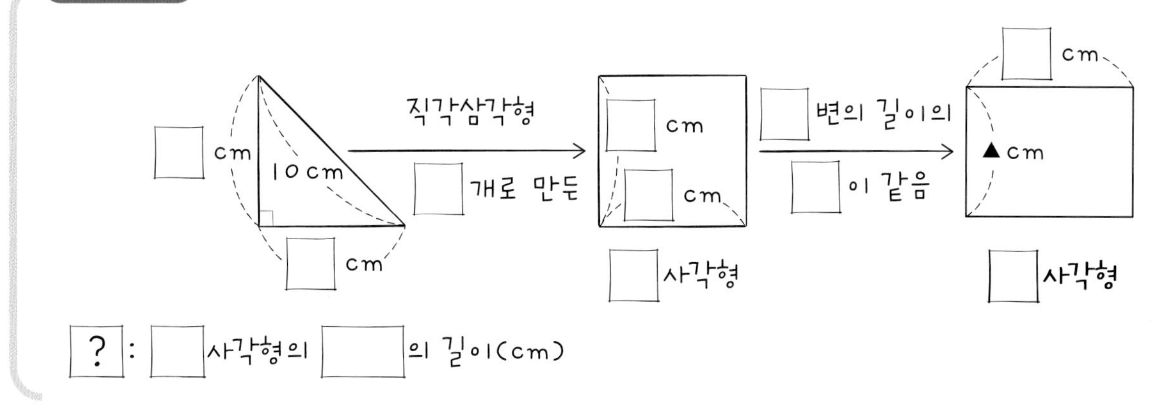

계획-풀기 틀린 부분에 밑줄을 긋고, 그 부분을 바르게 고친 것을 화살표 오른쪽에 씁니다.

❶ 직각삼각형 2개로 만든 정사각형 그리기

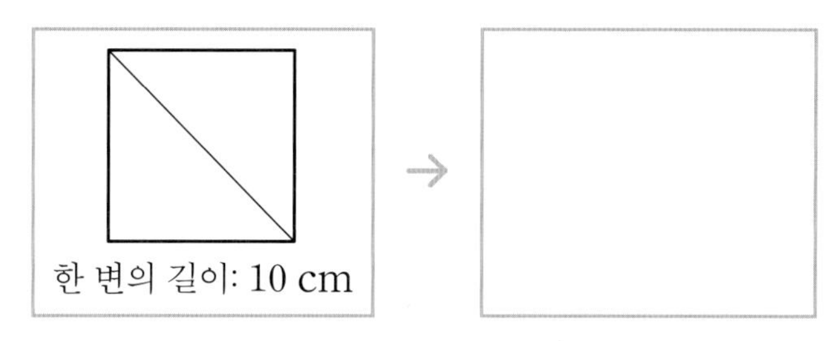

❷ 정사각형의 네 변의 길이의 합 구하기

(정사각형의 네 변의 길이의 합)=(정사각형의 한 변의 길이)×2=10×2=20(cm)

→

❸ 직사각형의 세로의 길이 구하기

직사각형의 세로의 길이를 ▲ cm라 하면

(직사각형의 네 변의 길이의 합)=8+▲+8+▲=20이므로 ▲+▲=4이므로 ▲=2입니다.

→

확인하기 문제를 풀기 위해 배워서 적용한 전략에 ○표 하세요.

식 만들기 (　　)　　표 그리기 (　　)　　그림 그리기 (　　)

 정답과 풀이 21쪽

그림을 그려요?

'그림 그리기'는 문제 이해를 위해서 뿐만 아니라 문제를 풀기 위한 전략이기도 합니다. '문제 그리기'는 문제에서 설명하는 상황이나 정보를 나타내어 답을 구할 수 있도록 하는 방법입니다. 예를 들어 어떤 장소에 머문 총 시간을 구하는 문제라면, 띠를 그리고 긴 띠를 똑같이 나눠서 한 칸의 시간을 정해서 각 활동의 시간을 표시하며 구할 수 있습니다. 이런 방법이 바로 '그림 그리기'입니다.

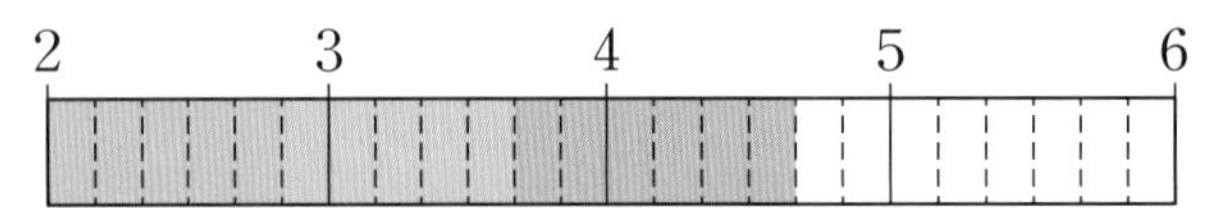

위 띠의 한 칸을 10분으로 정하고, 색깔별로 다른 활동을 했다고 할 때, 활동의 시작을 2시라고 하면 모든 활동을 끝낸 시각은 4시 40분이 됩니다.

시간을 어떻게 다 더해야 하는지 모르겠어요. 책 읽기와 그림 그리기, 간식 먹기를 한 후 끝난 시각을 구하는 문제인데 시간이 너무 많아서 어려워요.

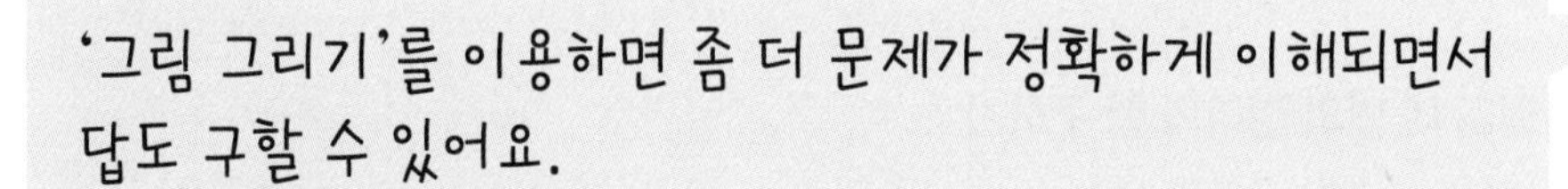

'그림 그리기'를 이용하면 좀 더 문제가 정확하게 이해되면서 답도 구할 수 있어요.

뭘 그리라는 거예요?

문제마다 다른데, 이 문제는 시간의 흐름이 나타나고 활동이 끝난 시각을 구하는 문제이니까 시간 띠를 그려서 풀면 좋겠어요.

아하. 길게 띠를 그리고 각 시간을 표시하면 마지막에 표시된 부분이 활동이 끝난 시각이겠네요! 오호~

1 다음 상자 모양은 치즈이며 색칠한 면은 직사각형이고, 색칠한 직사각형의 네 변의 길이의 합은 64 cm입니다. 직사각형의 파란색 변의 길이가 8 cm일 때, 이 치즈를 세로로 잘라서 잘린 치즈의 색칠한 면이 가장 큰 정사각형이 되도록 하려고 합니다. 이때 색칠한 직사각형에서 남은 직사각형의 긴 변의 길이는 몇 cm인지 구하세요.

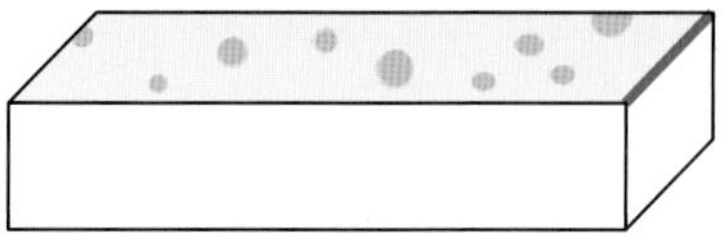

문제 그리기 다음 그림에 선을 그리고, □ 안에 알맞은 수나 말을 써넣으면서 풀이 과정을 계획합니다. (?: 구하고자 하는 것)

가장 큰 □ 사각형을 만드는 선 그리기 → 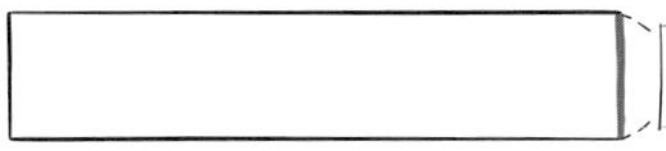 □ cm

네 변의 길이의 합: □ cm

?: 가장 큰 정사각형을 만들고 남은 직사각형의 □ 변의 길이(cm)

계획-풀기 틀린 부분에 밑줄을 긋고, 그 부분을 바르게 고친 것을 화살표 오른쪽에 씁니다.

❶ 직사각형의 긴 변의 길이 구하기

직사각형의 긴 변의 길이를 △ cm라고 할 때, 직사각형의 네 변의 길이의 합은 $6+\triangle=36$(cm)이므로 $\triangle=30$입니다.

→

❷ 만들 수 있는 가장 큰 정사각형의 한 변의 길이 구하기

정사각형은 네 변의 길이와 네 각의 크기가 같으므로 가장 큰 정사각형의 한 변의 길이는 직사각형의 가로와 세로의 길이 중 짧은 변의 길이인 6 cm입니다.

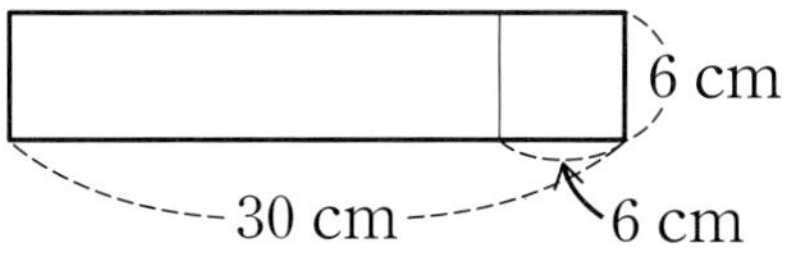

6 cm
30 cm
6 cm

→

❸ 색칠한 직사각형에서 남은 직사각형의 긴 변의 길이 구하기

정사각형을 만들고 남은 직사각형의 한 변의 길이는 $30-12=18$(cm)입니다.

→

답

확인하기 문제를 풀기 위해 배워서 적용한 전략에 ○표 하세요.

식 만들기 (　　)　　표 그리기 (　　)　　그림 그리기 (　　)

2 현정이는 주희와 함께 도서관에 갔습니다. 오전 10시 30분에 놀이터에서 만나 도서관까지 30분 동안 걸어갔습니다. 도서관에서 20분 동안 책을 고르고, 2시간 20분 동안 책을 읽고 다시 30분 동안 걸어 놀이터로 돌아왔습니다. 놀이터에 돌아온 시각은 몇 시 몇 분인지 구하세요.

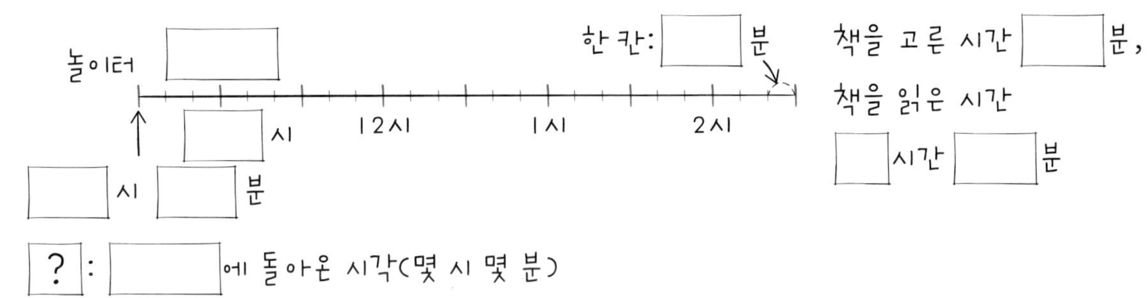

계획-풀기 틀린 부분에 밑줄을 긋고, 그 부분을 바르게 고친 것을 화살표 오른쪽에 씁니다.

❶ 놀이터에서 만난 시각부터 도서관에서 나오기까지의 시간만큼 색칠하기

시간 띠에서 한 칸은 10분을 나타내고 놀이터에서 도서관까지 가는 데 30분이 걸렸고, 도서관에서 책을 고르는 데 40분이 걸렸으므로 $3+4=7$(칸)을 색칠하고, 그다음 책을 읽는 데는 2시간 10분 걸렸으므로 $6 \times 2+1=13$(칸)을 더 색칠합니다.

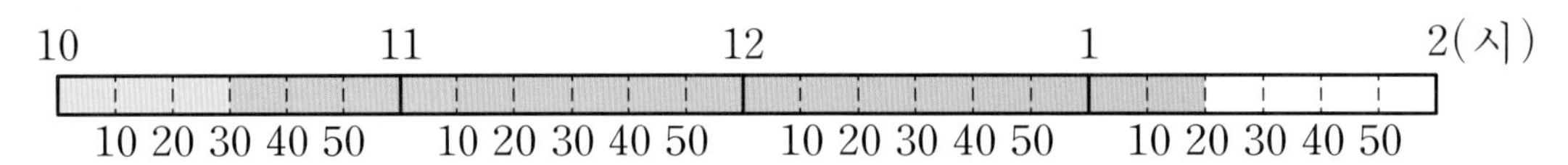

→

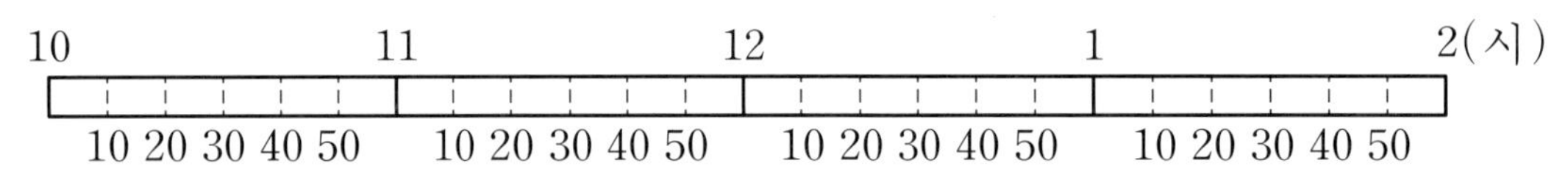

❷ 도서관에서 나와 놀이터에 돌아온 시간만큼 색칠하기

도서관에서 놀이터까지 40분이 걸렸으므로 1시 20분부터 4칸을 색칠합니다.

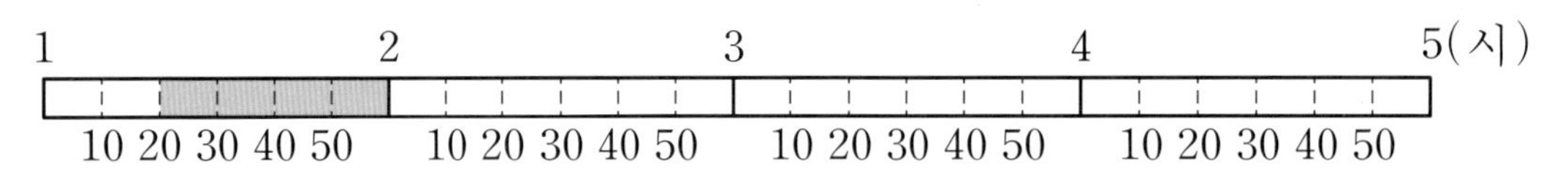

→

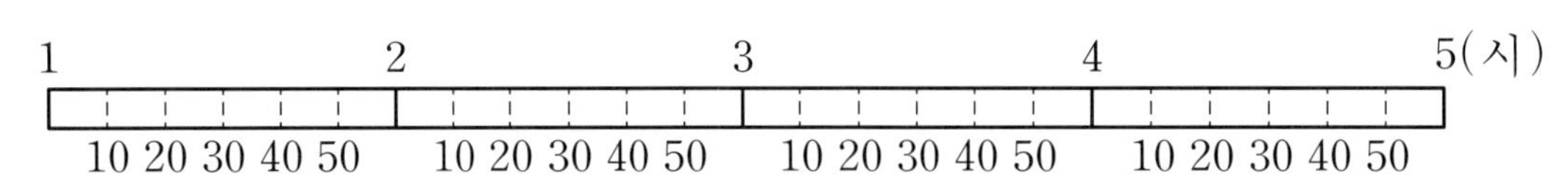

❸ 답 구하기

현정이와 주희가 놀이터로 돌아온 시각은 오후 2시입니다.

답 ______________________

확인하기 문제를 풀기 위해 배워서 적용한 전략에 ○표 하세요.

식 만들기 (　　)　　표 그리기 (　　)　　그림 그리기 (　　)

거꾸로 풀기 정답과 풀이 22쪽

거꾸로요? 거꾸로 풀라고요?

'거꾸로 풀기'는 말 그대로 풀이 과정을 거꾸로 생각하는 것입니다. '처음 수'에 3을 곱해서 27이 되었다면 다시 27을 3으로 나누는 방법이 '거꾸로 풀기'입니다.

저는 집에서 300 m 떨어진 '룰루 슈퍼'를 지나 다시 100 m 더 떨어진 '문구점'에서 공책과 스티커를 산 다음 얼마만큼 더 갔더니 '노라 놀이터'에 도착했어요.

전체 걸은 거리를 몇 m예요?

모두 670 m를 걸었더라구요.

그렇다면 '문구점'에서 '노라 놀이터'까지의 거리는 몇 m일까요?

어떻게 구해요?

봐요~ 집에서부터 놀이터까지 거리가 670 m인데 집에서 슈퍼까지는 300 m, 슈퍼에서 문구점까지는 100 m, 그리고 문구점에서 놀이터까지는 모르니까 (아하) m라고 하면 모두 더하면 670 m니까 거꾸로 거리들을 다 빼면 문구점에서 놀이터까지 거리를 구할 수 있어요.

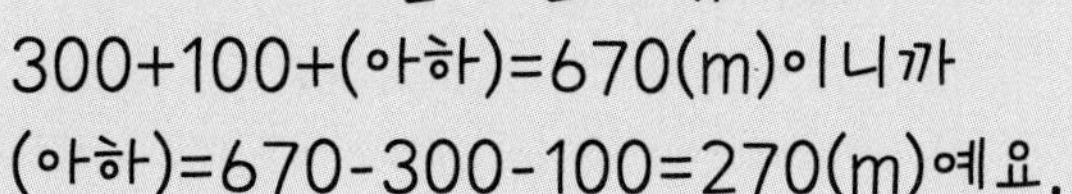

300+100+(아하)=670(m)이니까
(아하)=670-300-100=270(m)예요.

아! 그게 거꾸로 풀기군요.

1 윤정이 어머니는 직접 만드셨던 윤정이의 작아진 치마와 스웨터를 풀어 실타래를 만드셨습니다. 그런데 낡은 부분도 함께 감겨서 다시 풀어서 96 m의 털실을 잘라냈습니다. 그다음 코트와 목도리도 풀어 길이가 127 m인 털실을 더 감았는데, 낡은 실이 섞여 있어 다시 풀어서 67 m의 털실을 잘라냈습니다. 그랬더니 실타래에 감겨있는 털실은 모두 286 m가 되었습니다. 처음 치마와 스웨터를 풀어서 낡은 부분을 잘라내기 전에 감았던 털실의 길이는 몇 m였는지 구하세요.

문제 그리기 문제를 읽고, □ 안에 알맞은 수나 말을 써넣으면서 풀이 과정을 계획합니다. (?: 구하고자 하는 것)

치마와 스웨터
실의 길이(m)
▲m
□m → 낡은 실 자르기
□m
코트와 목도리
□m → 낡은 실 자르기
□m : □에 감겨 있는 털실

? : 치마와 □를 풀어서 낡은 부분을 잘라내기 전에 감았던 털실의 □(m)

계획-풀기 틀린 부분에 밑줄을 긋고, 그 부분을 바르게 고친 것을 화살표 오른쪽에 씁니다.

❶ 낡은 털실을 잘라낸 치마와 스웨터 털실 길이 구하기

(낡은 털실을 잘라낸 치마와 스웨터의 털실 길이)+(코트와 목도리를 풀은 털실 길이)
−(잘라낸 낡은 털실 길이)=(실타래에 감겨 있는 털실 길이)이므로
(낡은 털실을 잘라낸 치마와 스웨터의 털실 길이)$+127+67=286$(m)입니다.
따라서 (낡은 털실을 잘라낸 치마와 스웨터의 털실 길이)$=286-67-127=92$(m)입니다.

→

❷ 치마와 스웨터를 풀어 감았던 털실 길이 구하기

(치마와 스웨터를 풀어 감았던 털실 길이)−(낡은 털실 길이)
=(낡은 털실을 잘라낸 치마와 스웨터의 털실 길이)이므로
(치마와 스웨터를 풀어 감았던 털실 길이)$-96=92$,
(치마와 스웨터를 풀어 감았던 털실 길이)$=92+96=188$(m)입니다.

→

답

확인하기 문제를 풀기 위해 배워서 적용한 전략에 ○표 하세요.

식 만들기 ( ) 표 그리기 ( ) 거꾸로 풀기 ( )

2 효수는 감자 요리를 했습니다. 감자를 전자레인지에서 7분 돌린 후 보니 익지 않아 2차로 33분 30초를 더 돌렸습니다. 그래도 익지 않아 3차로 전자레인지의 시간을 2분 30초로 맞추고 더 돌리자 엄마는 시간이 너무 길다며 효수가 입력한 시간보다 40초 전에 작동을 멈추고 감자를 꺼냈습니다. 그때 시각이 오후 3시 40분 10초였다면 처음 전자레인지에 감자를 넣은 시각은 오후 몇 시 몇 분 몇 초였는지 구하세요.

문제 그리기 문제를 읽고, □ 안에 알맞은 수나 말을 써넣으면서 풀이 과정을 계획합니다. (?: 구하고자 하는 것)

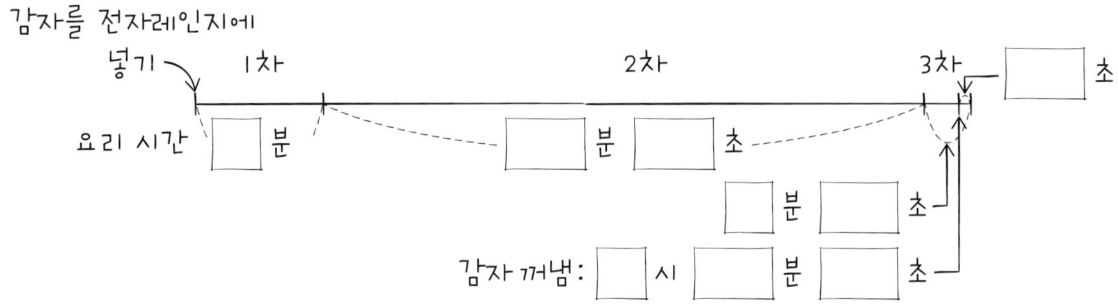

감자를 전자레인지에 넣기 　1차　 2차　 3차　 □초

요리 시간 □분　 □분 □초

□분 □초

감자 꺼냄: □시 □분 □초

? : 처음 전자레인지에 □를 □은 시각(몇 시 몇 분 몇 초)

계획-풀기 틀린 부분에 밑줄을 긋고, 그 부분을 바르게 고친 것을 화살표 오른쪽에 씁니다.

❶ 전체 조리 시간 구하기

감자를 전자레인지에서 7분 돌리고, 2차로 36분 40초 동안 더 돌리고, 3차로 3분 20초를 입력하여 더 익히다가 예정된 시간보다 50초 전에 작동을 멈추게 하였으므로 전체 조리 시간을 구하는 식은 다음과 같습니다.

(전체 조리 시간)＝7분＋36분 40초＋3분 20초－50초

＝46분 60초－50초＝46분 10초

→

❷ 조리를 시작한 시각 구하기

조리가 끝난 시각이 오후 3시 40분 10초였으므로 처음 감자를 전자레인지에 넣은 시각은 다음과 같습니다.

(처음 전자레인지에 감자를 넣은 시각)＋(익힌 시간)＝(조리가 끝난 시각)이므로

(처음 전자레인지에 감자를 넣은 시각)＝(조리가 끝난 시각)－(익힌 시각)

＝3시 40분 10초－46분 10초

＝2시 54분

→

답

확인하기 문제를 풀기 위해 배워서 적용한 전략에 ○표 하세요.

식 만들기 (　　)　 거꾸로 풀기 (　　)　 그림 그리기 (　　)

식 만들기 | 그림 그리기 | 거꾸로 풀기 정답과 풀이 22~24쪽

1 미진이 어머니께서 직사각형 모양의 화단 가로변에 벽돌을 빈틈없이 붙였습니다. 벽돌 한 개의 가로의 길이가 21 cm인 벽돌을 가로로 8개를 늘어놓았다고 할 때, 화단의 가로의 길이는 몇 m 몇 cm인지 구하세요.

문제 그리기 문제를 읽고, □ 안에 알맞은 수나 말을 써넣으면서 풀이 과정을 계획합니다. (?: 구하고자 하는 것)

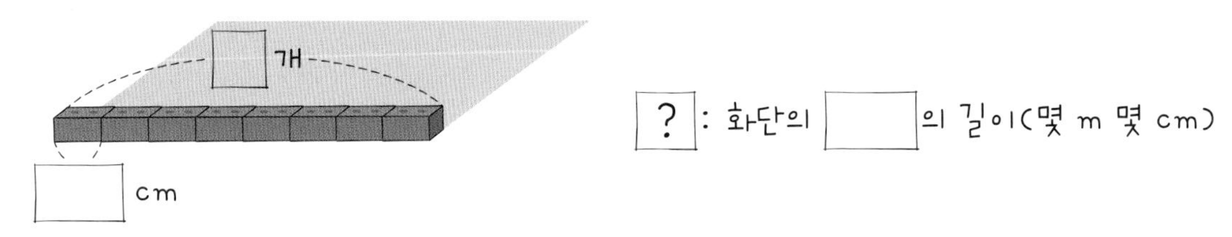

계획-풀기

❶ 벽돌을 늘어놓은 화단의 가로의 길이는 몇 cm인지 구하기

❷ 벽돌을 늘어놓은 화단의 가로의 길이는 몇 m 몇 cm인지 구하기

답

2 오른쪽에 제시된 도형들 중 네 변의 길이의 합이 가장 긴 것은 어느 것인지 기호를 쓰고, 그 도형의 네 변의 길이의 합은 몇 mm인지 구하세요.

㉠ 가로가 16 cm, 세로가 120 mm인 직사각형
㉡ 가로가 23 cm, 세로가 8 cm인 직사각형
㉢ 한 변의 길이가 153 mm인 정사각형

문제 그리기 문제를 읽고, □ 안에 알맞은 수나 말을 써넣으면서 풀이 과정을 계획합니다. (?: 구하고자 하는 것)

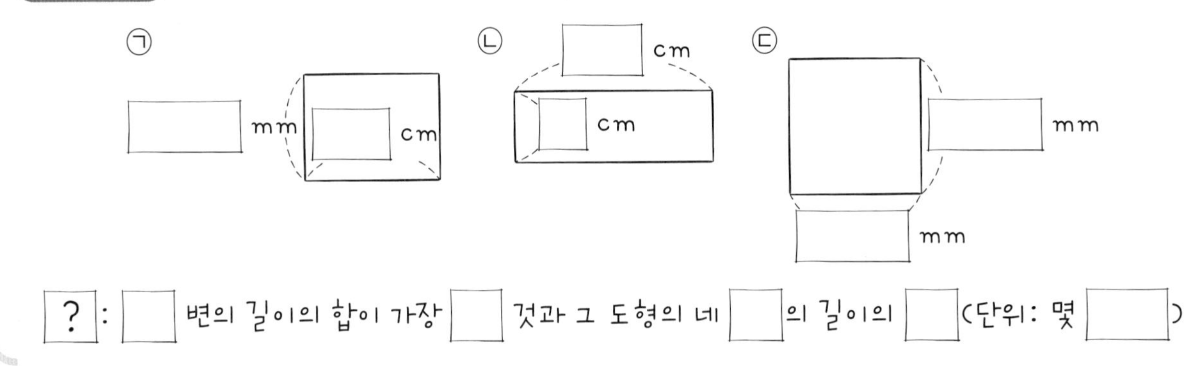

계획-풀기

❶ 사각형 ㉠, ㉡, ㉢의 네 변의 길이의 합은 몇 mm인지 각각 구하기

❷ 답 구하기

답

3 네 변의 길이의 합이 82 mm이고 가로의 길이가 28 mm인 직사각형 모양의 초콜릿 3개와 반으로 자른 원 모양의 초콜릿 6개를 오른쪽 그림과 같이 겹치는 부분이 없이 맞붙여 새로운 모양의 초콜릿을 만들었습니다. 이때 빨간색 선의 길이는 몇 cm 몇 mm인지 구하세요.

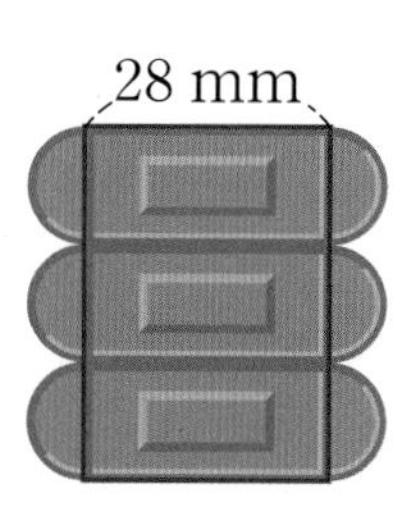

문제 그리기 문제를 읽고, □ 안에 알맞은 수나 말을 써넣으면서 풀이 과정을 계획합니다. (?: 구하고자 하는 것)

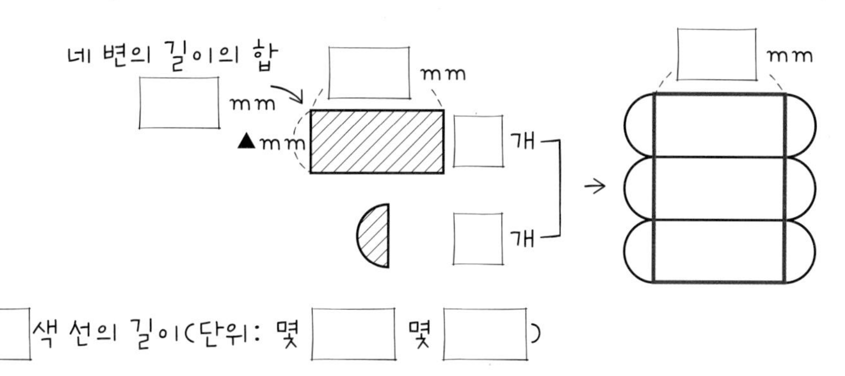

? : □색 선의 길이(단위: 몇 □ 몇 □)

계획-풀기

① 직사각형의 세로의 길이를 △ mm라고 할 때, 직사각형의 네 변의 길이의 합을 구하는 식 만들기

② 직사각형의 세로의 길이 구하기

③ 빨간색 선의 길이 구하기

4 둘레의 길이가 860 m인 타원 모양의 호수가 있습니다. 현정이는 부모님과 일요일 아침에 호수의 둘레를 3바퀴 반을 돌았다고 할 때, 현정이가 부모님과 호수의 둘레를 걸은 거리는 몇 km 몇 m인지 구하세요.

문제 그리기 문제를 읽고, □ 안에 알맞은 수나 말을 써넣으면서 풀이 과정을 계획합니다. (?: 구하고자 하는 것)

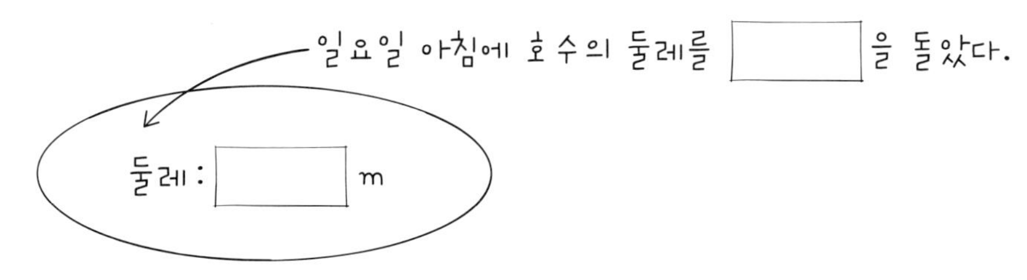

? : 현정이가 부모님과 호수의 둘레를 걸은 □(단위: 몇 □ 몇 □)

계획-풀기

① 구하는 거리는 몇 m인지 구하기

② 구하는 거리는 몇 km 몇 m인지 구하기

5 필정이는 부모님과 함께 관악산 연주대까지 올라가는 데 2시간 40분 50초가 걸렸다고 합니다. 올라가서 20분 10초를 쉬고 다시 내려와서 시간을 보니 전체 시간이 총 4시간 20분 18초가 걸렸다고 할 때, 연주대에서 내려오는 데 몇 시간 몇 분 몇 초가 걸렸는지 구하세요.

문제 그리기 문제를 읽고, □ 안에 알맞은 수나 말을 써넣으면서 풀이 과정을 계획합니다. (?: 구하고자 하는 것)

쉬기 : □분 □초

올라가기 : □시간 □분 □초

관악산

전체 시간 : □시간 □분 □초

? : 관악산 연주대에서 □ 데 걸린 시간 (단위 : 몇 □ 몇 □ 몇 □)

계획-풀기

❶ 관악산 연주대까지 올라가는 시간과 쉬는 시간의 합 구하기

❷ 연주대에서 내려오는 데 걸린 시간 구하기

답 ______

6 가을 운동회가 끝난 다음부터 낮의 길이는 더 짧아졌습니다. 오늘 아침 해가 뜬 시각은 오전 6시 56분 48초였고, 해가 진 시각은 오후 5시 35분 19초였다고 합니다. 오늘 낮의 길이는 몇 시간 몇 분 몇 초였는지 구하세요.

문제 그리기 문제를 읽고, □ 안에 알맞은 수나 말을 써넣으면서 풀이 과정을 계획합니다. (?: 구하고자 하는 것)

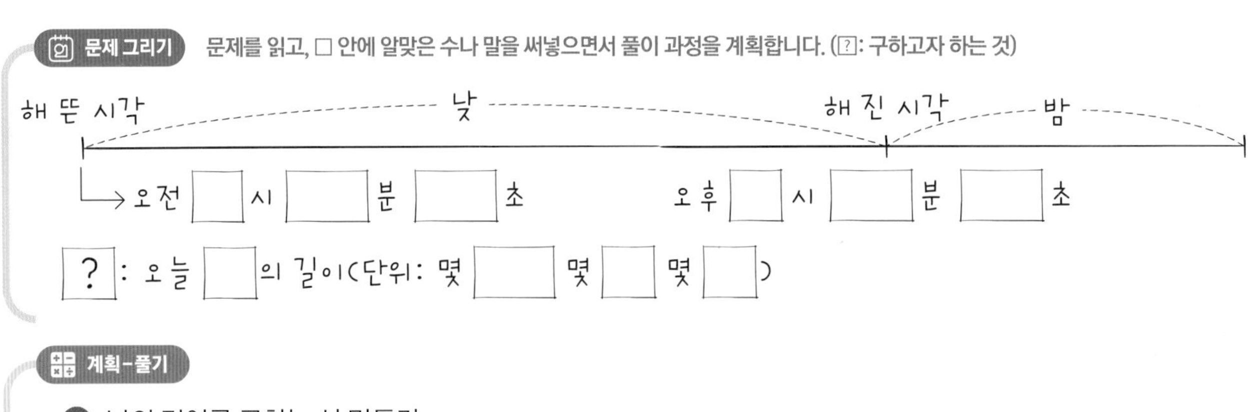

계획-풀기

❶ 낮의 길이를 구하는 식 만들기

❷ 낮의 길이 구하기

답 ______

7 하란이가 필통이 작다고 불평하니 정아는 보석함 2개를 필통의 양 끝에 붙이라고 제안했습니다. 보석함의 바닥은 정사각형이고, 이 정사각형의 한 변의 길이는 직사각형 모양인 필통 바닥의 짧은 변의 길이와 같습니다. 하란이는 바닥이 오른쪽 그림과 같이 되도록 필통의 양 끝에 보석함을 붙였습니다. 커진 필통의 바닥의 둘레인 녹색 선의 길이는 몇 cm인지 구하세요.

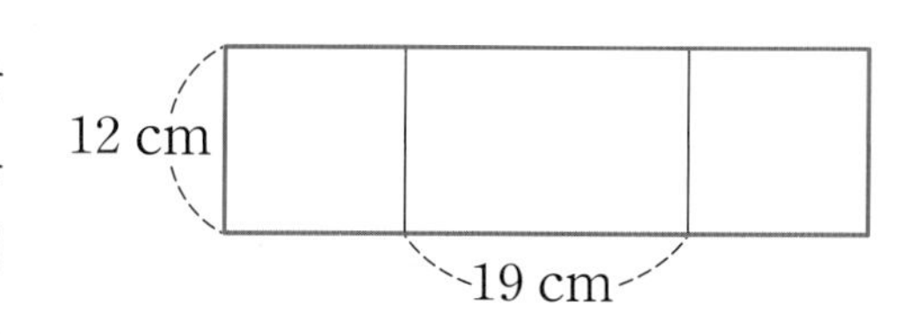

문제 그리기 문제를 읽고, □ 안에 알맞은 수나 말을 써넣으면서 풀이 과정을 계획합니다. (?: 구하고자 하는 것)

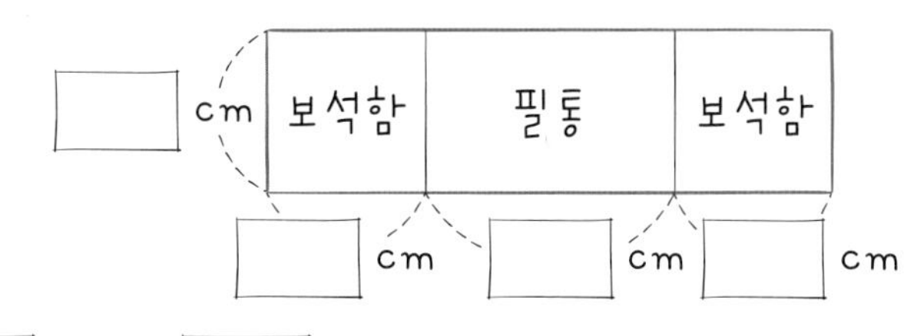

? : 녹색 선의 □ (단위: □)

계획-풀기

❶ 커진 필통 바닥인 직사각형의 가로의 길이 구하기

❷ 녹색 선의 길이 구하기

답

8 서민이는 우리나라 산에 대한 책을 읽으면서 예전에 갔었던 1915 m인 지리산의 천왕봉을 떠올렸습니다. 책에서 본 북악산은 높이가 342 m이지만 주변의 산에 비해 삼각형으로 솟은 모양이 도드라진다고 합니다. 지리산의 천왕봉이 북악산보다 몇 km 몇 m가 높은지 구하세요.

문제 그리기 문제를 읽고, □ 안에 알맞은 수나 말을 써넣으면서 풀이 과정을 계획합니다. (?: 구하고자 하는 것)

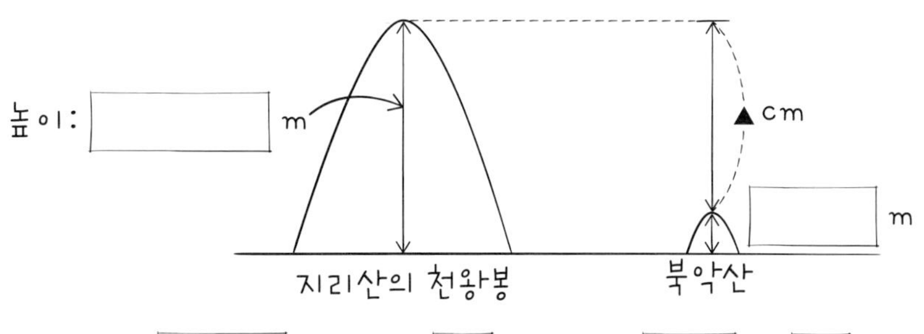

? : 지리산의 천왕봉과 □의 높이의 □ (단위: 몇 □ 몇 □)

계획-풀기

❶ 지리산의 천왕봉이 북악산보다 몇 m 더 높은지 구하기

❷ 지리산의 천왕봉이 북악산보다 몇 km 몇 m 더 높은지 구하기

답

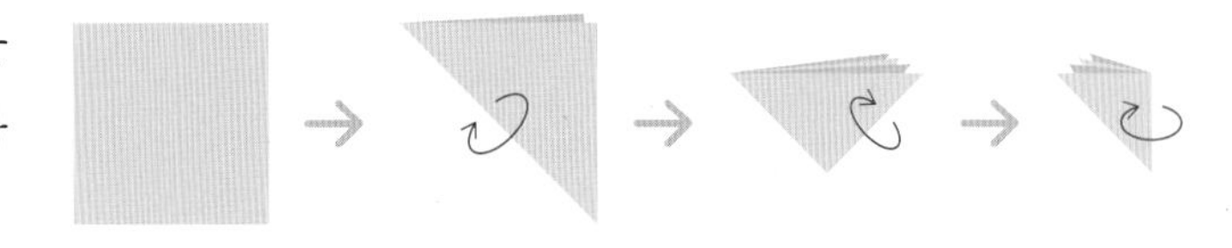

9 색지를 오른쪽과 같이 끝까지 접었다 폈을 때 생기는 선을 따라 모두 자를 경우, 직각삼각형이 몇 개 만들어지는지 구하세요.

문제 그리기 그림에 접은 부분을 점선으로 완성하고 □ 안에 알맞은 말을 써넣으면서 풀이 과정을 계획합니다. (?: 구하고자 하는 것)

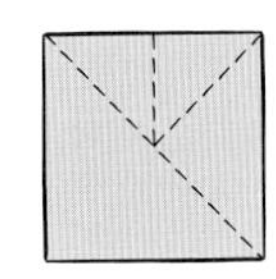

? : □을 따라 자를 경우, □의 수(개)

계획-풀기

❶ 색종이를 접었다 폈을 때 접은 선을 모두 그리고, 직각 표시하기

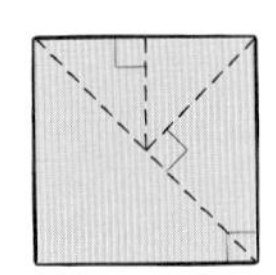

❷ 직각삼각형의 수 구하기

답

10 희정이는 가지고 있는 오른쪽 직사각형 모양의 색 도화지를 잘라서 같은 크기의 가장 큰 정사각형 2개를 만들었습니다. 만들고 남은 직사각형 모양의 색 도화지를 모두 사용하여 같은 크기의 가장 큰 정사각형을 여러 개 만들었습니다. 색 도화지로 만들 수 있는 정사각형은 모두 몇 개인지 구하세요.

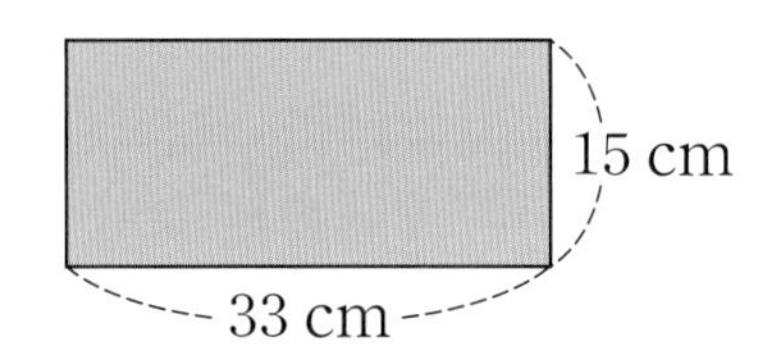

문제 그리기 그림에 만들 수 있는 정사각형을 표시하고, □ 안에 알맞은 수나 말을 써넣으면서 풀이 과정을 계획합니다.
(?: 구하고자 하는 것)

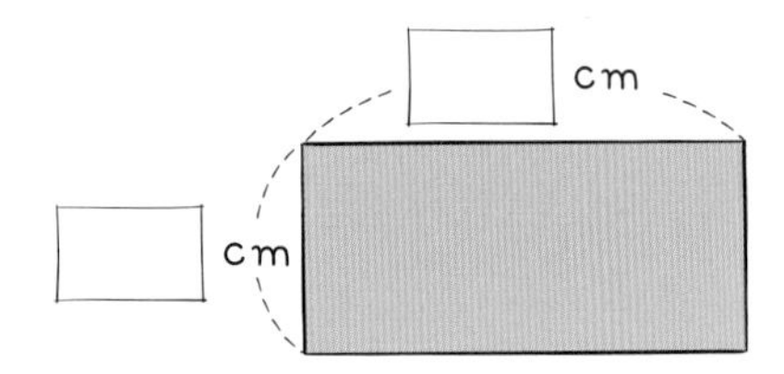

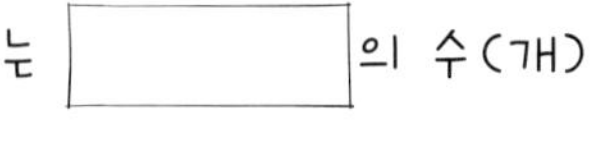

? : 색 도화지로 만들 수 있는 □의 수(개)

계획-풀기

❶ 처음 잘라낸 가장 큰 정사각형 2개와 남은 직사각형의 짧은 변을 한 변으로 하는 정사각형을 그리고, 길이 표시하기

❷ 만들 수 있는 정사각형의 수 구하기

답

11 진희가 숙제를 시작한 시각은 오후 4시 20분 45초이고, 숙제를 마친 시각은 오후 6시 15분 20초입니다. 숙제를 시작한 시각과 마친 시각을 시계에 그리고, 숙제를 몇 시간 몇 분 몇 초 동안 했는지 구하세요.

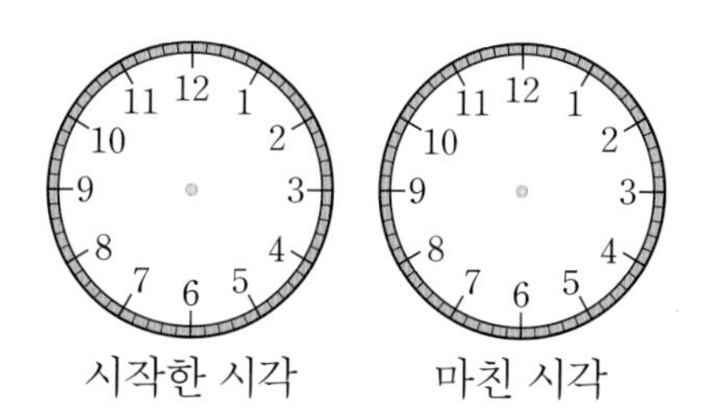

문제 그리기 시계에 시각을 나타내고, □ 안에 알맞은 수나 말을 써넣으면서 풀이 과정을 계획합니다. (?: 구하고자 하는 것)

숙제 시작 시각 □ 숙제 마친 시각 □

? : 숙제를 □ 시간

(단위: 몇 □ 몇 □ 몇 □)

계획-풀기

❶ 숙제를 시작한 시각과 마친 시각 그리기

❷ 숙제 시작 시각에서 5시까지의 시간 구하기

❸ 숙제를 한 시간 구하기

답 ______________________

12 하영이는 무용 학원에 가서 50분 동안 수업하고, 5분 휴식하기를 반복하여 3교시까지 한다고 합니다. 3교시 수업이 끝난 시각이 오른쪽과 같을 때, 무용 수업을 시작한 시각은 몇 시 몇 분 몇 초였는지 구하세요. (단, 3교시가 끝난 뒤에는 쉬는 시간이 없습니다.)

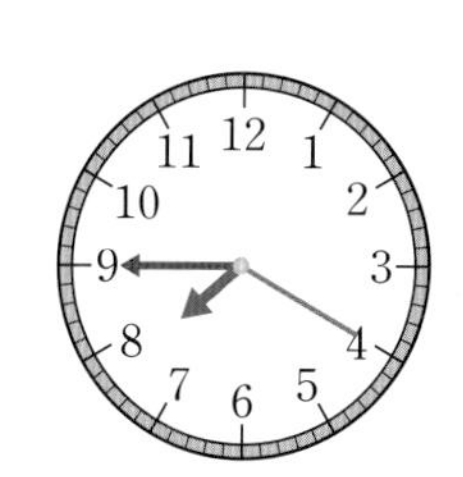

문제 그리기 문제를 읽고, □ 안에 알맞은 수나 말을 써넣으면서 풀이 과정을 계획합니다. (?: 구하고자 하는 것)

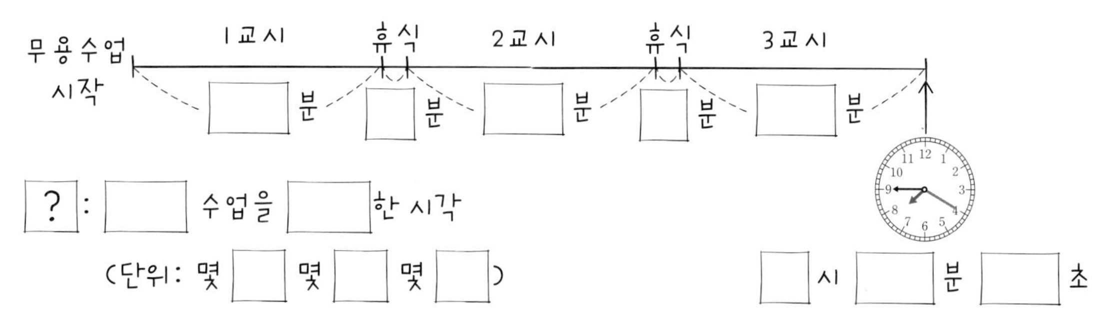

계획-풀기

❶ 3교시까지 무용 수업이 끝난 시각 구하기

❷ 3교시까지 수업 시간과 휴식 시간의 합 구하기

❸ 무용 수업을 시작한 시각 구하기

답 ______________________

13 오른쪽 점들을 연결하여 선분을 그릴 때 점 ㄴ을 지나는 선분은 모두 몇 개인지 구하세요.

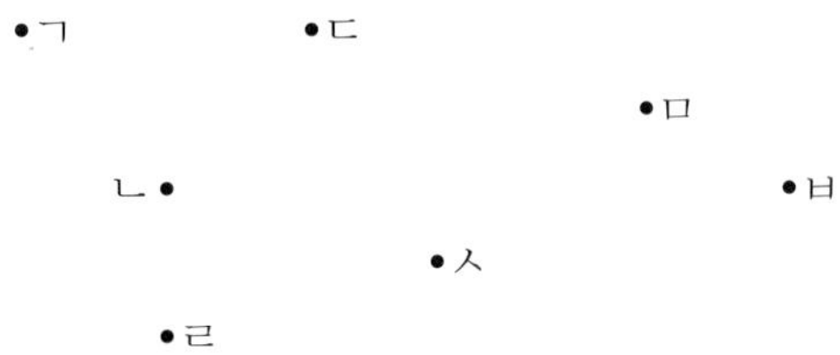

ㄱ ㄷ ㅁ ㄴ ㅂ ㅅ ㄹ

문제 그리기 문제를 읽고, □ 안에 알맞은 수나 말 또는 기호를 써넣으면서 풀이 과정을 계획합니다. (?: 구하고자 하는 것)

ㄱ □ ㅁ □ ㅂ □ ㄹ

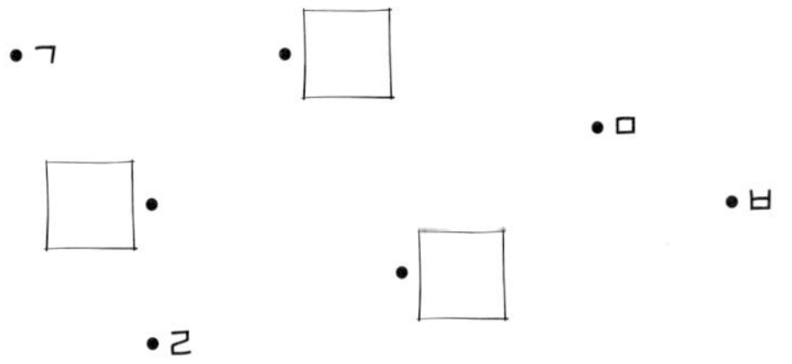

?: 점 □을 지나는 □의 수(개)

계획-풀기

❶ 2개의 점을 이어 점 ㄴ을 지나는 선분 모두 그리기

❷ 점 ㄴ을 지나는 선분은 모두 몇 개인지 구하기

답 ______

14 (가)와 (나)에서 2개의 점을 이어 그을 수 있는 직선의 개수를 각각 구하고, 그 차를 구하세요.

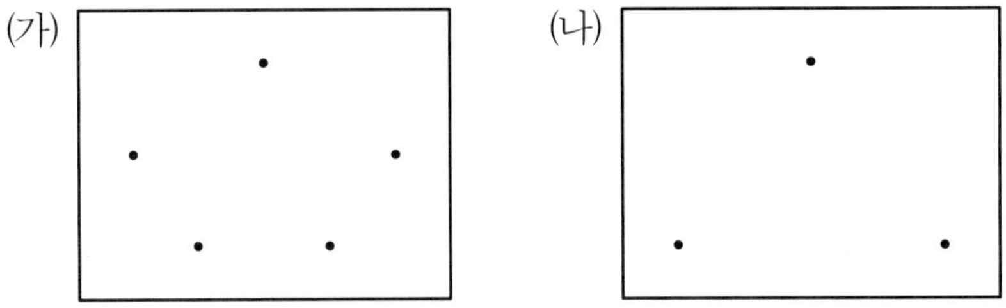

(가) (나)

문제 그리기 다음 그림을 완성하고, □ 안에 알맞은 말을 써넣으면서 풀이 과정을 계획합니다. (?: 구하고자 하는 것)

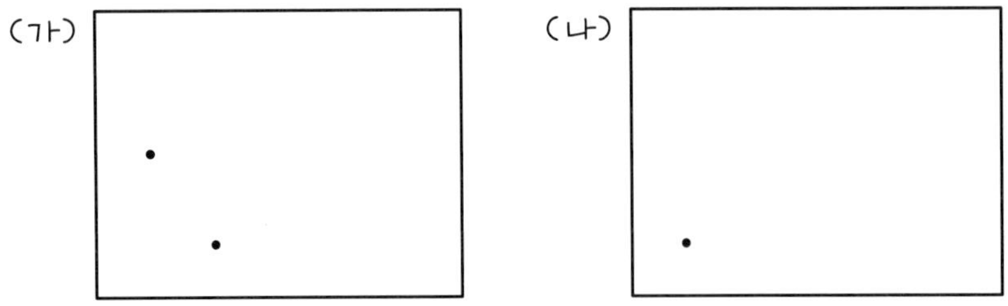

(가) (나)

?: (가)와 (나)에서 그을 수 있는 □ 개수의 □

계획-풀기

❶ (가)와 (나)에서 2개의 점을 이어 그을 수 있는 직선을 문제 그리기에 그리고 그 개수 각각 구하기

❷ (가)와 (나)에서 그을 수 있는 직선의 개수의 차 구하기

답 ______

15 짧은 변의 길이가 14 cm이고 네 변의 길이의 합이 84 cm인 직사각형 모양의 초콜릿이 6개 있습니다. 초콜릿 6개를 짧은 변끼리 맞붙도록 한 줄로 겹치지 않게 연결하여 직사각형 띠 모양의 초콜릿을 만들려고 할 때, 만들어진 직사각형에서 긴 변의 길이를 구하세요

문제 그리기 문제를 읽고, □ 안에 알맞은 수나 말을 써넣으면서 풀이 과정을 계획합니다. (?: 구하고자 하는 것)

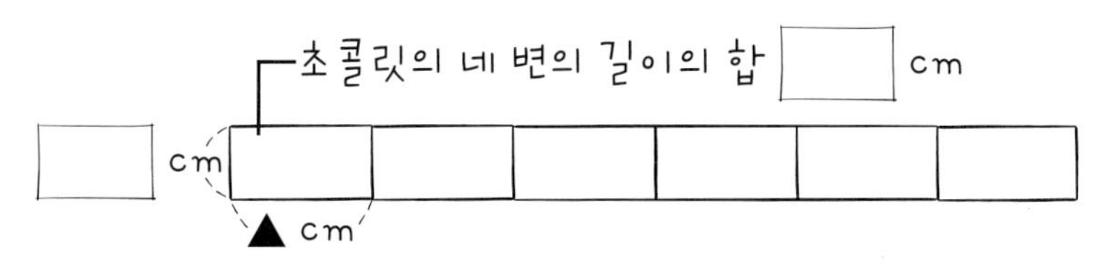

? : 초콜릿 □개를 연결한 직사각형의 □ 변의 길이(cm)

계획-풀기

❶ 초콜릿의 긴 변의 길이를 ▲ cm라 할 때, 6개의 초콜릿을 짧은 변끼리 연결한 직사각형 그리기

❷ 만들어진 직사각형의 긴 변의 길이 구하기

답

16 오른쪽의 네 점 중 세 점을 연결하여 그릴 수 있는 직각삼각형은 모두 몇 개인지 구하세요.

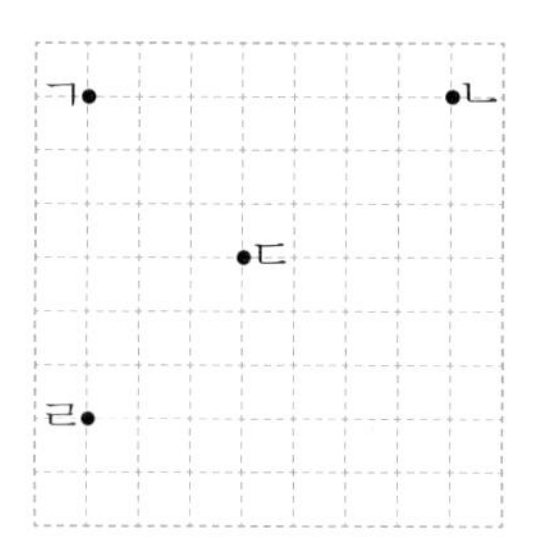

문제 그리기 다음 그림을 완성하고, □ 안에 알맞은 말을 써넣으면서 풀이 과정을 계획합니다. (?: 구하고자 하는 것)

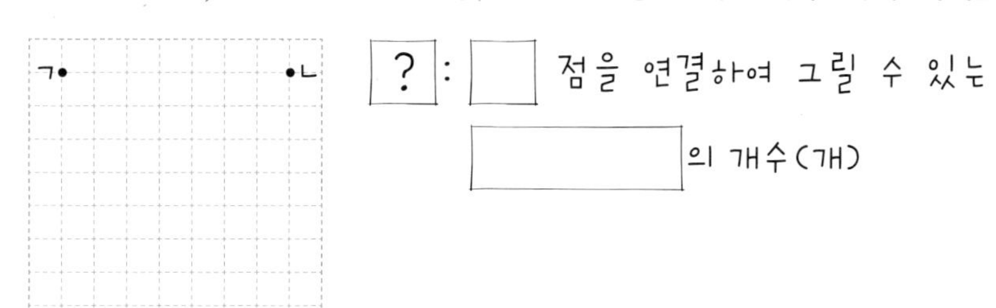

계획-풀기

❶ 세 점을 연결하여 그릴 수 있는 삼각형을 **문제 그리기**에 그리고 직각을 나타내기

❷ 그릴 수 있는 직각삼각형은 모두 몇 개인지 구하기

17 유이는 강아지와 40분 동안 산책을 한 후 집으로 돌아와 강아지의 목욕을 준비하기까지 15분 40초가 걸렸고, 그 후 1시간 15분 동안 강아지의 목욕을 시키고 시계를 보니 오른쪽과 같았습니다. 유이가 강아지와 산책을 시작한 시각은 몇 시 몇 분 몇 초였는지 구하세요.

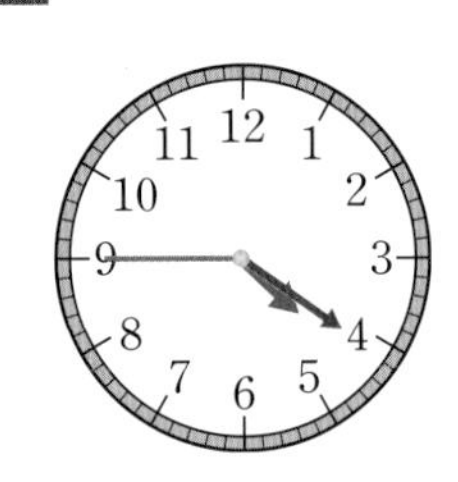

문제 그리기 문제를 읽고, □ 안에 알맞은 수나 말을 써넣으면서 풀이 과정을 계획합니다. (?: 구하고자 하는 것)

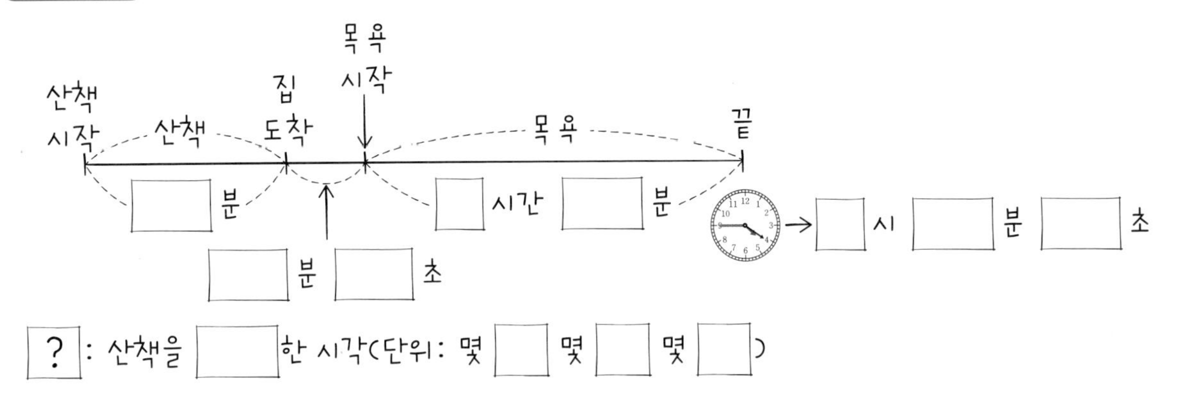

계획-풀기

❶ 강아지의 목욕을 시키기 시작한 시각 구하기

❷ 산책을 시작한 시각 구하기

답

18 우효는 크기가 같은 작은 직각삼각형 12개를 겹치지 않게 이어 붙여서 오른쪽과 같은 도형을 만들었습니다. 빨간색 선의 길이가 38 cm일 때, 작은 직각삼각형의 세 변의 길이의 합을 구하세요.

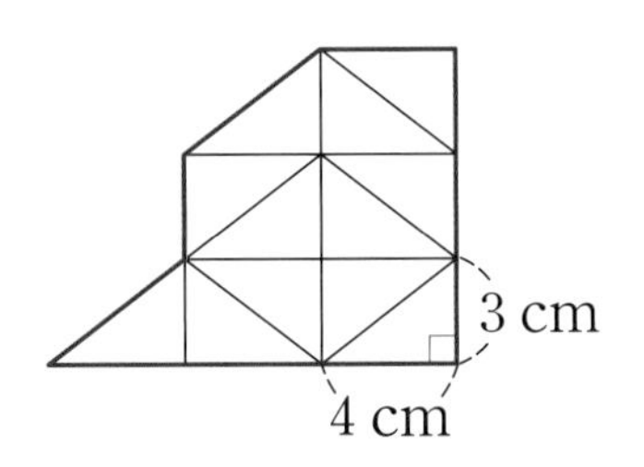

문제 그리기 다음 그림을 완성하고, □ 안에 알맞은 수나 말을 써넣으면서 풀이 과정을 계획합니다. (?: 구하고자 하는 것)

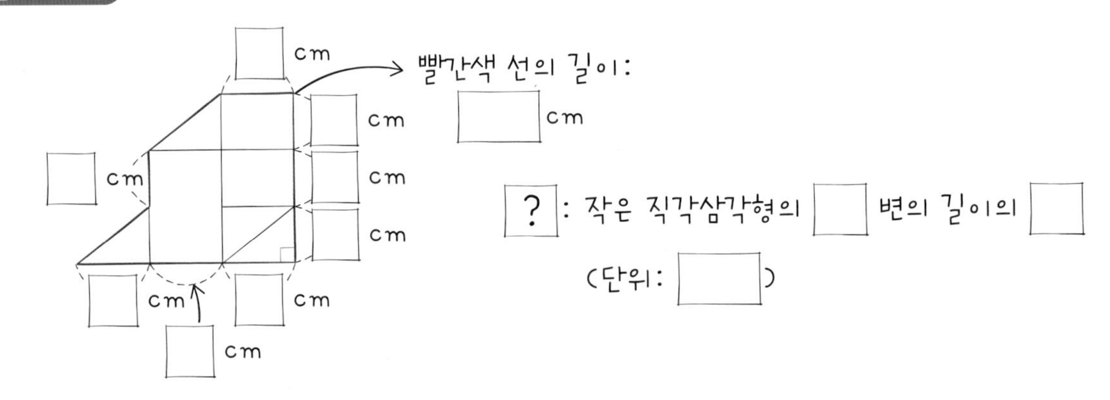

계획-풀기

❶ 작은 직각삼각형 에서 파란색 변의 길이 구하기

❷ 직각삼각형의 세 변의 길이의 합 구하기

답

19 규민이 동생이 가장 좋아하는 인형은 북치는 토끼 인형입니다. 버튼을 한 번 누르면 정해진 시간 동안 북을 치고, 2번 누르면 2배, 3번 누르면 3배, …로 북을 치는 인형입니다. 규민이는 버튼을 5번 눌러 토끼 인형이 북을 치게 했습니다. 52초 후에 북치는 작동을 멈추었더니 아직 작동 시간이 1분 38초 더 남아 있었습니다. 버튼을 한 번 누를 때 토끼 인형은 몇 초 동안 북을 치는지 구하세요.

문제 그리기 문제를 읽고, □ 안에 알맞은 수나 말을 써넣으면서 풀이 과정을 계획합니다. (?: 구하고자 하는 것)

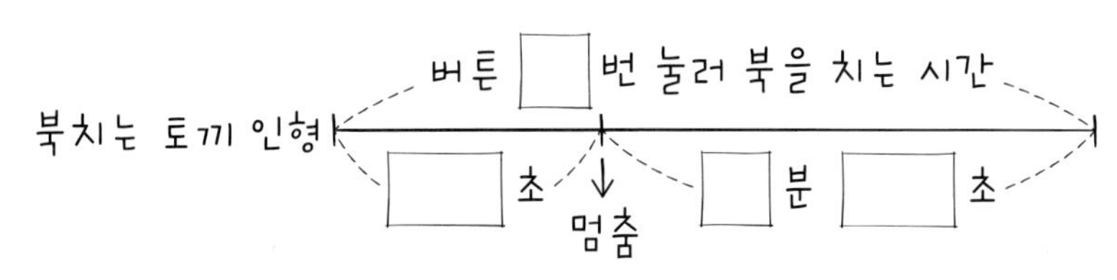

? : 버튼을 □번 누를 때 북치는 시간(단위: □)

계획-풀기

❶ 버튼을 5번 누를 때 토끼 인형이 북을 치는 시간 구하기

❷ 버튼을 한 번 누를 때 토끼 인형이 북을 치는 시간 구하기

답

20 현지는 집에서 성당까지 가는 데 45분이 걸립니다. 현지가 성당에 도착한 시각이 오른쪽과 같을 때 집에서는 몇 시 몇 분에 출발했는지 구하세요.

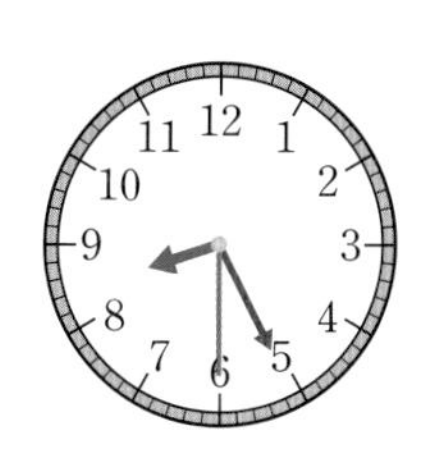

문제 그리기 문제를 읽고, □ 안에 알맞은 수나 말을 써넣으면서 풀이 과정을 계획합니다. (?: 구하고자 하는 것)

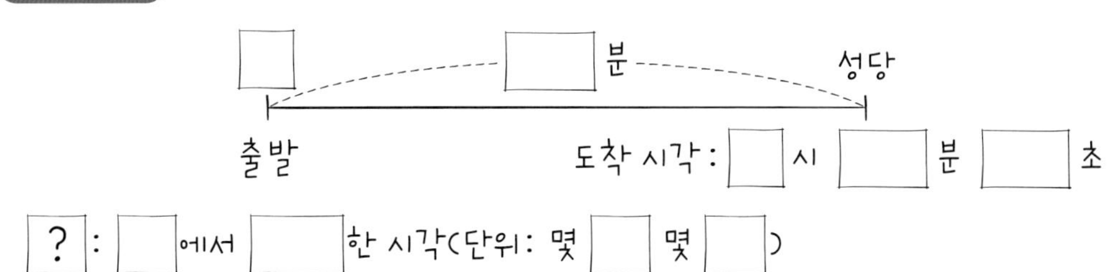

? : □에서 □한 시각(단위: 몇 □ 몇 □)

계획-풀기

❶ 성당에 도착한 시각 읽기

❷ 집에서 출발한 시각은 몇 시 몇 분인지 구하기

답

21

오른쪽 그림과 같이 크기가 같은 직사각형 15개를 겹치지 않게 이어 붙여서 직사각형을 만들었습니다. 주황색 선의 길이가 66 cm일 때, 가장 작은 직사각형에서 7 cm가 아닌 변의 길이는 몇 cm인지 구하세요.

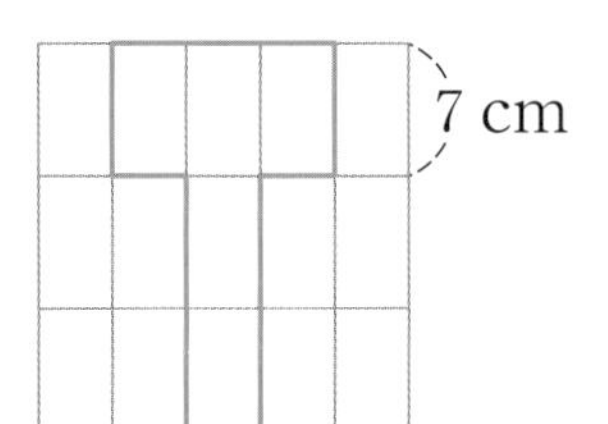

문제 그리기 다음 그림에 주황색 선을 표시하고, □ 안에 알맞은 수나 말을 써넣으면서 풀이 과정을 계획합니다. (?: 구하고자 하는 것)

주황색 선의 길이: □ cm

□ cm

? : 가장 □ 직사각형에서 □ cm가 아닌 변의 길이(단위: cm)

계획-풀기

❶ 주황색 선에서 7 cm인 선분의 길이의 합 구하기

❷ 가장 작은 직사각형에서 7 cm가 아닌 변의 길이 구하기

답

22

준섭이 엄마가 일요일에 이탈리아로 출장을 가십니다. 비행기 출발이 오전 11시 50분이고, 공항에는 2시간 30분 전에 도착해야 합니다. 집에서 공항까지 1시간 45분이 걸린다면 준섭이 엄마는 집에서 적어도 오전 몇 시 몇 분에 출발해야 하는지 구하세요.

문제 그리기 문제를 읽고, □ 안에 알맞은 수나 말을 써넣으면서 풀이 과정을 계획합니다. (?: 구하고자 하는 것)

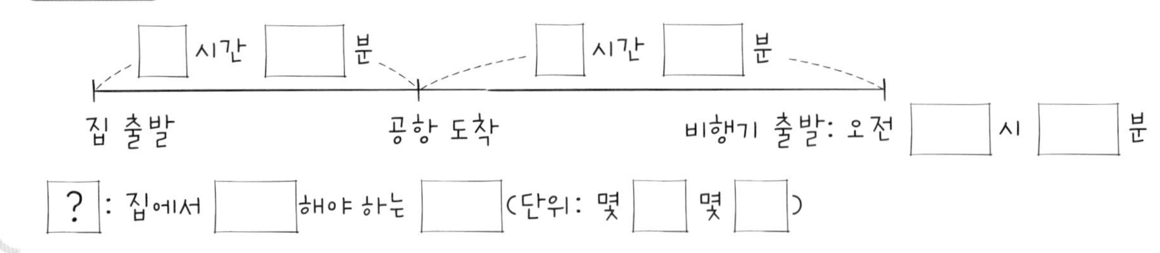

계획-풀기

❶ 공항에 도착해야 하는 시각 구하기

❷ 집에서 출발해야 하는 시각 구하기

답

23 효진이는 엄마와 낡은 책꽂이를 띠 테이프를 사용하여 꾸몄습니다. 처음 테이프에서 78 cm 6 mm를 사용하고 남은 띠 테이프의 길이가 876 mm라고 할 때 처음 띠 테이프의 길이는 몇 mm인지 구하세요.

문제 그리기 문제를 읽고, □ 안에 알맞은 수나 말을 써넣으면서 풀이 과정을 계획합니다. (?: 구하고자 하는 것)

사용	남음
□ cm □ mm	□ mm

? : □ 띠 테이프의 □(mm)

계획-풀기

❶ 사용한 띠 테이프의 길이를 몇 mm로 나타내기

❷ 처음 띠 테이프의 길이는 몇 mm인지 구하기

답 ______________

24 주희 엄마는 청량리역에서 안동역까지 가는 열차 시간표를 출력해서 책상 위에 놓았습니다. 그런데 주희가 물감을 떨어뜨려서 각 열차의 출발 시각과 걸린 시간을 몇 군데 알아볼 수 없게 되었습니다. 알아볼 수 없게 된 부분의 시각 또는 시간을 각각 구하세요.

열차 종류	출발 시각	도착 시각	걸리는 시간
KTX		08:08	2시간 2분
새마을 열차	11:39	14:36	
무궁화 열차		09:34	2시간 44분

문제 그리기 문제를 읽고, □ 안에 알맞은 수나 말을 써넣으면서 풀이 과정을 계획합니다. (?: 구하고자 하는 것)

	출발 시각	도착 시각	걸리는 시간
KTX	▲	□	□
새마을 열차	□	□	●
무궁화 열차	■	□	2시간 44분

? : KTX와 □의 □ 시각(단위: 몇 □ 몇 분)과 새마을 열차의 □ 시간(단위: 몇 □ 몇 □)

계획-풀기

❶ KTX와 무궁화 열차의 출발 시각이 몇 시 몇 분인지 구하기

❷ 새마을 열차의 걸리는 시간은 몇 시간 몇 분인지 구하기

답 ______________

단순화요?

문제에서 조건으로 제시되는 도형이나 상황에서 계산을 반복하거나 쉽게 변형해서 생각할 수 있는 상황, 그리고 계산에서 같은 수를 여러 번 반복해서 계산해야 하는 경우를 단순하게 생각하는 전략입니다.

단순화하기? 어떻게 하는 거예요?

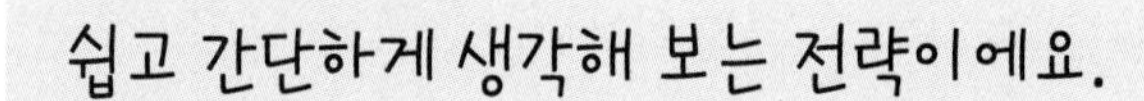

어떻게 쉽게 생각해요? 쓰지 않고 생각으로만 푸는 건가요?

아니 그런 게 아니고요.
예를 들면 크고 작은 삼각형이나 사각형의 개수를 세거나 같은 계산을 반복할 때, 생각을 바꿔서 간단하게 계산을 하거나 방법을 바꾸는 거예요.

그런 방법이 있어요?

네. 익숙한 상황으로 바꾸거나 어떤 수가 반복되는지를 찾아서 덧셈이라면 곱셈으로 생각하고 몇 번을 더해야 하는지를 알면 말이에요.

오호라! 더 익숙한 상황으로 바꾼다고요? 문제를 풀어봐야겠어요.

1 긴 변의 길이가 6 cm이고 네 변의 길이의 합이 188 mm인 직사각형 12개를 겹치지 않게 이어 붙여 다음과 같은 도형을 만들었습니다. 빨간색 선의 길이는 몇 mm인지 구하세요.

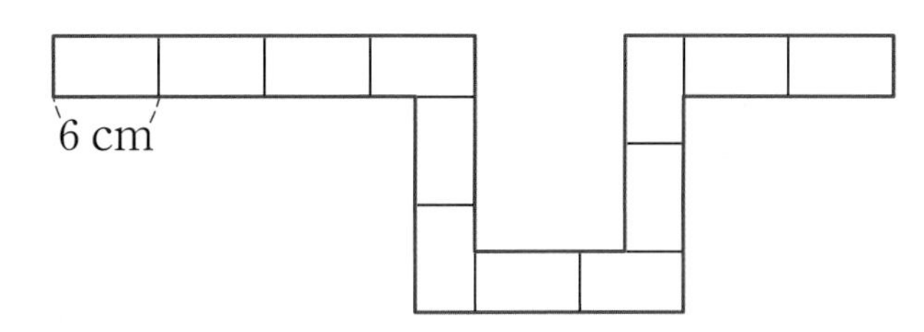

문제 그리기 다음 그림을 완성하고 빨간색 선을 긋고, □ 안에 알맞은 수나 말을 써넣으면서 풀이 과정을 계획합니다.
(?: 구하고자 하는 것)

▲ cm → 네 변의 길이의 합 : □ mm

□ cm

? : 빨간색 선의 □ (단위 : □)

계획-풀기 틀린 부분에 밑줄을 긋고, 그 부분을 바르게 고친 것을 화살표 오른쪽에 씁니다.

❶ 직사각형의 짧은 변의 길이는 몇 mm인지 구하기

짧은 변의 길이를 ▲ mm라고 하면 6 cm=60 mm이므로 다음과 같은 식으로 나타낼 수 있습니다.
(직사각형의 네 변의 길이의 합)=(긴 변의 길이)+(짧은 변의 길이)=60+▲=188(mm)
따라서 ▲=188−60=128(mm)이므로 (짧은 변의 길이)=128(mm)입니다.

→

❷ 빨간색 선의 길이는 몇 mm인지 구하기

작은 직사각형의 짧은 변과 긴 변의 개수를 세어 식을 세우면 다음과 같습니다.
(짧은 변의 길이)×(개수)=128×5=640(mm)
(긴 변의 길이)×(개수)=6×23=138(mm)
(빨간색 선의 길이)=640+138=778(mm)

→

답

확인하기 문제를 풀기 위해 배워서 적용한 전략에 ○표 하세요.

단순화하기 (　　) 규칙성 찾기 (　　) 문제정보를 복합적으로 나타내기 (　　)

2 오른쪽 도형에서 찾을 수 있는 크고 작은 직각삼각형은 모두 몇 개인지 구하세요.

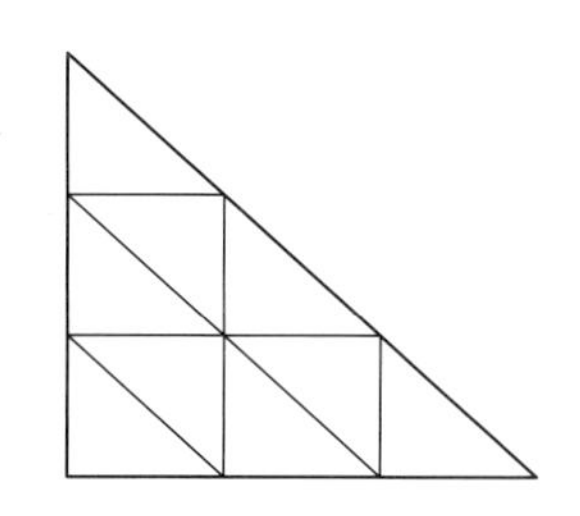

문제 그리기 다음 그림을 완성하고, □ 안에 알맞은 말을 써넣으면서 풀이 과정을 계획합니다. (?: 구하고자 하는 것)

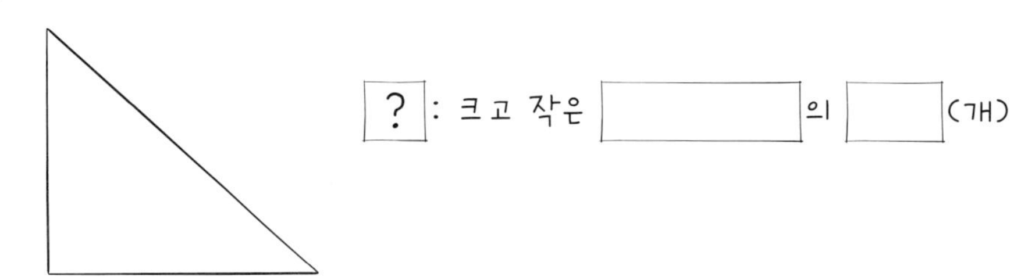

계획-풀기 틀린 부분에 밑줄을 긋고, 그 부분을 바르게 고친 것을 화살표 오른쪽에 씁니다.

❶ 작은 직각삼각형 1개, 4개, 9개로 이루어진 직각삼각형은 각각 몇 개인지 구하기

작은 직각삼각형에 번호를 정해 크고 작은 직각삼각형을 모두 찾아봅니다.

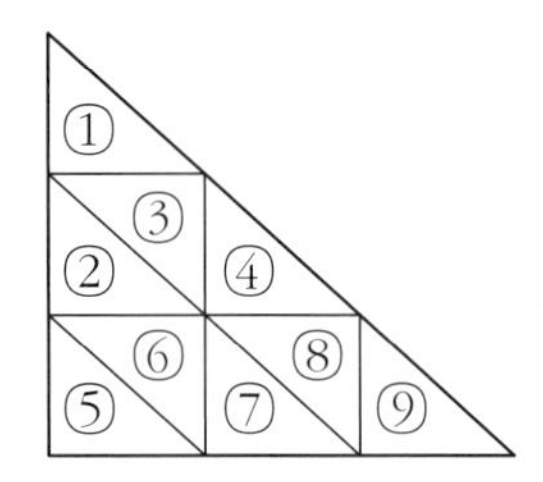

- 작은 직각삼각형 1개짜리: ①, ②, ③, ④, ⑤, ⑥, ⑦, ⑧, ⑨ → 9개
- 작은 직각삼각형 4개짜리: 4개
- 작은 직각삼각형 9개짜리: 2개

→

❷ 찾을 수 있는 크고 작은 직각삼각형은 모두 몇 개인지 구하기

크고 작은 직각삼각형은 모두 $9+4+2=15$(개)입니다.

→

답

확인하기 문제를 풀기 위해 배워서 적용한 전략에 ○표 하세요.

단순화하기 (　　)　　규칙성 찾기 (　　)　　문제정보를 복합적으로 나타내기 (　　)

'문제정보를 복합적으로 나타내기'라는 것이 뭐예요??

어떤 특별한 식이나 표나 그림만을 이용하는 것이 아니라, 문제에서 제시하는 조건이나 정보를 공책이나 문제집에 적고 그 정보를 바탕으로 문제 해법을 찾는 전략입니다. 그 표현 방법은 그림이거나 표 또는 수나 말 사이의 관계를 하나의 표현 방법이 아니라 복합적으로 나타내는 것입니다.

조건을 하나하나 다 적는 거라고요?

그러니까 특별하게 하나의 식을 사용해서도, 그림을 이용해서도 풀 수 없는 문제들이 있거든요. 그런데 문제에서 알려주는 정보를 적어 보면 어떻게 풀어야 할지 그 방법이 보이는 문제에 사용하는 전략이에요.

진짜요? 상상이 잘 안되는데요?

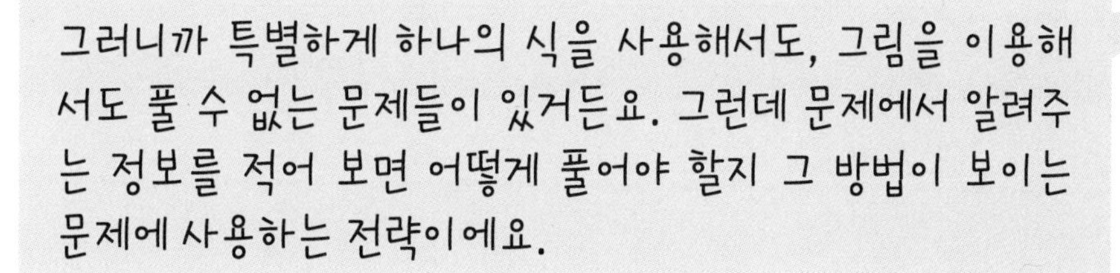

그래요. 예를 들면 "백의 자리와 일의 자리 숫자가 2인 수보다 크고, 백의 자리 숫자가 2이고 십의 자리 숫자가 5인 수보다 작은 세 자리 수"라는 조건이 있어요. 조건을 보면 어렵게 느껴질 수 있지만 세 자리 수를 2■2보다 크고 25△보다 작은 수라고 생각하면 조금 쉽잖아요. 이렇게 조건을 나타내고 생각하는 전략이라고 볼 수 있어요.

와! 신기해요. 이제 알 것 같아요.

1 미진이가 친구들과 지난 토요일에 걸었던 거리를 이야기하고 있습니다. 가장 많이 걸은 친구는 누구이고, 그 친구가 걸은 거리는 몇 m인지 구하세요.

민지: 나는 1000 m를 걷고, 좀 쉬다가 250 m를 더 걸었어.
혜원: 나는 1 km를 걷고 3 m를 더 걸었어.
상원: 나는 처음에는 2000 m를 걸으려고 했는데 결국 450 m를 덜 걸었어.
승원: 나는 1.7 km를 걸었어.

문제 그리기 문제를 읽고, □ 안에 알맞은 수나 말을 써넣으면서 풀이 과정을 계획합니다. (?: 구하고자 하는 것)

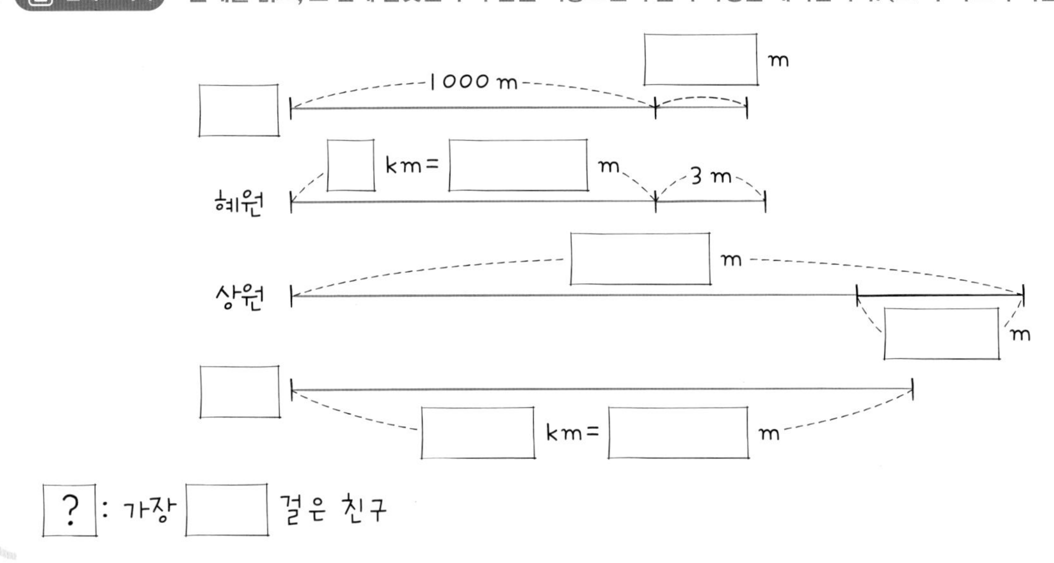

계획-풀기 틀린 부분에 밑줄을 긋고, 그 부분을 바르게 고친 것을 화살표 오른쪽에 씁니다.

❶ 네 사람이 걸은 거리를 몇 m로 나타내기

- 민지: 1000 m보다 250 m 더 먼 거리는 1025 m입니다.
- 혜원: 1 km보다 3 m 더 먼 거리는 1300 m입니다.
- 상원: 2000 m보다 450 m 덜 간 거리는 1550 m입니다.
- 승원: 1.7 km는 1 km 7 m이므로 1007 m입니다.

→

❷ 네 사람이 걸은 거리 비교하기

1550 m > 1300 m > 1025 m > 1007 m 이므로 가장 많이 걸은 사람은 상원입니다.

→

답

확인하기 문제를 풀기 위해 배워서 적용한 전략에 ○표 하세요.

단순화하기 (　　) 규칙성 찾기 (　　) 문제정보를 복합적으로 나타내기 (　　)

2 주희는 엄마와 생일파티를 하기 위해서 큰 정사각형 모양의 케이크를 만들어서 6조각으로 잘랐습니다. 1조각은 한 변의 길이가 14 cm인 정사각형 모양이고, 3조각은 가로가 25 cm, 세로가 13 cm인 직사각형 모양이며, 나머지 2조각은 가로가 25 cm, 세로가 7 cm인 직사각형 모양일 때, 처음 자르기 전의 정사각형 케이크의 한 변의 길이는 몇 cm인지 구하세요.

문제 그리기 문제를 읽고, □ 안에 알맞은 수나 말을 써넣으면서 풀이 과정을 계획합니다. (?: 구하고자 하는 것)

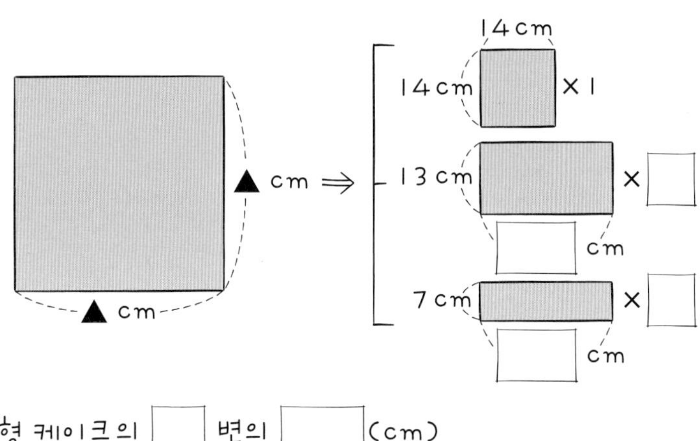

? : 처음 정사각형 케이크의 □ 변의 □ (cm)

계획-풀기 틀린 부분에 밑줄을 긋고, 그 부분을 바르게 고친 것을 화살표 오른쪽에 씁니다.

❶ **6조각의 케이크 모양 그리기**

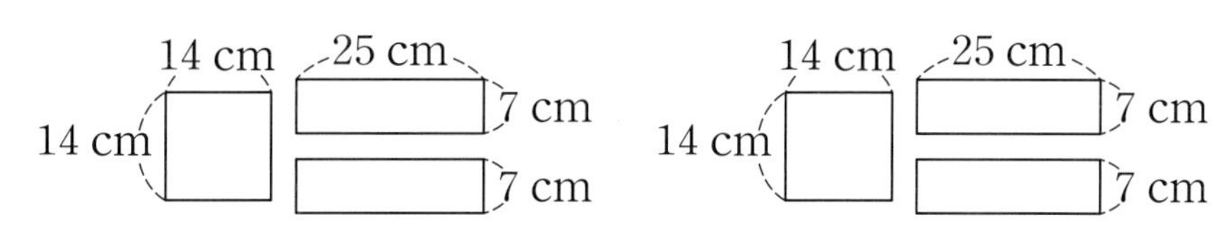

→

❷ **정사각형 만들기**

6조각으로 네 각이 직각인 정사각형을 만들면 다음과 같습니다.

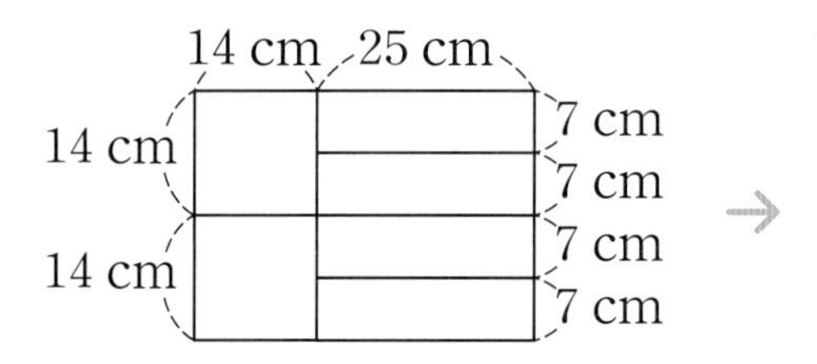

→

❸ **정사각형의 한 변의 길이 구하기**

정사각형은 ❷와 같으므로 한 변의 길이는 28 cm입니다.

→

답 ____________________

확인하기 문제를 풀기 위해 배워서 적용한 전략에 ○표 하세요.

단순화하기 (　　) 규칙성 찾기 (　　) 문제정보를 복합적으로 나타내기 (　　)

1 오른쪽 그림은 크기가 같은 10개의 정사각형들을 겹치지 않게 변들끼리 서로 부분적으로 맞대어 붙여 만든 도형입니다. 주황색 선의 길이가 3200 cm일 때 작은 정사각형의 한 변의 길이는 몇 m인지 구하세요.

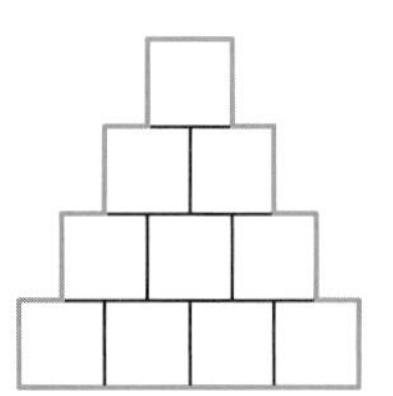

문제 그리기 다음 그림을 완성하고, □ 안에 알맞은 수나 말을 써넣으면서 풀이 과정을 계획합니다. (?: 구하고자 하는 것)

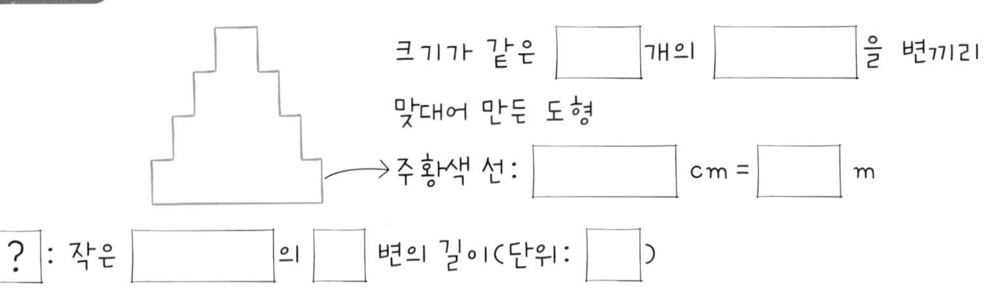

계획-풀기

① 주황색 선에는 작은 정사각형의 한 변의 길이가 몇 개인지 구하기

② 정사각형의 한 변의 길이 구하기

2 오른쪽 도형은 세 변의 길이가 같고 크기가 다른 삼각형 3개를 겹치지 않게 이어 붙여서 만든 도형입니다. 가장 큰 삼각형의 한 변의 길이는 10 cm, 두 번째로 큰 삼각형의 한 변의 길이는 8 cm, 가장 작은 삼각형의 한 변의 길이는 6 cm일 때, 파란색 선의 길이는 몇 cm인지 구하세요.

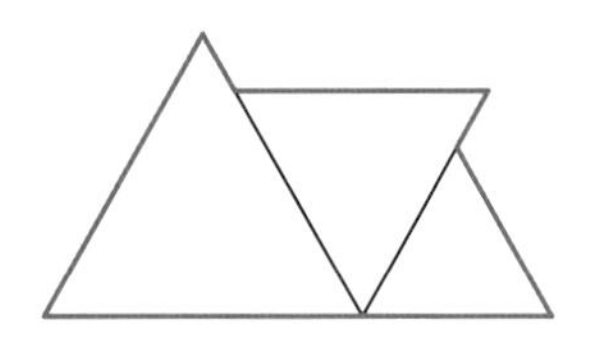

문제 그리기 다음 그림을 완성하고, □ 안에 알맞은 수나 말을 써넣으면서 풀이 과정을 계획합니다. (?: 구하고자 하는 것)

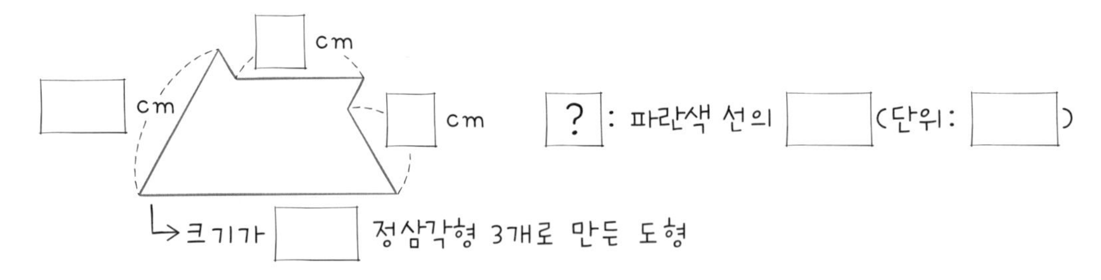

계획-풀기

① 파란색 선에 각 삼각형의 한 변의 길이가 몇 개씩인지 구하기

② 파란색 선의 길이 구하기

답

3 오른쪽 도형에서 찾을 수 있는 크고 작은 직사각형은 모두 몇 개인지 구하세요.

문제 그리기 다음 그림을 완성하고, □ 안에 알맞은 수나 말을 써넣으면서 풀이 과정을 계획합니다. (?: 구하고자 하는 것)

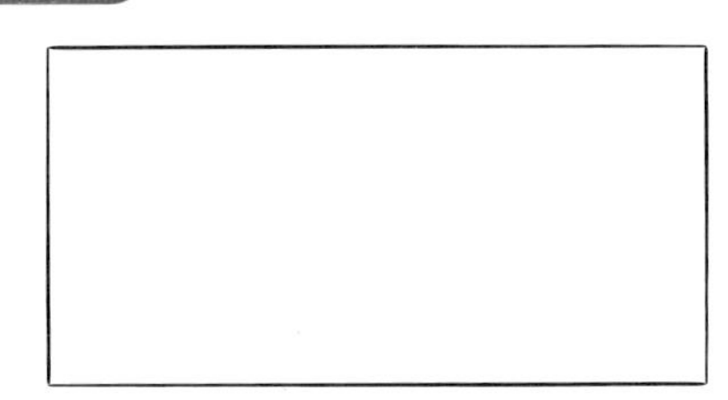

? : 크고 작은 □ 의 개수(단위: □)

계획-풀기

❶ 직사각형 1개, 2개, 3개, 5개로 이루어진 직사각형이 각각 몇 개인지 구하기

❷ 크고 작은 직사각형의 개수 구하기

답

4 오른쪽 그림은 수수깡을 잘라서 겹치지 않게 이어 붙여 만든 도형입니다. 파란색 선이 수수깡을 사용한 부분일 때 이 도형을 만들기 위해서 사용한 수수깡의 전체 길이는 몇 cm인지 구하세요.

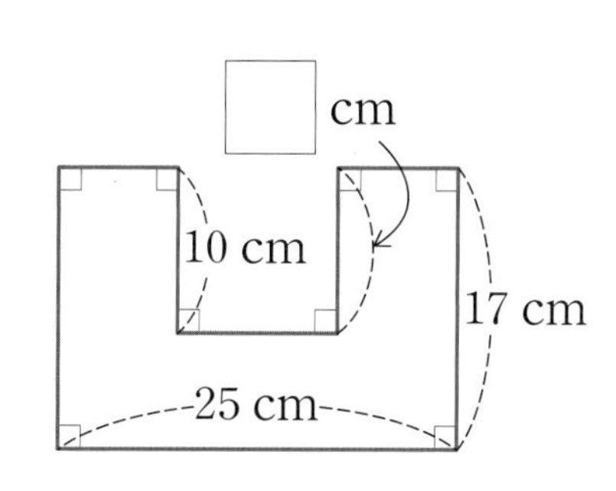

문제 그리기 다음 그림을 완성하고, □ 안에 알맞은 수나 말을 써넣으면서 풀이 과정을 계획합니다. (?: 구하고자 하는 것)

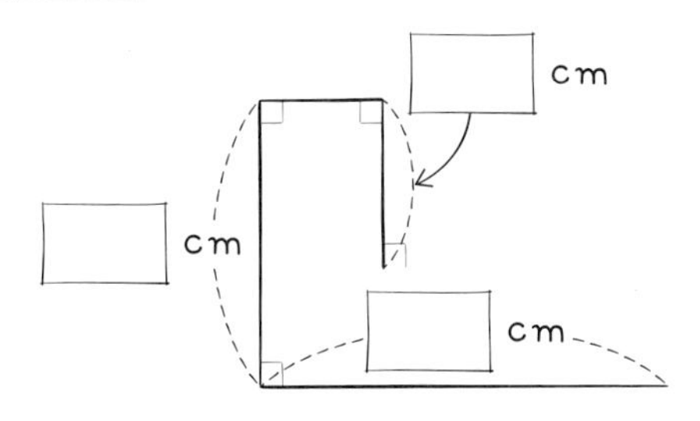

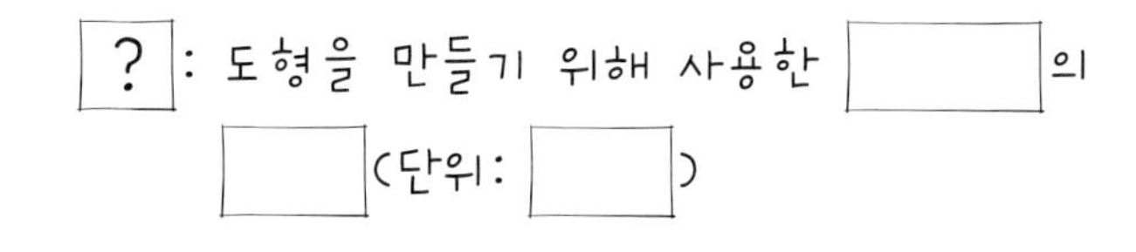

계획-풀기

❶ 다음 도형의 변 ①~④ 중에서 어느 한 변을 옮겨 직사각형 만들기

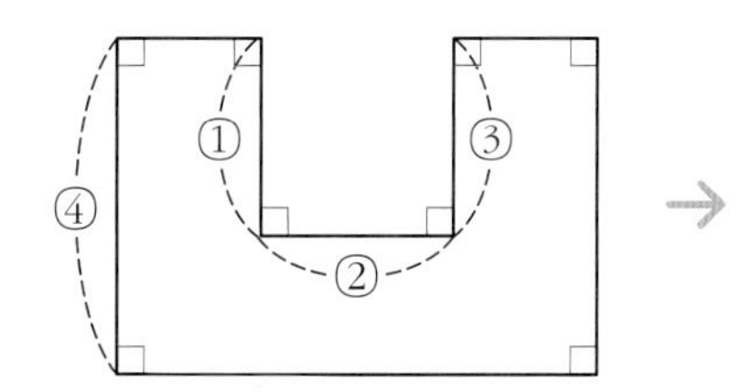

→

❷ 도형을 만든 수수깡의 전체 길이 구하기

답

5 길이가 6 cm 7 mm인 리본끈 3장을 연결하려고 합니다. 그림과 같이 리본끈 2장을 연결하는데 겹치는 부분이 22 mm일 때, 리본끈 3장을 같은 방법으로 이어 붙여서 만든 끈의 전체 길이는 몇 cm 몇 mm인지 구하세요.

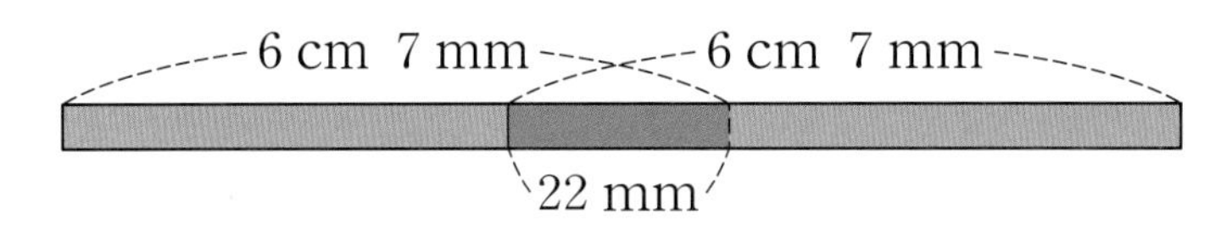

문제 그리기 다음 그림을 완성하고, □ 안에 알맞은 수나 말을 써넣으면서 풀이 과정을 계획합니다. (?: 구하고자 하는 것)

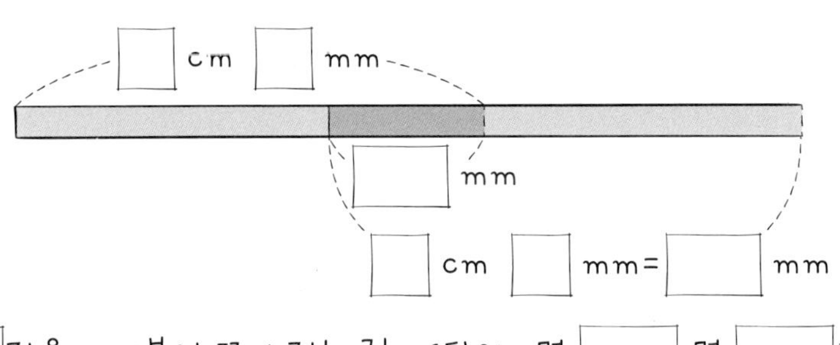

? : 리본끈 □장을 이어붙인 끈의 전체 길이(단위: 몇 □ 몇 □)

계획-풀기

❶ 연결한 리본끈 2장의 길이 구하기

❷ 리본끈 3장을 연결할 때, 전체 길이 구하기

답

6 다음을 보고 슈퍼마켓에서 학교까지의 거리는 몇 m인지 구하세요.

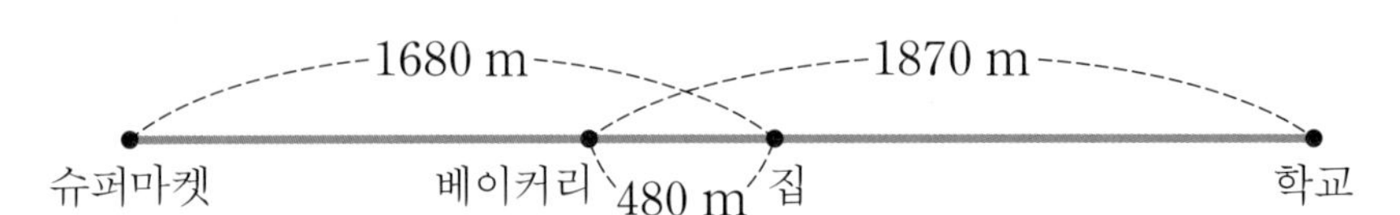

문제 그리기 문제를 읽고, □ 안에 알맞은 수나 말을 써넣으면서 풀이 과정을 계획합니다. (?: 구하고자 하는 것)

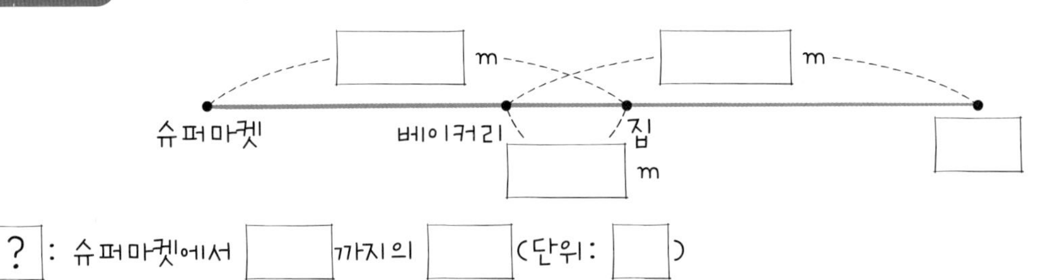

? : 슈퍼마켓에서 □까지의 □(단위: □)

계획-풀기

❶ 슈퍼마켓에서 학교까지의 거리는 (슈퍼마켓에서 집까지의 거리)+(베이커리에서 학교까지의 거리)보다 몇 m 더 가까운지 구하기

❷ 슈퍼마켓에서 학교까지의 거리는 몇 m인지 구하기

답

7 오른쪽과 같이 한 변의 길이가 6 cm인 정사각형 14개를 겹치지 않게 이어 붙였습니다. 파란색 선의 길이는 몇 mm인지 구하세요.

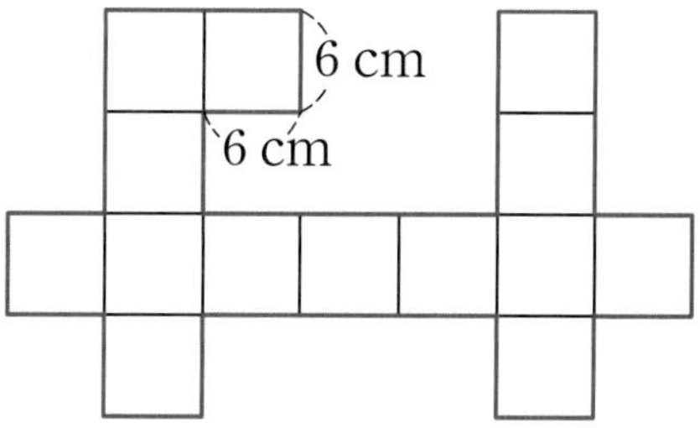

6 cm
6 cm

문제 그리기 다음 그림을 완성하여 파란색 선 부분을 표시하고, □ 안에 알맞은 수나 말을 써넣으면서 풀이 과정을 계획합니다.
(?: 구하고자 하는 것)

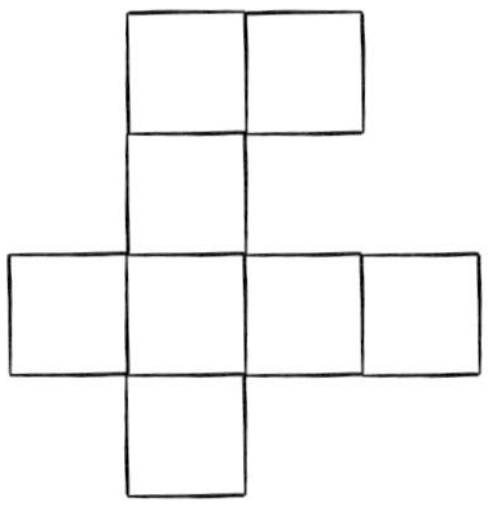

? : □색 선의 길이(단위: □)

계획-풀기

❶ 파란색 선에 정사각형의 한 변의 길이가 몇 개인지 구하기

❷ 파란색 선의 길이는 몇 mm인지 구하기

답

8 오른쪽 그림은 모양과 크기가 같은 직사각형 모양의 조각 헝겊 6개로 만들어진 식탁보입니다. 식탁보 무늬에서 크고 작은 직사각형은 모두 몇 개인지 구하세요.

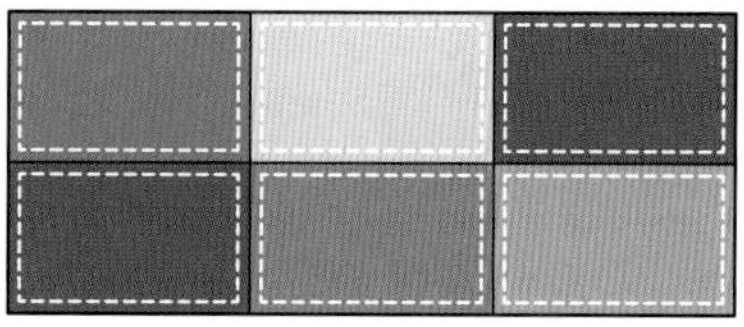

문제 그리기 다음 그림을 완성하고, □ 안에 알맞은 수나 말을 써넣으면서 풀이 과정을 계획합니다. (?: 구하고자 하는 것)

? : 크고 작은 □의 개수(단위: □)

계획-풀기

❶ 작은 직사각형 1개, 2개, 3개, 4개, 6개로 이루어진 직사각형의 개수 각각 구하기

❷ 크고 작은 직사각형의 개수 구하기

답

9 길이가 5 cm, 3 cm, 4 cm인 선분들이 2개씩 있고, 길이가 3.7 cm인 선분이 1개 있을 때 이 중 4개의 선분을 골라서 만들 수 있는 모양과 크기가 서로 다른 직사각형은 모두 몇 가지인지 구하세요.

문제 그리기 문제를 읽고, □ 안에 알맞은 수나 말을 써넣으면서 풀이 과정을 계획합니다. (?: 구하고자 하는 것)

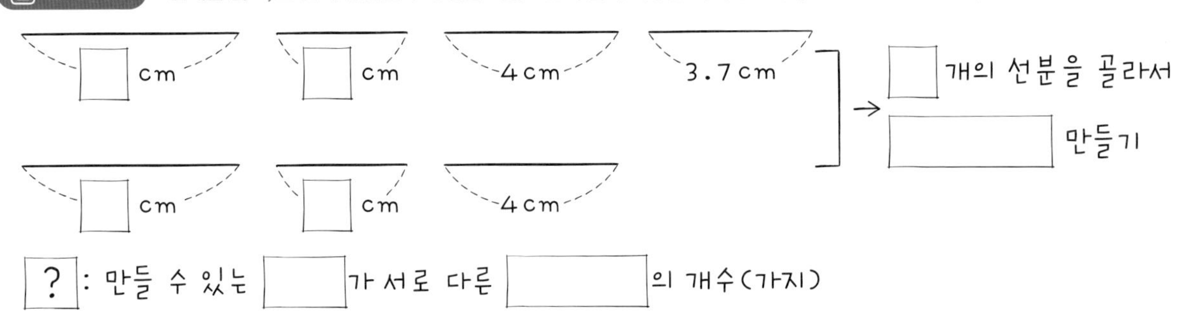

계획-풀기

❶ 직사각형을 만들기 위한 조건 구하기

❷ 만들 수 있는 크기가 서로 다른 직사각형의 가짓수 구하기

답

10 오른쪽 도형 중 정사각형은 몇 개인지 구하세요.

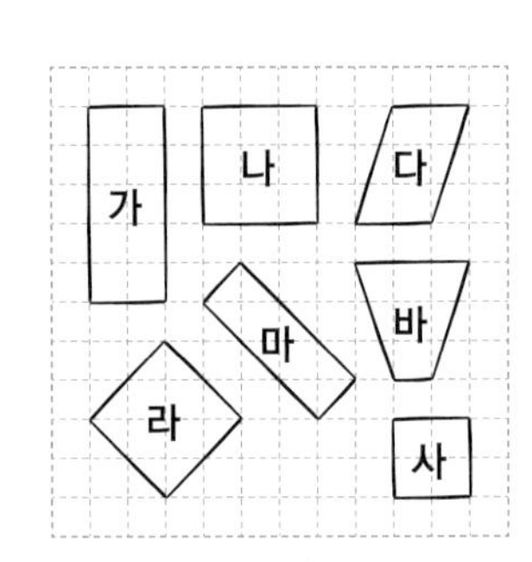

문제 그리기 문제를 읽고, □ 안에 알맞은 수나 말을 써넣으면서 풀이 과정을 계획합니다. (?: 구하고자 하는 것)

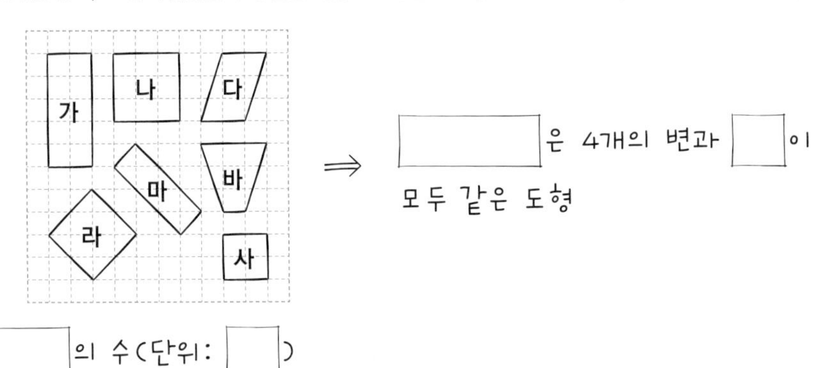

계획-풀기

❶ 직사각형 모두 찾기

❷ 정사각형의 수 구하기

답

11 오른쪽 도형은 정사각형 7개를 겹치지 않게 이어 붙여 만든 직사각형입니다. 파란색 선의 길이를 구하세요.

12 cm

문제 그리기 다음 그림을 완성하여 파란색 선을 그리고, □ 안에 알맞은 수나 말을 써넣으면서 풀이 과정을 계획합니다.

(?: 구하고자 하는 것)

□ cm

? : □색 선의 □(cm)

계획-풀기

❶ 가장 큰 정사각형의 한 변의 길이 구하기

❷ 만든 직사각형의 긴 변의 길이 구하기

❸ 파란색 선의 길이 구하기

답

12 다음 보기 ①~⑥ 중 직사각형을 만들 수 있는 경우는 몇 가지이고, 정사각형을 만들 수 있는 경우는 몇 가지인지 각각 구하세요. (단, 직사각형은 정사각형을 포함하여 답을 구합니다.)

보기

① 반직선 ㄱㄴ과 반직선 ㄴㄷ ② 5 cm인 선분 3개 ③ 6 cm인 선분 4개

④ 길이가 7 cm와 8 cm인 선분이 각각 2개 ⑤ 4 cm인 선분 1개와 5 cm인 선분 3개

⑥ 2.7 cm인 선분 2개와 5.4 cm인 선분 2개

문제 그리기 문제를 읽고, □ 안에 알맞은 수나 말을 써넣으면서 풀이 과정을 계획합니다. (?: 구하고자 하는 것)

① □ □ □ □

② □ cm인 선분 □개

③ □ cm인 선분 □개

④ 선분 □ cm, 선분 □ cm가 □개씩

⑤ 4 cm인 선분 1개와 □ cm인 선분 □개

⑥ □ cm인 선분 2개와 □ cm인 선분 2개

? : 6가지 조건 중 □이나 □을 만들 수 있는 조건의 개수(가지)

계획-풀기

❶ 직사각형을 만들 수 있는 조건의 개수 구하기

❷ 정사각형을 만들 수 있는 조건의 개수 구하기

답

13 현정이는 학교에서 열리는 500 m 달리기 대회에 나가기 위해서 저녁마다 집에서 공원까지 달리기를 합니다. 집에서 공원까지 바로 가는 (가) 경로, 집에서 슈퍼마켓과 문구점을 지나서 공원까지 가는 (나) 경로, 집에서 슈퍼마켓을 지나 공원까지 바로 가는 (다) 경로를 정해서 매일 번갈아 연습하고 있습니다. 이 중 거리가 가장 짧은 경로는 (가), (나), (다) 중 어느 것이고, 그 거리는 몇 m인지 구하세요.

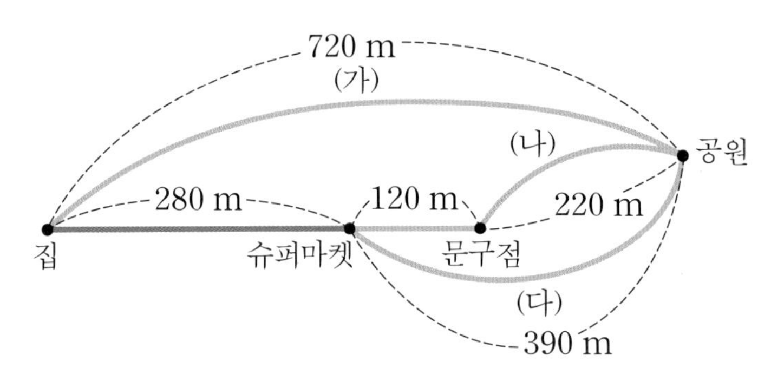

문제 그리기 문제를 읽고, □ 안에 알맞은 수나 말을 써넣으면서 풀이 과정을 계획합니다. (?: 구하고자 하는 것)

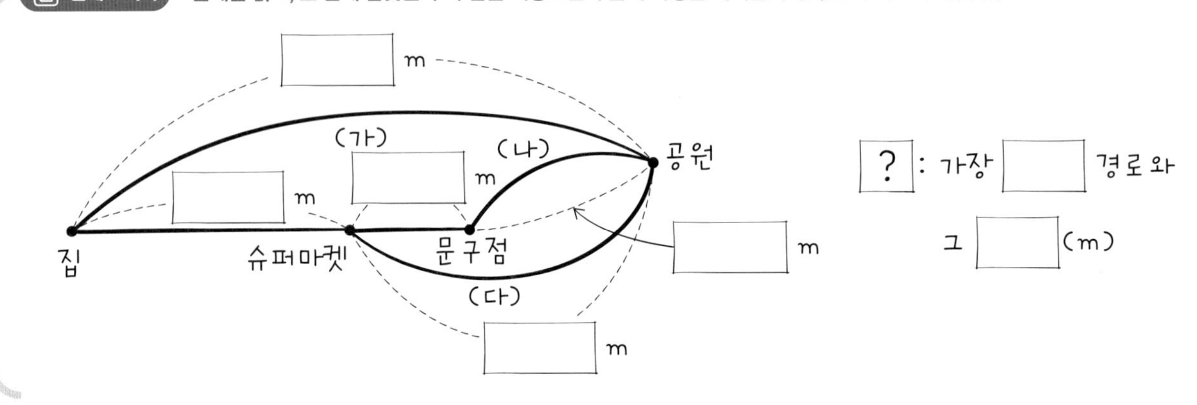

계획-풀기

❶ (가), (나), (다) 경로의 거리 각각 구하기

❷ 가장 짧은 경로 구하기

답

14 우리나라에서 TV나 모니터의 화면 크기, 그리고 바지 크기를 나타낼 때 사용하는 단위는 인치(inch)입니다. 이 단위는 미국이나 영국에서 주로 사용하는 단위로 1인치는 약 2 cm 5 mm입니다. TV 크기는 ⧄과 같은 주황선의 길이를 재어 나타냅니다. 62인치는 몇 mm인지 구하세요.

문제 그리기 다음 그림에 TV 크기를 나타내는 선을 표시하고, □ 안에 알맞은 수를 써넣으면서 풀이 과정을 계획합니다. (?: 구하고자 하는 것)

1인치 = □ cm □ mm

? : □ 인치인 길이(단위: □)

계획-풀기

답

15 해주와 교리는 수요일마다 유기견 보호소에서 부모님과 함께 봉사를 합니다. 유기견 보호소행 버스는 11번, 12번과 13번이며 버스를 타고 가는 데 걸리는 시간은 25분입니다. 해주와 교리가 만난 시각은 오후 4시 56분이고, 버스들의 도착 예상 시간이 다음과 같이 남았을 때, 가장 먼저 오는 버스를 타고 유기견 보호소에 가려고 합니다. 유기견 보호소에 도착하는 시각은 오후 몇 시 몇 분인지 구하세요.

버스	11번	12번	13번
도착 예정 시간	21분 후	9분 후	15분 후

문제 그리기 문제를 읽고, □ 안에 알맞은 수나 말을 써넣으면서 풀이 과정을 계획합니다. (?: 구하고자 하는 것)

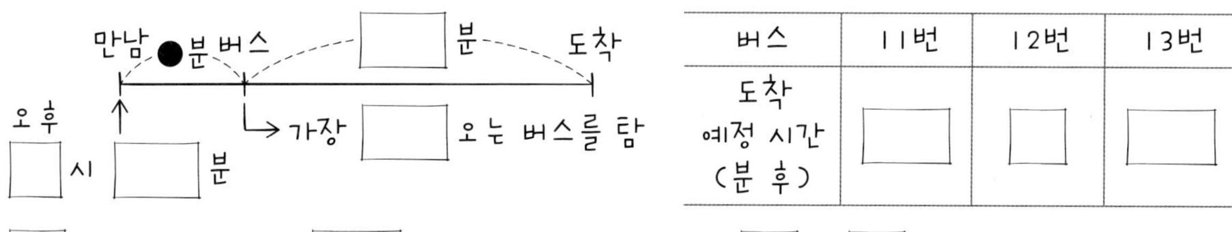

계획-풀기

❶ 해리와 교리가 타는 버스 구하기

❷ 도착 시각 구하기

답

16 지석이는 고려 시대에 길이의 단위로 주척과 당대척이란 단위가 사용된다는 것을 배웠습니다. 1주척은 약 20 cm이며, 1당대척은 약 29 cm 7 mm입니다. 가로 420 cm, 세로 310 cm인 창고에 오른쪽 그림과 같은 식탁을 최대 몇 개까지 보관할 수 있는지 구하세요. (단, 식탁은 쌓지 않고 1층으로만 넣습니다.)

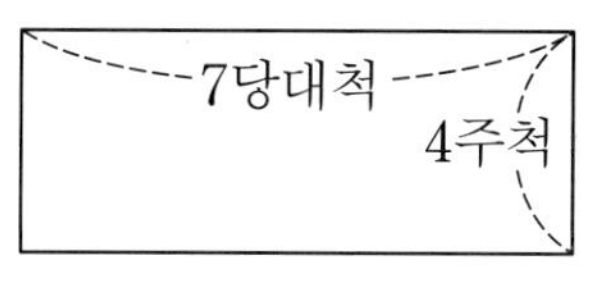

문제 그리기 문제를 읽고, □ 안에 알맞은 수나 말을 써넣으면서 풀이 과정을 계획합니다. (?: 구하고자 하는 것)

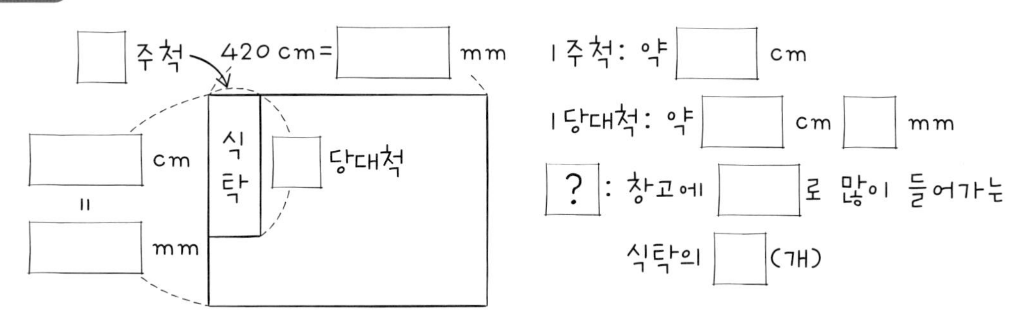

계획-풀기

❶ 1당대척과 1주척을 mm로 나타내고, 식탁의 가로와 세로의 길이는 몇 mm인지 구하기

❷ 창고에 최대한 많이 넣을 수 있도록 식탁을 문제 그리기에 나타내어 넣을 수 있는 식탁의 수 구하기

답
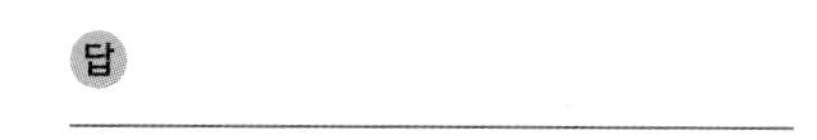

내가 수학하기

한 단계 UP!

식 만들기 | 거꾸로 풀기 | 그림 그리기
단순화하기
문제정보를 복합적으로 나타내기

정답과 풀이 33~37쪽

1 직사각형 1개와 모양이 같은 삼각형 2개를 변끼리 맞대어서 6개의 변의 길이가 모두 같은 오른쪽 도형을 만들었습니다. 파란색 선의 길이는 72 cm이고, 사용한 두 삼각형은 각각 세 변의 길이의 합이 40 cm일 때, 사용한 직사각형의 네 변의 길이의 합은 몇 cm인지 구하세요.

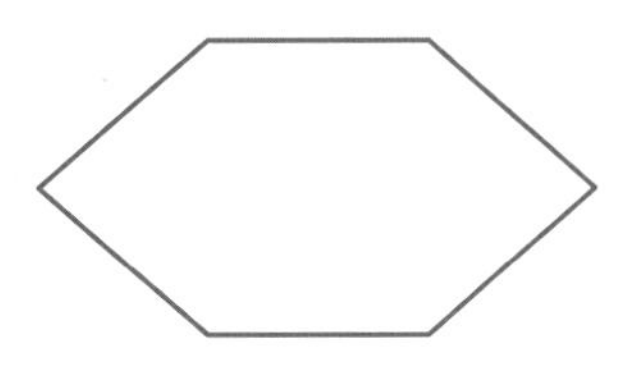

문제 그리기 다음 그림을 완성하고 □ 안에 알맞은 수나 말을 써넣으면서 풀이 과정을 계획합니다. (?: 구하고자 하는 것)

6개의 모든 변의 길이가 □고, 직사각형 □개와 삼각형 □개로 만든 도형

사용한 두 삼각형의 세 변의 길이의 합: □cm

파란색 선의 길이: □cm

?: 사용한 □의 네 변의 길이의 □(cm)

계획-풀기

답 ____________

2 체육 시간에 철봉 매달리기를 했습니다. 지한이는 1분 30초를, 지윤이는 지한이보다 45초 적게 매달렸습니다. 지윤이는 몇 초 동안 철봉 매달리기를 한 것인지 구하세요.

문제 그리기 문제를 읽고, □ 안에 알맞은 수나 말을 써넣으면서 풀이 과정을 계획합니다. (?: 구하고자 하는 것)

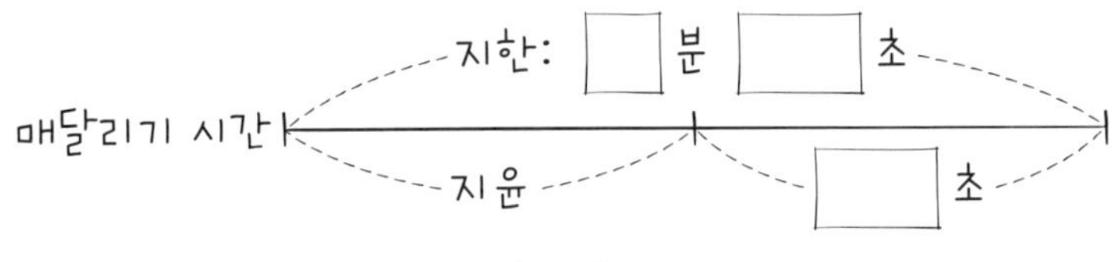

?: □이의 철봉 매달리기 시간(단위: □)

계획-풀기

답 ____________

3 주영이는 언니와 함께 버스를 타고 콘서트를 보러 갔습니다. 집에서 버스 정류장까지는 15분 20초가 걸렸고, 버스정류장에서 콘서트장까지는 45분 40초가 걸렸습니다. 콘서트는 2시간 45분 25초 동안 진행되었고 끝난 시각은 오후 8시 20분 10초였다면 주영이와 언니가 집에서 출발한 시각은 몇 시 몇 분 몇 초였는지 구하세요. (단, 중간에 기다린 시간은 없습니다.)

문제 그리기 문제를 읽고, □ 안에 알맞은 수나 말을 써넣으면서 풀이 과정을 계획합니다. (?: 구하고자 하는 것)

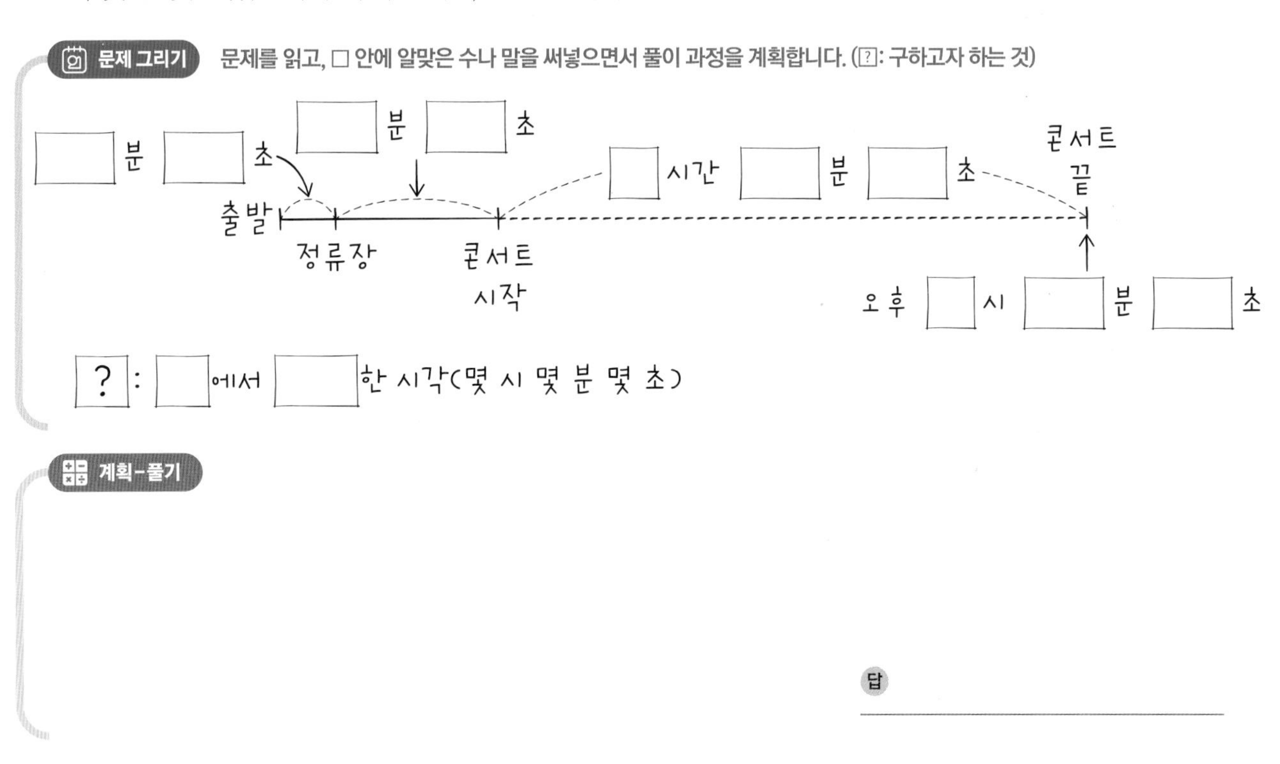

계획-풀기

답 ____________________

4 지은이네 할머니는 시골에서 혼자 사시면서 오른쪽과 같은 모양의 텃밭을 가꾸십니다. 양 끝에 있는 정사각형 모양에는 채소를 심으시고, 가운데 직사각형 모양의 텃밭에는 과일나무를 심으셨습니다. 지은이는 할머니와 함께 텃밭 둘레에 작은 돌을 놓기로 했습니다. 주황색 선이 이 텃밭의 둘레일 때, 그 길이는 몇 m 몇 cm인지 구하세요.

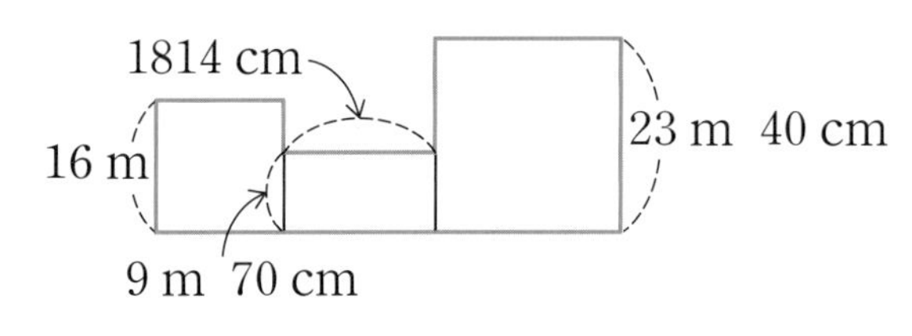

문제 그리기 다음 그림을 완성하여 주황색 선을 그리고, □ 안에 알맞은 수나 말을 써넣으면서 풀이 과정을 계획합니다.
(?: 구하고자 하는 것)

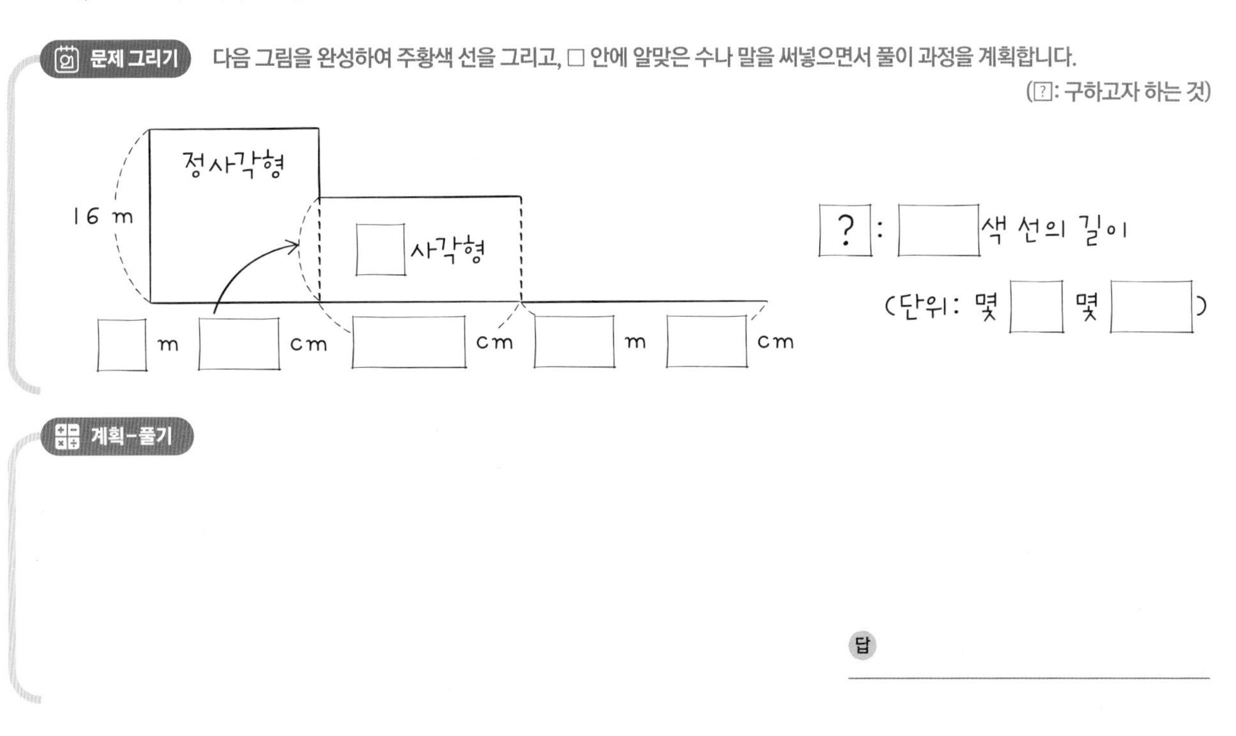

계획-풀기

답 ____________________

5 수정이네 집에는 마당이 있습니다. 집에서 마당으로 나가는 문의 쇠 문고리는 겨울이면 너무 차가워서 예쁜 털실로 감곤 했습니다. 문고리 하나에 사용되는 털실이 76 cm 7 mm일 때, 똑같은 문고리가 3개라면 전체 문고리를 털실로 감기 위해 필요한 털실은 몇 m 몇 cm 몇 mm인지 구하세요.

문제 그리기 문제를 읽고, □ 안에 알맞은 수나 말을 써넣으면서 풀이 과정을 계획합니다. (?: 구하고자 하는 것)

문고리	○	○	○
필요한 털실	□ cm □ mm	□ cm □ mm	□ cm □ mm

? : 문고리 □개를 감기 위해 필요한 털실 길이(단위: 몇 □ 몇 □ 몇 □)

6 크기와 모양이 같은 직사각형 5개를 겹치지 않게 이어 붙여 오른쪽과 같은 도형을 만들었습니다. 주황색 선의 길이가 몇 cm인지 구하세요.

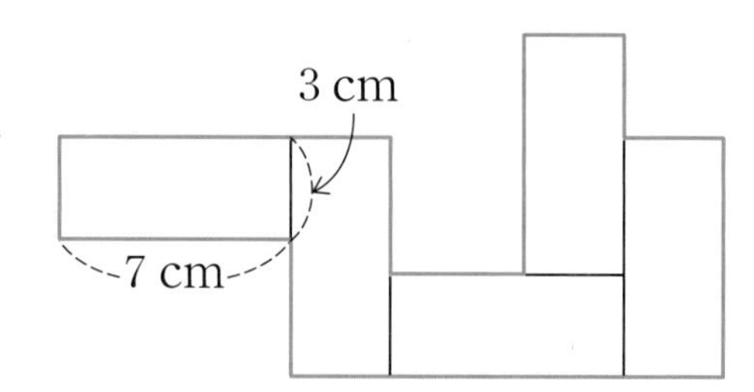

문제 그리기 다음 그림을 완성하여 주황색 선을 긋고, □ 안에 알맞은 수나 말을 써넣으면서 풀이 과정을 계획합니다.
(?: 구하고자 하는 것)

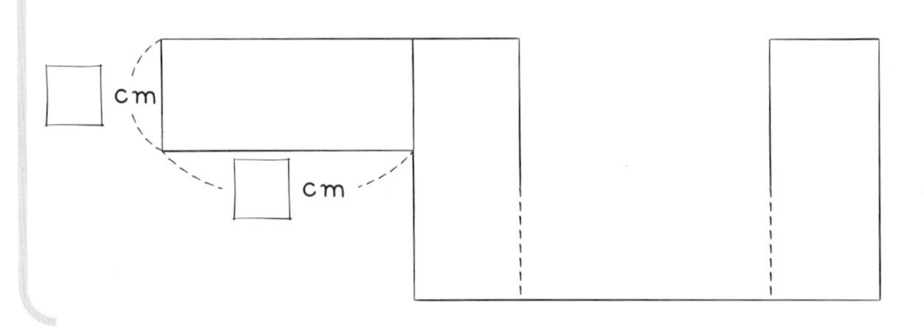

? : □색 선의 □(cm)

계획-풀기

7 두경이는 일요일에 친구들과 도서관에서 만나기로 했습니다. 두경이는 아침에 일어나서 목욕을 하는 데 40분 35초가 걸리고, 옷을 골라 입는 데 20분 30초, 집에서 나와 도서관까지 가는데 20분 45초가 걸린다고 합니다. 두경이가 도서관에 10시까지 늦지 않게 도착하기 위해서는 적어도 아침에 몇 시 몇 분 몇 초에 기상해야 하는지 구하세요.

문제 그리기 문제를 읽고, □ 안에 알맞은 수나 말을 써넣으면서 풀이 과정을 계획합니다. (?: 구하고자 하는 것)

□분 □초

□분 □초 □분 □초

기상 — 목욕 — 옷 입기 — 출발 — 이동 — 도서관 도착 □시

? : 두경이의 □ 시각(단위: 몇 □ 몇 □ 몇 □)

계획-풀기

답 ____________

8 규환이는 엄마와 함께 저녁 식사로 감자 그라탕을 만들어 먹었습니다. 요리 하는 데 걸린 시간은 1시간 30분 27초였고, 식사하는 데 걸린 시간은 55분 30초였고, 식사를 마친 시각이 오른쪽 시계와 같았습니다. 요리를 시작한 시각은 몇 시 몇 분 몇 초였는지 구하세요.

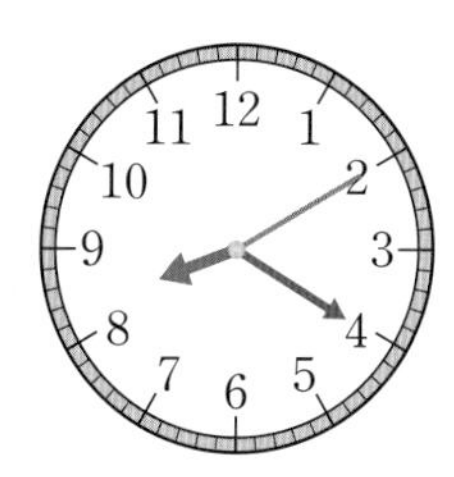

문제 그리기 문제를 읽고, □ 안에 알맞은 수나 말을 써넣으면서 풀이 과정을 계획합니다. (?: 구하고자 하는 것)

요리 시작 □시간 □분 □초 — 식사 시작 □분 □초

식사를 마친 시각: □시 □분 □초

? : 요리를 □한 시각(단위: 몇 □ 몇 □ 몇 □)

계획-풀기

답 ____________

9 하키를 시작한 승윤이는 매주 월요일마다 연습을 합니다. 9월 1일에는 40분을 연습했고, 매주 9분 27초씩을 계속 시간을 늘려가며 연습을 하고 있습니다. 9월 22일에 연습을 마친 시각이 5시 45분 27초였다면 9월 22일에 연습을 시작한 시각은 몇 시 몇 분 몇 초였는지 구하세요.

문제 그리기 문제를 읽고, □ 안에 알맞은 수나 말을 써넣으면서 풀이 과정을 계획합니다. (?: 구하고자 하는 것)

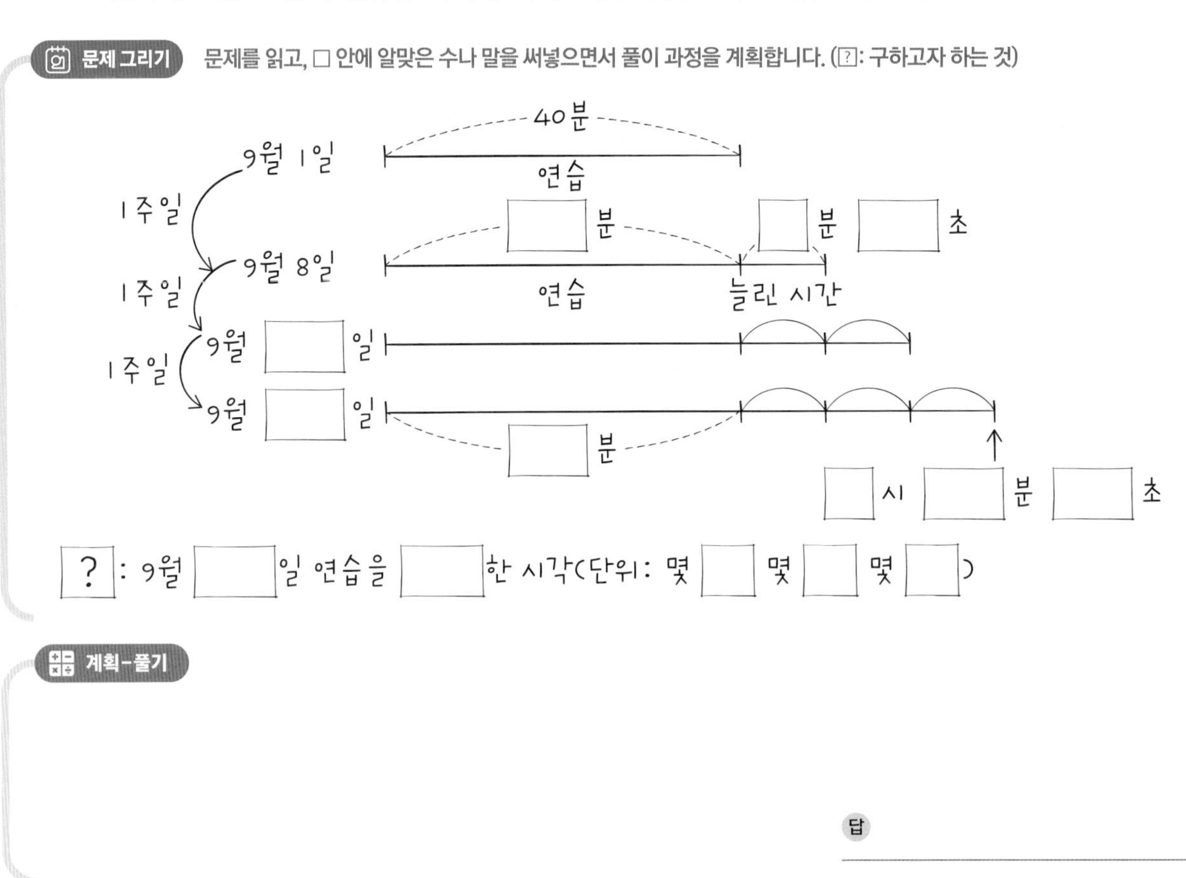

계획-풀기

답

10 오른쪽 그림과 같이 크기가 같은 작은 정사각형을 16개를 겹치지 않게 직사각형 모양이 되도록 이어 붙이고 일정한 규칙에 따라 작은 직각삼각형으로 나누었습니다. 같은 규칙으로 정사각형을 30개를 나열하여 직각삼각형으로 나눌 때, 크고 작은 직각삼각형의 개수를 구하세요.

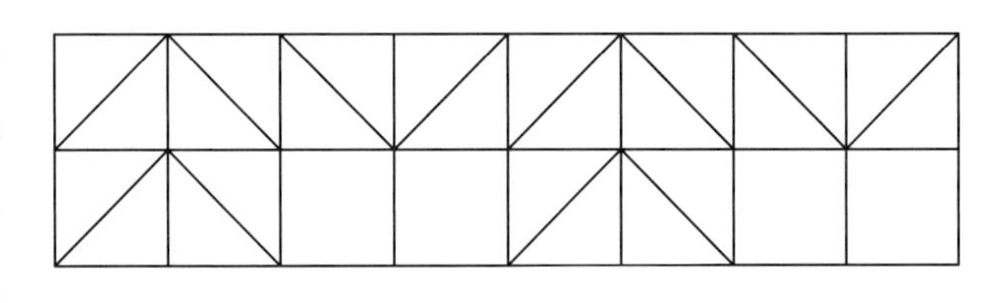

문제 그리기 다음 그림을 완성하고, □ 안에 알맞은 수나 말을 써넣으면서 풀이 과정을 계획합니다. (?: 구하고자 하는 것)

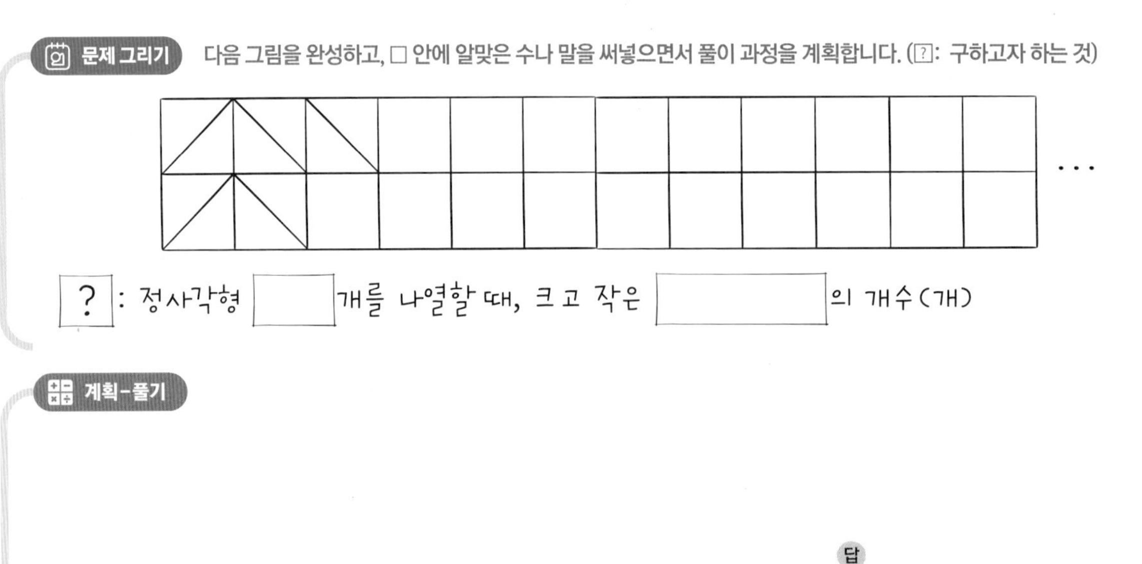

계획-풀기

답

11 지금 서준이의 시계는 오른쪽 그림과 같이 초바늘이 7을 가리키고 있습니다. 이 시각부터 32분 55초 후에 초바늘이 가리키는 숫자는 무엇인지 구하세요.

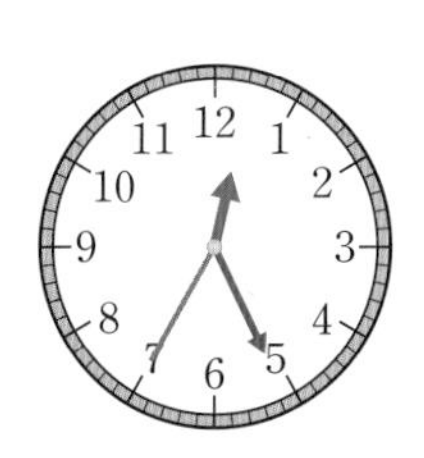

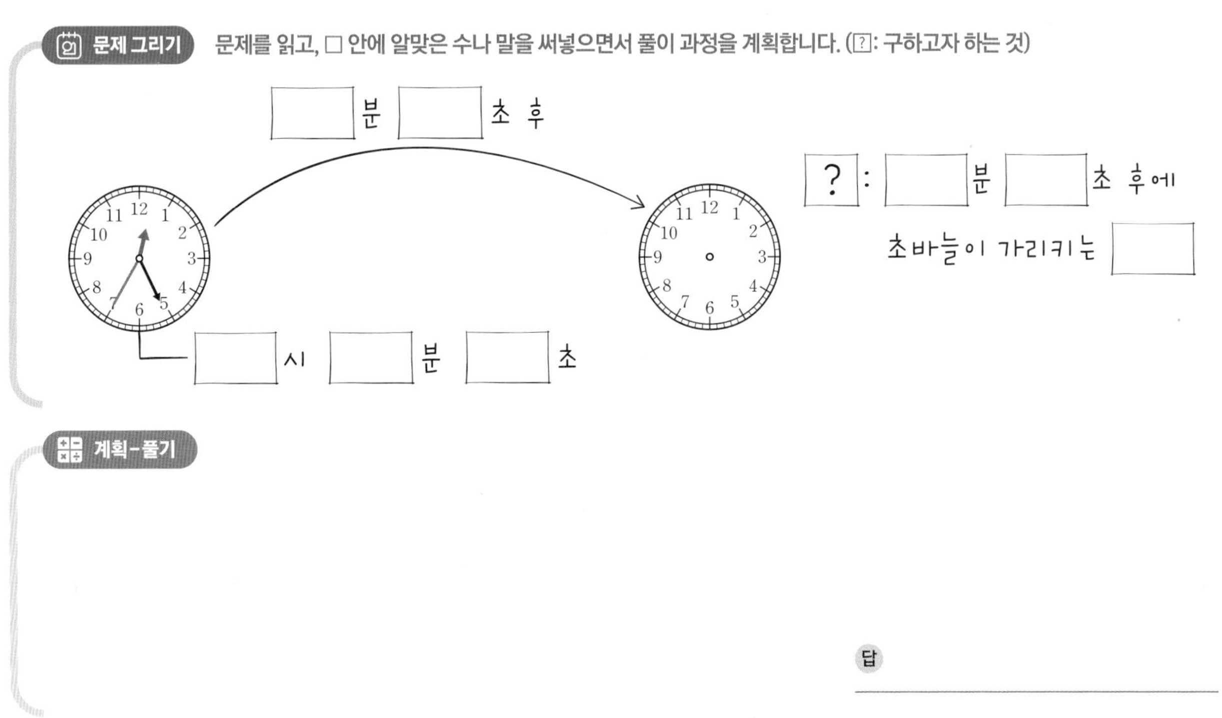

12 오른쪽 정사각형을 정사각형이 아닌 크기가 같은 직사각형 4개로 나눈 후 나누어진 직사각형의 짧은 변을 한 변으로 하는 정사각형으로 모든 직사각형을 나누었습니다. 이때 나누어진 작은 정사각형의 개수를 구하세요.

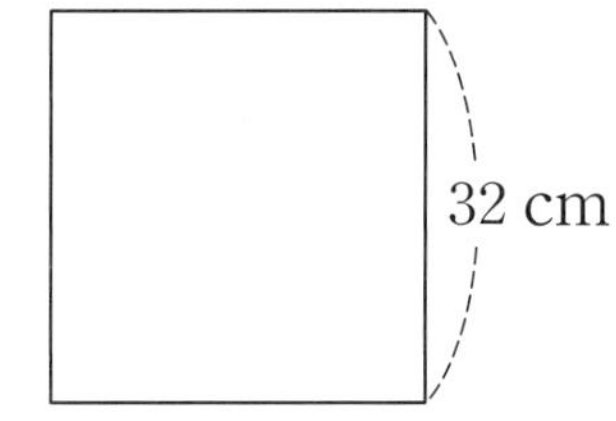

문제 그리기 다음 그림을 나누고, □ 안에 알맞은 수나 말을 써넣으면서 풀이 과정을 계획합니다. (?: 구하고자 하는 것)

□ cm

□ cm

□개의 직사각형으로 나눈 후 직사각형의 □ 변을 한 변으로 하는 □형으로 나누기

?: 나누어진 작은 □의 수(개)

계획-풀기

답

13 다음과 같은 규칙으로 18개의 도형을 나열할 때 18개의 도형에서 직각은 모두 몇 개인지 구하세요.

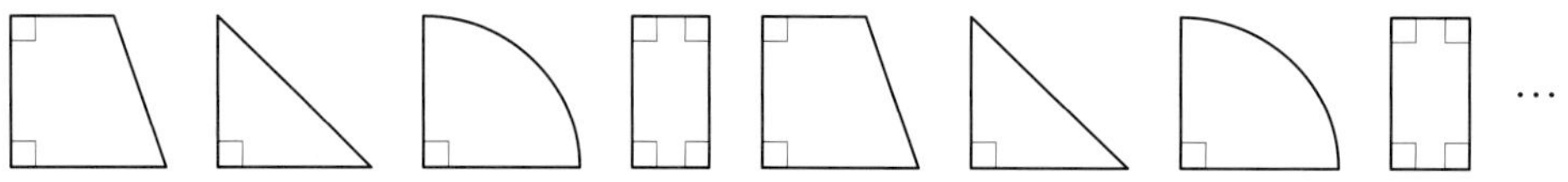

…

문제 그리기 문제를 읽고, 나열된 도형을 완성하고, □ 안에 알맞은 수나 말을 써넣으면서 풀이 과정을 계획합니다. (?: 구하고자 하는 것)

□, □, , , , □, □, , …

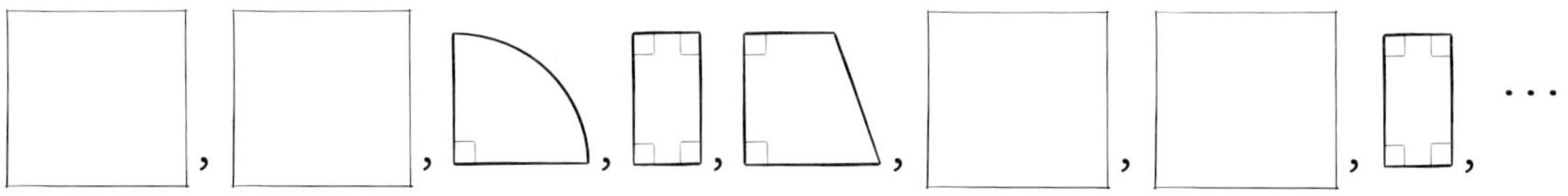

?: 같은 규칙으로 도형 □개를 나열할 때, □의 수(개)

계획-풀기

답

14 모양과 크기가 같은 직각삼각형 17개가 있습니다. 9개로 오른쪽과 같은 큰 직각삼각형을 만들고, 8개로는 둘레의 길이가 가장 짧은 네 각이 직각인 직사각형을 만들었습니다. 만든 직사각형의 네 변의 길이의 합과 오른쪽 직각삼각형의 세 변의 길이의 합의 차를 구하세요.

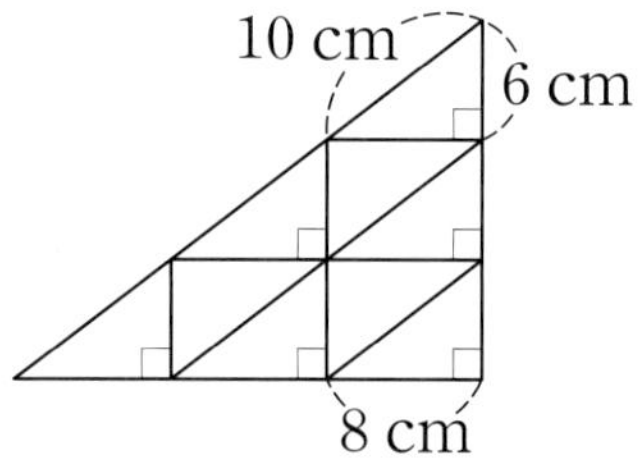

10 cm
6 cm
8 cm

문제 그리기 다음 그림을 완성하고, □ 안에 알맞은 수나 말을 써넣으면서 풀이 과정을 계획합니다. (?: 구하고자 하는 것)

직각삼각형 9개로 만듦

□ cm
□ cm
□ cm

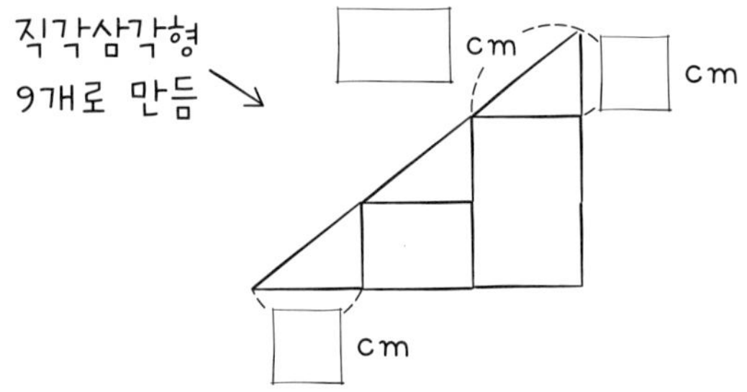

직각삼각형 □개로 직사각형 만들기

?: 작은 직각삼각형 □개로 만든 직각삼각형과 □개로 만든 □의 각 변들의 길이의 합의 □(cm)

계획-풀기

답

15 민주는 길이가 56 cm인 철사 5개로 정사각형 2개와 짧은 변의 길이가 12 cm인 직사각형을 3개를 각각 만들었습니다. 민주는 자신이 만든 사각형들을 겹치지 않게 일렬로 나열하여 위의 그림과 같이 도형을 만들었습니다. 만든 도형의 둘레에 녹색 테이프를 붙이려고 할 때 필요한 녹색 테이프의 길이는 몇 cm인지 구하세요.

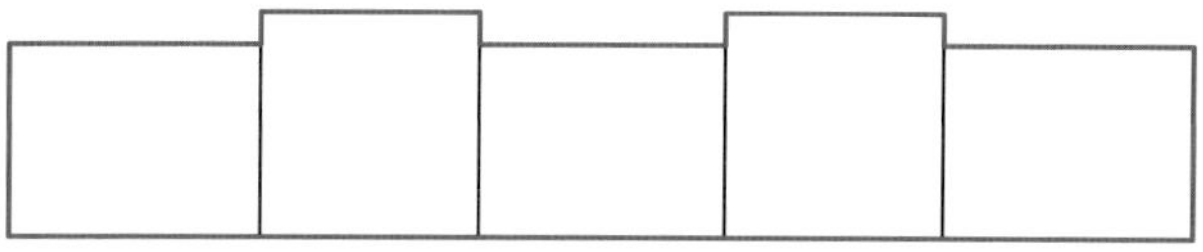

문제 그리기 다음 그림에 녹색 선을 그리고, □ 안에 알맞은 수나 말을 써넣으면서 풀이 과정을 계획합니다. (?: 구하고자 하는 것)

□ cm □ cm □ cm □ cm

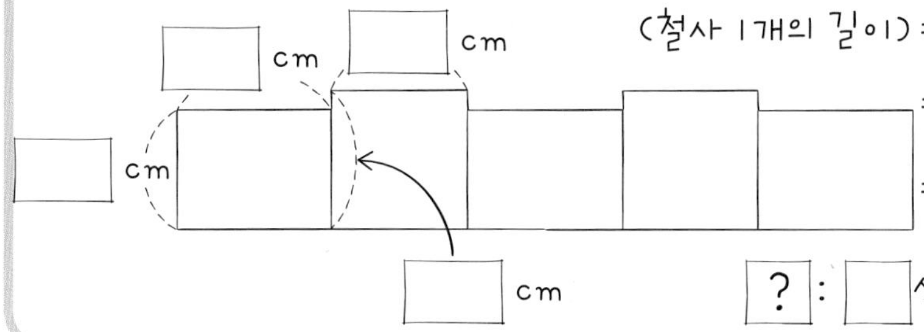

(철사 1개의 길이) = (정사각형 1개의 네 변의 길이의 합)
= (직사각형 1개의 □ 변의 길이의 □)
= □ cm

? : □색 선의 □(cm)

계획-풀기

답 ______

16 오른쪽 그림은 한 변의 길이가 9 mm인 정사각형을 겹치지 않게 이어 붙여 만든 것입니다. 작은 정사각형 중 다른 정사각형과 맞닿은 변이 3개이거나 4개인 정사각형의 네 변의 길이의 합을 모두 더하면 몇 cm 몇 mm인지 구하세요.

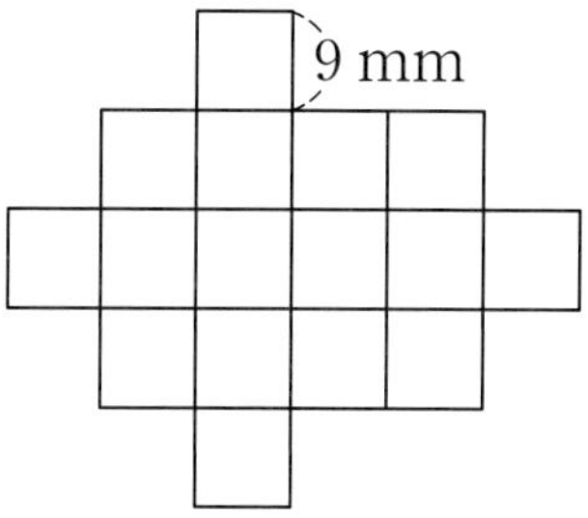

9 mm

문제 그리기 문제를 읽고, □ 안에 알맞은 수나 말을 써넣으면서 풀이 과정을 계획합니다. (?: 구하고자 하는 것)

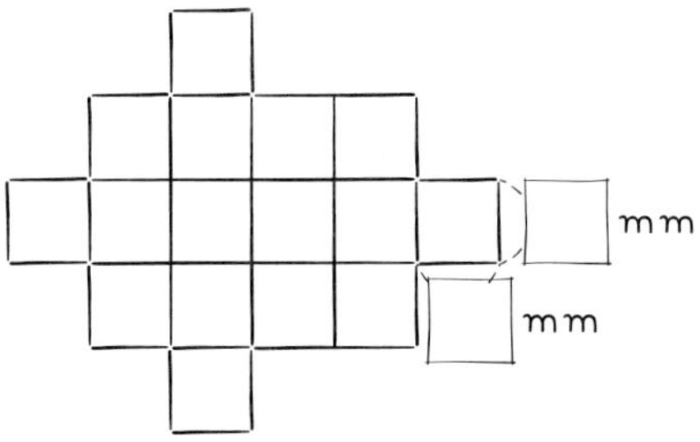

□ mm □ mm

? : 다른 정사각형과 맞닿은 변이 □개 또는 □개인 정사각형의 모든 변 길이의 □(몇 cm 몇 mm)

계획-풀기

답 ______

정답과 풀이 37~38쪽

1 오른쪽 도형 ㉠과 ㉡으로 민과 진이는 수학 문제를 만들어 풀고 있습니다. 민과 진이가 구한 답이 모두 정답일 때, (가)＋(나)＋(다)의 값을 구하세요.

㉠ 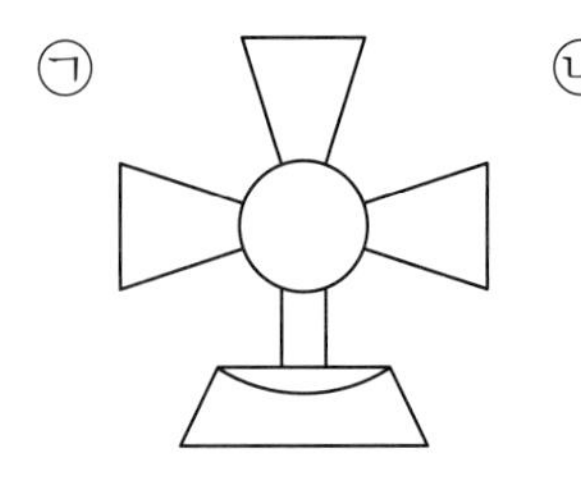

㉡ 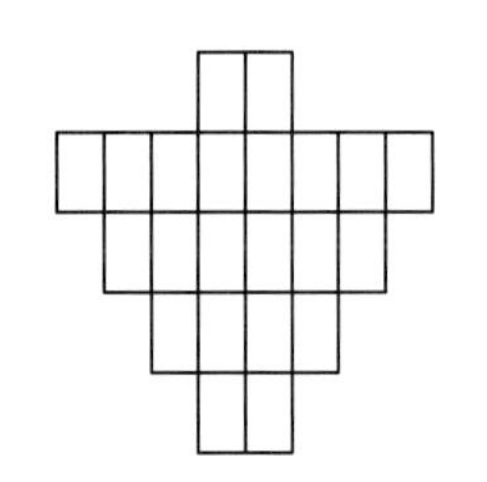

민: 도형 ㉠에서 선분은 모두 몇 개일까?
진이: 물론 (가)개지. 이제 내 차례야. 가로 32 cm, 세로 53 cm인 직사각형들을 변끼리 서로 맞대어 도형 ㉡을 만들었어. ㉡에서 직사각형들의 맞댄 변의 개수가 2개이거나 4개인 직사각형의 개수가 ★개일 때 한 변의 길이가 ★ cm인 정사각형의 네 변의 길이의 합을 구해봐.
민: ★의 값은 (나)이고, 구하는 정사각형의 네 변의 길이의 합은 (다) cm!

2 철원이네 앞마당에는 오른쪽 그림과 같이 다양한 꽃들이 가득한 꽃밭이 있습니다. ㉠에는 튤립, ㉡에는 수국화, ㉢에는 장미, ㉣에는 국화, ㉤에는 작약이 있습니다. ㉡, ㉣, ㉤의 모양은 크기가 같은 정사각형이고, ㉠, ㉢의 모양은 모양과 크기가 같은 직사각형입니다. 녹색 선 위에 한 변의 길이가 1 cm인 정사각형 모양의 돌을 변끼리 맞붙여 겹치지 않게 딱 붙여서 놓으려고 합니다. 돌 한 개를 놓는 데 2초가 걸린다면 돌을 모두 놓는 데 걸리는 시간은 몇 초인지 구하세요.

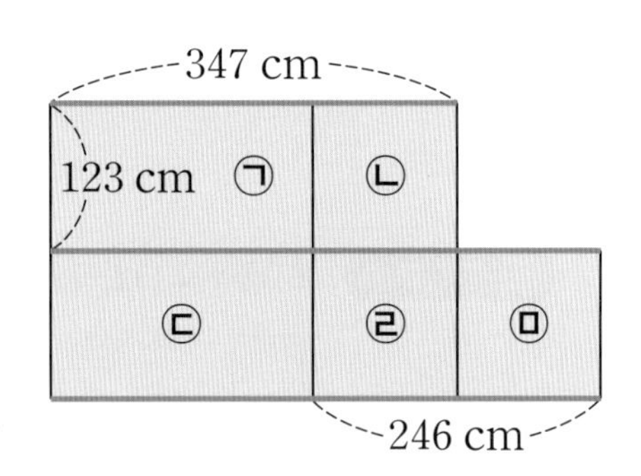

3 한 변의 길이가 9 cm인 정사각형 모양의 마법 손수건 5장과 비어 있는 큰 새장이 있습니다. 5장의 마법 손수건을 모두 사용해서 변과 변이 완전하게 맞닿게 붙여 도형을 만들어야 합니다. 단, 모양이 다르고 둘레(보기 의 녹색 선과 같이 도형을 둘러싼 변의 길이의 합)가 같은 도형을 3번 연속해서 만들면 그 둘레와 같은 길이의 날개를 가진 파랑새가 새장 안으로 들어온다고 합니다. 새장 안으로 들어온 파랑새의 날개의 길이는 몇 m 몇 cm인지 구하세요. (단, 보기 와 같이 변과 변이 어긋나거나 꼭짓점끼리만 연결되면 마법은 일어나지 않습니다.)

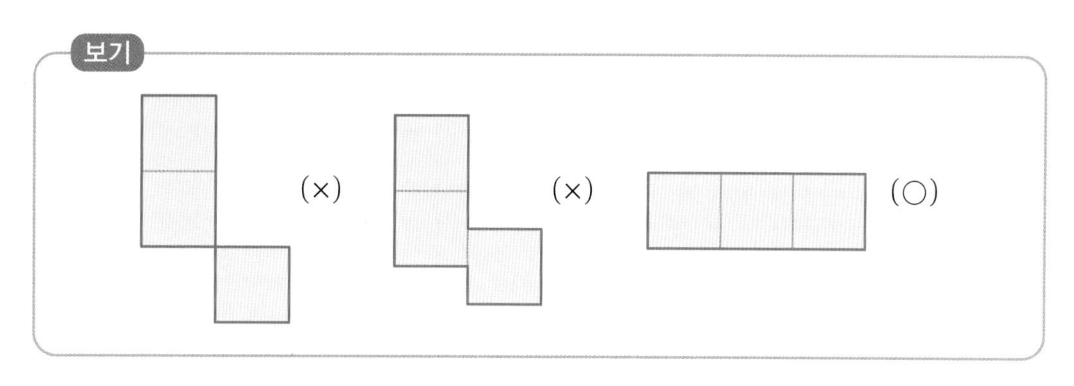

4 3가지 정사각형 모양 사진틀을 8개 붙여서 오른쪽 그림과 같은 액자를 만들었습니다. 가장 큰 정사각형 액자 한 변의 길이는 56 cm이고, 가장 작은 정사각형 액자의 한 변의 길이는 8 cm일 때, 정사각형 ㉠의 녹색 선의 길이와 ㉡의 파란색 선의 길이의 합은 몇 m 몇 cm인지 구하세요. (단, 액자틀의 두께는 생각하지 않습니다.)

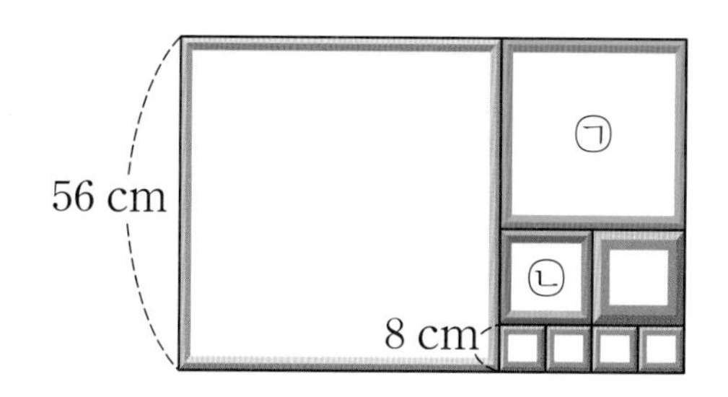

정확히 시간을 지켜라!

1 지환이는 욕조에서 물놀이를 하고 있습니다. 물이 담긴 욕조 옆에는 물 위에 놓으면 물을 빨아들여 물에 잠기는 큰 오리 인형과 작은 오리 인형이 1개씩 있습니다. 큰 오리는 7분만에 물에 잠기고, 작은 오리는 4분만에 물에 잠길 때, 두 오리 인형으로 15분을 재는 방법을 설명하세요. (단, 물에 잠긴 오리를 들어 올리자마자 오리가 빨아들였던 물은 모두 빠집니다.)

2 6개의 면에 1, 2, 3, 4, 6, 12가 적힌 주사위 3개가 비밀의 방 앞에 놓여 있습니다. 이 주사위들은 마주 보는 면의 수를 곱하면 12가 됩니다. 비밀의 방문에는 버튼식 열쇠가 있었고, 그 앞에는 면들이 모두 가려진 다음 그림과 같은 모양으로 주사위가 놓여 있고 그 앞에는 쪽지가 있었습니다. 쪽지에 쓰인 글을 보고 비밀의 방에 들어가기 위해 눌러야 하는 번호를 구하세요.

다음 주사위로 만든 도형은 바닥면을 포함한 겉면의 수의 합이 가장 크도록 만든 것입니다.
이때 바닥 면을 포함한 겉면에 적힌 수들의 합을 누르면 문이 열립니다.

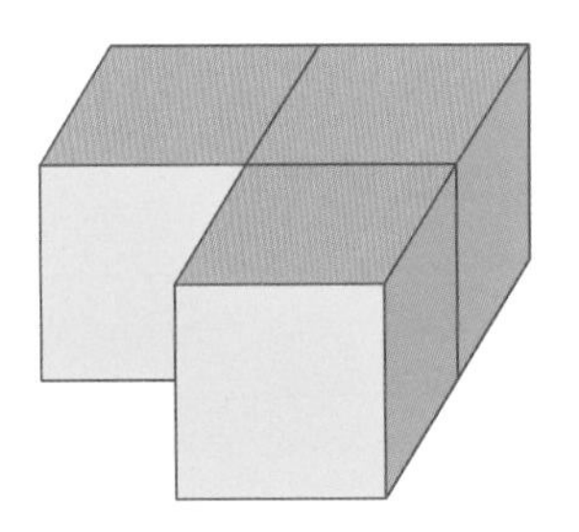

3 크기가 다른 4종류의 정삼각형 ①, ②, ③, ④로 다음과 같은 큰 삼각형을 만들었습니다. 삼각형 ④의 세 변의 길이의 합이 6일 때, 녹색 선의 길이를 어떻게 구할 수 있는지 설명하고, 녹색 선의 길이를 구하세요.

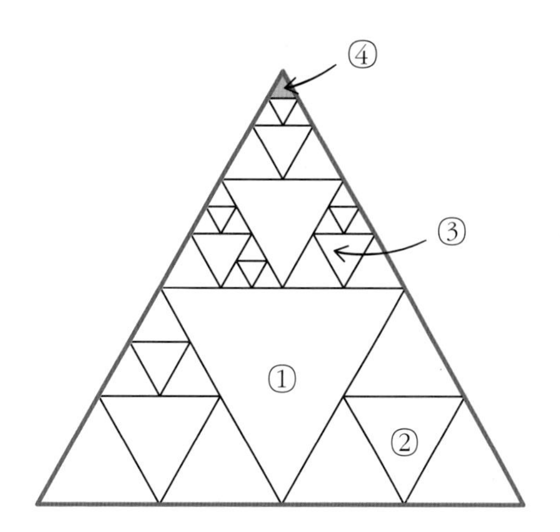

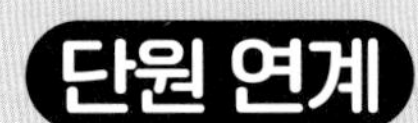

단원 연계

2학년 2학기

규칙 찾기

- 물체, 무늬, 수 등의 배열에서 규칙을 찾아 여러 가지 방법으로 표현

자료의 정리

- 여러 가지 사물 또는 자료의 분류
- ○, ×, / 등의 그래프 표현 및 편리함 알기

3학년 1학기

- 규칙을 수나 식으로 표현
- 다양한 변화 규칙을 찾아 말이나 수나 식으로 표현
- 계산식의 배열 규칙성을 찾아 계산하기

3학년 2학기

자료의 정리

- 표 알아보기
- 표로 나타내기
- 그림그래프 알아보기
- 그림그래프로 나타내기

이 단원에서 사용하는 전략

- 식 만들기
- 표 만들기
- 규칙 찾기
- 문제정보를 복합적으로 나타내기

PART 3

변화와 관계
자료와 가능성

개념 떠올리기

정답과 풀이 40쪽

사탕 단지에 들어 있는 사탕 중 가장 많은 것은? 가장 적은 것은?

[1~4] 사탕 단지 속에는 6가지 맛 사탕들이 다음과 같이 들어 있습니다. 각 사탕이 종류별로 몇 개씩 들어있는지 알아보기 위해 단지 속 사탕들을 모두 꺼내서 각 개수를 구하고 표로 나타내려고 합니다. 물음에 답하세요.

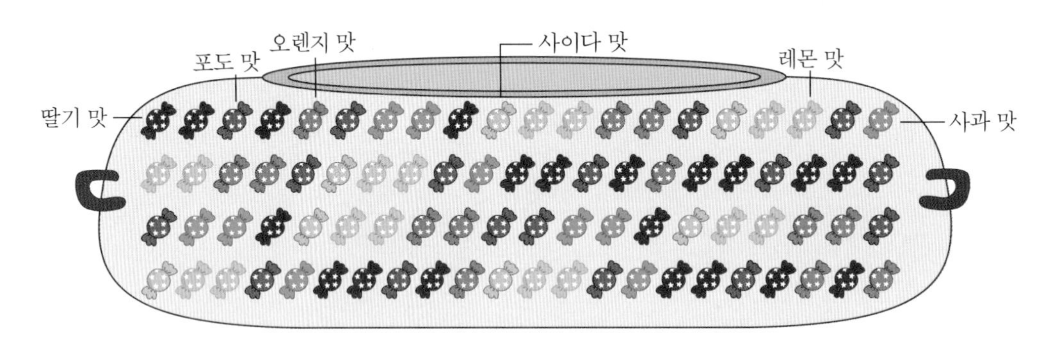

1 종류별로 사탕 수를 세어서 막대 표시(𝍸)로 나타내세요.

맛	개수 표시 (𝍸 ➡ 5개)
딸기	𝍸 𝍸 𝍸 𝍸 (20)
포도	𝍸 𝍸 𝍸 // (17)
오렌지	
사이다	
사과	
레몬	

2 다음 표를 완성하세요.

사탕 단지 속 종류별 사탕 수

맛	딸기	포도	오렌지	사이다	사과	레몬	합계
개수(개)	20	17					83

3 사탕 단지에 가장 많이 들어 있는 사탕의 맛과 그 수를 구하세요. (　　　　　　), (　　　　　　)

4 사탕 단지에 가장 적게 들어 있는 사탕의 맛과 그 수를 구하세요. (　　　　　　), (　　　　　　)

아까 산 젤리 중에서 어떤 맛이 제일 많은지 모르겠어.

정리를 안해 두어서~. 다 꺼내서 종류별로 세어서 표로 정리해 봐야 겠어.

다음에는 어떤 도형이 오는지 알려면 규칙을 찾으면 돼!

[5~7] 다음 규칙을 찾아 □ 안에 모양을 그리고 그 안에 색을 말로 쓰거나, 수의 규칙성을 찾아 수를 쓰세요.

5

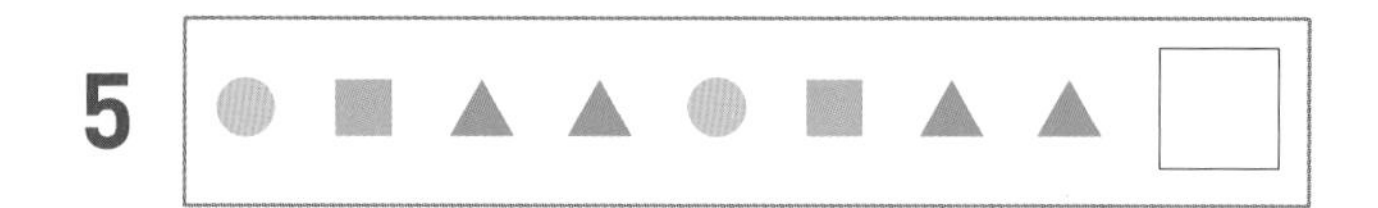

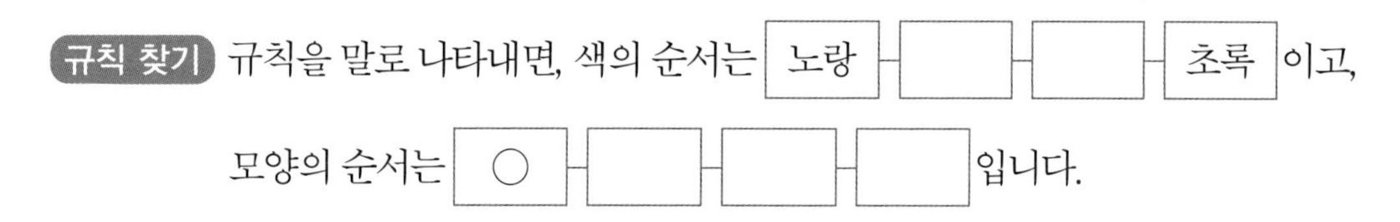

6

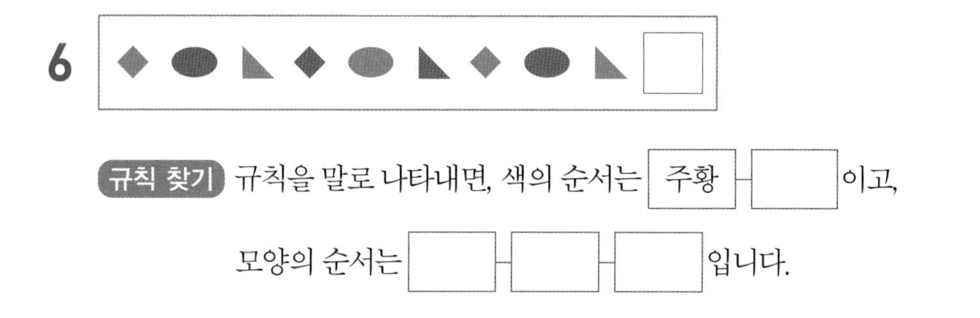

7 다음 규칙을 말로 나타내려고 합니다. □ 안에 알맞은 수를 써넣으세요.

순서	계산식
첫째	$69-28=41$
둘째	$65-28=37$
셋째	$61-28=33$
넷째	$57-28=29$

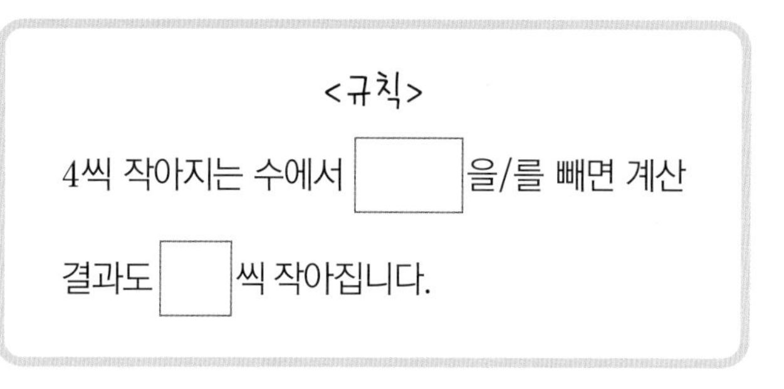

난 학교 갈 때마다 월요일부터 2일은 바지, 1일은 치마를 반복적으로 입고 갈 거야. 그럼 내가 목요일에 입는 것은 무엇일까?

바지-바지-치마-바지니까 바지야!

영화관에서 내 자리를 찾을 수 있어! 달력에서 알맞은 날짜도 찾을 수 있어!

8 어느 소극장의 좌석을 나타내는 표입니다. 물음에 답하세요.

무대

가1	가2	가3	가4	가5	가6	가7	가8	가9	가10
나1	나2	나3	나4				나8	나9	
다1	다2	다3						다9	
라1	라2								
마1	마2			⊙					

❶ 자리의 규칙을 가로와 세로에 대하여 말로 설명하세요.

❷ 진영이의 자리인 '라7'을 찾아 △표 하세요.

❸ ⊙ 부분의 좌석 번호를 쓰세요.

9 어느 해 11월의 달력입니다. 세 화살표 위에 있는 수들의 규칙을 찾아 말로 표현한 문장에서 □ 안에 알맞은 수를 써넣으세요.

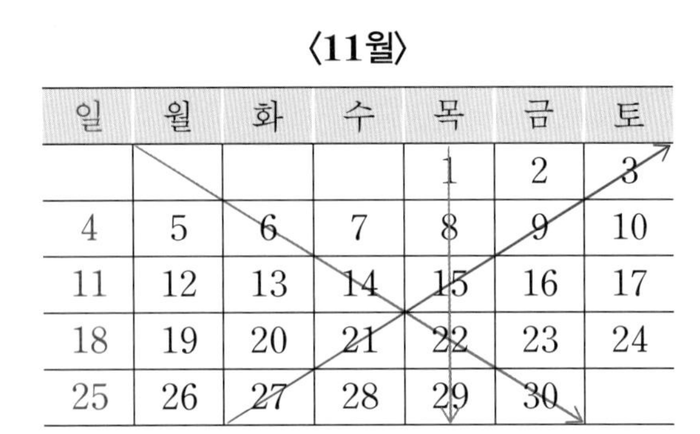
〈11월〉

일	월	화	수	목	금	토
				1	2	3
4	5	6	7	8	9	10
11	12	13	14	15	16	17
18	19	20	21	22	23	24
25	26	27	28	29	30	

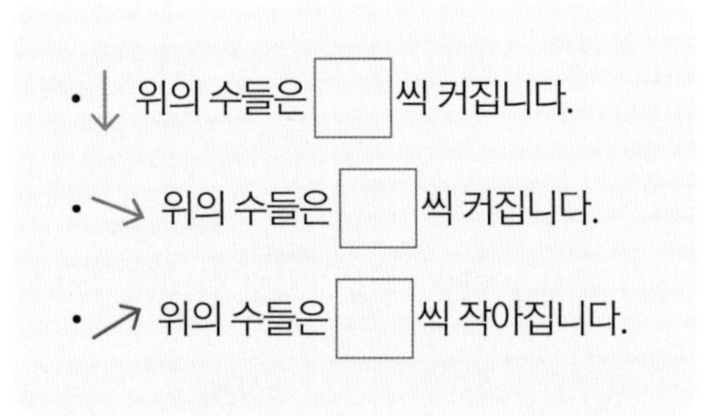

10 어느 해 민지의 생일은 4월 첫째 월요일이었고, 지훈이의 생일은 4월 넷째 월요일이었습니다. 민지와 지훈이의 생일 날짜의 합이 27일 때 민지의 생일은 4월 며칠인지 구하세요.

(　　　　　　　　　　)

난 수요일마다 수영을 하기로 했어. 오늘이 17일 수요일이니까 다음 주 수영 하러 가는 날은 며칠일까?

일주일은 7일이니까 다음 주 수요일은 7일 뒤인 17+7=24(일)이네.

배우기

식을 만들라고?

문제에서 주어진 조건들 사이의 관계를 식으로 만들어서 문제를 해결하는 방법입니다.

문제를 풀 때, 왜 식을 써야 해요? 난 그냥 머리셈으로도 구할 수 있어요!

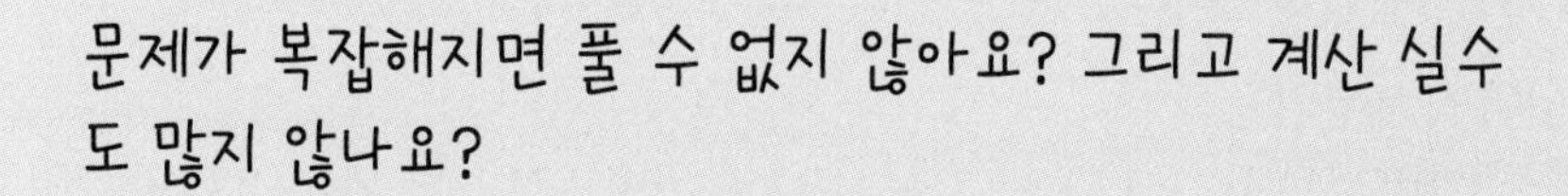

문제가 복잡해지면 풀 수 없지 않아요? 그리고 계산 실수도 많지 않나요?

뭐 그렇게 많지는 않지만 실수를 하긴 해요. 빼 먹고 안하는 계산도 있고요.

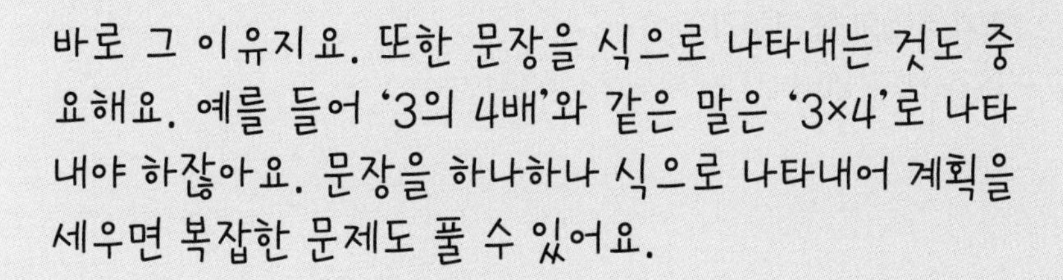

바로 그 이유지요. 또한 문장을 식으로 나타내는 것도 중요해요. 예를 들어 '3의 4배'와 같은 말은 '3×4'로 나타내야 하잖아요. 문장을 하나하나 식으로 나타내어 계획을 세우면 복잡한 문제도 풀 수 있어요.

오호~ 계획이라. 그것은 생각하지 않았었거든요. 앞으로는 식을 써서 풀 수 있는 문제는 식을 사용해 볼게요.

1 다음 보기 는 수들이 일정한 크기로 커지거나 작아질 때 짝수 개의 수의 합을 구하기 위해 사용하는 방법으로 양 끝부터 짝을 지어 그 합이 같을 때, 그 묶음의 수만큼 곱하여 구하는 방법입니다. 자연수 16에서 23까지 수의 합을 보기 와 같은 방법으로 구하세요.

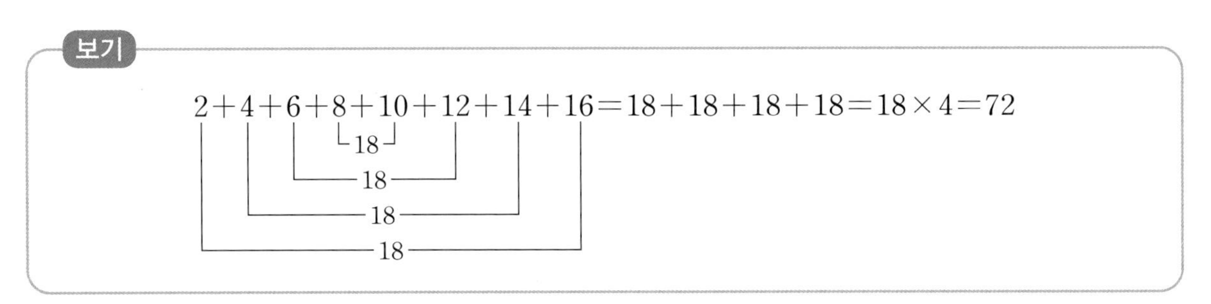

문제 그리기 문제를 읽고, □ 안에 알맞은 수나 말을 써넣으면서 풀이 과정을 계획합니다. (?: 구하고자 하는 것)

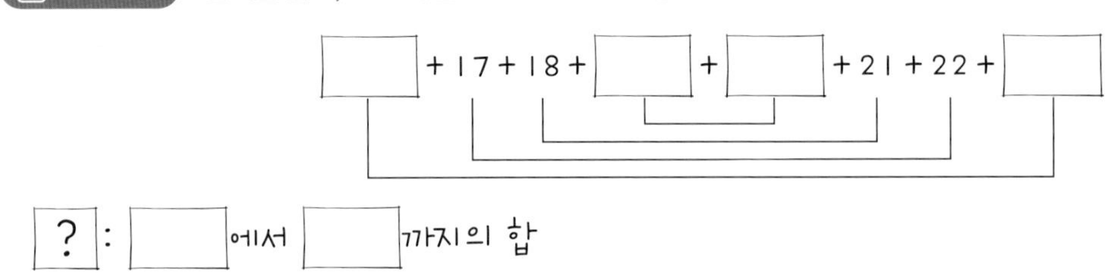

계획-풀기 틀린 부분에 밑줄을 긋고, 그 부분을 바르게 고친 것을 화살표 오른쪽에 씁니다.

❶ 두 수씩 묶어 식 세우기

$16+17=33$이므로 $(16+17)+(18+19)+(20+21)+(22+23)$과 같이 합이 33이 되는 두 수끼리 묶어서 4묶음의 수들의 합을 구합니다.

→

❷ 16에서 23까지 수들의 합 구하기

$16+17+18+19+20+21+22+23=33\times4=132$

→

답

확인하기 문제를 풀기 위해 배워서 적용한 전략에 ○표 하세요.

거꾸로 풀기 (　　)　　식 만들기 (　　)　　예상하고 확인하기 (　　)

2 주영이는 엄마와 선물 포장을 하고 있습니다. 리본의 길이를 네 가지로 잘라야 하는데 가장 긴 리본의 길이가 52 cm이며, 모든 리본 길이는 각각 4 cm씩 차이가 납니다. 가장 짧은 리본의 길이는 몇 cm인지 구하세요.

문제 그리기 문제를 읽고, □ 안에 알맞은 수나 말을 써넣으면서 풀이 과정을 계획합니다. (?: 구하고자 하는 것)

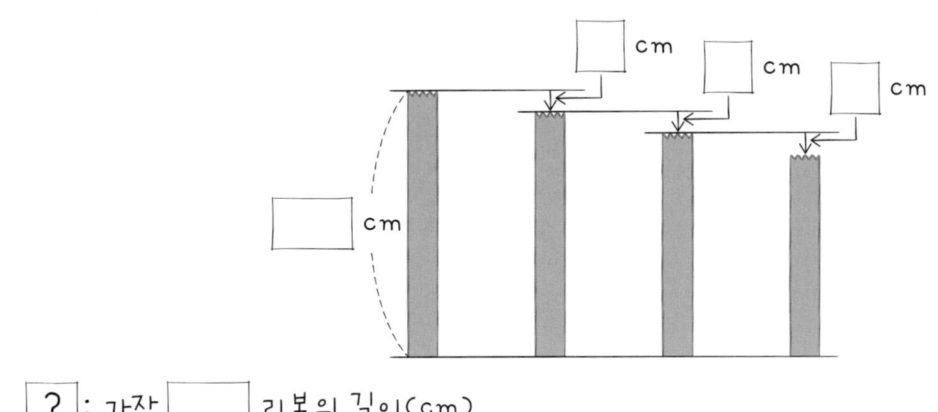

? : 가장 □ 리본의 길이(cm)

계획-풀기 틀린 부분에 밑줄을 긋고, 그 부분을 바르게 고친 것을 화살표 오른쪽에 씁니다.

❶ 리본의 길이를 식으로 나타내기

2번째, 3번째, 4번째로 긴 리본들의 길이에 대한 규칙을 식으로 쓰면 다음과 같습니다.

(2번째로 긴 리본의 길이) $=52-3$

(3번째로 긴 리본의 길이) $=52-3-3$

(4번째로 긴 리본의 길이) $=52-3-3-3$

→

❷ 가장 짧은 리본의 길이 구하기

(가장 짧은 리본의 길이) = (4번째로 긴 리본의 길이) $=52-3\times3=52-9=43$ (cm)

→

답

확인하기 문제를 풀기 위해 배워서 적용한 전략에 ○표 하세요.

거꾸로 풀기 (　　)　　식 만들기 (　　)　　예상하고 확인하기 (　　)

표를 사용하면 쉽게 풀 수 있다고?

하나의 양이거나 두 개의 양이 일정하게 변하는 상황을 생각해야 할 때, 표로 나타내게 되면 쉽게 이해할 수 있습니다. 또한 문제를 어떻게 해결할 것인가를 생각하는 과정에 사용하면 해법을 구하기가 쉬운 경우가 많습니다.

표가 무엇인데 그렇게 중요해요?

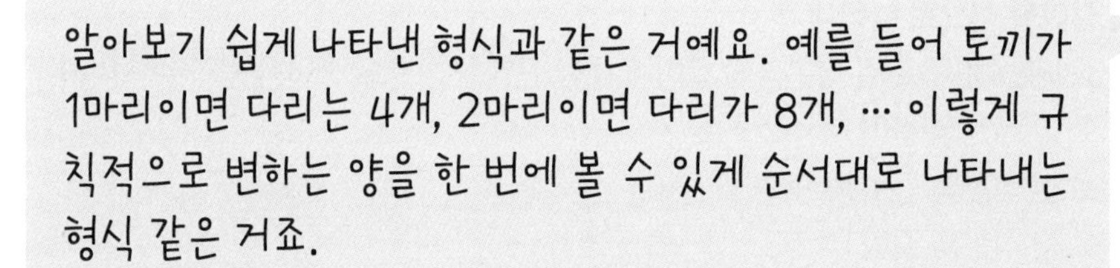

알아보기 쉽게 나타낸 형식과 같은 거예요. 예를 들어 토끼가 1마리이면 다리는 4개, 2마리이면 다리가 8개, … 이렇게 규칙적으로 변하는 양을 한 번에 볼 수 있게 순서대로 나타내는 형식 같은 거죠.

'표'를 그리는 것이 어렵지는 않아요?

어렵지 않아요. 그냥 순서대로 선을 그리고 그 안에 나열하면 되거든요. 특히 어떤 규칙을 찾아서 그것을 이용해서 답을 구할 때 사용하면 편해요.

일정한 형식이라는 것은 뭐예요?

변화되는 양이 어떤 것인지를 정해서 선을 그리고 나타내는 거죠. 예를 들면 토끼 수에 따른 다리의 수를 다음처럼 일정한 형식으로 나타내는 거예요. 기록할 칸을 미리 정해서 순서대로 써 넣는 거예요! 우리 해 봐요!!

토끼 수(마리)	1	2	3	4	5	6
다리 수(개)	4	8	12	16	20	24

1 어떤 규칙에 따라 바닐라 사탕(○)과 초코 사탕(●)을 놓았습니다. 다섯째에 놓일 사탕 수를 구하세요.

첫째	둘째	셋째	넷째
○ ○○	● ○ ●○○●	○ ● ○ ○●○○●○	● ○ ● ○ ●○●○○●○●

문제 그리기 문제를 읽고, □ 안에 알맞은 수나 식을 써넣으면서 풀이 과정을 계획합니다. (?: 구하고자 하는 것)

순서	첫째	둘째	셋째	넷째
○의 수(개)	3	3	3 + 3	□
●의 수(개)	0	3	□	□

? : □째에 놓일 사탕 수(개)

계획-풀기 틀린 부분에 밑줄을 긋고, 그 부분을 바르게 고친 것을 화살표 오른쪽에 씁니다.

❶ **순서에 따라 놓는 사탕 수를 구하는 식을 표로 나타내기**

순서	첫째	둘째	셋째	넷째
사탕 수의 합을 구하는 식	3	3	3+3	3+3

→

❷ **사탕 수의 합에 대한 규칙 찾기**

전체 사탕의 수는 첫째부터 홀수 번째에만 3개씩 늘어납니다.

→

❸ **다섯째에 놓일 사탕 수 구하기**

(다섯째에 놓일 사탕 수)＝3＋3＋3＝9(개)

→

답

확인하기 문제를 풀기 위해 배워서 적용한 전략에 ○표 하세요.

단순화하기 (　　) 그림 그리기 (　　) 표 만들기 (　　)

2 채민, 두혁, 소영이는 모두 다른 아침 식사를 합니다. 다음 대화를 보고 친구들이 먹는 아침 식사가 무엇인지를 확인해서 소영이가 먹는 아침 식사의 메뉴를 구하세요.

채민: 내가 먹는 아침은 빵도 아니고 밥도 아니야.
두혁: 난 빵을 먹지 않아.
소영: 그러고 보니까 우리가 먹는 아침 식사의 종류는 빵과 밥과 시리얼이구나!

문제 그리기 문제를 읽고, □ 안에 알맞은 수나 말을 써넣으면서 풀이 과정을 계획합니다. (?: 구하고자 하는 것)

채민 ⟶ 빵 (×), □ (×)
두혁 ⟶ □ (×)
소영
모두 □ 아침 식사
빵, 밥, □

? : □(이)의 아침 식사 메뉴

계획-풀기 틀린 부분에 밑줄을 긋고, 그 부분을 바르게 고친 것을 화살표 오른쪽에 씁니다.

❶ 표를 만들어 세 친구들의 아침 식사가 무엇인지 나타내기

아침 식사 \ 사람	채민	두혁	소영
빵	○	×	○
밥	×	○	○
시리얼	×	○	○

→

아침 식사 \ 사람	채민	두혁	소영
빵			
밥			
시리얼			

❷ 소영이가 먹는 아침 식사 메뉴 구하기

소영이가 먹는 아침 식사는 빵이거나 시리얼입니다.

→

답 ____________

확인하기 문제를 풀기 위해 배워서 적용한 전략에 ○표 하세요.

단순화하기 (   ) 그림 그리기 (   ) 표 만들기 (   )

STEP 2 내가 수학하기 **해보기**

식 만들기 | 표 만들기 정답과 풀이 41~43쪽

1 민재는 친구들과 독서 클럽을 하고 있습니다. 이번에 함께 읽을 전래동화를 정하기 위해 예전에 읽었던 동화를 조사하여 다음과 같이 표로 나타냈습니다. '이야기 주머니'를 읽은 학생이 '도깨비 마을'을 읽은 학생보다 4명 더 많다고 할 때 '도깨비 마을'을 읽은 학생은 몇 명인지 구하세요.

읽은 전래동화별 학생 수

전래동화	도깨비 마을	이야기 주머니	짧아진 바지	사람이 된 들쥐	합계
학생 수(명)			6	5	25

문제 그리기 문제를 읽고, □ 안에 알맞은 수나 말을 써넣으면서 풀이 과정을 계획합니다. (?: 구하고자 하는 것)

	도깨비 마을	이야기 주머니	짧아진 바지	사람이 된 들쥐	합계
학생 수(명)	▲	▲+□	□	□	□

? : □을 읽은 학생 수

계획-풀기

❶ '도깨비 마을'을 읽은 학생 수를 ▲명이라고 할 때, '이야기 주머니'를 읽은 학생 수를 식으로 나타내기

❷ '도깨비 마을'을 읽은 학생 수 구하기

답

2 노란색, 주황색, 녹색, 보라색의 4가지 색 스티커가 모두 54개 있습니다. 노란색 스티커는 9개, 주황색 스티커는 8개이고, 녹색 스티커는 보라색 스티커보다 7개가 많을 때, 녹색 스티커의 수를 구하세요.

문제 그리기 문제를 읽고, □ 안에 알맞은 수나 말을 써넣으면서 풀이 과정을 계획합니다. (?: 구하고자 하는 것)

	노란색	주황색	녹색	보라색	합계
스티커 수(개)	□	□	▲+□	▲	□

? : □색 스티커 수(개)

계획-풀기

❶ 보라색 스티커 수를 ▲개라고 할 때, 녹색 스티커 수를 식으로 나타내기

❷ 녹색 스티커 수 구하기

답

3 자연수 5, 6, 7과 같이 1씩 차례로 커지는 수를 '연속된 수'라고 합니다. 연속된 세 자연수의 합이 66일 때, 세 수 중 가장 큰 자연수를 구하세요.

문제 그리기 문제를 읽고, □ 안에 알맞은 수나 말을 써넣으면서 풀이 과정을 계획합니다. (?: 구하고자 하는 것)

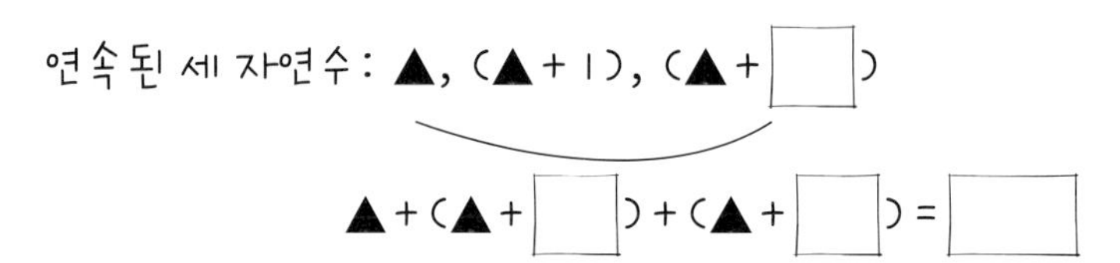

? : 세 자연수 중 가장 □ 자연수

계획-풀기

❶ 세 수 중 가장 작은 수를 △라고 할 때, 연속된 세 자연수를 △를 사용하여 나타내기

❷ 연속된 세 자연수 중 가장 큰 자연수 구하기

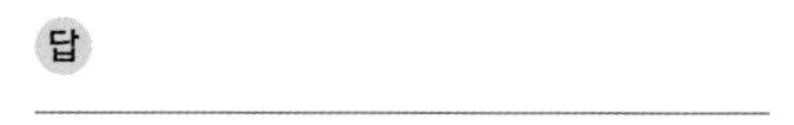

답

4 현정이는 매년 부모님과 함께 여러 사과 농장을 방문하여 사과 따기 체험을 하고, 사과를 구입합니다. 올해 방문한 농장과 구입한 사과의 수가 다음 표와 같습니다. 바람 농장에서 구입한 사과는 달 농장에서 구입한 사과보다 9개 많을 때, 달 농장에서 구입한 사과 수를 구하세요.

농장별 구입한 사과 수

사과 농장	해	달	바람	별	합계
사과 수(개)	24			27	98

문제 그리기 문제를 읽고, □ 안에 알맞은 수나 말을 써넣으면서 풀이 과정을 계획합니다. (?: 구하고자 하는 것)

사과 농장	해	달	바람	별	합계
사과 수(개)	□	▲	▲+□	□	□

? : □ 농장에서 구입한 □ 수(개)

계획-풀기

❶ 달 농장에서 구입한 사과 수를 △개라고 할 때, 바람 농장에서 구입한 사과 수를 식으로 나타내기

❷ 달 농장에서 구입한 사과 수 구하기

답

5 다음과 같은 규칙으로 바둑돌을 놓을 때 바둑돌을 72개 놓아야 할 때는 몇 단계인지 구하세요.

1단계 2단계 3단계 4단계

문제 그리기 문제를 읽고, □ 안에 알맞은 수나 말을 써넣으면서 풀이 과정을 계획합니다. (?: 구하고자 하는 것)

단계	1	2	3	4	…
식	1 × 2	2 × 3	3 × □	□ × □	…
바둑돌 수(개)	2	6	□	□	…

? : 바둑돌 □개를 놓는 단계 수(단계)

계획-풀기

❶ 바둑돌을 놓는 규칙을 말로 나타내기

❷ 바둑돌이 72개를 놓아야 할 때는 몇 단계인지 구하기

답 ____________

6 민호는 7월 어느 날, 종이를 급하게 사용할 일이 있어서 7월 달력을 뜯어 사용했습니다. 민호는 이번 주 목요일과 다음 주 목요일과 그 다음 주 목요일의 날짜의 합이 54라는 것을 기억하고 있을 때, 7월 23일은 무슨 요일인지 구하세요.

문제 그리기 문제를 읽고, □ 안에 알맞은 수나 말을 써넣으면서 풀이 과정을 계획합니다. (?: 구하고자 하는 것)

	목	금	토	일
	▲			
	▲+□			
	▲+□			

→ ▲+▲+□+▲+□=□

? : 7월 □일의 요일(요일)

계획-풀기

❶ 이번 주 목요일의 날짜 구하기

❷ 7월 23일은 무슨 요일인지 구하기

답 ____________

7 민영이가 만든 구구단표는 일반적인 구구단표와 다르게 곱셈식이 없고 그 답만 있습니다. 3단의 경우는 3, 6, 9, 12, 15, 18, 21, 24, 27입니다. 민영이가 동생과 놀다가 8단의 연속된 수 3개가 지워졌습니다. 그 세 수의 합이 120일 때, 세 수를 구하세요.

문제 그리기 문제를 읽고, □ 안에 알맞은 수나 말을 써넣으면서 풀이 과정을 계획합니다. (?: 구하고자 하는 것)

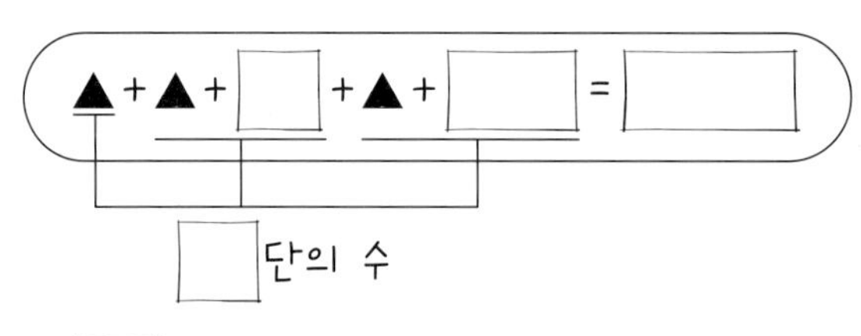

? : 8단의 □된 숫자 □개

계획-풀기

❶ 지워진 8단의 수를 △를 이용한 식으로 나타내기

❷ 지워진 연속된 8단의 세 수 구하기

답 ____________

8 어느 달의 달력에서 셋째 화요일과 넷째 화요일의 날짜의 합이 39일 때 이 달의 넷째 수요일은 며칠인지 구하세요.

문제 그리기 문제를 읽고, □ 안에 알맞은 수나 말을 써넣으면서 풀이 과정을 계획합니다. (?: 구하고자 하는 것)

셋째 화요일 : ▲
넷째 화요일 : ▲+□
▲+▲+□=□

? : 이 달의 □째 □요일의 날짜

계획-풀기

❶ 셋째 화요일과 넷째 화요일의 날짜를 △를 이용하여 나타내기

❷ 이 달의 넷째 수요일은 며칠인지 구하기

답 ____________

9 오른쪽과 같은 규칙으로 검은색 카드와 흰색 카드를 늘어놓을 때, 7단계는 모두 몇 장의 카드가 필요한지 구하세요.

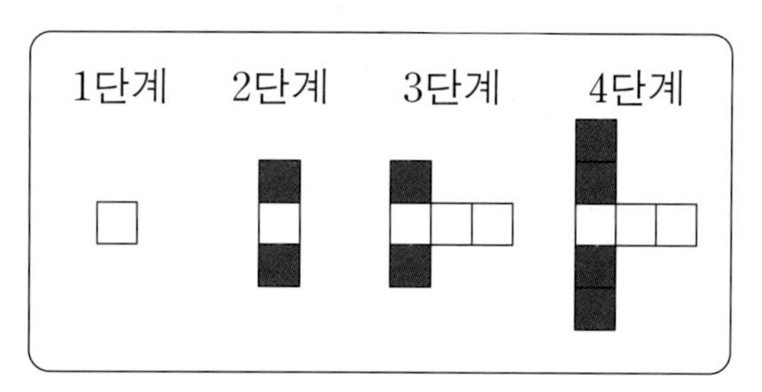

문제 그리기 카드의 모양을 완성하고, □ 안에 알맞은 수나 말을 써넣으면서 풀이 과정을 계획합니다. (?: 구하고자 하는 것)

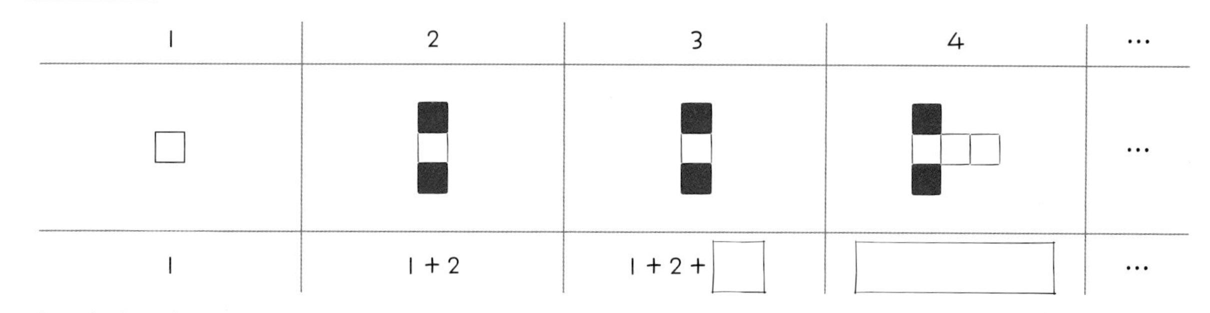

? : □단계에 필요한 카드 수(단위: □)

계획-풀기

❶ 순서에 따라 놓이는 카드 수를 표로 나타내기

순서(단계)	1	2	3	4	5	6	7
카드 수(장)	1	3					

❷ 7단계에 필요한 카드 수 구하기

10 500원짜리 곰젤리와 300원짜리 초코볼이 있습니다. 3000원으로 거스름돈 없이 곰젤리와 초코볼을 사려고 할 때 각각 몇 개씩 사야 하는지를 구하세요. (단, 각각 적어도 1개씩은 사야 합니다.)

문제 그리기 문제를 읽고, □ 안에 알맞은 수나 말을 써넣으면서 풀이 과정을 계획합니다. (?: 구하고자 하는 것)

곰젤리 × ▲(개) 초코볼 × ●(개)
곰젤리: □원 초코볼: □원 → 모두 산 가격: □원

? : 거스름돈 없이 □원으로 살 수 있는 곰젤리와 □ 각각의 수(개)

계획-풀기

❶ 더 비싼 곰젤리를 기준으로 각 항목을 정하여 표 완성하기

곰젤리의 수(개)	1	2	3	4
곰젤리의 금액(원)	500			
초코볼의 수(개)	8			
초코볼의 금액(원)	2400			
전체 금액(원)	2900			

❷ 거스름돈 없이 3000원으로 살 수 있는 곰젤리와 초코볼의 수 구하기

11 오른쪽과 같이 성냥개비를 늘어놓아서 세 변의 길이가 같은 삼각형을 만들고 있습니다. 6번째의 모양에서 가장 작은 삼각형을 6개 만들었다면 필요한 성냥개비는 몇 개인지 구하세요.

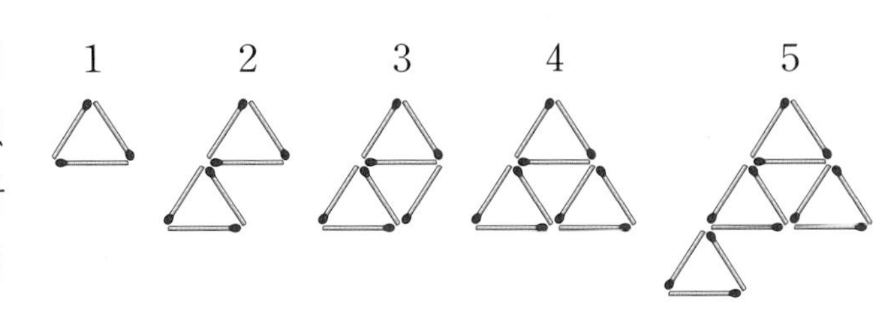

문제 그리기 문제를 읽고, □ 안에 알맞은 수나 말을 써넣으면서 풀이 과정을 계획합니다. (?: 구하고자 하는 것)

삼각형 수	1	2	3	4	5
식	3	3 + 3	3 + 3 + □	3 + 3 + □ + □	3 + 3 + □ + □ + □

? : 삼각형 □개를 만들기 위한 □ 수(개)

계획-풀기

❶ 다음 표의 빈칸에 알맞은 수와 식을 써서 표 완성하기

순서	1	2	3	4	5	6
가장 작은 삼각형의 수(개)	1	2	3			
필요한 성냥개비 수를 구하는 식	3	3+3	3+3+1			

❷ 가장 작은 삼각형을 6개 만들었을 때 필요한 성냥개비 수 구하기

답 ______

12 책을 사면 사은품으로 분홍, 연두, 노란색의 곰 인형을 준다고 해서 선우, 수지, 정희가 서점에서 책을 샀습니다. 세 명이 받은 곰 인형의 색이 모두 다르고, 선우가 받은 곰 인형은 노란색이 아니고, 수지가 받은 곰 인형은 분홍색과 노란색이 아닐 때, 정희가 받은 곰 인형은 무슨 색인지 구하세요.

문제 그리기 문제를 읽고, □ 안에 알맞은 수나 말을 써넣으면서 풀이 과정을 계획합니다. (?: 구하고자 하는 것)

선우	수지	정희
□색(×)	□색(×) □색(×)	

곰 인형의 색은 모두 □고, 분홍, 연두, □색입니다.

? : □가 받은 곰 인형의 색

계획-풀기

❶ 친구들이 가진 곰 인형의 색이 아닌 것을 ×로 나타내기를 완성하기

곰 인형의 색 \ 사람	선우	수지	정희
분홍색			
연두색			
노란색	×		

❷ 정희가 받은 곰 인형의 색 구하기

답 ______

13 수혁, 민지, 호원이는 각자 좋아하는 책들을 가져왔습니다. 모두 12권이었는데, 수혁이는 만화책만 4권을, 민지는 게임책 4권과 만화책 1권, 호원이는 만화책 1권과 게임책 몇 권을 가져왔습니다. 호원이가 가져온 게임책은 몇 권인지, 또 친구 3명이 가져온 만화책과 게임책은 각각 몇 권인지 구하세요.

문제 그리기 문제를 읽고, □ 안에 알맞은 수나 말을 써넣으면서 풀이 과정을 계획합니다. (?: 구하고자 하는 것)

	수혁	민지	호원
만화책	4	1	□
게임책		□	▲

→ 합: □권

? : □이가 가져온 게임책의 권수(권), □책과 □책의 권수(권)

계획-풀기

❶ 친구들이 가져온 책의 권수를 기록한 표를 이용하여 ●와 ▲ 구하기

	수혁	민지	호원	합계
만화책				
게임책			▲	
합계			●	

❷ 친구 3명이 가져온 만화책과 게임책이 각각 몇 권씩인지 구하기

답

14 오른쪽과 같은 규칙으로 모양 블럭을 놓을 때 8번째 놓이는 모양 블록의 종류별 개수와 그 합을 구하세요.

1번째	■
2번째	■ ●
3번째	■ ● ■
4번째	■ ● ■ ●

문제 그리기 문제를 읽고, □ 안에 알맞은 모양이나 수를 써넣으면서 풀이 과정을 계획합니다. (?: 구하고자 하는 것)

순서	1	2	3	4	…
블록 수	■	■□	■□□	■□□□	…

? : □번째 놓이는 블록의 종류별 개수와 그 합

계획-풀기

❶ 각 순서의 블록 종류와 수를 표로 나타내기

순서(번째)	1	2	3	4	5	6	7	8
■ 개수(개)	1	1	2					
● 개수(개)	0	1						
합계	1	2						

❷ 8번째에서 블록의 종류별 개수와 그 합 구하기

답

15 다음과 같은 규칙에 따라 도형을 나열하였습니다. 일곱째 놓이는 도형의 선분의 길이의 합은 몇 cm인지 구하세요.

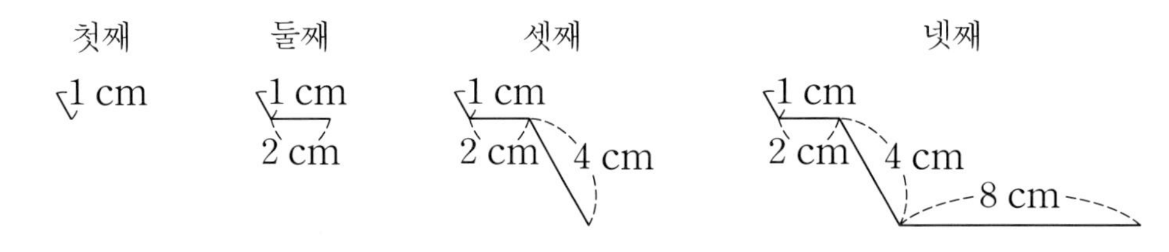

문제 그리기 문제를 읽고, □ 안에 알맞은 수나 말을 써넣으면서 풀이 과정을 계획합니다. (?: 구하고자 하는 것)

순서	1	2	3	4
선분 길이	1	1 + 2	1 + 2 + □	1 + 2 + □ + □

? : □째 도형의 선분의 길이의 □(cm)

계획-풀기

❶ 도형의 선분의 길이의 합에 대한 식을 나타낸 표 완성하기

순서	1	2	3	4	5	6	7
길이의 합(식)	1	1+2	1+2+4				
합계							

❷ 일곱째 놓이는 도형의 선분의 길이의 합 구하기

답

16 상수와 명주는 누가 먼저 게임을 할 것인지를 가위바위보를 7번 해서 정하기로 했는데 명주가 3번 이겨서 상수가 먼저 게임을 했습니다. 명주는 가위와 바위만을 사용하였고, 가위는 2회 냈는데 모두 졌습니다. 상수는 가위, 바위, 보를 모두 사용하였을 때, 각각 몇 회씩 내었는지 구하세요.

문제 그리기 문제를 읽고, □ 안에 알맞은 수나 말을 써넣으면서 풀이 과정을 계획합니다. (?: 구하고자 하는 것)

	1	2	3	4	5	6	7	
명주	가위	가위						→ 가위 + □
상수	바위	바위						→ 가위 + □ + □
명주의 승패	×	×						

? : □가 낸 가위, □, □의 종류별 횟수(회)

계획-풀기

❶ 명주와 상수가 낸 가위, 바위, 보를 나타낸 표 완성하기

회	1	2	3	4	5	6	7
명주	가위	가위					
상수							
명주의 승패	패	패					

❷ 상수가 낸 가위, 바위, 보의 종류별 횟수 구하기

답

규칙 찾기??

일정한 규칙으로 수나 모양, 도형 등이 나열될 때, 그 규칙을 찾는 방법이나 전략을 '규칙 찾기'라고 합니다.

수나 모양이 나열되는 '일정한 규칙'이라는 것이 뭐예요?

예를들어 내가 1, 1, 2, 1, 1, 2, 1이라고 수를 말했어요. 그다음 어떤 수가 올까요?

1이 한 번 나왔으니까 다음은 1 아니예요?

어떻게 알았어요?

1이 두 번, 다음은 2가 오는 것이 반복되잖아요.

맞아요! '1이 두 번, 다음은 2가 한 번 온다.'가 바로 규칙이에요. 일정한 약속 같은 것이 반복될 때 바로 그 약속을 규칙이라고 하는 거예요.

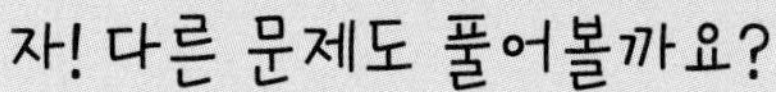
자! 다른 문제도 풀어볼까요?

아하!! 좋아요.

1 오른쪽 수 배열표는 수의 곱셈을 이용하여 만든 것입니다. 규칙을 찾아 ♥와 ● 안에 들어갈 수를 구하세요.

	23	24	25	26
7	1	8	5	2
8	4	♥	0	8
9	7	6	●	4

문제 그리기 문제를 읽고, □ 안에 알맞은 수나 말을 써넣으면서 풀이 과정을 계획합니다. (?: 구하고자 하는 것)

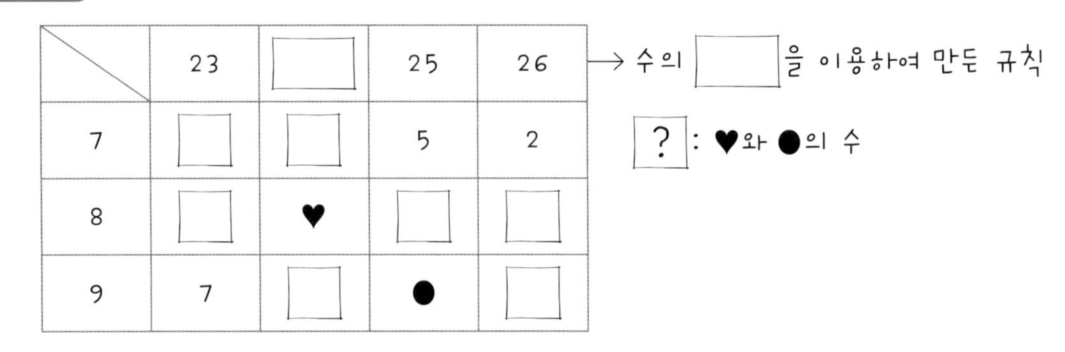

계획-풀기 곱셈을 하여 □ 안에 알맞은 수를 써넣고, 틀린 부분에 밑줄을 긋고, 그 부분을 바르게 고친 것을 화살표 오른쪽에 씁니다.

❶ 수 배열표의 규칙 찾기

$$\begin{array}{r} 23 \\ \times \quad 7 \\ \hline \square \end{array} \qquad \begin{array}{r} 23 \\ \times \quad 8 \\ \hline \square \end{array}$$

가로와 세로의 두 수가 만나는 곳에는 두 수의 곱셈의 결과에서 십의 자리 숫자를 씁니다.

→

❷ ♥와 ●에 알맞은 수 구하기

$$\begin{array}{r} 24 \\ \times \quad \square \\ \hline \square \end{array} \qquad \begin{array}{r} 25 \\ \times \quad \square \\ \hline \square \end{array}$$

위 ❶에서 찾은 규칙을 적용해서 ♥와 ●의 수를 구하면 ♥=9, ●=2입니다.

→

답 ______________________

확인하기 문제를 풀기 위해 배워서 적용한 전략에 ○표 하세요.

단순화하기 (　　)　　규칙 찾기 (　　)　　표 만들기 (　　)

2 규칙에 따라 나열될 때 6단계에 알맞은 모양을 그리고 그 모양을 구성하는 사각형 수를 구하세요.

1단계 2단계 3단계

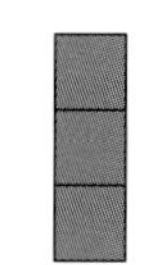

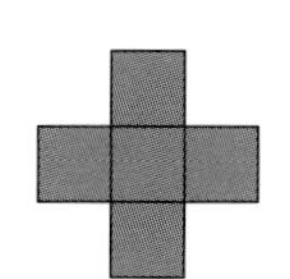

문제 그리기 4단계의 모양을 그리고, □ 안에 알맞은 수를 써넣으면서 풀이 과정을 계획합니다. (?: 구하고자 하는 것)

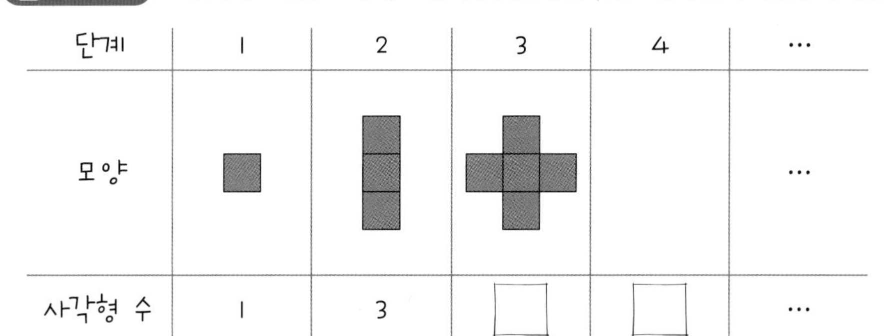

단계	1	2	3	4	…
모양					…
사각형 수	1	3	□	□	…

? : □단계 모양과 사각형 수

계획-풀기 틀린 부분에 밑줄을 긋고, 그 부분을 바르게 고친 것을 화살표 오른쪽에 씁니다.

❶ 그리는 모양의 규칙을 찾아서 말로 나타내기

1단계 가운데 사각형에서부터 위와 아래에 각 2개씩 늘어나고, 그다음 단계에는 왼쪽과 오른쪽 사각형이 각 2개씩 늘어나며, 그 규칙이 계속 반복됩니다.

→

❷ 나열된 모양에서 각 단계의 사각형 수를 식으로 나타내기(▲는 2, 3, 4, ...입니다.)

(▲단계 사각형 수)=((▲−4)단계 사각형 수)+4

→

❸ 다섯째와 여섯째에 알맞은 모양을 그리고, 사각형 수 구하기

(5단계 사각형 수)=5+4=9

(6단계 사각형 수)=6+4=10

→

답

확인하기 문제를 풀기 위해 배워서 적용한 전략에 ○표 하세요.

단순화하기 (　　) 규칙 찾기 (　　) 표 만들기 (　　)

배우기

문제정보를 복합적으로 나타내기?

문제를 어떻게 풀 것인가를 찾기 위해서는 먼저 문제 내용을 잘 이해해야 합니다. 문제 조건을 잘 확인하고 이해해서 해법을 찾아야 합니다. 이를 위해서 문제조건을 그림이나 식으로 써 보면서 그 전략을 찾아야하는데 하나의 방법이 아닌 복합적으로 이용해야 하는 경우도 있고, 조건 자체만을 이용해서 구할 수도 있습니다. 이런 방법을 하나의 전략으로 본다면 '문제정보를 복합적으로 나타내기'입니다.

문제를 푸는 데 가장 중요한 것이 뭔지 알아요?

답을 쓰는 거요.

답을 쓰는 건데 답을 쓰기 위해서는 문제조건을 정확히 이해해서 그 조건만을 이용해서도 답을 구할 수 있고, 그림이나 식을 이용해서 구할 수도 있어요.

네. 그런데요?

중요한 것은 문제조건과 정보를 잘 이해하고 써야 해요. 그것만으로도 답을 구할 수 있으니까요.

정말요? 그런 전략이 뭔데요?

네! 항상 그런 것은 아니지만 대부분 조건을 잘 이해해서 그것을 식이나 수 등으로 표현하거나 아니면 그림이나 표를 이용하면 해결할 수 있어요. 조건만 서술하거나 아니면 식이나 그림 등으로 구할 수 있어서 '문제정보를 복합적으로 나타내기'라는 전략이라고 하는 거예요.

1 수연이네 학교에서는 매월 첫째 주 금요일이면 국어 시간에 동화책이나 만화책 등과 같은 교과서 외의 책을 매월 2권 이상 읽는 학생을 조사합니다. 이번 달 조사 결과가 다음 **보기** 와 같을 때, 책을 2권 이상 읽은 2반 여학생의 수를 구하세요.

보기

1반 학생 중 2권 이상 책을 읽은 남학생은 여학생보다 2명 더 많습니다.
2반 학생 중 2권 이상 책을 읽은 여학생은 남학생보다 3명 더 많습니다.
3반 학생 중 2권 이상 책을 읽은 여학생은 남학생보다 4명 더 많습니다.
3반 학생 중 2권 이상 책을 읽은 학생이 12명으로 가장 많고, 가장 적은 학생은 1반이며, 가장 많은 반부터 차례대로 1명씩 차이가 납니다.

문제 그리기 문제를 읽고, □ 안에 알맞은 수나 말을 써넣으면서 풀이 과정을 계획합니다. (?: 구하고자 하는 것)

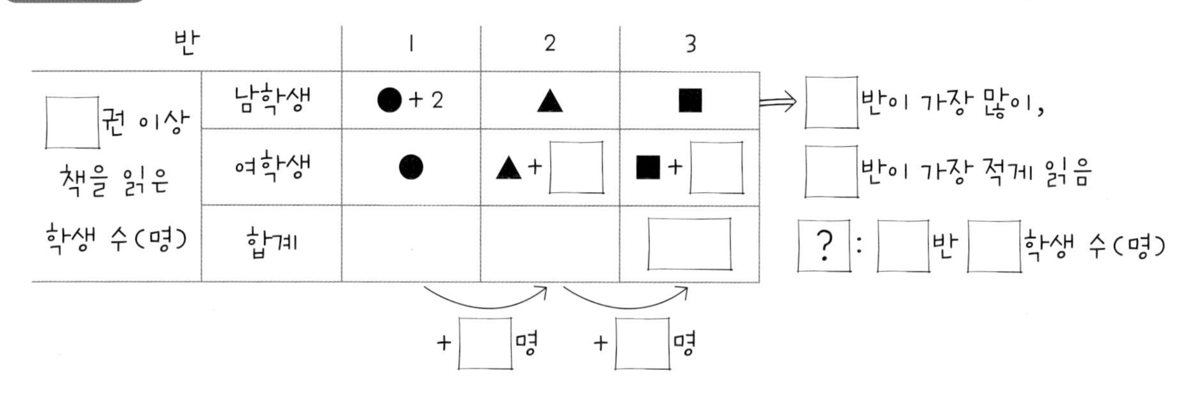

계획-풀기 틀린 부분에 밑줄을 긋고, 그 부분을 바르게 고친 것을 화살표 오른쪽에 씁니다.

❶ 2권 이상 책을 읽은 학생 수가 가장 많은 반과 가장 적은 반의 학생 수의 차 구하기

2권 이상 책을 읽은 학생 수가 가장 많은 반은 3반이고, 가장 적은 반은 1반이고, 전체 학급이 3반이므로 그 차는 3명입니다.

→

❷ 각 반의 책을 2권 이상 읽은 학생 수 구하기

2명씩 차이가 나므로 가장 많은 학생 수인 3반은 15명이고, 2반은 13명, 1반은 11명입니다.

→

❸ 2반의 책을 2권 이상 읽은 남학생 수와 여학생 수 구하기

2반은 여학생이 남학생보다 5명 더 많으므로 2반 학생 수 13명에서 5명을 빼고 똑같이 2로 나눈 뒤에 다시 5명을 더합니다.

$13-5=8$, $8\div2=4$이므로 (여학생의 수)$=4+5=9$(명)입니다.

→

답

확인하기 문제를 풀기 위해 배워서 적용한 전략에 ○표 하세요.

단순화하기 (   )　　규칙 찾기 (   )　　문제정보를 복합적으로 나타내기 (   )

2 다음 수 배열표를 보고 조건 을 만족하는 어떤 수를 구하세요.

2	4	6	8	10	12
3	6	9	12	15	18
4	8	12	16	20	24

조건

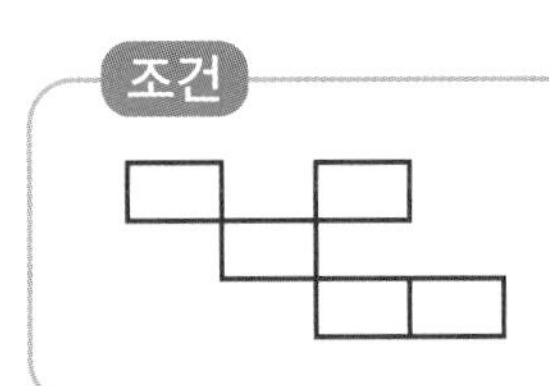

붉은 선 안에 있는 5개의 수의 합은 어떤 수의 8배와 같습니다.

문제 그리기 문제를 읽고, □ 안에 알맞은 수나 말을 써넣으면서 풀이 과정을 계획합니다. (?: 구하고자 하는 것)

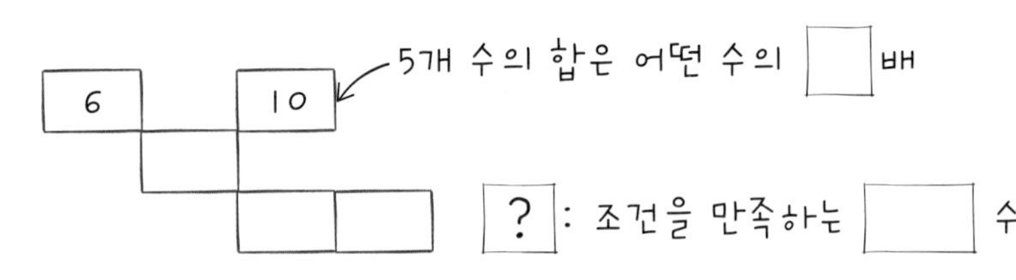

계획-풀기 틀린 부분에 밑줄을 긋고, 그 부분을 바르게 고친 것을 화살표 오른쪽에 씁니다.

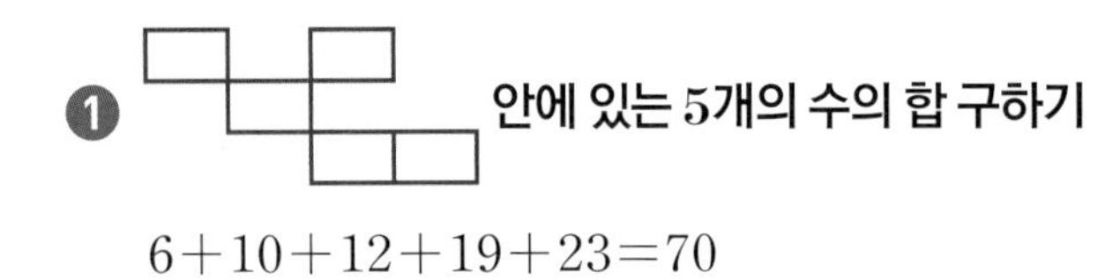

① 안에 있는 5개의 수의 합 구하기

$6+10+12+19+23=70$

→

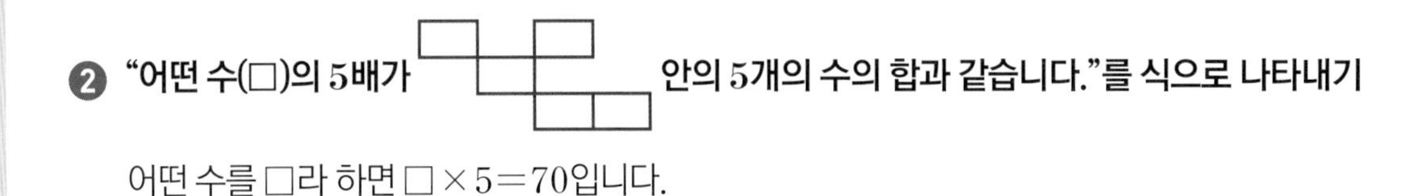

② "어떤 수(□)의 5배가 안의 5개의 수의 합과 같습니다."를 식으로 나타내기

어떤 수를 □라 하면 $\square\times5=70$입니다.

→

③ 조건을 만족하는 어떤 수 구하기

$\square\times5=70$, $\square=70\div5=14$, $\square=14$

→

답

확인하기 문제를 풀기 위해 배워서 적용한 전략에 ○표 하세요.

단순화하기 ( ) 규칙 찾기 ( ) 문제정보를 복합적으로 나타내기 ( )

STEP 2 내가 수학하기 해보기

규칙 찾기 | 문제정보를 복합적으로 나타내기 정답과 풀이 47~48쪽

1 수 배열에서 ●와 ◆에 알맞은 수를 구하세요.

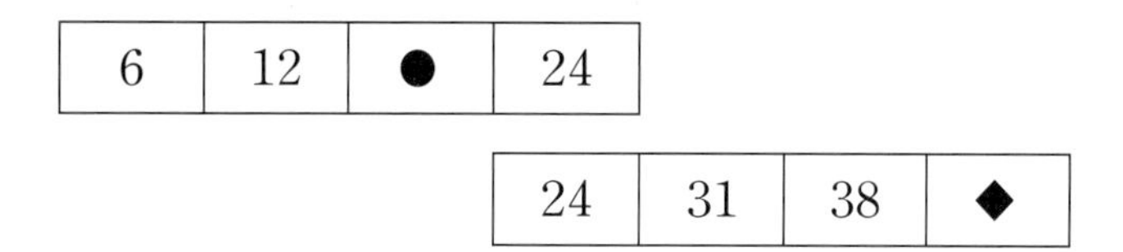

문제 그리기 문제를 읽고, □ 안에 알맞은 수나 모양을 써넣으면서 풀이 과정을 계획합니다. (?: 구하고자 하는 것)

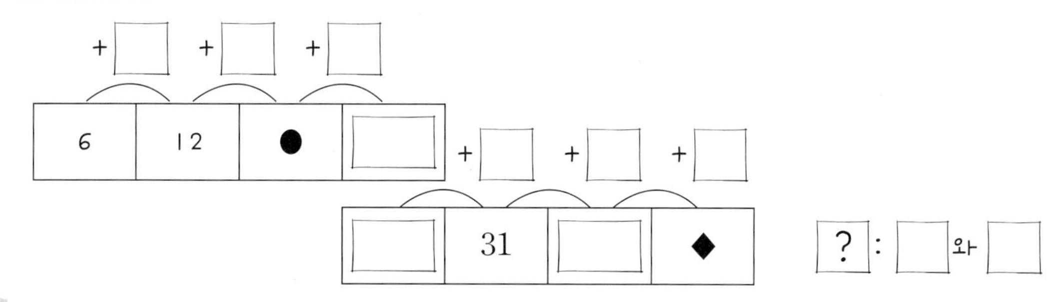

계획-풀기

❶ 수 배열의 규칙 찾기

❷ ●와 ◆에 알맞은 수 구하기

답

2 주호는 가족과 뷔페 식당을 갔습니다. 어느 정도 식사를 마친 후, 주호는 디저트 코너로 갔습니다. 몇 가지 케이크와 파이가 같은 순서로 회전되고 있어서 주호는 케이크와 파이가 어떤 순서로 회전되는지를 지켜본 후 20번째 디저트를 선택했습니다. 주호가 선택한 디저트는 무엇인지 구하세요.

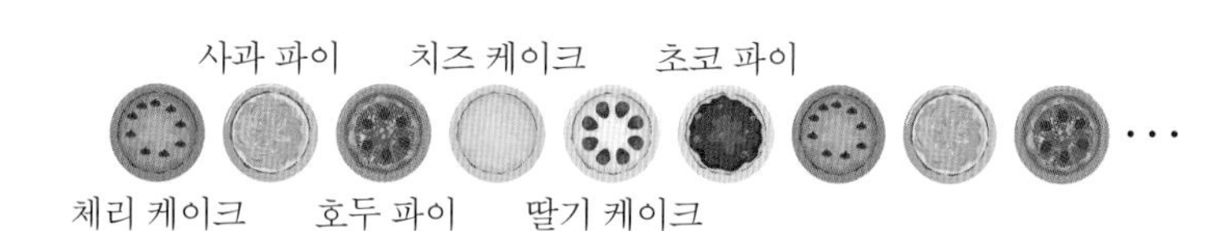

문제 그리기 문제를 읽고, □ 안에 알맞은 수나 말을 써넣으면서 풀이 과정을 계획합니다. (?: 구하고자 하는 것)

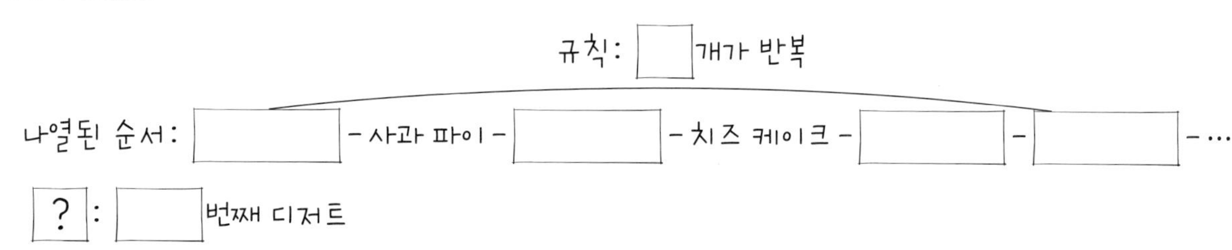

계획-풀기

❶ 디저트가 회전하는 순서에 대한 규칙 찾기

❷ 20번째 디저트 구하기

답

3 현이의 생일은 7월 4일입니다. 올해 찢어진 6월의 달력이 오른쪽과 같을 때 현이의 생일은 무슨 요일인지 구하세요.

6월						
일	월	화	수	목	금	토
		1	2	3	4	5

문제 그리기 문제를 읽고, □ 안에 알맞은 수나 말을 써넣으면서 풀이 과정을 계획합니다. (?: 구하고자 하는 것)

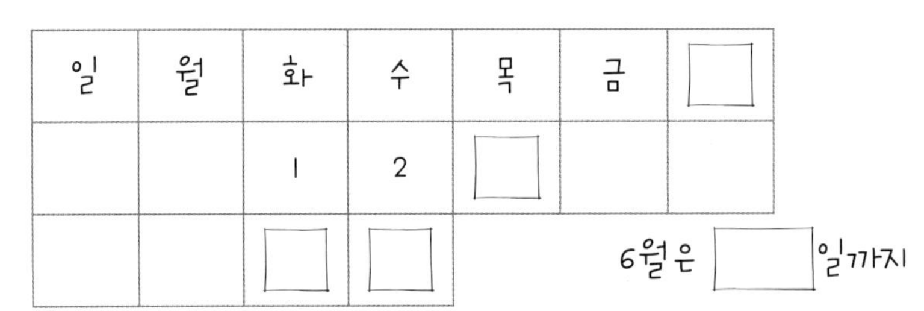

? : □월 □일의 요일

계획-풀기

❶ 6월의 마지막 날은 무슨 요일인지 구하기

❷ 현이의 생일은 무슨 요일인지 구하기

답 ______________

4 놀이공원에는 범퍼카가 7대 있습니다. 줄을 선 순서대로 한 명씩 범퍼카 1번부터 7번까지 순서대로 타고, 8번째 사람은 1번부터 다시 순서대로 타게 됩니다. 현우는 범퍼카를 타기 위해 줄을 섰는데 앞에서부터 26번째였습니다. 1번부터 범퍼카를 탄다면 현우가 탈 범퍼카의 번호는 몇 번인지 구하세요.

문제 그리기 문제를 읽고, □ 안에 알맞은 수나 말을 써넣으면서 풀이 과정을 계획합니다. (?: 구하고자 하는 것)

범퍼카 번호 : □, 2, 3, □, □, □, □ → 현우는 □번째

? : 현우가 탈 □의 □(번)

계획-풀기

❶ 범퍼카 번호의 규칙 찾기

❷ 현우가 탈 범퍼카의 번호 구하기

답 ______________

5 다음 계산식의 규칙을 찾아서 ㉠, ㉡의 빈칸에 알맞은 식을 구하세요.

$76-24=52$	$77-25=52$	$78-26=52$
$79-27=52$	㉠ □	㉡ □

문제 그리기 문제를 읽고, □ 안에 알맞은 수나 말을 써넣으면서 풀이 과정을 계획합니다. (?: 구하고자 하는 것)

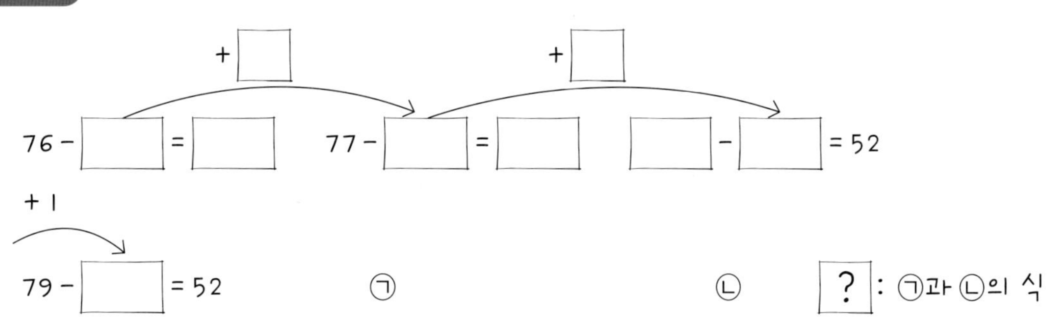

계획-풀기

❶ 규칙을 말로 나타내기

❷ ㉠, ㉡의 빈칸에 알맞은 식 구하기

답 ________________

6 규칙에 따라 분수가 나열되어 있습니다. 42번째 놓이는 분수를 구하세요.

$$\frac{1}{2}, \frac{2}{3}, \frac{3}{4}, \frac{4}{5}, \cdots$$

문제 그리기 문제를 읽고, □ 안에 알맞은 수나 말을 써넣으면서 풀이 과정을 계획합니다. (?: 구하고자 하는 것)

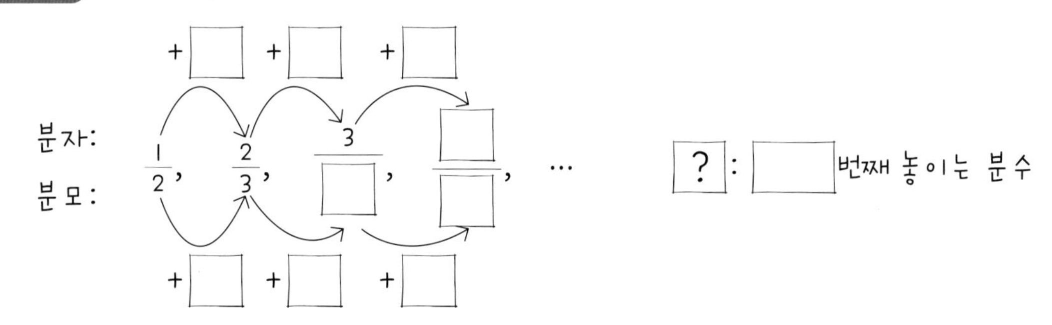

계획-풀기

❶ 분자와 분모의 규칙을 말로 나타내기

❷ 42번째 분수 구하기

답 ________________

7 '무궁화꽃이피었습니다'와 자연수를 이용한 규칙으로 다음과 같이 말과 수가 나열되어 있습니다. ㉠에 알맞은 말과 수를 구하세요.

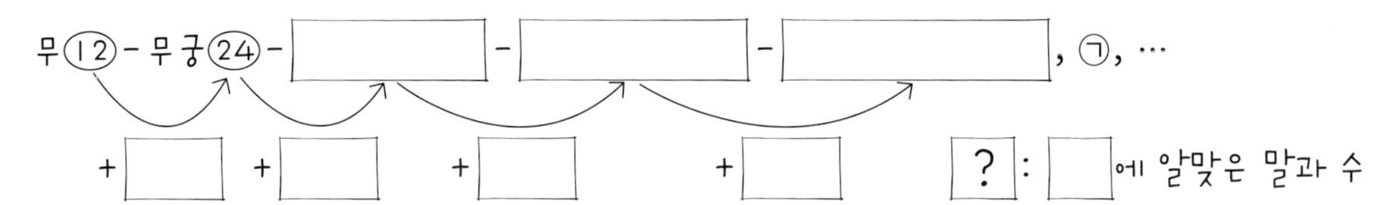

문제 그리기 문제를 읽고, □ 안에 알맞은 수나 말을 써넣으면서 풀이 과정을 계획합니다. (?: 구하고자 하는 것)

무12 - 무궁24 - □ - □ - □, ㉠, …

+□ +□ +□ +□

? : □에 알맞은 말과 수

계획-풀기

❶ 말에 대한 규칙 구하기

❷ 수에 대한 규칙 구하기

❸ ㉠ 구하기

답

8 오른쪽 곱셈식을 보고 (가)에 알맞은 곱셈식을 구하세요.

순서	곱셈식
첫째	$10 \times 4 = 40$
둘째	$100 \times 44 = 4400$
셋째	$1000 \times 444 = 444000$
넷째	(가)

문제 그리기 문제를 읽고, □ 안에 알맞은 수나 말을 써넣으면서 풀이 과정을 계획합니다. (?: 구하고자 하는 것)

순서	첫째	둘째	셋째	넷째
곱셈식	10 × 4 = 40	□ × 44 = □	□ × 444 = □	(가)

? : □째인 (가)의 곱셈식

계획-풀기

❶ 곱해지는 수의 규칙 구하기

❷ 곱하는 수와 답의 규칙 구하기

❸ (가)에 알맞은 곱셈식 구하기

답

9 다음은 민주네 반 학생 32명이 좋아하는 게임을 조사하였더니 모바일 게임이 10명, 블록 게임이 6명이었습니다. 보드 게임을 좋아하는 학생이 카드 게임을 좋아하는 학생보다 4명 더 많을 때 보드 게임과 카드 게임을 좋아하는 학생은 각각 몇 명인지 구하세요. (단, 4가지 게임 외에 좋아하는 게임은 없었고, 겹치는 학생도 없습니다.)

문제 그리기 문제를 읽고, □ 안에 알맞은 수나 말을 써넣으면서 풀이 과정을 계획합니다. (?: 구하고자 하는 것)

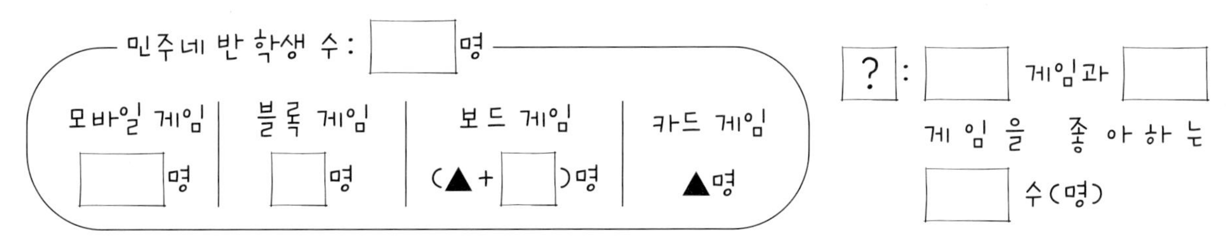

계획-풀기

❶ 카드 게임을 좋아하는 학생 수를 △명이라 하면 보드 게임을 좋아하는 학생 수는 어떻게 나타낼 수 있는지 구하기

❷ 보드 게임과 카드 게임을 좋아하는 학생 수 구하기

답

10 민주네 동네에 있는 어느 편의점에서는 이용하는 손님들의 나이를 하루 동안 조사하였습니다. 10대는 17명, 20대 손님 수는 30대 손님 수보다 12명이 많았고, 40대와 50대의 손님 수는 20대 손님 수보다 52명이 많았습니다. 30대가 48명일 때, 그 하루 동안 편의점을 이용한 손님은 모두 몇 명인지 구하세요. (단, 10대보다 어린 손님과 50대보다 나이가 많은 손님은 없었습니다.)

문제 그리기 문제를 읽고, □ 안에 알맞은 수나 말을 써넣으면서 풀이 과정을 계획합니다. (?: 구하고자 하는 것)

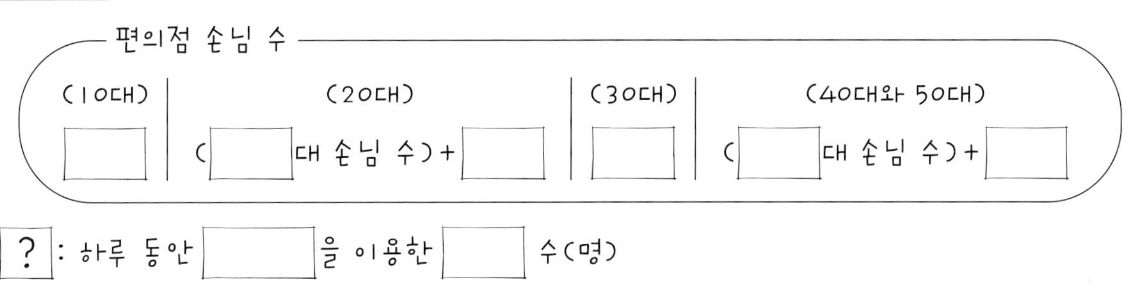

? : 하루 동안 □을 이용한 □ 수(명)

계획-풀기

❶ 20대 손님 수 구하기

❷ 40대와 50대 손님 수 구하기

❸ 하루 동안 편의점을 이용한 손님 수 구하기

답

11 민준이네 학교에서는 교내 음악회를 위해 합주반을 지원한 학생 수와 지원한 학생이 연주할 수 있는 악기를 조사하였습니다. 첼로를 연주할 수 있는 학생 수는 피아노를 연주할 수 있는 학생 수의 반이고, 바이올린을 연주할 수 있는 학생 수는 피아노를 연주할 수 있는 학생 수보다 5명이 적었습니다. 피아노를 연주할 수 있는 학생이 12명일 때, 합주반을 지원한 학생은 모두 몇 명인지 구하세요. (단, 지원자들의 연주 가능한 악기는 피아노, 첼로, 바이올린만 있고, 한 학생은 한 가지 악기만을 연주할 수 있습니다.)

문제 그리기 문제를 읽고, □ 안에 알맞은 수나 말을 써넣으면서 풀이 과정을 계획합니다. (?: 구하고자 하는 것)

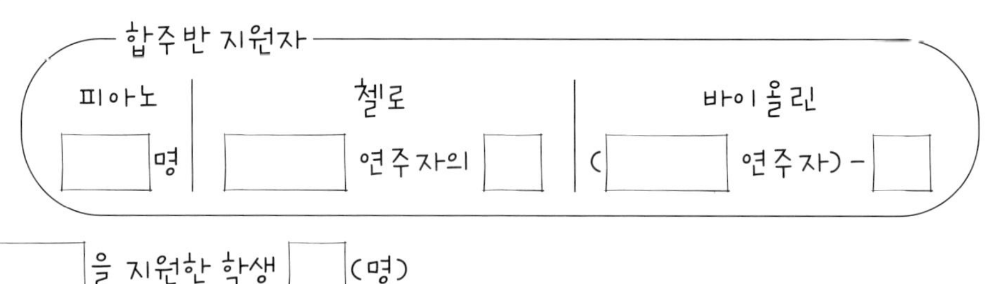

계획-풀기

❶ 첼로를 연주할 수 있는 학생 수 구하기

❷ 바이올린을 연주할 수 있는 학생 수 구하기

❸ 합주반을 지원한 학생 수 구하기

답

12 효주는 놀러 온 주미를 위해 간식을 꺼내려고 합니다. 냉장고에는 도넛, 마카롱, 그리고 바나나빵과 우유와 코코아, 그리고 주스가 있습니다. 도넛과 우유, 도넛과 코코아와 같이 빵류와 음료류를 하나씩 짝을 지어 간식을 꺼내려고 할 때 꺼낼 수 있는 방법은 모두 몇 가지인지 구하세요.

문제 그리기 문제를 읽고, □ 안에 알맞은 수나 말을 써넣으면서 풀이 과정을 계획합니다. (?: 구하고자 하는 것)

도넛 •　　　• □
□ •　　　• 코코아
바나나빵 •　　　• 주스

? : 간식(빵류, □류)의 가능한 개수(가지)

계획-풀기

❶ 빵류와 음료류를 하나씩 고르는 방법 구하기(문제 그리기에 표시)

❷ 빵류와 음료류를 하나씩 짝을 지어 간식을 내놓는 방법은 몇 가지인지 구하기

답

13 민주, 주미, 현수, 선호의 네 명이 원격으로 조정하는 자동차 경주를 하고 있습니다. 다음을 보고 민주의 차와 현수의 차 사이의 거리는 몇 m인지 구하세요.

- 민주의 차는 주미의 차보다 30 m 56 cm 앞서 있습니다.
- 주미의 차는 선호의 차보다 1024 cm 앞서 있습니다.
- 현수의 차는 선호의 차보다 2880 cm 앞서 있습니다.

문제 그리기 문제를 읽고, □ 안에 알맞은 수나 말을 써넣으면서 풀이 과정을 계획합니다. (?: 구하고자 하는 것)

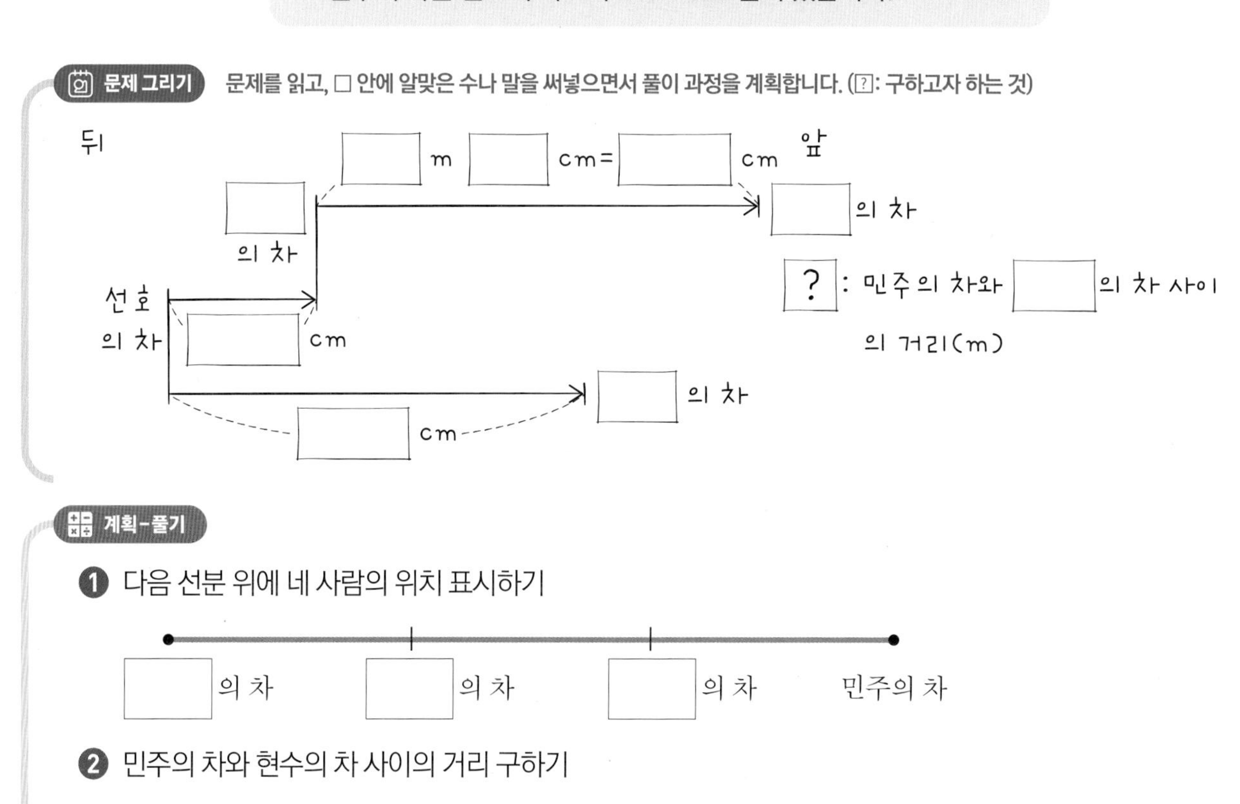

계획-풀기

❶ 다음 선분 위에 네 사람의 위치 표시하기

□의 차 □의 차 □의 차 민주의 차

❷ 민주의 차와 현수의 차 사이의 거리 구하기

답

14 채원이네 반 학생들이 철봉 매달리기를 했습니다. 1분 또는 1분 넘게 매달린 학생은 7명이고, 30초가 안되는 학생은 8명입니다. 30초에서 1분보다 적게 매달린 학생 수는 30초가 안 되는 학생 수보다 3명 더 적습니다. 매달린 시간이 30초이거나 30초를 넘는 학생들이 본선에 나간다고 할 때, 본선에 나가는 학생 수를 구하세요.

문제 그리기 문제를 읽고, □ 안에 알맞은 수나 말을 써넣으면서 풀이 과정을 계획합니다. (?: 구하고자 하는 것)

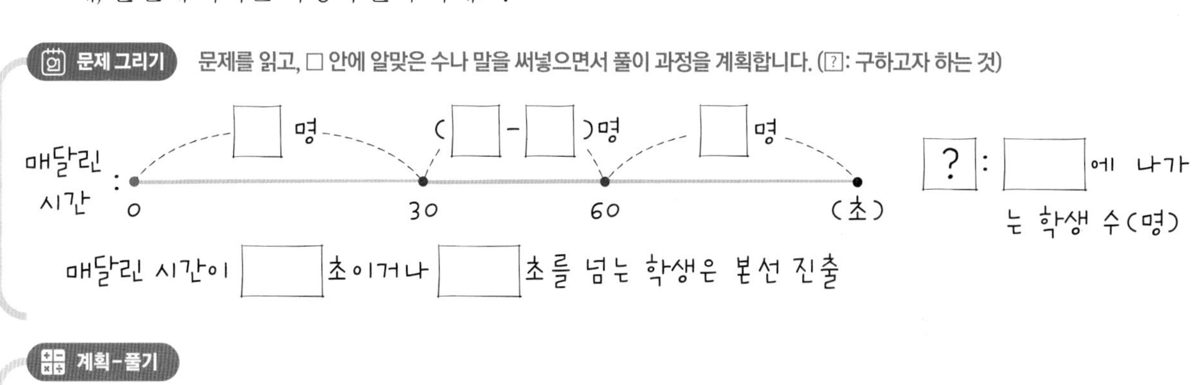

계획-풀기

❶ 30초에서 1분보다 적게 매달린 학생 수 구하기

❷ 본선에 나가는 학생 수 구하기

답

15 수 배열표에서 대각선 ■와 □ 안의 수가 나열되는 규칙을 찾아 ㉠과 ㉡에 알맞은 수의 합을 구하세요.

3	7	11	15
4	8	12	16
5	9	13	17
㉠			㉡

문제 그리기 문제를 읽고, □ 안에 알맞은 수나 말을 써넣으면서 풀이 과정을 계획합니다. (?: 구하고자 하는 것)

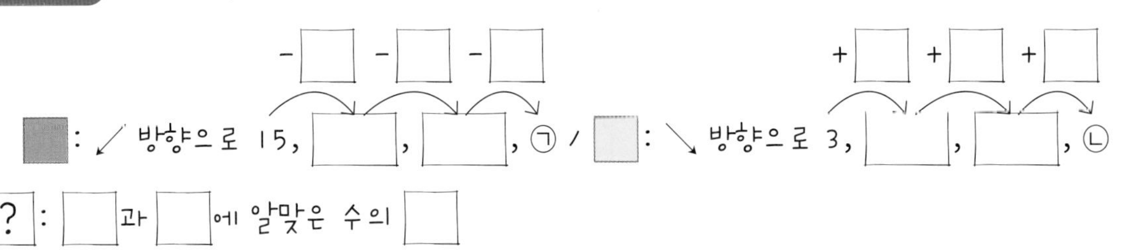

계획-풀기

❶ ■ 안의 규칙을 찾아 ㉠에 알맞은 수 구하기

❷ □ 안의 규칙을 찾아 ㉡에 알맞은 수 구하기

❸ ㉠과 ㉡에 알맞은 수의 합 구하기

답

16 수 카드 2, 3, 4, 6, 8, 5 에서 3장을 뽑아 세 자리 수를 만들려고 합니다. 만들 수 있는 세 자리 수 중 다음 조건 을 모두 만족하는 수들의 합을 구하세요.

조건
- 백의 자리 숫자는 일의 자리 숫자의 2배입니다.
- 십의 자리 숫자는 일의 자리 숫자보다 1만큼 더 큽니다.

문제 그리기 문제를 읽고, □ 안에 알맞은 수나 말을 써넣으면서 풀이 과정을 계획합니다. (?: 구하고자 하는 것)

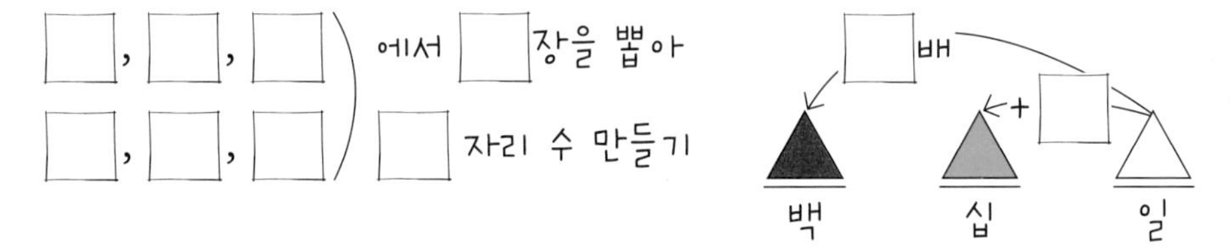

계획-풀기

❶ 조건 을 만족하는 세 자리 수 구하기

❷ 조건 을 만족하는 세 자리 수들의 합 구하기

답

내가 수학하기

한 단계 UP!

식 만들기 | 표 만들기 | 규칙 찾기 | 문제정보를 복합적으로 나타내기

정답과 풀이 50~54쪽

1 수지는 국어 시간에 '기대'라는 개념을 배우면서 친구들과 제일 기대되는 휴일이 언제인지 조사하여 다음과 같이 표로 나타냈습니다. 성탄절을 기대하는 학생 수는 설날을 기대하는 학생 수보다 4명 더 많을 때, 성탄절을 기대하는 학생 수를 구하세요.

휴일	어린이날	성탄절	설날	추석	합계
학생 수(명)	8			4	34

문제 그리기 문제를 읽고, □ 안에 알맞은 수나 말을 써넣으면서 풀이 과정을 계획합니다. (?: 구하고자 하는 것)

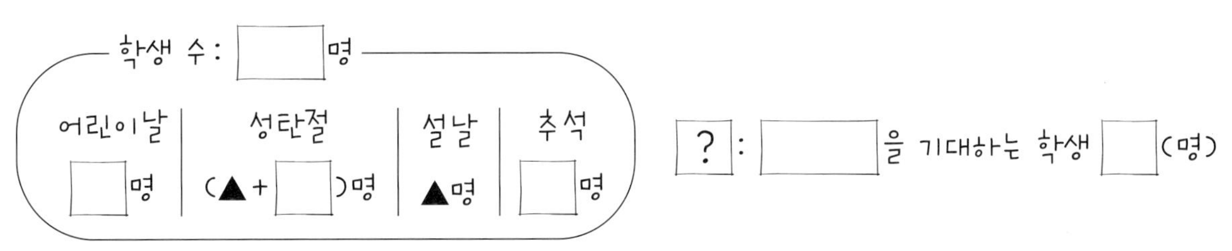

계획-풀기

답

2 보기 와 같은 방법으로 $3+4+5+6+7+8+9+10$의 값을 구하세요.

보기

$$2+4+6+8+10+12+14+16=18\times 4=72$$

문제 그리기 문제를 읽고, □ 안에 알맞은 수나 말을 써넣으면서 풀이 과정을 계획합니다. (?: 구하고자 하는 것)

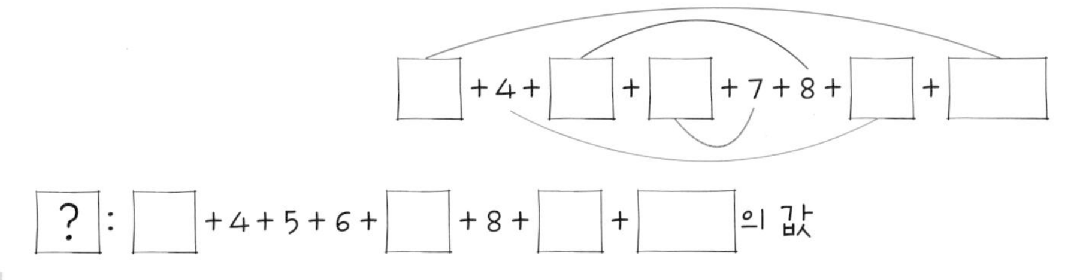

계획-풀기

답

3 형우는 곱셈을 하지 않고 오른쪽 표를 보고 68×15의 값을 구할 수 있었습니다. 형우가 올바르게 구한 곱셈식을 구하세요.

순서	곱셈식
첫째	$68 \times 3 = 204$
둘째	$68 \times 6 = 408$
셋째	$68 \times 9 = 612$
넷째	
다섯째	

문제 그리기 문제를 읽고, □ 안에 알맞은 수나 말을 써넣으면서 풀이 과정을 계획합니다. (?: 구하고자 하는 것)

첫째 68 × 3 = ② 0 ④

둘째 68 × □ = □ 0 □

셋째 68 × □ = □

? : 68 × □의 값

계획-풀기

답

4 블록을 오른쪽과 같은 규칙으로 쌓을 때 여덟째에 놓이는 블록의 수를 구하세요.

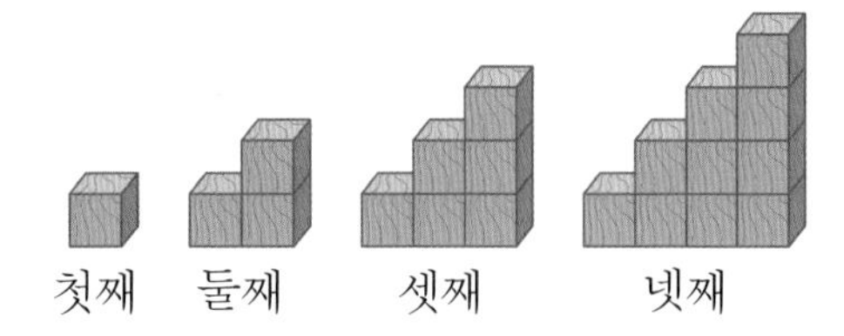

문제 그리기 문제를 읽고, □ 안에 알맞은 수나 말을 써넣으면서 풀이 과정을 계획합니다. (?: 구하고자 하는 것)

순서(번째)	1	2	3	4	…
블록 수(개)	1	□	□	□	…
덧셈식	1	1 + 2	□	□	…

? : □째 블록 수(개)

계획-풀기

답

5 2, 4, 6이나 12, 14, 16과 같은 수를 연속하는 세 짝수라 합니다. 연속하는 세 짝수의 합이 132일 때 세 짝수 중 가장 큰 짝수를 구하세요.

문제 그리기 문제를 읽고, □ 안에 알맞은 수나 말을 써넣으면서 풀이 과정을 계획합니다. (?: 구하고자 하는 것)

▲, (▲+2), (▲+□)

└ 연속된 세 □수 ┘

▲+(▲+□)+(▲+□)=□

?: 합이 □인 연속하는 세 □수 중 가장 □ 수

계획-풀기

답

6 다음과 같은 규칙으로 바둑돌을 놓을 때 5번째 놓이는 검은 바둑돌과 흰 바둑돌의 수를 차례대로 구하세요.

1번째	●○
2번째	●●○○
3번째	●●●○○○
…	

문제 그리기 문제를 읽고, □ 안에 알맞은 수나 말을 써넣으면서 풀이 과정을 계획합니다. (?: 구하고자 하는 것)

순서(번째)	1	2	3	…
검은 바둑돌(개)	1	□	□	…
흰 바둑돌(개)	1	□	□	…

?: □번째 놓이는 검은 바둑돌과 흰 바둑돌의 □(개)

계획-풀기

답

7 지혜는 언니가 만들어 준 머리핀을 하고 있습니다. 지혜의 언니는 보라 큐빅 2개와 노란 큐빅 2개로 나열하는 순서를 바꾸어 만들 수 있는 모든 나열의 머리핀을 만들었습니다. 보라 큐빅과 노란 큐빅이 일렬로 나열된 각각 다른 모양의 머리핀은 모두 몇 가지인지 구하세요.

문제 그리기 문제를 읽고, □ 안에 알맞은 수나 말을 써넣으면서 풀이 과정을 계획합니다. (?: 구하고자 하는 것)

보라 큐빅: ○ → 2개

□ 큐빅: △ → 2개

? : 보라 큐빅과 □ 큐빅을 나열하는 □의 수

계획-풀기

답 ______

8 어떤 규칙에 따라 도형을 나열한 것입니다. 다섯째에 놓이는 검은색 사각형과 흰색 사각형의 수를 각각 구하세요.

첫째 둘째 셋째 넷째

문제 그리기 문제를 읽고, □ 안에 알맞은 수나 말을 써넣으면서 풀이 과정을 계획합니다. (?: 구하고자 하는 것)

순서	첫째	둘째	셋째	넷째
검은색 사각형 수(개)	1 + 3	2 + 5	□ + 7	□ + □
흰색 사각형 수(개)	1 × 1 × 2	2 × 2 × 2	□ × □ × 2	□ × □ × □

? : □째 검은색 사각형과 흰색 사각형의 수(개)

계획-풀기

답 ______

9 수 배열에서 ●와 ◆의 값의 차를 구하세요.

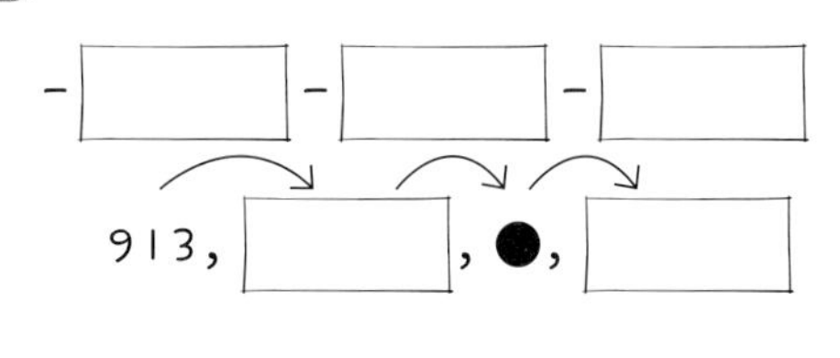
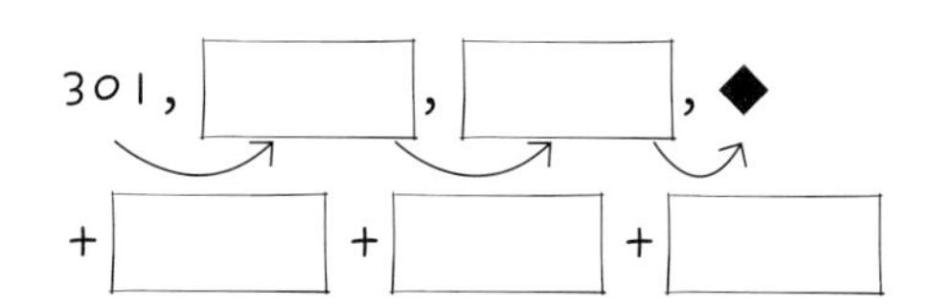

913	709	●	301

301	602	903	◆

문제 그리기 문제를 읽고, □ 안에 알맞은 수나 말을 써넣으면서 풀이 과정을 계획합니다. (?: 구하고자 하는 것)

−□ −□ −□

913, □, ●, □

301, □, □, ◆

+□ +□ +□

? : ●과 ◆의 값의 □

계획-풀기

답 ____________________

10 다음과 같이 도형이 나열될 때 여섯째 모양에서 파란색과 노란색 작은 정사각형의 수는 각각 몇 개인지 구하세요.

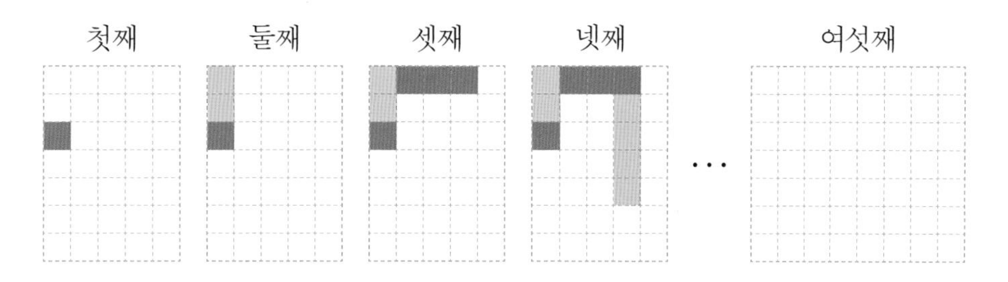

문제 그리기 표를 완성하고, □ 안에 알맞은 수나 말을 써넣으면서 풀이 과정을 계획합니다. (?: 구하고자 하는 것)

순서	1	2	3	4	5	6
파란색 수(개)	1	1	1 + 3	1 + □		
노란색 수(개)	0	2	2	2 + □		

? : □째 모양에서 파란색과 □색 작은 정사각형의 수

계획-풀기

답 ____________________

11 오른쪽 계산식을 보고 규칙을 찾아 □ 안에 알맞은 수를 쓰고 1111111 × 1111111의 답을 구하세요.

$$1\times1=1$$
$$11\times11=121$$
$$111\times111=12321$$
$$1111\times1111=1234321$$
$$\vdots$$

문제 그리기 문제를 읽고, □ 안에 알맞은 수나 말을 써넣으면서 풀이 과정을 계획합니다. (?: 구하고자 하는 것)

1 × 1 = 1
11 × 11 = 121
111 × 111 = 1□□21
1111 × 1111 = 1□□□□21
⋮

? : □ × □의 값

계획-풀기

답 ____________

12 오른쪽 계산식의 규칙을 찾아 □ 안에 알맞은 식을 써넣으세요.

$$6=5\times1+1$$
$$6+7=5\times2+3$$
$$6+7+8=5\times3+6$$
$$6+7+8+9=5\times4+10$$
$$6+7+8+9+10=\square+15$$

문제 그리기 문제를 읽고, □ 안에 알맞은 수나 말을 써넣으면서 풀이 과정을 계획합니다. (?: 구하고자 하는 것)

6 = 5 × 1 + 1
6 + 7 = 5 × 2 + 3 (+□)
6 + 7 + 8 = 5 × □ + □ (+□)
6 + 7 + 8 + 9 = 5 × □ + □ (+□)
6 + 7 + 8 + 9 + □ = ▲ + □ (+□)

? : ▲에 알맞은 □

계획-풀기

답 ____________

13 경호는 바지와 운동화를 맞춰 입기를 좋아합니다. 경호가 가진 서로 다른 바지 4벌과 어울리는 서로 다른 운동화 2켤레가 있을 때 바지와 운동화를 하나씩 맞춰 입을 수 있는 경우는 몇 가지인지 구하세요.

문제 그리기 문제를 읽고, □ 안에 알맞은 수나 말을 써넣으면서 풀이 과정을 계획합니다. (?: 구하고자 하는 것)

바지 : △

1 2 3 4

① ②

운동화 : ○

? : 바지 □벌과 운동화 □켤레를 맞춰 입을 수 있는 가짓수(가지)

계획-풀기

답

14 다음 표는 진모네 반 학생 32명이 미래의 집 모형을 만들기 위해 학생들이 선호하는 재료를 조사한 것입니다. 스티로폼을 원하는 학생이 나무를 원하는 학생보다 7명 더 많을 때 나무와 스티로폼을 원하는 학생들은 각각 몇 명인지 구하세요.

집짓기 모형의 재료별 선호하는 학생 수

재료	아크릴	나무	돌	스티로폼
학생 수(명)	5		8	

문제 그리기 문제를 읽고, □ 안에 알맞은 수나 말을 써넣으면서 풀이 과정을 계획합니다. (?: 구하고자 하는 것)

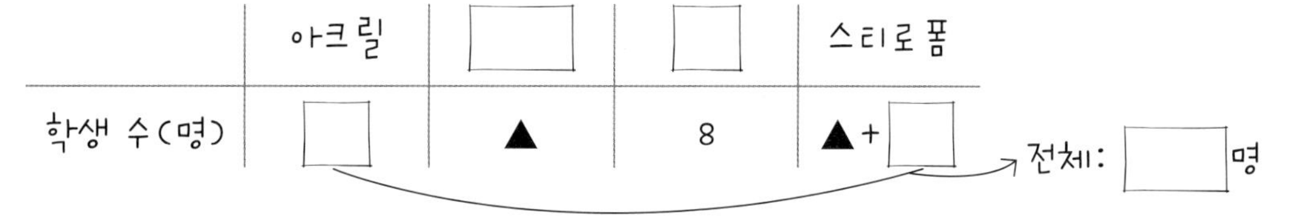

? : 나무와 □을 원하는 각각의 학생 수(명)

계획-풀기

답

15 형진이가 오른쪽과 같은 길을 따라 미술관에서 출발하여 지하철역까지 가려고 합니다. 각 사각형에서 가로의 길이끼리 길이가 같고 세로의 길이끼리 길이가 같을 때, 가장 가까운 길은 몇 km 몇 m인지 구하세요.

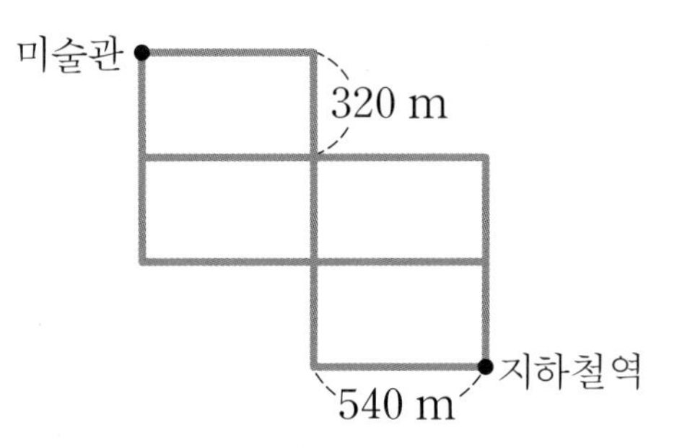

문제 그리기 다음 그림에 가장 가까운 길을 표시하고, □ 안에 알맞은 수나 말을 써넣으면서 풀이 과정을 계획합니다.

(?: 구하고자 하는 것)

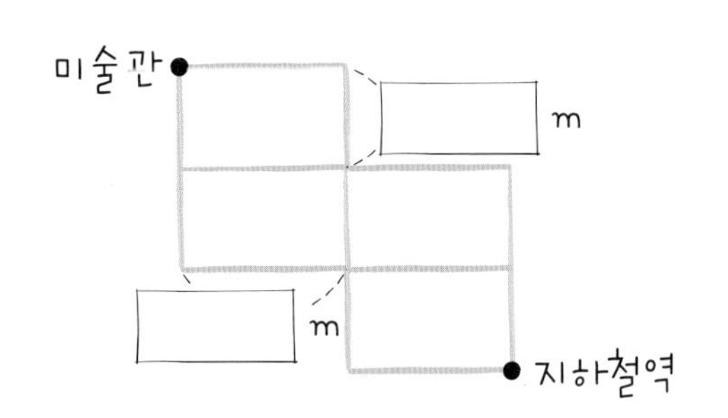

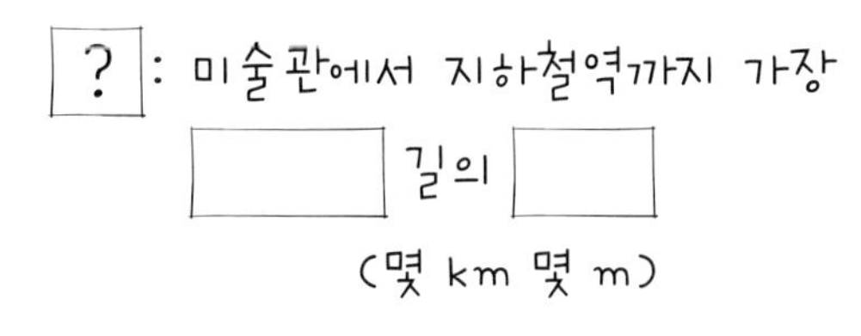

계획-풀기

답 ______

16 100원과 500원짜리 동전을 주어진 방법대로만 사용할 수 있는 음료 자판기가 있습니다. 자판기 사용 방법은 오른쪽 표와 같습니다. 예를 들어 코코아를 1잔 먹기 위해서는 500원짜리 동전 2개와 100원짜리 동전 1개를 넣어야 합니다. 5명의 학생이 음료를 마시기 위해 돈을 모으니 500원짜리 동전 6개와 100원짜리 동전 14개가 되었습니다. 모은 돈을 남거나 모자라지 않게 음료를 모두 1잔씩 먹는 방법을 구하세요.

	코코아	콜라	사이다	귤주스
500원(개)	2	1	1	2
100원(개)	1	3	2	2

문제 그리기 문제를 읽고, □ 안에 알맞은 수나 말을 써넣으면서 풀이 과정을 계획합니다. (?: 구하고자 하는 것)

	코코아	콜라	□	귤주스
□원	2	□	1	□
□원	1	□	□	□

학생 □명이 모은 동전 수
: 500원 □개,
100원 □개

?: □명이 모은 동전으로 □거나 □ 않게 음료수를 모두 1잔씩 먹는 □

계획-풀기

답 ______

STEP 4 내가 수학하기

거뜬히 해내기

정답과 풀이 54쪽

1 탁구 동아리에서는 1년에 한 번씩 2명씩 짝을 지어 경기를 해서 탁구왕을 뽑아 상을 준다고 합니다. 동아리 회원 8명이 각 ①번에서 ⑧번까지 적힌 오른쪽과 같은 테이블에 앉아 서로 한 번씩 빠짐없이 경기 할 계획을 세우고 있습니다. 몇 번의 경기로 탁구왕을 뽑을 수 있는지 구하세요. (단, 경기에 무승부는 없습니다.)

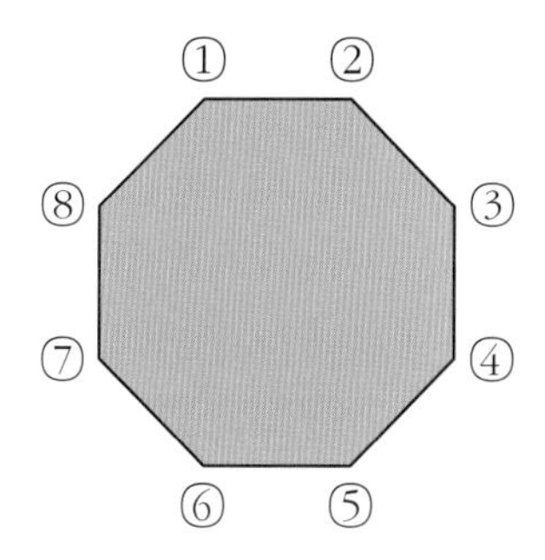

2 윤수네 집 앞에는 플라타너스 나무들이 있습니다. 윤수는 올해 10월 중 비가 오지 않는 날에는 낙엽을 24개씩 줍고, 비가 오는 날에는 낙엽을 12개씩 주웠습니다. 하루도 쉬지 않고 10월 한 달 동안 주운 낙엽의 수가 612개라면, 비가 온 날은 비가 오지 않는 날보다 며칠 더 적은지 구하세요.

3 가래떡을 좋아하는 민영이를 위해 어머니께서는 길이가 81 cm인 가래떡 8줄과 32 cm인 가래떡 1줄을 사오셨습니다. 81 cm인 가래떡 8줄을 모두 9 cm씩 쉬지 않고 자르는 데 8분 32초가 걸렸을 때, 같은 빠르기로 32 cm인 가래떡 1줄을 40 mm씩 자르는 데 걸리는 시간은 몇 초인지 구하세요. (단, 1번 사르는 데 걸리는 시간은 같습니다.)

4 경필이가 다니는 초등학교 주변에는 큰 호수가 있습니다. 오늘 미술 시간에는 그 호수에서 스케치를 했습니다. 호수에는 백조와 오리가 모두 32마리 있고 오리 수는 백조 수의 3배였습니다. 다음 대화를 읽고 경필이는 백조를, 현정이는 오리를 각각 몇 마리 그렸는지 구하세요.

현정

경필아. 네가 그린 백조 수는 저 호수의 오리 수를 3으로 나눈 몫보다 2만큼 크구나.

경필

현정아. 와!! 오리를 왜 그렇게 크게 그렸어? 도화지에 오리가 가득해! 네가 그린 오리 수는 저 호수의 오리 수의 3배보다 56마리가 적네?

정답과 풀이 55쪽

Bonus!

1 어느 날 한 소년이 호수 앞에서 난쟁이들이 마법을 풀 수 있는 방법을 알려주려고 합니다. 다음 대화를 읽고, 난쟁이들이 괴물을 물리치는 마법을 완성하도록 삼각형 모양으로 놓인 6척의 배에 두 번째, 세 번째에는 난쟁이 12명이 어떻게 타야 하는지 구하세요. (단, 오른쪽 그림에서 노란 동그라미는 배이고, 그 안의 숫자는 난쟁이의 수입니다.)

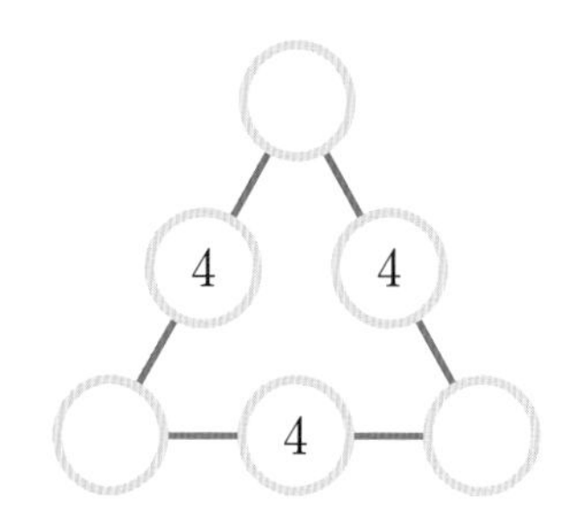

난쟁이: 우리는 이 호수를 지키고자 배를 띄우고 괴물이 올라오지 못하게 하고 있습니다. 저기 호수 위에 배 6척이 삼각형 모양으로 있는 것이 보이지요?

소년: 네~ 보입니다. 각 변에 3척씩 있네요.

난쟁이: 네. 저희 난쟁이 12명은 배를 타야 합니다. 물론 비어 있는 배가 있어도 되며, 각 변의 3척에 타고 있는 난쟁이 수는 같아야 합니다. 그런데 괴물을 사라지게 하는 마법이 완성되려면 3가지 조건을 차례대로 만족하도록 순서대로 배를 옮겨 타야 합니다.
첫 번째는 각 변에 가능한 한 적게 타야 하는데 다행히 그 방법을 알아내서 지금 각 변의 중앙에 있는 배에 4명씩 탔습니다.
두 번째는 각 변에 있는 난쟁이 수가 가능한 한 많게 타야 합니다.
그리고, 세 번째는 각 변의 난쟁이 수가 두 번째로 많게 해야 합니다.
두 번째 방법부터 저희가 모르겠는데 도와주실 수 있나요?

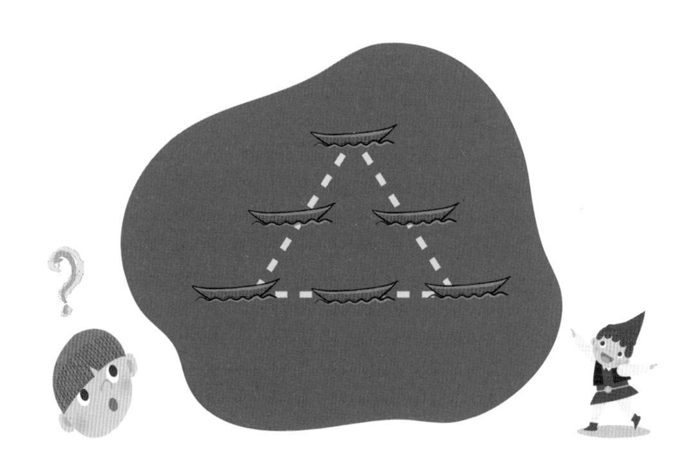

2 어린 왕자는 작은 별에서 살고 있습니다. 그 별을 구하기 위해서는 나쁜 씨앗이 늘어가는 것을 막아야 합니다. 나쁜 씨앗이 퍼지지 않게 하기 위해서는 좋은 씨앗 4종류 ◐, ◑, ◒, ◓를 퍼뜨려야 합니다. 다음 (가), (나), (다)와 같이 좋은 씨앗이 점점 퍼지게 하기 위해서는 좋은 씨앗이 나열되는 규칙을 알아내어 심어야 합니다. 규칙을 찾아서 (나)와 (다)의 빈 곳에 씨앗을 알맞게 그리세요.

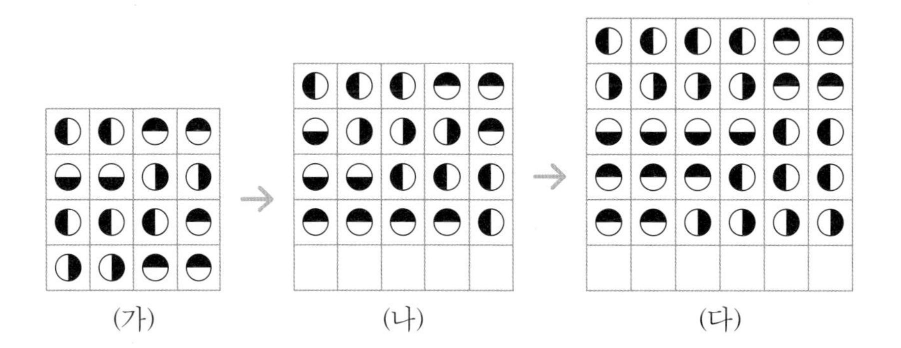

매스두잉

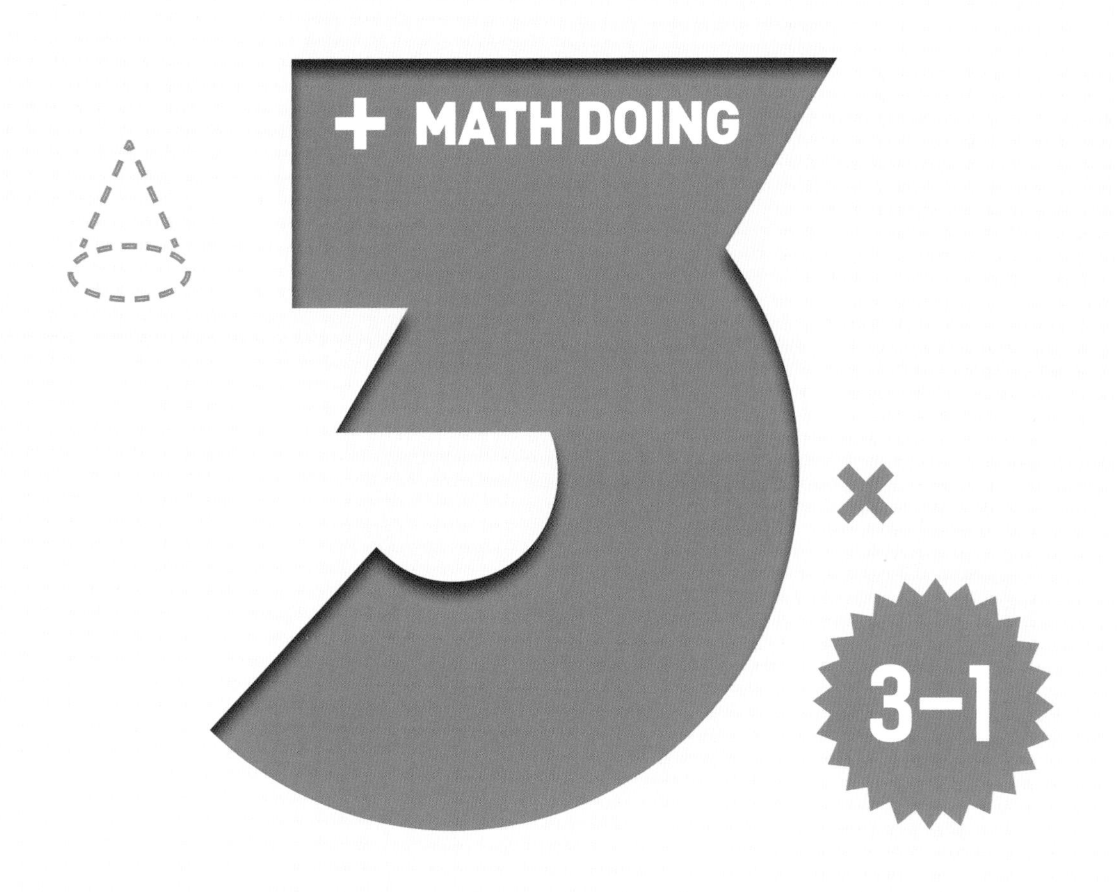

정답과 풀이

정답과 풀이

PART 1 수와 연산

덧셈과 뺄셈, 나눗셈, 곱셈, 분수와 소수

개념 떠올리기 12~14쪽

1 답 ❶ 1, 1 / 933 ❷ 6, 11, 10 / 166

2 $742+230=972$,
$815=\square+523$에서 $\square=815-523=292$,
$623+347=(600+20+3)+(300+40+7)$
$=600+300+\boxed{20}+40+3+7$
$512+218=512+(200+10+8)=512+(8+10+200)$
$=(512+8)+10+200=\boxed{520}+10+200$

답 (위쪽부터) 20, 520, 292, 972

3 답 823 / 823, 823, 548, 823, 548, 275

4 답 ㉣

5 답 16, 4, 16, 16

6 답 6, 5, 8

7 ❶ $\begin{array}{r} {}^{4}\ \ \\ 86 \\ \times\ \ 7 \\ \hline 602 \end{array}$ ❷ $\begin{array}{r} {}^{3}\ \ \\ 78 \\ \times\ \ 4 \\ \hline 312 \end{array}$

답 ❶ 602 ❷ 312

8 ㉠ 20, ㉡ 20, ㉢ 200

답 ㉢

9 답 ㉰

10 답 ❶ 84 ❷ 16 ❸ 76 ❹ 3

11 $4\frac{7}{10}=4+\frac{7}{10}=4+0.7=4.7$, $\frac{41}{10}=4.1$
$4\frac{7}{10}(=4.7)>4.5>\frac{41}{10}(=4.1)>3.9$

답 $4\frac{7}{10}$, 4.5, $\frac{41}{10}$, 3.9

STEP 1 내가 수학하기 배우기 — 식 만들기 16~18쪽

1

문제 그리기

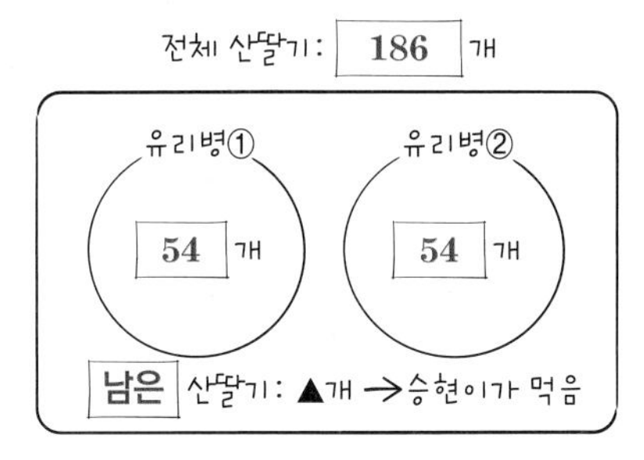

? : 승현이가 먹은 산딸기의 수(개)

계획-풀기

❶ 케이크와 쿠키를 만들려고 유리병에 담은 산딸기의 수 구하기
(유리병에 담은 산딸기의 수)
=(전체 산딸기의 수)−(하나의 유리병에 담은 산딸기의 수)
$=186-54=132$(개)

→ (한 유리병에 담은 산딸기의 수)$\times 2=54\times 2=108$(개)
또는 (유리병 2개에 담은 산딸기의 수)$=54+54$
$=108$(개)

❷ 승현이가 먹은 산딸기의 수 구하기
(승현이가 먹은 산딸기의 수)
=(전체 산딸기의 수)−(유리병에 담은 산딸기의 수)
$=186-132=54$(개)

→ $186-108=78$(개)

❸ 답 구하기
승현이가 먹은 산딸기는 54개입니다.

→ 78개

답 78개

확인하기

식 만들기 (○)

2

문제 그리기

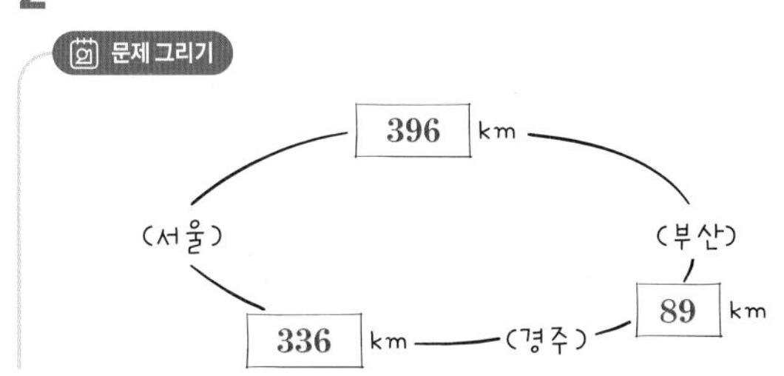

? : 서울에서 경주 를 거쳐 부산까지 가는 거리와 서울에서 부산까지 바로 가는 거리와의 차 (몇 km 몇 m)

계획-풀기

❶ **서울에서 경주를 거쳐 부산까지 가는 거리 구하기**
(서울에서 경주를 거쳐 부산까지 가는 거리)
=(서울에서 경주까지의 거리)
+(서울에서 부산까지 바로 가는 거리)
$=336+396=732$(km)

→ (경주에서 부산까지의 거리), $336+89=425$

❷ **서울에서 경주를 거쳐 부산으로 가는 거리와 서울에서 부산까지 바로 가는 거리와의 차 구하기**
(두 거리 사이의 차)
=(서울에서 경주를 거쳐 부산까지 가는 거리)
−(서울에서 부산까지 바로 가는 거리)
$=732-396=336$(km)

→ $425-396=29$

❸ **답 구하기**
서울에서 경주를 거쳐 부산으로 가는 것은 서울에서 부산까지 바로 가는 것보다 336 km 더 멉니다.

→ 29 km

답 29 km

확인하기

식 만들기 (○)

3

문제 그리기

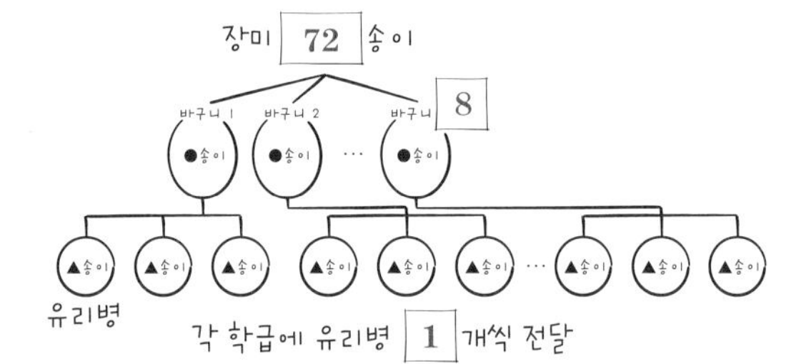

? : 유리병에 담은 장미 수(송이)와 학급 수(개)

계획-풀기

❶ **한 바구니에 들어 있는 장미 수 구하기**
(한 바구니에 들어 있는 장미 수)
=(전체 장미 수)÷(유리병 수)$=72\div3=24$(송이)

→ (바구니 수), $72\div8=9$

❷ **한 개의 유리병에 꽂은 장미 수 구하기**
(한 개의 유리병에 꽂은 장미 수)
=(한 바구니에 들어 있는 장미 수)÷(유리병 수)
$=14\div7=2$(송이)

→ $9\div3=3$

❸ **학급 수 구하기**
(학급 수)
=(한 바구니의 장미를 나누어 담은 유리병 수)
×(바구니 수)
$=7\times14=98$(개)

→ $3\times8=24$

답 **한 개의 유리병에 꽂은 장미 수: 3송이, 학급 수: 24개**

확인하기

식 만들기 (○)

STEP 1 내가 수학하기 배우기

거꾸로 풀기
20~22쪽

1

문제 그리기

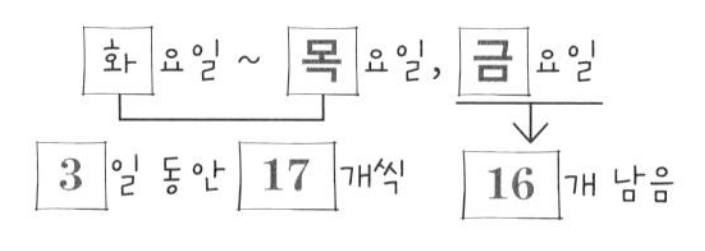

? : 한 상자에 들어 있는 젤리 수(개)

계획-풀기

❶ **한 상자에 들어 있는 젤리 수를 △개로 하여 식 세우기**
한 상자에 들어 있는 젤리 수를 △개라 하면
남은 젤리 수는 한 상자에 들어 있는 젤리 수에서
(화요일에서 금요일까지 하루에 먹은 젤리 수)×(먹은 날수)를 빼서 구합니다.
$16\times4=64$이므로 $\triangle-64=17$

→ (화요일에서 목요일까지 하루에 먹은 젤리 수),
$17\times3=51$, $\triangle-51=16$

❷ **한 상자에 들어 있는 젤리 수 구하기**
$\triangle=17+64=81$(개)

→ $16+51=67$

❸ **답 구하기**
주하가 산 젤리 한 상자에 들어 있는 젤리 수는 81개입니다.

→ 67

답 67개

확인하기

거꾸로 풀기 (○)

2

문제 그리기

△: 어떤 수

바른 계산: △− 5 → × 8

잘못된 계산: △− 5 → ÷ 8 , 계산 결과: 8

? : 어떤 수와 바르게 계산한 값

계획-풀기

❶ 어떤 수를 △로 하여 식 만들기

어떤 수를 △라 하고, △−5=□라 하면 □÷9=8입니다.

→ ÷8

❷ 어떤 수 구하기

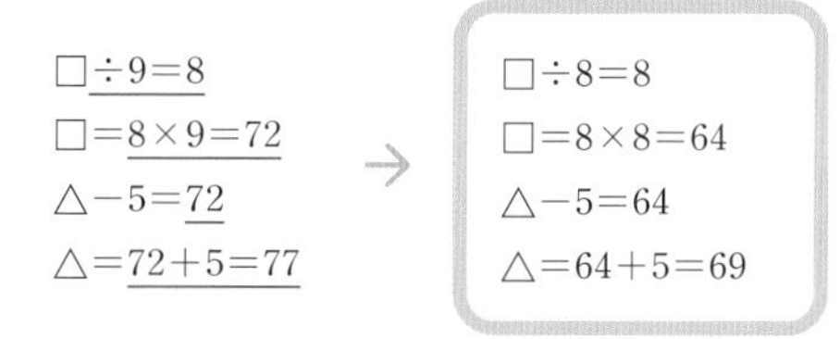

❸ 바르게 계산한 값 구하기

어떤 수가 77이므로

77−5=72이고, 바르게 계산한 값은 72×8=576입니다.

→ 69, 69−5=64, 64×8=512

❹ 답 구하기

어떤 수는 77이고, 바르게 계산한 값은 576입니다.

→ 69, 512

답 어떤 수: 69, 바르게 계산한 값: 512

확인하기

거꾸로 풀기 (○)

3

문제 그리기

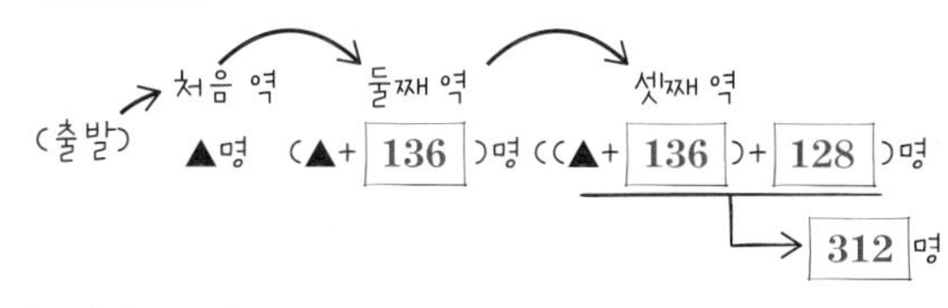

? : 처음 역에서 탄 사람 수(명)

계획-풀기

❶ 첫째 역에서 탄 사람의 수를 ▲명이라고 하여 이를 구하는 덧셈식 만들기

첫째 역에서 탄 사람의 수를 ▲명이라고 할 때

▲−136−128=312

→ +, +

❷ 첫째 역에서 탄 사람 수 구하기

▲−136−128=312, ▲−136=312+128,

▲−136=440, ▲=440+136, ▲=576

→ ▲+136+128=312, ▲+136=312−128,

▲+136=184, ▲=184−136, ▲=48

❸ 답 구하기

첫째 역에서 탄 사람의 수는 576명입니다.

→ 48

답 48명

확인하기

거꾸로 풀기 (○)

STEP 1 내가 수학하기 배우기 그림 그리기

24~26쪽

1

문제 그리기

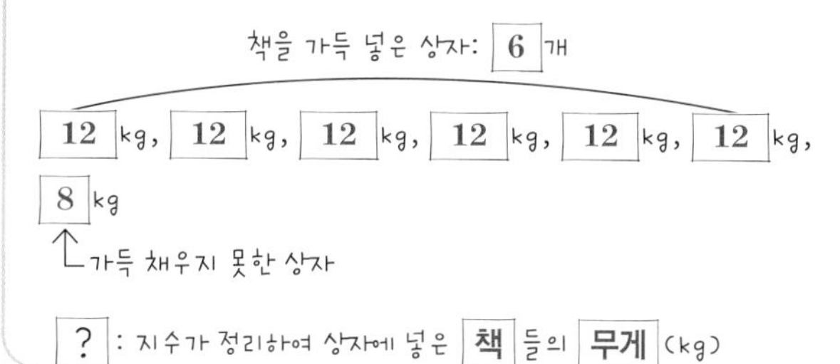

? : 지수가 정리하여 상자에 넣은 책 들의 무게 (kg)

계획-풀기

❶ 정리된 상자의 무게들을 수직선에 나타내기

▲: 13 kg

→ 12, 8

❷ 정리한 책들의 무게 구하기 위한 식 세우기

(정리한 책들의 무게)

=(한 상자 13 kg씩 정리한 무게)+(13 kg이 아닌 무게)

→ 12, 12

❸ 정리한 책들의 무게 구하기

(한 상자 13 kg씩 정리한 무게)=13×6=78(kg)

(정리한 책들의 무게)=78+9=87(kg)

→ 12, 12×6=72, 72+8=80

❹ 답 구하기

지수가 정리한 책들의 무게는 87 kg입니다.

→ 80

답 80 kg

확인하기

그림 그리기 (○)

2

문제 그리기

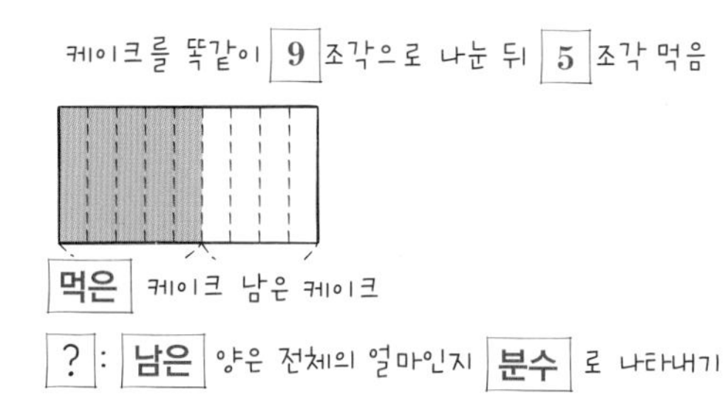

? : 남은 양은 전체의 얼마인지 분수 로 나타내기

계획-풀기

❶ **전체를 똑같은 모양과 크기로 나눈 케이크 중 한 조각은 전체의 얼마인지 구하기**

전체를 똑같은 모양과 크기로 나눈 케이크 중 한 조각은 전체의 $\frac{1}{8}$입니다.

→ $\frac{1}{9}$

❷ **현주네 가족들이 먹은 케이크의 양을 그림으로 나타내기**

다음 주어진 직사각형을 케이크 전체의 양이라고 할 때, 전체를 똑같이 나누고 현주네 가족이 먹은 케이크의 양만큼 색칠하면 다음과 같습니다.

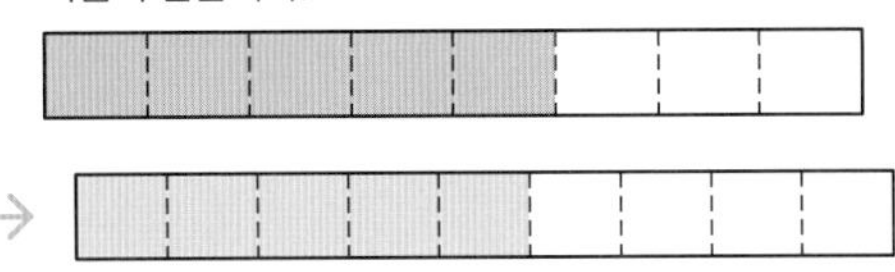

→

❸ **남은 양은 전체의 얼마인지 분수로 나타내기**

남은 양은 전체를 똑같이 8로 나눈 것 중 3부분이므로 전체의 $\frac{3}{8}$입니다.

→ $9, 4, \frac{4}{9}$

❹ **답 구하기**

현주네 가족이 먹고 남은 케이크의 양은 케이크 전체의 $\frac{3}{8}$입니다.

→ $\frac{4}{9}$

답 $\frac{4}{9}$

확인하기

그림 그리기 (○)

3

문제 그리기

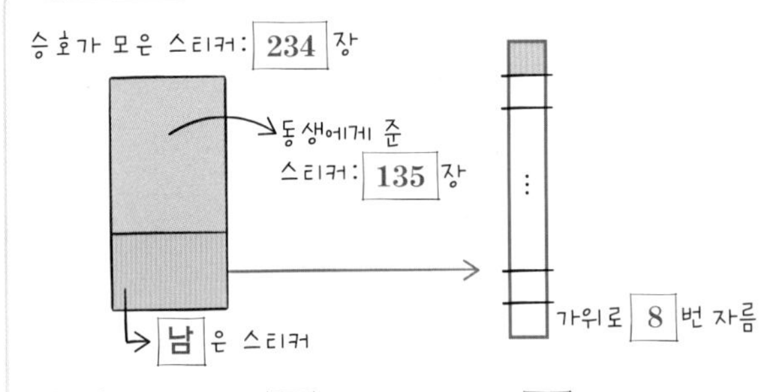

? : 자른 도막 중 한 도막에 붙인 스티커 수(장)

계획-풀기

❶ **동생에게 주고 남은 승호의 스티커 수 구하기**

승호의 스티커가 234장이었는데 동생에게 144장을 주어서 남은 스티커의 수는 $234-144=90$(장)입니다.

→ $135, 234-135=99$

❷ **종이띠를 몇 도막으로 잘랐는지 구하기**

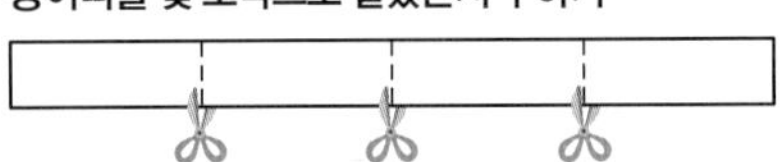

3번 자르면 4도막이므로 스티커를 붙인 긴 종이띠를 9번 잘랐으므로 10도막으로 자른 것입니다.

→ 8, 9

❸ **종이띠 한 도막에 붙어 있는 스티커 수 구하기**

(종이띠 한 도막에 붙어 있는 스티커 수)

$=$(남은 스티커 수)$\div$(종이띠 도막의 수)$=90\div10=9$(장)

→ $99\div9=11$

❹ **답 구하기**

종이띠 한 도막에 붙어 있는 스티커 수는 9장입니다.

→ 11

답 **11장**

확인하기

그림 그리기 (○)

STEP 2 내가 수학하기 해보기

식 만들기, 거꾸로 풀기, 그림 그리기

27~38쪽

1 식 만들기

문제 그리기

효지와 엄마가 구운 쿠키 양: ([쿠키판] 초코 13 개 / 버터 6 개 → 4 판 굽기) + (초코 7 개)

? : 오늘 구운 쿠키 수(개)

계획-풀기

❶ 처음 4판 구운 쿠키 수 구하기

쿠키 한 판의 쿠키 수는 $13+6=19$이므로

처음 4판 구운 쿠키 수는

(쿠키 한 판의 쿠키 수)$\times$(구운 횟수)

$=19\times4=76$(개)입니다.

❷ 오늘 구운 쿠키 수 구하기

(오늘 구운 쿠키 수)$=76+7=83$(개)

답 **83개**

2 식 만들기

문제 그리기

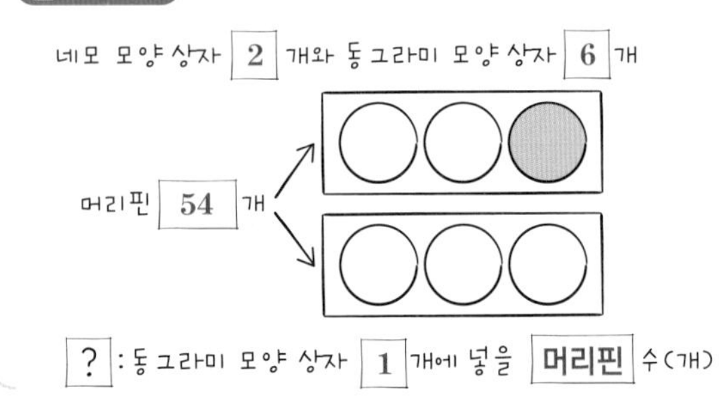

? : 동그라미 모양 상자 1 개에 넣을 머리핀 수(개)

계획-풀기

❶ 네모 모양 상자 1개에 들어갈 머리핀 수 구하기
(네모 모양 상자 1개에 들어갈 머리핀 수)
=(전체 머리핀 수)÷(상자 수)=54÷2=27(개)

❷ 동그라미 모양 상자 1개에 넣을 머리핀 수 구하기
(동그라미 모양 상자 1개에 넣을 머리핀 수)
=(네모 모양 상자 1개에 넣을 머리핀 수)
÷(네모 모양 상자 1개에 넣을 동그라미 모양의 상자 수)
=27÷3=9(개)

답 **9개**

3 식 만들기

문제 그리기

최대 심박수 : 220 -(나이)

아빠 42 세, 엄마 38 세, 오빠 14 세, 현정 10 세

? : 가족들의 최대 심박수 의 합

계획-풀기

❶ 각 가족들의 최대 심박수 구하기
(아빠의 최대 심박수)=220−42=178
(엄마의 최대 심박수)=220−38=182
(오빠의 최대 심박수)=220−14=206
(현정이의 최대 심박수)=220−10=210

❷ 가족들의 최대 심박수의 합 구하기
(가족들의 최대 심박수의 합)=178+182+206+210=776

답 **776**

4 식 만들기

문제 그리기

(공책 1권 570 원)+(색연필 1자루 280 원)+거스름돈
= 1000 원

? : 거스름 돈

계획-풀기

❶ 거스름돈을 구하기 위한 식 세우기
(거스름돈)=1000−(공책 1권의 값)−(색연필 1자루의 값)
=1000−570−280

❷ 거스름돈 구하기
(거스름돈)=1000−570−280=430−280=150(원)

답 **150원**

5 식 만들기

문제 그리기

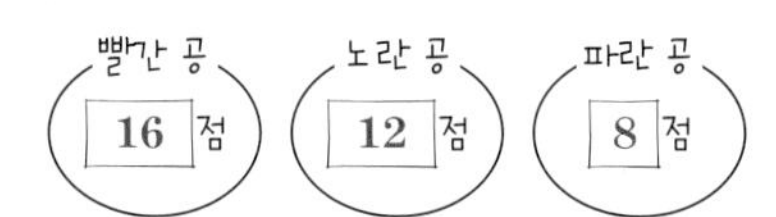

	수연	미지
빨간 공 수(개)	2	1
노란 공 수(개)	3	4
파란 공 수(개)	2	1

? : 수연이와 미지의 점수 차 (점)

계획-풀기

❶ 수연이와 미지가 각각 받은 점수는 얼마인지 구하기
(수연이의 점수)
=(빨간 공 점수)×(개수)+(노란 공 점수)×(개수)
+(파란 공 점수)×(개수)
=16×2+12×3+8×2=32+36+16=84(점)
(미지의 점수)
=(빨간 공 점수)×(개수)+(노란 공 점수)×(개수)
+(파란 공 점수)×(개수)
=16×1+12×4+8×1=16+48+8=72(점)

❷ 수연이와 미지의 점수 차 구하기
(수연이와 미지의 점수 차)=84−72=12(점)

답 **12점**

6 식 만들기

문제 그리기

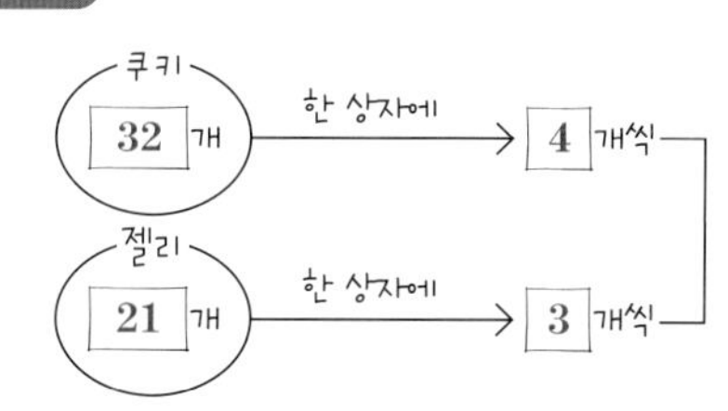

? : 쿠키 의 상자 수와 젤리의 상자 수, 전체 상자 수(상자)

계획-풀기

❶ 쿠키의 상자 수 구하기
(쿠키의 상자 수)
=(전체 쿠키 수)÷(한 상자의 쿠키 수)=32÷4=8(상자)

❷ 젤리의 상자 수 구하기
(젤리의 상자 수)
=(전체 젤리 수)÷(한 상자의 젤리 수)=21÷3=7(상자)

❸ 전체 상자 수 구하기
(전체 상자 수)=8+7=15(상자)

답 **쿠키 8상자, 젤리 7상자, 15상자**

7 식 만들기

문제 그리기

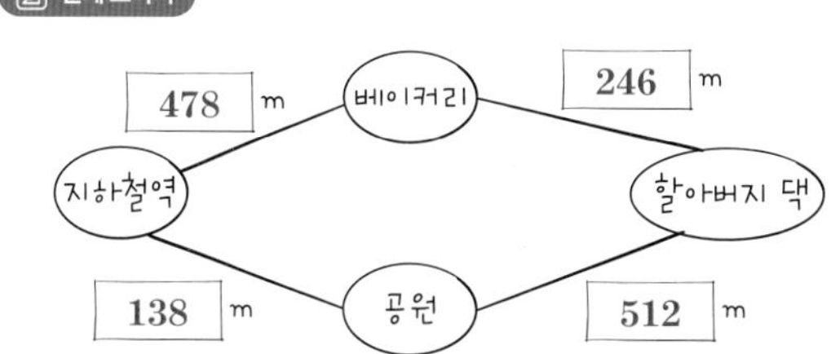

? : 지하철역 에서 할아버지 댁 까지 가는 더 가까운 길, 몇 m가 더 가까운 지 구하기

계획-풀기

❶ 지하철역에서 베이커리를 지나 할아버지 댁까지 가는 거리 구하기
(지하철역에서 베이커리를 지나는 거리)$=478+246$
$=724(\text{m})$

❷ 지하철역에서 공원을 지나 할아버지 댁까지 가는 거리 구하기
(지하철역에서 공원을 지나는 거리)$=138+512=650(\text{m})$

❸ 두 길 중 더 가까운 길은 어디를 지나는 것이고, 몇 m가 더 가까운지 구하기
$724>650$이므로 공원을 지나는 것이 더 가깝습니다.
(거리의 차)=(베이커리를 지나는 거리)−(공원을 지나는 거리)
$=724-650=74(\text{m})$
공원을 지나는 경로가 74 m 더 가깝습니다.

답 공원, 74 m

8 식 만들기

문제 그리기

? : 쓰고 남은 연필들을 4 명이 똑같이 나눌 때, 1 명이 갖는 연필 수(자루)

계획-풀기

❶ 정우가 처음 산 연필 수 구하기
(지우개가 달린 연필 수)$=3\times12=36$(자루)
(지우개가 없는 연필 수)$=2\times12=24$(자루)
(정우가 처음 산 연필 수)$=36+24=60$(자루)

❷ 정우가 쓰고 남은 연필 수 구하기
(사용한 연필 수)$=18+6=24$(자루)
(남은 연필 수)=(처음 산 연필 수)−(사용한 연필 수)
$=60-24=36$(자루)

❸ 정우가 동생들과 남은 연필들을 나누어 가질 때, 한 사람당 갖게 되는 연필 수 구하기
(한 사람당 갖게 되는 연필 수)=(남은 연필 수)÷(사람 수)
$=36\div4=9$(자루)

답 9자루

9 거꾸로 풀기

문제 그리기

어떤 수: △

바른 계산: (6−△)의 값에 3 을 곱한 값

잘못한 계산: (6+△)의 값에 3 을 곱한 값 ⇒ 24

? : 바르게 계산한 값

계획-풀기

❶ 어떤 수 구하기
어떤 수를 △라 하고, 6+△=□라고 하면 잘못 계산한 식이
□×3=24이므로 □=24÷3=8
6+△=8, △=8−6=2입니다.
따라서 어떤 수는 2입니다.

❷ 바르게 계산한 값 구하기
6−(어떤 수)=6−2=4, 4×3=12이므로 바르게 계산한 값은 12입니다.

답 12

10 거꾸로 풀기

문제 그리기

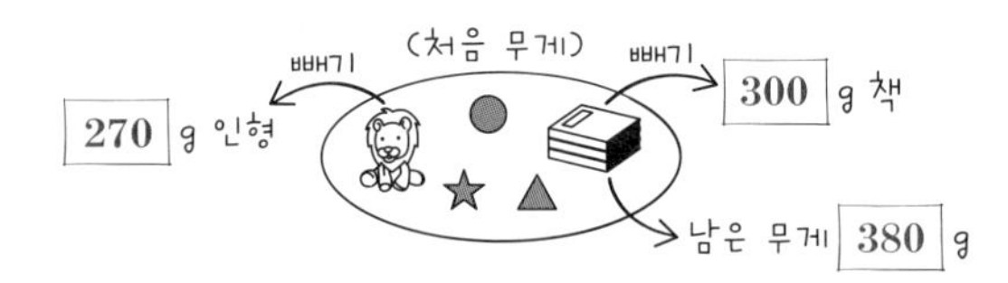

? : 책과 인형을 빼기 전 의 무게(g)

계획-풀기

❶ 책을 다시 넣은 무게 구하기
처음 무게를 △ g이라고 하면
(처음 무게)−(인형 무게)−(책 무게)=(남은 무게)
△−270−300=380, △−270=380+300=680(g)
따라서 책을 다시 넣은 무게는 680 g입니다.

❷ 바구니에서 인형과 책을 빼기 전의 무게 구하기
(처음 무게)−(인형 무게)=(책을 다시 넣은 무게)
△−270=680, △=680+270=950(g)
따라서 인형과 책을 빼기 전의 무게는 950 g입니다.

답 950 g

11 거꾸로 풀기

문제 그리기

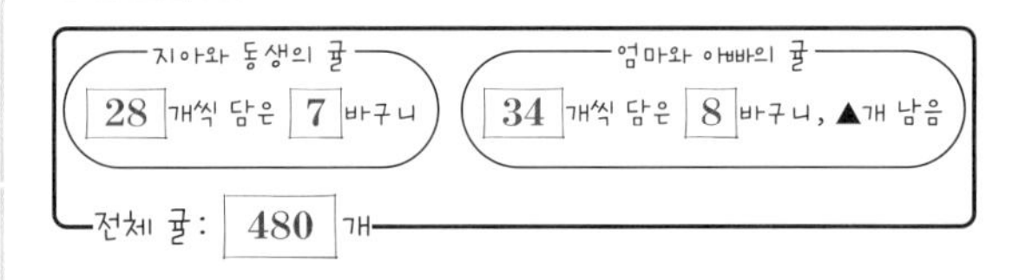

? : 엄마와 아빠가 딴 귤 중 바구니에 담고 남은 귤 수(개)

계획-풀기

❶ 지아와 동생이 딴 귤 수 구하기
(지아와 동생이 딴 귤 수)
=(한 바구니 속 귤 수)×(바구니 수)
$=28\times7=196$(개)

❷ 엄마와 아빠가 딴 귤 중 바구니에 담은 귤 수 구하기
(엄마와 아빠가 딴 귤 중 바구니에 담은 귤 수)
=(한 바구니 속 귤 수)×(바구니 수)$=34\times8=272$(개)

❸ 엄마와 아빠가 딴 귤 중 바구니에 담고 남은 귤 수 구하기
$480-196-272=12$(개)

답 12개

12 거꾸로 풀기

문제 그리기

△+ 348 + 198 = 999

호정이가 쓴 수, 주호가 쓴 수, 부족한 수

? : 호정이가 쓴 수

계획-풀기

❶ 호정이가 쓴 수를 △라 하고, 답을 구하기 위한 식 만들기
(호정이가 쓴 수)=△라 하면
(호정이가 쓴 수)+(주호가 쓴 수)+(부족한 수)=999이므로
$\triangle+348+198=999$

❷ 호정이가 쓴 수 구하기
$\triangle+348=999-198=801$, $\triangle+348=801$,
$\triangle=801-348=453$이므로 호정이가 쓴 수는 453입니다.

답 453

13 거꾸로 풀기

문제 그리기

"△×8과 18 ÷ 3 의 합은 70 입니다."

서연이의 풀이 ⟹ (△를 구하기 위해 18 ÷ 3 을 계산한 값을 70 에 더하면 △×8을 구할 수 있어. 그리고 그 구한 값에 8 을 곱하면 돼.)

? : 틀린 부분을 찾아 밑줄 그어 바르게 고치고, △ 구하기

계획-풀기

❶ 틀린 부분에 밑줄 긋고 고치기

△를 구하기 위해서 먼저 18÷3을 계산하고, 그 값을 70에 더하면 △×8을 구할 수 있어. 그리고 그 구한 값에 8을 곱하면 돼.

70에서 빼면 / **값을 8로 나누면**

❷ △ 구하기
$18\div3=6$이므로 $\triangle\times8=70-6=64$
$\triangle\times8=64$이므로 $\triangle=64\div8=8$

답 풀이 참조, 8

14 거꾸로 풀기

문제 그리기

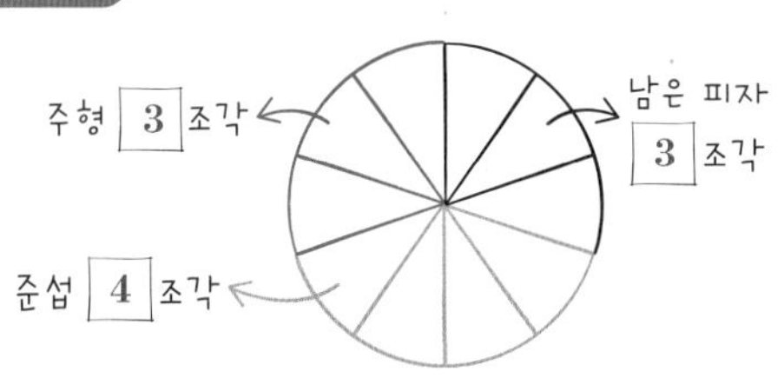

? : 주형이가 먹은 피자(분수와 소수)

계획-풀기

❶ 피자를 모두 몇 조각으로 나누었는지 구하기
(나눈 조각 수)
=(주형이가 먹은 조각 수)+(준섭이가 먹은 조각 수)
+(남은 조각 수)
$=3+4+3=10$(조각)

❷ 주형이가 먹은 피자는 전체의 얼마인지 분수와 소수로 구하기
10조각 중 3조각이므로 분수로는 $\frac{3}{10}$이고, 소수로는 0.3입니다.

답 $\frac{3}{10}$, 0.3

15 거꾸로 풀기

문제 그리기

45 ÷ 거위의 무게 = 9

(거위의 무게)×(오리의 무게)= 10

? : 거위의 무게와 오리의 무게의 합(kg)

계획-풀기

❶ 거위의 무게 구하기
$45\div$(거위의 무게)$=9$, (거위의 무게)$=45\div9$,
(거위의 무게)$=5$(kg)

❷ 오리의 무게 구하기
(거위의 무게)×(오리의 무게)$=10$
$5\times$(오리의 무게)$=10$, (오리의 무게)$=10\div5$,
(오리의 무게)$=2$(kg)

❸ 거위의 무게와 오리의 무게의 합 구하기
(거위와 오리의 무게의 합)
=(거위의 무게)+(오리의 무게)$=5+2=7$(kg)

답 7 kg

16 거꾸로 풀기

문제 그리기

△: 어떤 수
- 바른 계산: (△+ 7)에 5 를 곱한 수
- 잘못된 계산: (△+ 5)에 7 을 곱한 수 ⟹ 63

? : 어떤 수와 바르게 계산한 값

계획-풀기

❶ 어떤 수 구하기
어떤 수를 △라고 하면 △+5에 7을 곱한 값은 63입니다.
$\triangle+5=63\div7=9$, $\triangle+5=9$,
$\triangle=9-5=4$이므로 어떤 수는 4입니다.

❷ 바르게 계산한 값 구하기
(어떤 수)$+7=4+7=11$이므로 바르게 계산한 값은
$11\times5=55$입니다.

답 어떤 수: 4, 바르게 계산한 값: 55

17 그림 그리기

문제 그리기

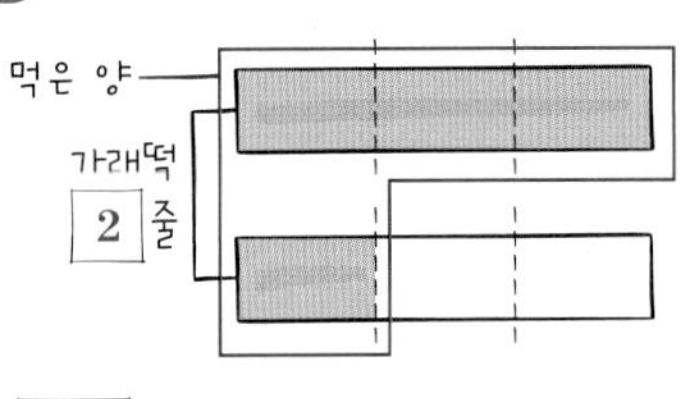

? : 먹고 남은 양을 분수로 나타내기

계획-풀기

❶ 다음 그림을 나누고 먹은 양만큼 색칠하기

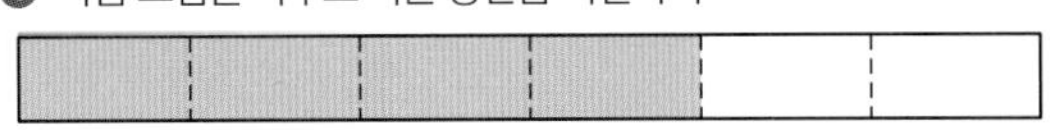

❷ 남은 양을 분수로 나타내기

남은 양은 전체 6조각 중에서 2조각이므로 분수로 나타내면 $\frac{2}{6}$ 입니다.

답 $\frac{2}{6}$

18 그림 그리기

문제 그리기

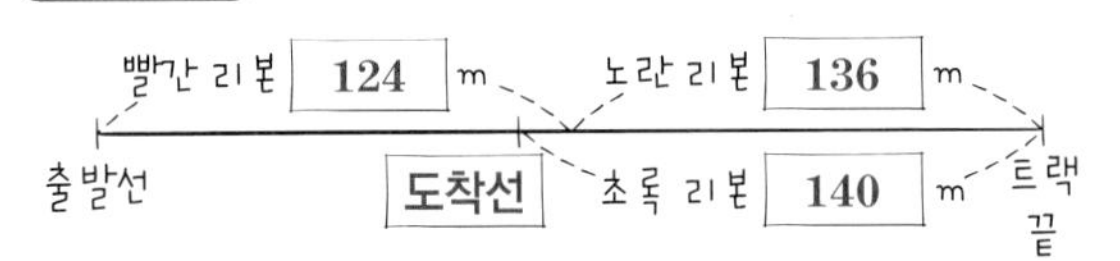

? : 출발선에서 도착선까지 거리(m)

계획-풀기

❶ 다음 그림 위에 달린 거리를 표시하고 출발선에서 트랙 끝까지의 거리 구하기

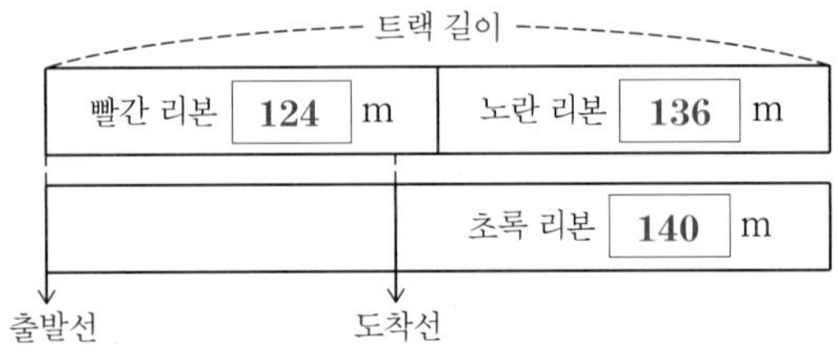

(출발선에서 트랙 끝까지 달린 거리)
=(빨간 리본을 맨 주자가 달린 거리)
+(노란 리본을 맨 주자가 달린 거리)
$=124+136=260(\text{m})$

❷ 출발선에서 도착선까지의 거리 구하기

(출발선에서 도착선까지의 거리)
=(트랙의 길이)−(초록 리본을 맨 주자가 달린 거리)
$=260-140=120(\text{m})$

답 120 m

19 그림 그리기

문제 그리기

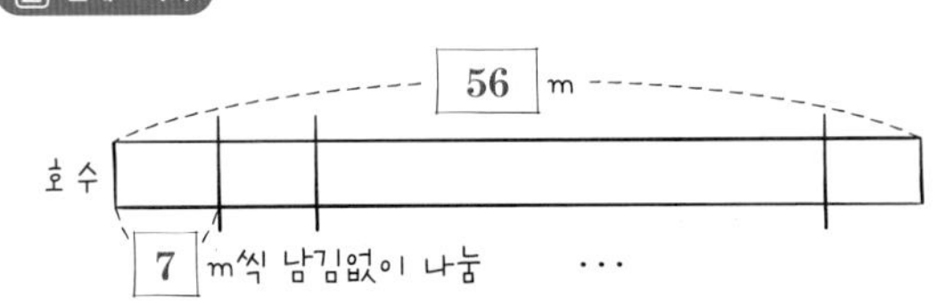

? : 호스를 자른 횟수(번)

계획-풀기

❶ 호스를 몇 도막으로 나눌 수 있는지 구하기

(나누어진 도막 수)=(전체 길이)÷(한 도막의 길이)
$=56\div7=8$(도막)

❷ 다음 제시된 띠를 등분하여 호스를 몇 번 잘랐는지 구하기

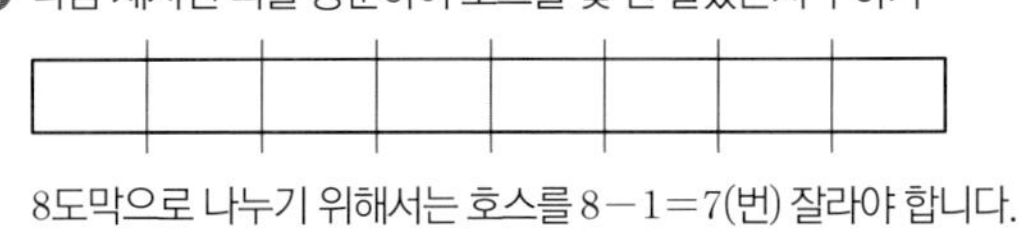

8도막으로 나누기 위해서는 호스를 $8-1=7$(번) 잘라야 합니다.

답 7번

20 그림 그리기

문제 그리기

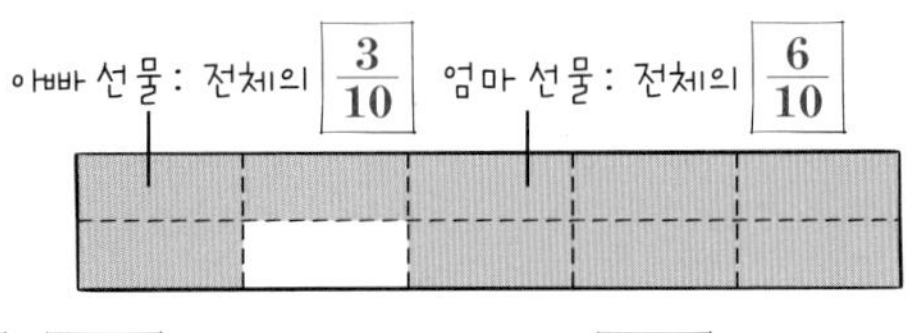

? : 남은 포장지는 전체의 얼마인지 소수로 구하기

계획-풀기

❶ 포장지를 사용한 만큼 색칠하여 그림으로 나타내기

❷ 남은 포장지는 전체의 얼마인지 소수로 나타내기

(색칠하지 않은 부분)$=\frac{1}{10}=0.1$

답 0.1

21 그림 그리기

문제 그리기

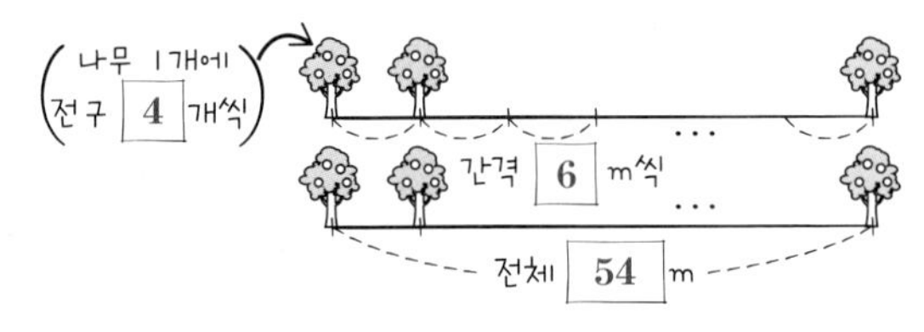

? : 필요한 전구 수(개)

계획-풀기

❶ 한쪽 길에 심어진 나무 수 구하기

(간격 수)=(전체 길이)÷(간격 길이)$=54\div6=9$(군데)
(한쪽 길에 심어진 나무 수)=(간격 수)$+1=9+1=10$(그루)

❷ 필요한 전구 수 구하기

(필요한 전구 수)=(한쪽 길에 필요한 전구 수)$\times2$
(한쪽 길에 필요한 전구 수)
=(나무 수)×(한 나무에 다는 전구 수)$=10\times4=40$(개)
따라서 필요한 전구 수는 모두 $40\times2=80$(개)입니다.

답 80개

22 그림 그리기

문제 그리기

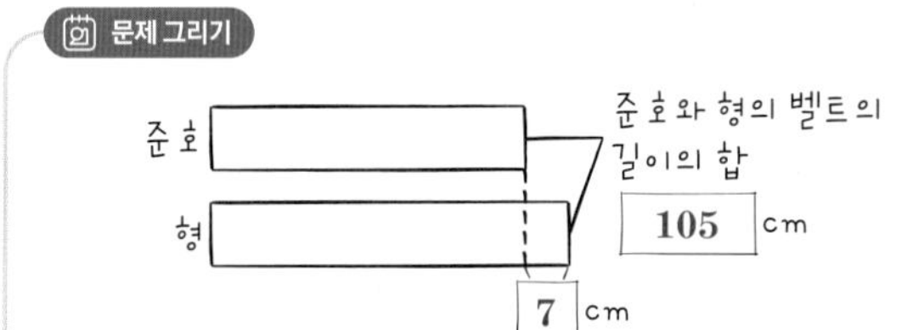

? : 준호 벨트의 길이(cm)

계획-풀기

❶ 준호와 형의 벨트의 길이의 합을 그림으로 나타내기

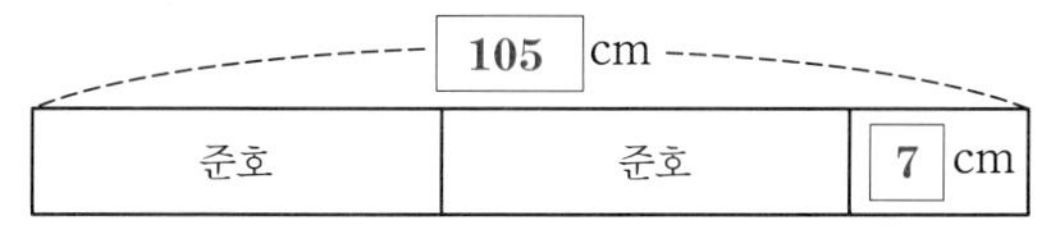

❷ 준호 벨트의 길이 구하기

준호 벨트의 길이를 △ cm라고 할 때, $\triangle+\triangle=105-7=98$에서 $\triangle=98\div2=49$(cm)입니다.

답 49 cm

23 그림 그리기

문제 그리기

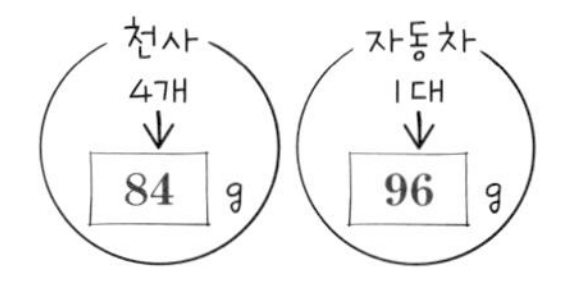

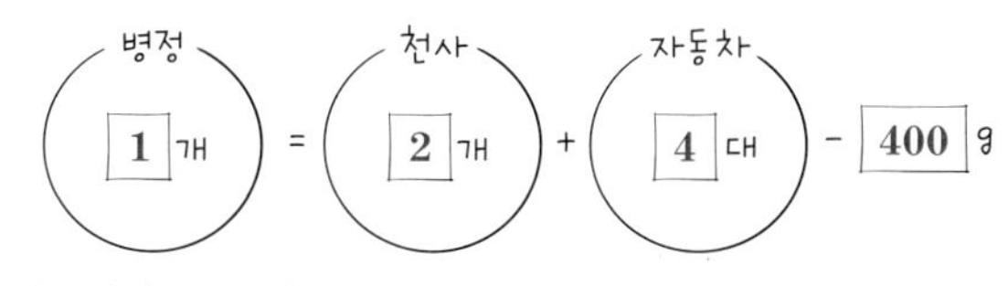

? : 철 병정 1개의 무게(g)

계획-풀기

❶ 다음 그림을 이용해 석고 천사 2개와 나무 자동차 4대의 무게 구하기

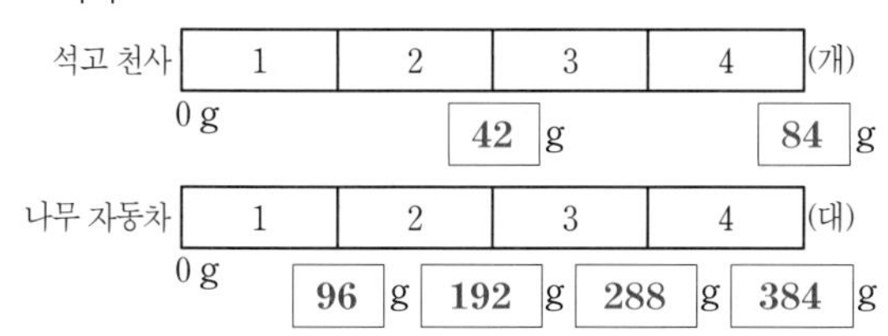

(석고 천사 2개의 무게)=(석고 천사 4개의 무게)$\div2$

$=84\div2=42$(g)

(나무 자동차 4대의 무게)=(나무 자동차 1대의 무게)$\times4$

$=384$(g)

❷ 철 병정 1개의 무게 구하기

(철 병정 1개의 무게)

=(석고 천사 2개의 무게)+(나무 자동차 4대의 무게)-400

$=42+384-400=26$(g)

답 26 g

24 그림 그리기

문제 그리기

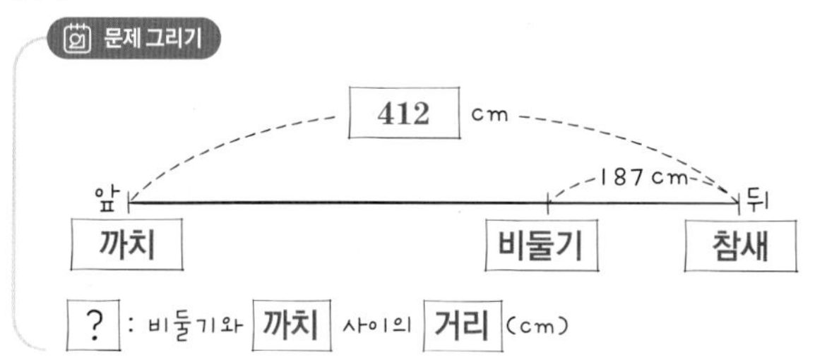

? : 비둘기와 까치 사이의 거리(cm)

계획-풀기

❶ 비둘기와 까치 사이의 거리를 구하는 식 세우기

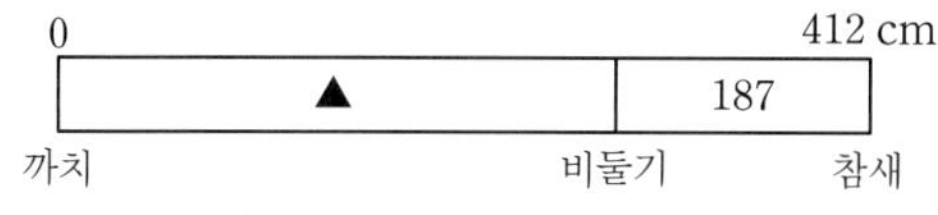

비둘기와 까치 사이의 거리를 ▲ cm라고 하면

$▲+187=412$, $▲=412-187$

❷ 비둘기와 까치 사이의 거리 구하기

(비둘기와 까치 사이의 거리)$=▲=225$(cm)

답 225 cm

STEP 1 내가 수학하기 **배우기** 예상하고 확인하기

40~41쪽

1

문제 그리기

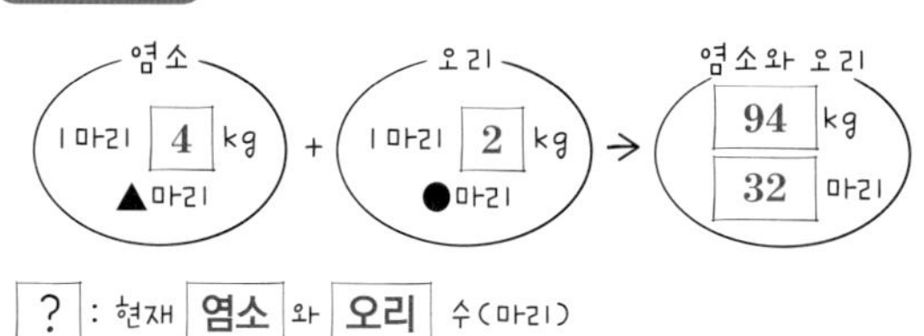

? : 현재 염소와 오리 수(마리)

계획-풀기

❶ **염소의 수를 17마리로 예상하고 염소와 오리 무게의 합 확인하기**

염소가 17마리이면 오리는 $31-17=14$(마리)이므로 무게의 합은 $4\times17=68$, $3\times14=42$에서 $68+42=110$(kg)이므로 틀립니다.

→ $32-17=15$(마리), $2\times15=30$, $68+30=98$

❷ **염소의 수를 16마리로 예상하고 염소와 오리 무게의 합 확인하기**

염소가 16마리이면 오리는 $31-16=15$(마리)이므로 무게의 합은 $4\times16=64$, $3\times15=45$에서 $64+45=109$(kg)이므로 틀립니다.

→ $32-16=16$(마리), $2\times16=32$, $64+32=96$

❸ **염소의 수를 15마리로 예상하고 염소와 오리 무게의 합 확인하기**

염소가 15마리이면 오리는 $31-15=16$(마리)이므로 무게의 합은 $4\times15=60$, $3\times16=48$에서 $60+48=108$(kg)이므로 맞습니다.

→ $32-15=17$(마리), $2\times17=34$, $60+34=94$

❹ **답 구하기**

민영이네 농장에 염소는 15마리이고, 오리는 16마리입니다.

→ 17

답 **염소: 15마리, 오리: 17마리**

확인하기

예상하고 확인하기 (○)

2

문제 그리기

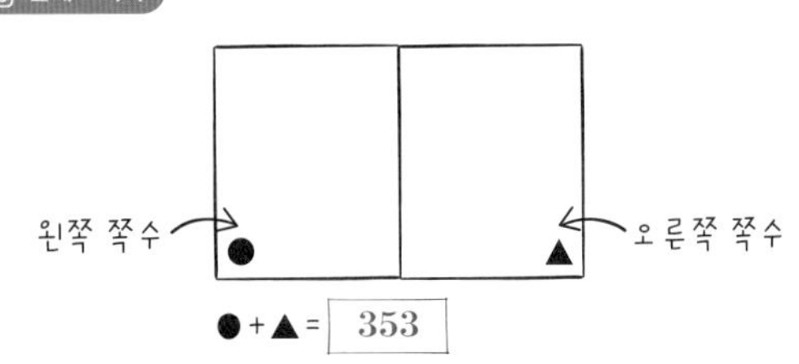

? : 오른쪽 쪽수 구하기

계획-풀기

❶ 오른쪽의 쪽수를 172쪽이라고 예상하고 쪽수의 합 확인하기

오른쪽의 쪽수를 172쪽이라고 예상하면

(왼쪽의 쪽수)$=172-2=170$(쪽)입니다.

(두 쪽수의 합)$=172+170=342$이므로 쪽수의 합이 352가 아닙니다.

→ $172-1=171$, $172+171=343$, 353이

❷ 오른쪽의 쪽수를 177쪽이라고 예상하고 쪽수의 합 확인하기

오른쪽의 쪽수를 177쪽이라고 예상하면

(왼쪽의 쪽수)$=177-2=175$(쪽)입니다.

(두 쪽수의 합)$=177+175=352$(쪽)이므로, 두 쪽수의 합이 352와 같습니다

→ $177-1=176$, $177+176=353$, 353과

❸ 답 구하기

오른쪽 쪽의 쪽수가 175쪽입니다.

→ 177

답 **177쪽**

확인하기

예상하고 확인하기 (○)

STEP 1 내가 수학하기 배우기 문제정보를 복합적으로 나타내기

43~44쪽

1

문제 그리기

조건 (0.1 보다 큰 수 / $\frac{1}{6}$ 보다 작은 단위분수)

? : 위 조건을 모두 만족하는 분수 중 가장 작은 분수

계획-풀기

❶ 0.1을 분수로 나타내기

0.1을 분수로 나타내면 $\frac{1}{100}$입니다.

→ $\frac{1}{10}$

❷ $\frac{1}{6}$보다 작은 단위분수 구하기

분모가 작을수록 단위분수의 크기가 작으므로 $\frac{1}{6}$보다 작은 단위분수는 분모가 6보다 작은 분수입니다. 따라서 $\frac{1}{2}$, $\frac{1}{3}$, $\frac{1}{4}$, $\frac{1}{5}$입니다.

→ 클, 큰, $\frac{1}{7}$, $\frac{1}{8}$, $\frac{1}{9}$, $\frac{1}{10}$, $\frac{1}{11}$, $\frac{1}{12}$, ⋯

❸ ❷에서 구한 분수 중 ❶의 조건에 맞는 분수 구하기

❷에서 구한 분수 중 $\frac{1}{100}$보다 큰 분수는 $\frac{1}{2}$, $\frac{1}{3}$, $\frac{1}{4}$, $\frac{1}{5}$입니다.

→ $\frac{1}{10}$ / $\frac{1}{7}$, $\frac{1}{8}$, $\frac{1}{9}$

❹ 주어진 조건을 모두 만족하는 분수 구하기

$\frac{1}{2}$, $\frac{1}{3}$, $\frac{1}{4}$, $\frac{1}{5}$ 중 가장 작은 분수는 $\frac{1}{2}$입니다.

→ $\frac{1}{7}$, $\frac{1}{8}$, $\frac{1}{9}$ / $\frac{1}{9}$

답 $\frac{1}{9}$

확인하기

문제정보를 복합적으로 나타내기 (○)

2

문제 그리기

수 카드 2, 5, 6을 한 번씩만 사용하여

(두 자리 수) × (한 자리 수)

? : 두 자리 수와 한 자리 수의 곱 중 가장 큰 수와 가장 작은 수의 차

계획-풀기

❶ 가장 큰 수 구하기

수 카드에 적힌 숫자는 2, 3, 5이므로 가장 큰 수를 만드는 곱은 $52\times3=156$입니다.

→ 6, $52\times6=312$

❷ 가장 작은 수 구하기

가장 작은 수를 만드는 곱은 $23\times5=156$입니다.

→ $56\times2=112$

❸ 곱한 값 중 가장 큰 수와 가장 작은 수의 차 구하기

$156-156=0$이므로 그 차는 0입니다.

→ $312-112=200$, 200

답 **200**

확인하기

문제정보를 복합적으로 나타내기 (○)

STEP 2 **내가 수학하기 해보기** 예상하고 확인하기, 문제정보를 복합적으로 나타내기

45~52쪽

1 예상하고 확인하기

문제 그리기

6 ▲ 7 ▲ 6 = 4 5 6 .

? : 숫자들 사이에 × 를 한 곳에만 넣어 곱셈 식 완성하기

계획-풀기

❶ (두 자리 수)×(한 자리 수)로 예상하고 확인하기
$67\times6=402$이므로 456이 아닙니다.

❷ (한 자리 수)×(두 자리 수)로 예상하고 확인하기
$6\times76=456$이므로 맞습니다.

답 $6\times76=456$

2 예상하고 확인하기

문제 그리기

세 장의 수 카드 5, 7, 2

→ 8 ▲ × 6 = ▲ 2 ▲

? : 수 카드 3 장을 모두 사용하여 곱셈 식 완성하기

계획-풀기

❶ 곱해지는 수를 82로 예상하고 답 확인하기
$82\times6=492$이므로 십의 자리 숫자가 '2'가 아닙니다.

❷ 곱해지는 수를 85로 예상하고 답 확인하기
$85\times6=510$이므로 십의 자리 숫자가 '2'가 아닙니다.

❸ 곱해지는 수를 87로 예상하고 답 확인하기
$87\times6=522$이므로 십의 자리 숫자가 '2'이고, 수 카드를 모두 사용하여 만들 수 있습니다.

답 $87\times6=522$

3 예상하고 확인하기

문제 그리기

㉠ + 9 - ㉡ = 13

홀수 달은 보라 색이고, 짝수 달은 노란 색, ㉠과 ㉡은 보라 색 수

? : ㉠ 과 ㉡ 이 될 수 있는 서로 다른 두 수

계획-풀기

❶ 보라색 수 구하기
보라색 수가 홀수이고 달력의 달은 1부터 12까지의 자연수이므로 ㉠과 ㉡의 수는 1, 3, 5, 7, 9, 11 중에서 서로 다른 두 수입니다.

❷ 보라색 수 ㉠을 예상하고 ㉡을 확인하기
㉠=1 또는 3이면, '㉠+9'가 13보다 작으므로 ㉠+9−㉡=13을 완성하는 ㉡은 없습니다.
㉠=5이면, ㉠+9−㉡=5+9−㉡=13이므로 ㉡=1이어야 합니다.
㉠=7이면, ㉠+9−㉡=7+9−㉡=13이므로 ㉡=3이어야 합니다.
㉠=9이면, ㉠+9−㉡=9+9−㉡=13이므로 ㉡=5이어야 합니다.
㉠=11이면, ㉠+9−㉡=11+9−㉡=13이므로 ㉡=7이어야 합니다.

답 ㉠=5, ㉡=1 / ㉠=7, ㉡=3 / ㉠=9, ㉡=5 / ㉠=11, ㉡=7

4 예상하고 확인하기

문제 그리기

수 카드 4장: 345, 415, 337, 257
→ 2장을 뽑아 그 합이 672 가 되도록 하기

? : 합이 672 인 두 수, 그 두 수의 차

계획-풀기

❶ 처음 수를 예상하고 확인하여 두 수 구하기
덧셈식 □+□=672에서 백의 자리 숫자가 6이고, 일의 자리 숫자가 2이므로 다음과 같이 예상할 수 있습니다.
수 카드 345 + 337 의 합은 682이므로 틀립니다.
수 카드 345 + 257 의 합은 602이므로 틀립니다.
수 카드 415 + 257 의 합은 672이므로 맞습니다.
따라서 두 수는 415, 257입니다.

❷ 두 수의 차 구하기
두 수는 415, 257이므로
$415-257=158$입니다.

답 두 수: 415, 257, 두 수의 차: 158

5 예상하고 확인하기

문제 그리기

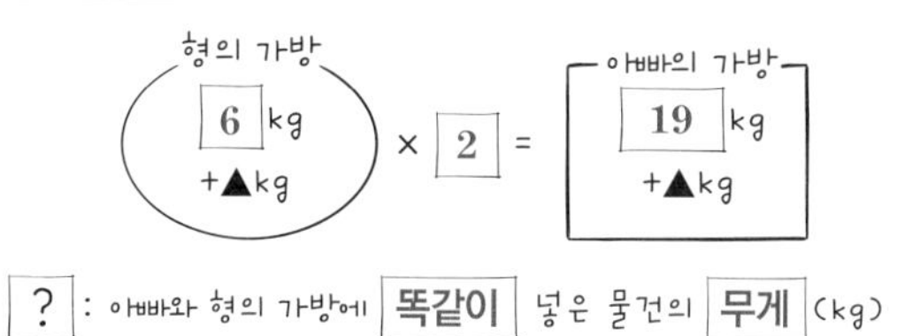

? : 아빠와 형의 가방에 똑같이 넣은 물건의 무게 (kg)

계획-풀기

❶ 더 넣은 물건의 무게를 5 kg이라고 예상하고 확인하기
$6+5=11$, $11\times2=22$이고 $19+5=24$이므로 틀립니다.

❷ ❶이 틀린 경우 물건의 무게를 바꿔서 예상하고 확인하기를 반복해서 답 구하기
더 넣은 물건의 무게를 6, 7, …(kg)이라고 예상해 봅니다.
6 kg일 때, $6+6=12$, $12\times2=24$(kg)이고
$19+6=25$(kg)이므로 틀립니다.
7 kg일 때, $6+7=13$, $13\times2=26$(kg)이고,
$19+7=26$(kg)이므로 맞습니다.

답 7 kg

6 예상하고 확인하기

문제 그리기

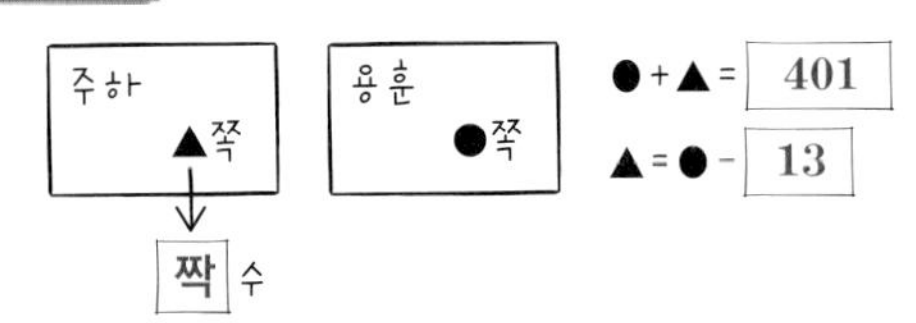

? : 주하와 용훈이가 말한 쪽수

계획-풀기

❶ 주하가 말한 쪽수를 190이라고 예상하고 확인하기
(주하의 쪽수)=190이라고 예상하면
(용훈이의 쪽수)=(주하의 쪽수)+13=190+13=203
(두 쪽수의 합)=190+203=393이므로 401보다 4가 작으므로 틀립니다.

❷ ❶이 틀린 경우 다른 쪽수를 예상하고 확인하여 답 구하기
401−393=4이므로
(주하의 쪽수)=190+4=194라고 예상하면
(용훈이의 쪽수)=(주하의 쪽수)+13=194+13=207,
(두 쪽수의 합)=194+207=401이므로 맞습니다.

답 **주하: 194쪽, 용훈: 207쪽**

7 예상하고 확인하기

문제 그리기

▲4 × 6 = 4 ★ 4
세 자리 수

? : □ 안에 알맞은 수

계획-풀기

❶ □ 안의 수를 6으로 예상하고 확인하기
□4×6=64×6=384이므로 틀립니다.

❷ ❶이 틀린 경우 다른 수를 예상하고 확인하기를 반복하여 답 구하기
□=7이면, □4×6=74×6=444이므로 맞습니다.
□=8이면, 84×6=504이므로 틀립니다.

답 **7**

8 예상하고 확인하기

문제 그리기

653, 308, 497, 127
→ 차가 200에 가장 가까운 두 수 고르기

? : 200에 가장 가까운 두 수의 차

계획-풀기

❶ 백의 자리의 숫자의 차가 2인 경우를 각각 구하여 그 차 구하기
(1) 두 수를 653과 497이라고 예상하면,
653−497=156입니다.
(2) 두 수를 308과 127이라고 예상하면, 308−127=181입니다.

❷ 백의 자리의 숫자의 차가 1인 경우를 각각 구하여 그 차 구하기
두 수를 497과 308이라고 예상하면, 497−308=189입니다.

❸ ❶과 ❷ 중에서 차가 200에 가장 가까운 경우를 구해 두 수의 차 구하기
차가 200에 가장 가까운 두 수는 497과 308이므로 두 수의 차는 189입니다.

답 **189**

9 문제정보를 복합적으로 나타내기

문제 그리기

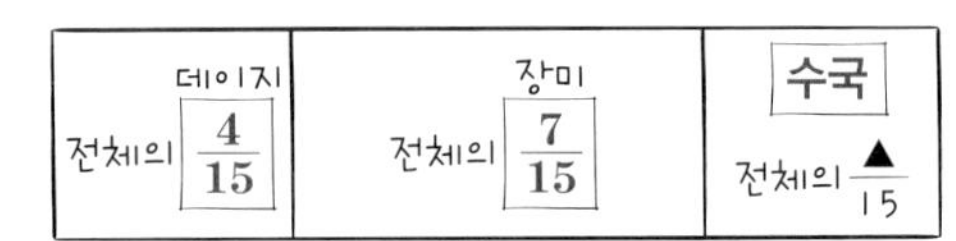

전체 화단의 크기: 1

? : 수국을 심는 곳은 전체의 얼마인지 분수로 구하기

계획-풀기

❶ 데이지와 장미를 심는 곳은 화단 전체의 얼마인지 구하기
전체를 15로 나눈 것 중의 4와 전체를 15로 나눈 것 중의 7을 합하면 전체를 15로 나눈 것 중의 11이므로 데이지와 장미를 심는 곳은 전체의 $\frac{11}{15}$입니다.

❷ 수국을 심는 곳은 화단 전체의 얼마인지 구하기
전체에서 전체를 15로 나눈 것 중이 11만큼을 빼면 전체를 15로 나눈 것 중의 4만큼이 남으므로 수국을 심는 곳은 전체의 $\frac{4}{15}$입니다.

답 $\frac{4}{15}$

10 문제정보를 복합적으로 나타내기

문제 그리기

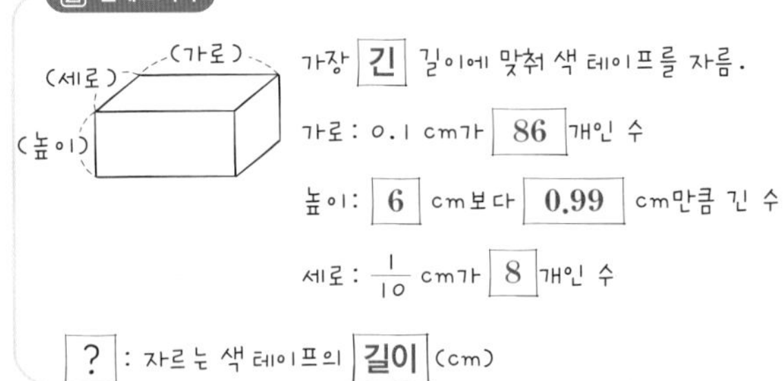

? : 자르는 색 테이프의 길이(cm)

계획-풀기

❶ 가로, 세로, 높이를 소수로 나타내기
가로의 길이는 0.1 cm가 86개이므로 8.6 cm,
세로의 길이는 $\frac{1}{10}$ cm=0.1 cm가 8개이므로 0.8 cm,
높이는 6 cm보다 0.99 cm만큼 긴 수이므로 6.99 cm입니다.

❷ 색 테이프를 몇 cm 자르면 되는지 구하기
8.6>6.99>0.8이므로 가장 긴 길이는 가로의 길이인 8.6 cm입니다.

따라서 색 테이프를 8.6 cm로 자르면 됩니다.

답 **8.6 cm**

11 문제정보를 복합적으로 나타내기

문제 그리기

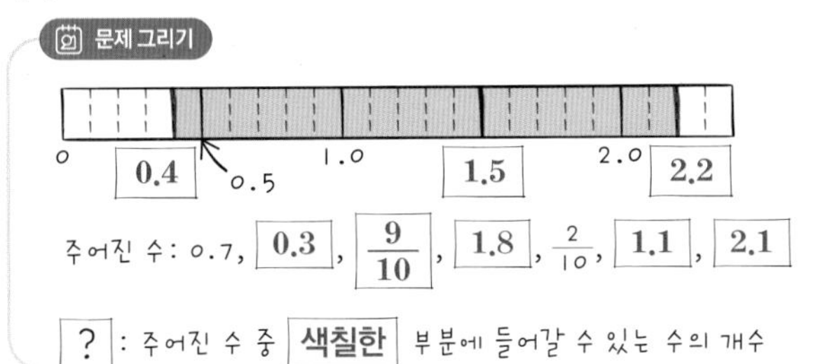

계획-풀기

❶ 분수를 소수로 나타내기

$\frac{9}{10}=0.9$, $\frac{2}{10}=0.2$

❷ 색칠한 부분에 들어갈 수 있는 수의 개수 구하기

색칠한 부분에 들어갈 수 있는 수의 범위는 0.4부터 2.2까지의 수입니다.

따라서 알맞은 수는 0.7, 0.9, 1.8, 1.1, 2.1의 5개입니다.

답 **5개**

12 문제정보를 복합적으로 나타내기

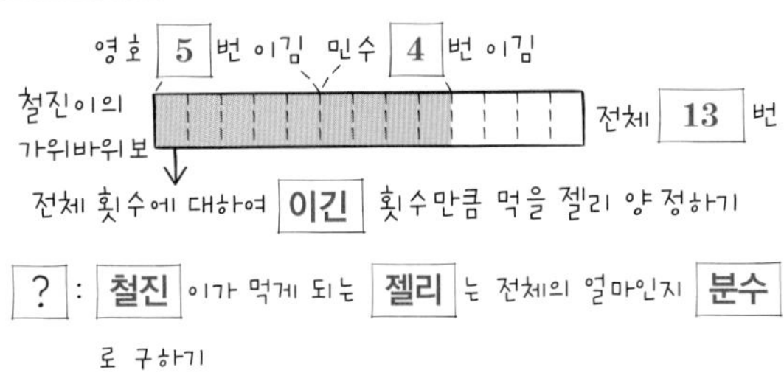

계획-풀기

❶ 철진이가 이긴 횟수 구하기

(철진이가 이긴 횟수)$=13-5-4=4$(회)

❷ 철진이가 먹게 되는 젤리는 전체의 얼마인지 구하기

철진이는 13회 중 4회 이겼으므로 $\frac{4}{13}$입니다.

답 $\frac{4}{13}$

13 문제정보를 복합적으로 나타내기

문제 그리기

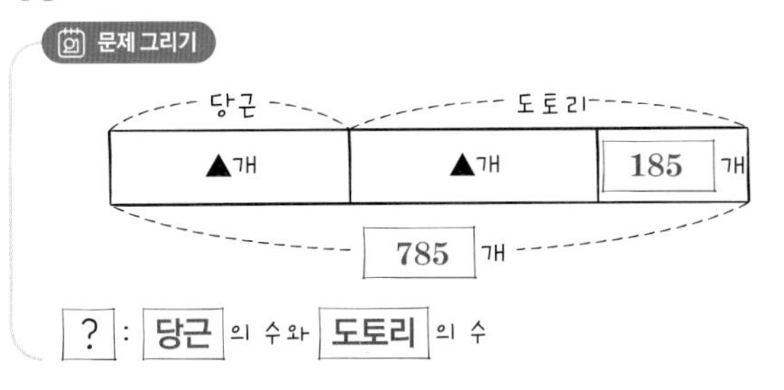

계획-풀기

❶ 당근의 수 구하기

(당근의 수)+(당근의 수)=(전체 당근과 도토리 수)-185

$=785-185=600$

(당근의 수)$\times 2=600$, (당근의 수)$=300$

❷ 도토리의 수 구하기

(도토리의 수)=(당근의 수)$+185=300+185=485$(개)

답 **당근의 수: 300개, 도토리의 수: 485개**

14 문제정보를 복합적으로 나타내기

문제 그리기

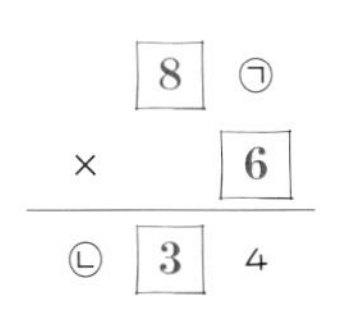

?: ㉠과 ㉡의 합 구하기

계획-풀기

❶ ㉠에 알맞은 숫자 구하기

㉠$\times 6$의 일의 자리 수가 4이므로 ㉠은 4 또는 9입니다.

㉠이 4인 경우, $84\times 6=504$에서 십의 자리 숫자가 3이 아니므로 틀립니다.

㉠이 9인 경우, $89\times 6=534$에서 십의 자리 숫자가 3이고 곱이 맞습니다.

❷ ㉠, ㉡에 알맞은 숫자의 합 구하기

㉠$=9$이면 ㉡$=5$이므로 ㉠$+$㉡$=9+5=14$입니다.

답 **14**

15 문제정보를 복합적으로 나타내기

문제 그리기

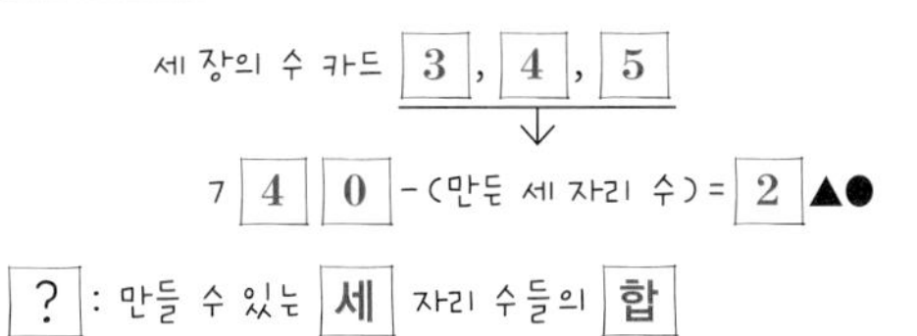

계획-풀기

❶ 만들 수 있는 세 자리 수 구하기

백의 자리 숫자가 3인 경우는 차의 백의 자리 숫자가 2가 될 수 없습니다.

백의 자리 숫자가 4인 경우, $740-435=305$이므로 백의 자리 숫자가 2가 아니므로 틀립니다.

$740-453=287$이므로 백의 자리 숫자가 2이므로 맞습니다.

백의 자리 숫자가 5인 경우, $740-543=197$이므로 백의 자리 숫자가 2가 아니므로 틀립니다.

$740-534=206$이므로 백의 자리 숫자가 2이므로 맞습니다.

❷ 세 자리 수들의 합 구하기
(세 자리 수들의 합)$=453+534=987$

답 **987**

16 문제정보를 복합적으로 나타내기

문제 그리기

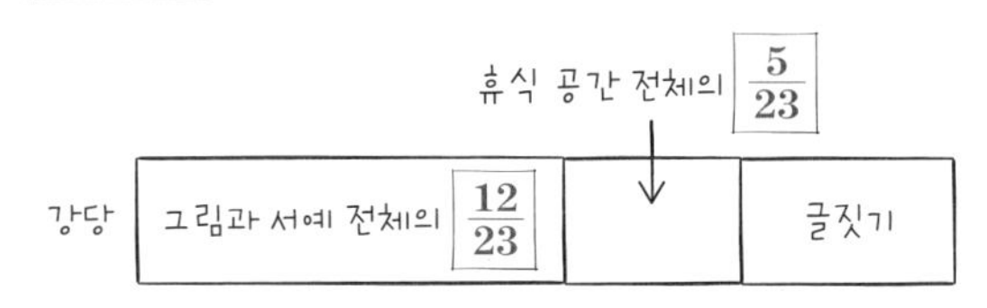

? : 글짓기 공간은 전체의 얼마인지 분수로 구하기

계획-풀기

❶ 그림과 서예 공간과 휴식 공간은 전체의 얼마인지 구하기
전체를 23으로 나눈 것 중의 12와 전체를 23으로 나눈 것 중의 5를 합하면 전체를 23으로 나눈 것 중의 17이므로 그림과 서예 공간과 휴식 공간은 전체의 $\frac{17}{23}$ 입니다.

❷ 글짓기 공간은 전체의 얼마인지 구하기
전체에서 전체를 23으로 나눈 것 중의 17만큼을 빼면 전체를 23으로 나눈 것 중의 6만큼이 남으므로 글짓기 공간은 전체의 $\frac{6}{23}$입니다.

답 $\frac{6}{23}$

STEP 3 내가 수학하기 한 단계 UP!

식 만들기, 거꾸로 풀기, 그림 그리기, 예상하고 확인하기, 문제 정보를 이용하거나 나타내기

53~61쪽

1 식 만들기

문제 그리기

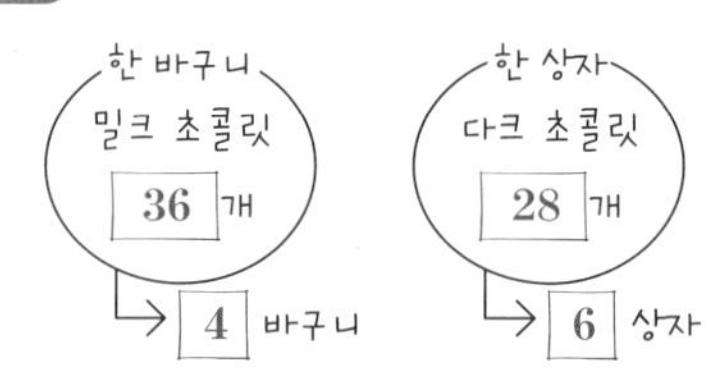

? : 더 많은 초콜릿과 두 초콜릿 수의 차

계획-풀기

❶ 밀크 초콜릿과 다크 초콜릿의 수 각각 구하기
(밀크 초콜릿 수)=(한 바구니의 초콜릿 수)×(바구니 수)
$=36\times4=144$(개)
(다크 초콜릿 수)=(한 상자의 초콜릿 수)×(상자 수)
$=28\times6=168$(개)

❷ 더 많은 초콜릿을 구하고, 두 초콜릿 수의 차 구하기
(다크 초콜릿 수)−(밀크 초콜릿의 수)$=168-144$
$=24$(개)

답 **다크 초콜릿, 24개**

2 거꾸로 풀기

문제 그리기

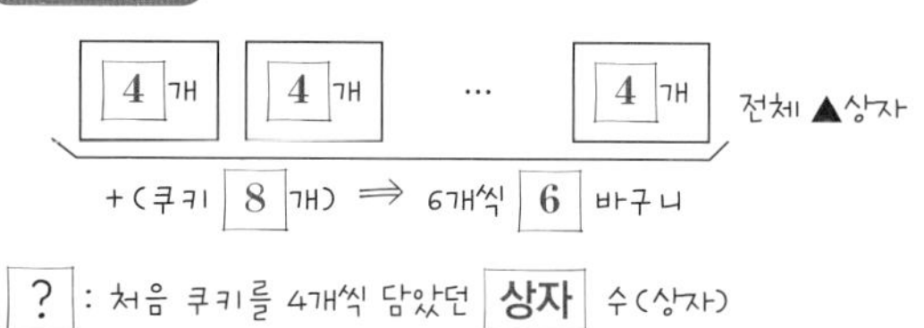

? : 처음 쿠키를 4개씩 담았던 상자 수(상자)

계획-풀기

❶ 전체 쿠키 수 구하기
(전체 쿠키 수)=(바구니에 담긴 쿠키 수)×(바구니 수)
$=6\times6=36$(개)

❷ 처음 쿠키를 4개씩 담았던 상자 수 구하기
상자에 담긴 쿠키 수는 $36-8=28$(개)이므로
(처음 쿠키를 4개씩 담았던 상자 수)
=(상자에 담긴 쿠키 수)÷(한 상자의 쿠키 수)
$=28\div4=7$(상자)

답 **7상자**

3 예상하고 확인하기

문제 그리기

주어진 수: 176, 253, 538, 476

? : 두 수의 합이 700에 가장 가까운 덧셈식

계획-풀기

❶ 두 수의 백의 자리 숫자의 합이 5인 경우
$176+476=652$이므로 $700-652=48$입니다.

❷ 두 수의 백의 자리 숫자의 합이 6인 경우
(1) $176+538=714$이므로 $714-700=14$입니다.
(2) $253+476=729$이므로 $729-700=29$입니다.

❸ 두 수의 백의 자리 숫자의 합이 7인 경우
$253+538=791$이므로 $791-700=91$입니다.

❹ 두 수의 합이 700에 가장 가깝게 되는 덧셈식 구하기
700에 가장 가까운 수는 714이므로 덧셈식은 $176+538=714$입니다.

답 **$176+538=714$**

4 문제정보를 복합적으로 나타내기

문제 그리기

5장의 수 카드 2, 3, 5, 7, 9
→ 3장을 뽑아 세 자리 수 만들기

? : 만든 세 자리 수 중 가장 큰 수와 가장 작은 수의 차

계획-풀기

❶ 가장 큰 수 만들기
(가장 큰 수)$=975$

❷ 가장 작은 수 만들기
(가장 작은 수)$=235$

❸ 가장 큰 수와 가장 작은 수의 차 구하기
(가장 큰 수)$-$(가장 작은 수)$=975-235=740$

답 740

5 그림 그리기

문제 그리기

54 cm
36 cm
6 cm
●개
■개

? : 한 변의 길이가 6 cm의 정사각형의 수(개)

계획-풀기

❶ 가로에서 자를 수 있는 정사각형의 수 구하기
(가로에서 자를 수 있는 정사각형의 수)
$=$(직사각형의 가로의 길이)$\div$(정사각형의 가로의 길이)
$=54\div6=9$(개)

❷ 세로에서 자를 수 있는 정사각형의 수 구하기
(세로에서 자를 수 있는 정사각형의 수)
$=$(직사각형의 세로의 길이)$\div$(정사각형의 세로의 길이)
$=36\div6=6$(개)

❸ 만들 수 있는 정사각형의 수 구하기
(만들 수 있는 정사각형의 수)
$=$(가로에서 자를 수 있는 정사각형의 수)
$\times$(세로에서 자를 수 있는 정사각형의 수)
$=9\times6=54$(개)

답 54개

6 예상하고 확인하기

문제 그리기

하마 무게 876, 738, 586, 634, 656 (kg)
나무 다리를 건널 수 있는 최대 무게: 1500 kg
? : 다리를 건널 수 있는 최대 무게의 2마리 하마 무게의 합 (kg)

계획-풀기

❶ 두 하마 무게의 백의 자리 숫자의 합이 13인 경우와 14인 경우의 무게의 합 구하기
두 하마 무게의 백의 자리 숫자의 합이 13인 경우
• $876+586=1462$(kg)이므로 $1500-1462=38$(kg)입니다.
• $738+634=1372$(kg)이므로 $1500-1372=128$(kg)입니다.
• $738+656=1394$(kg)이므로 $1500-1394=106$(kg)입니다.
두 하마 무게의 백의 자리 숫자의 합이 14인 경우
$876+634=1510$(kg)이므로 1500 kg을 넘습니다.
$876+656=1532$(kg)이므로 1500 kg을 넘습니다.

❷ 다리를 건널 수 있는 최대 무게의 두 하마의 무게의 합 구하기
두 하마의 무게가 1500 kg보다 작으면서 1500 kg에 가장 가까운 것은 1462 kg입니다.

답 1462 kg

7 문제정보를 복합적으로 나타내기

문제 그리기

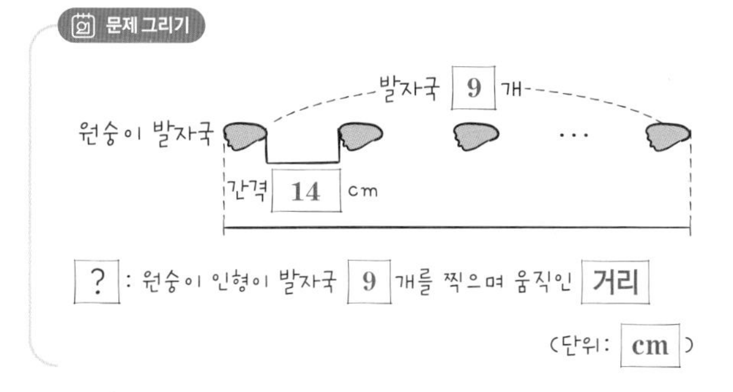

? : 원숭이 인형이 발자국 9 개를 찍으며 움직인 거리
(단위: cm)

계획-풀기

❶ 발자국이 2개일 때와 3개일 때 간격 수 구하기

발자국이 2개일 때: 간격 1개,
발자국이 3개일 때: 간격 2개

❷ 발자국이 9개일 때 간격 수 구하기
(간격 수)$=$(발자국 수)$-1=9-1=8$(개)

❸ 움직인 거리 구하기
(움직인 거리)$=$(간격의 길이)$\times$(간격 수)$=14\times8=112$(cm)

답 112 cm

8 문제정보를 복합적으로 나타내기

거울에 비춰도 실제와 모양이 같은 숫자 3 개
한 번씩만 사용하여 가장 큰 세 자리 수, 가장 작은 세 자리 수 만들기
? : 가장 큰 세 자리 수와 가장 작은 세 자리 수의 차

계획-풀기

❶ 거울에 비춰도 모양이 변하지 않는 숫자 3개 찾기
거울에 비춰도 모양이 변하지 않는 한 자리 숫자는 0, 1, 8입니다.

❷ 가장 큰 수와 가장 작은 수 구하기
가장 큰 수: 810
가장 작은 수: 108

❸ 두 수의 차 구하기
두 수의 차: $810-108=702$

답 702

9 문제정보를 복합적으로 나타내기

문제 그리기

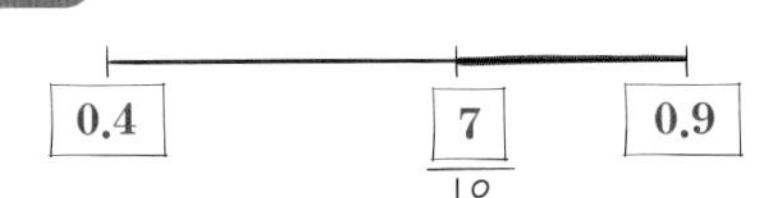

? : 선(▬▬) 위에 있는 소수 한 자리 수를 만들기 위해 필요한 $\frac{1}{10}$의 개수

계획-풀기

❶ 조건을 만족하는 소수 한 자리 수 구하기

$\left(\frac{7}{10}\text{보다 크고 }0.9\text{보다 작은 소수 한 자리 수}\right)=0.8$

❷ 수를 만들기 위해 필요한 $\frac{1}{10}$의 개수 구하기

$0.1=\frac{1}{10}$이므로 $0.8=\frac{8}{10}$이고, $\frac{8}{10}$은 $\frac{1}{10}$이 8개입니다.

답 **8개**

10 문제정보를 복합적으로 나타내기

문제 그리기

3학년 학생 수: 65 명에서 76 명 사이

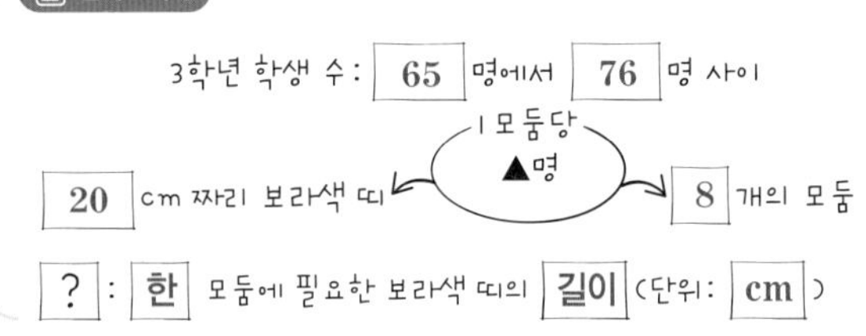

? : 한 모둠에 필요한 보라색 띠의 길이 (단위: cm)

계획-풀기

❶ 3학년 전체 학생 수 구하기

$8\times8=64$, $8\times9=72$, $8\times10=80$이므로

3학년 학생 수는 72명입니다.

❷ 한 모둠의 학생 수 구하기

$72\div8=9$이므로 한 모둠의 학생 수는 9명입니다.

❸ 한 모둠에 필요한 보라색 띠의 길이 구하기

(한 모둠에 필요한 보라색 띠의 길이)

=(한 명에게 필요한 띠의 길이)×(한 모둠의 학생 수)

$=20\times9=180(\text{cm})$

답 **180 cm**

11 문제정보를 복합적으로 나타내기

문제 그리기

어떤 수: 6 으로 나누었을 때 나머지가 0이 되는 수

수호: 40 보다 크고 45 보다 작은 어떤 수

현지: 50 보다 크고 55 보다 작은 어떤 수

(6, 12, 18, …) → 어떤 수

? : 수호의 어떤 수와 현지의 어떤 수의 합인 행운의 수 구하기

계획-풀기

❶ 수호의 어떤 수 구하기

$6\times6=36$, $6\times7=42$, $6\times8=48$이므로

수호의 어떤 수는 42입니다.

❷ 현지의 어떤 수 구하기

$6\times8=48$, $6\times9=54$, $6\times10=60$이므로

현지의 어떤 수는 54입니다.

❸ 행운의 수 구하기

(행운의 수)=(수호의 어떤 수)+(현지의 어떤 수)

$=42+54$

$=96$

답 **96**

12 그림 그리기

문제 그리기

소금 두 자루(●+●)g 보리 한 자루▲g

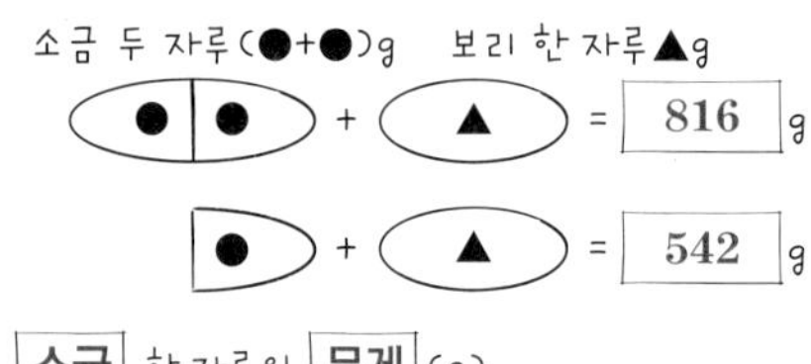

? : 소금 한 자루의 무게(g)

계획-풀기

❶ 소금 한 자루의 무게를 ●, 보리 한 자루의 무게를 ▲로 나타내어 강물에 빠지기 전과 후의 무게를 나타내기

(강물에 빠지기 전의 무게)=816=●+●+▲

(강물에 빠진 후의 무게)=542=●+▲

❷ 소금 한 자루의 무게 구하기

●+●+▲에서 ●+▲를 빼면 ●가 남으므로 ●인 소금 한 자루의 무게는 $816-542=274(\text{g})$입니다.

답 **274 g**

13 예상하고 확인하기

문제 그리기

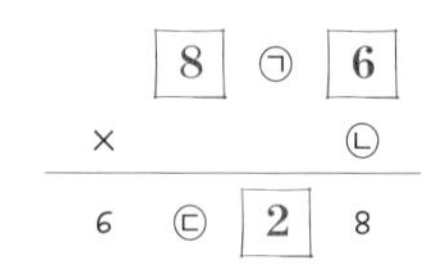

? : ㉠, ㉡, ㉢에 알맞은 수

계획-풀기

❶ ㉡을 예상하고 확인하기

$6\times3=18$, $6\times8=48$이므로 ㉡이 될 수 있는 수는 3 또는 8입니다.

- ㉡=3이라고 하면, $800\times3=2400$에서 천의 자리 숫자가 6이 될 수 없으므로 틀립니다.
- ㉡=8이라고 하면, $800\times8=6400$이므로 천의 자리 숫자가 6이 될 수 있습니다.

따라서 ㉡=8입니다.

❷ ㉠과 ㉢ 구하기

곱셈식 8㉠6×8=6㉢28에서 곱 ㉠×8의 일의 자리 숫자에 받아올림한 4를 더하여 12가 되어야 하므로 ㉠×8의 일의 자리 숫자는 8이어야 합니다.

㉠은 1이 아니므로 6×8=48에서 ㉠=6입니다.

㉠=6, ㉡=8이므로 866×8=6928입니다.

따라서 ㉢=9입니다.

답 ㉠=6, ㉡=8, ㉢=9

14 식 만들기

문제 그리기

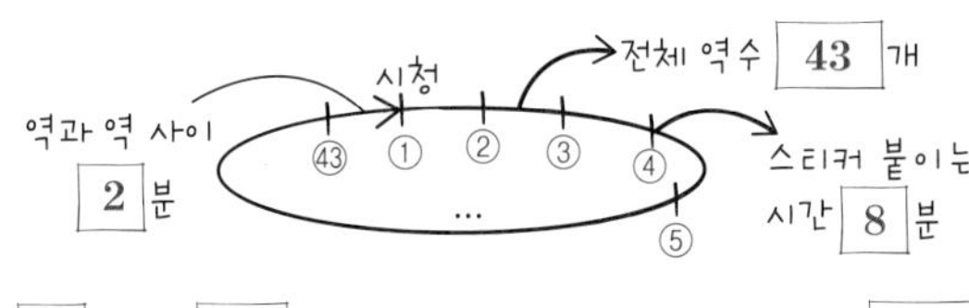

? : 전체 43 개 역에 스티커를 모두 붙이는 데 걸리는 시간

(단위: 분)

계획-풀기

❶ 전체 스티커를 붙이는 시간 구하기

(전체 스티커를 붙이는 시간)

=(스티커 1개를 붙이는 시간)×(역 수)

=8×43=344(분)

❷ 역을 이동하는 시간 구하기

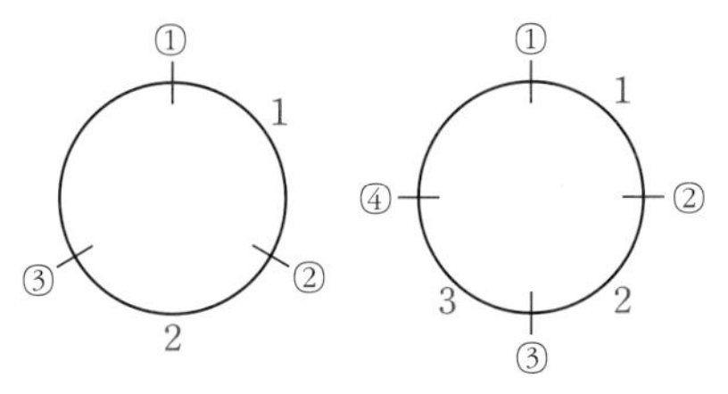

그림과 같이 역이 3개이면 스티커를 붙이기 위해 이동하는 구간은 2개, 역이 4개이면 이동하는 구간은 3개와 같이 (구간의 수)=(역 수)−1입니다.

따라서 역이 43개이면 이동하는 구간은 42개이므로 역을 이동하는 시간은 42×2=84(분)입니다.

❸ 역을 이동하며 스티커를 모두 붙이는 시간 구하기

(스티커를 붙이는 시간)+(역을 이동하는 시간)

=344+84=428(분)

답 428분

15 거꾸로 풀기

문제 그리기

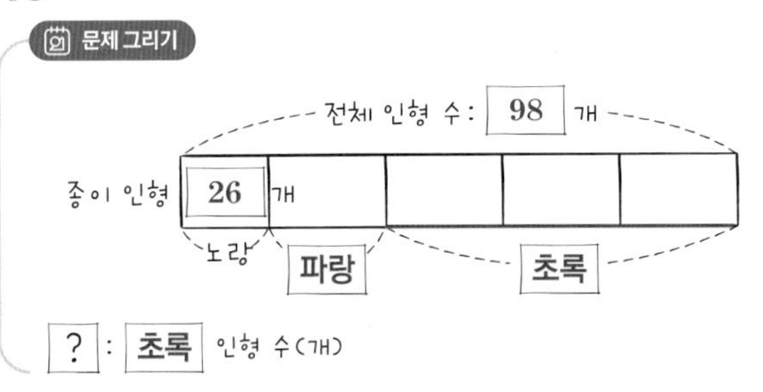

? : 초록 인형 수(개)

계획-풀기

❶ 초록 인형과 파란 인형 수 구하기

(초록 인형 수)+(파란 인형 수)

=(전체 인형 수)−(노란 인형 수)

=98−26=72(개)

❷ 한 상자에 담은 인형 수 구하기

(한 상자에 담은 인형 수)

=(초록 인형과 파란 인형 수)÷(전체 상자 수)

=72÷8=9(개)

❸ 초록 인형 수 구하기

파란 인형이 들어 있는 상자 수를 ▲라고 할 때,

(초록 인형의 상자 수)

=(파란 인형의 상자 수)+(파란 인형의 상자 수)

+(파란 인형의 상자 수)

=▲+▲+▲

(전체 상자 수)=(초록 인형의 상자 수)+(파란 인형의 상자 수)

8=▲+▲+▲+▲, 8=▲×4, ▲=8÷4=2

(초록 인형의 상자 수)=2×3=6(상자)

(초록 인형의 수)=(한 상자의 인형 수)×(초록 인형의 상자 수)

=9×6=54(개)

답 54개

16 예상하고 확인하기

문제 그리기

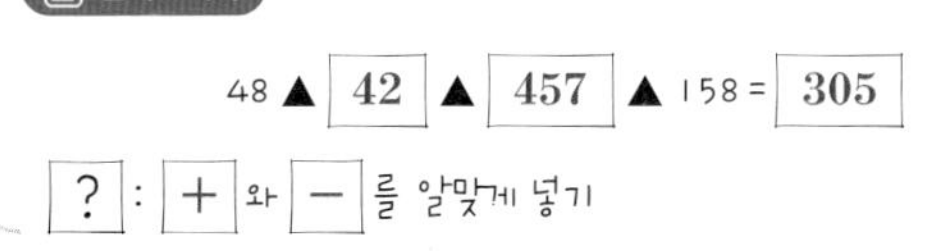

? : + 와 − 를 알맞게 넣기

계획-풀기

주어진 두 자리 수와 세 자리 수를 각각 어림하여 몇십이나 몇백으로 나타내 보면

48 → 50, 42 → 40, 457 → 500, 158 → 200입니다.

어림하여 덧셈과 뺄셈을 해서 답이 305와 가깝게 되기 위해서는

50−40+500−200=310으로 예상할 수 있습니다.

[확인] 48−42+457−158=6+457−158=463−158=305

따라서 □ 안에 들어갈 기호는 −, +, −입니다.

답 −, +, −

17 문제정보를 복합적으로 나타내기

문제 그리기

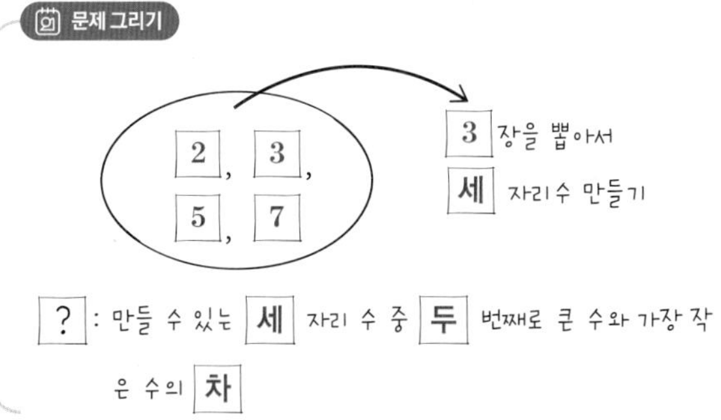

? : 만들 수 있는 세 자리 수 중 두 번째로 큰 수와 가장 작은 수의 차

계획–풀기

❶ 두 번째로 큰 수와 가장 작은 수 구하기
가장 큰 수는 753이고 두 번째로 큰 수는 752입니다.
가장 작은 수는 235입니다.

❷ 두 수의 차 구하기
(두 수의 차)$=752-235=517$

답 517

18 그림 그리기

문제 그리기

○, ○, ○, ○, ○, ○, ○, ○, ○, ○, ○
3 컵을 마시고 / 8 컵이 남음
? : 마신 체리 주스의 양은 전체의 얼마인지 분수로 나타내기

계획–풀기

❶ 전체 나누어 담은만큼 그림으로 그리고 마신만큼 색칠하기
0 1 2 3 4 5 6 7 8 9 10 11(컵)

❷ 마신 주스의 양을 분수로 구하기
(전체 컵 수)$=$(마신 컵 수)$+$(남은 컵 수)$=8+3=11$(컵)
마신 주스의 양은 11컵 중의 3컵이므로 전체의 $\frac{3}{11}$입니다.

답 $\frac{3}{11}$

STEP 4 내가 수학하기 거뜬히 해내기

62~63쪽

1

문제 그리기

㉮ × ㉮ = ㉯	서로 다른 한 자리 자연수 ㉮ + ㉯ = 10 + ㉰
1 × 1 = 1	㉮와 ㉯가 같은 수 (×)
2 × 2 = 4	2 + 4 = 10 + ㉰ (×)
3 × 3 = 9	3 + 9 = 10 + 2 (○)
⋮	⋮

? : ㉮㉰ × ㉯의 값

계획–풀기

❶ ㉮$=1, 2, 3, 4, \cdots$라고 예상하고 확인하기
(1) ㉮$=1$이라면 ㉮$\times$㉮$=1\times1=1$이므로 ㉯$=1$입니다.
그런데 ㉮, ㉯, ㉰는 서로 다른 수가 아니므로 틀립니다.
(2) ㉮$=2$라면 ㉮$\times$㉮$=2\times2=4$이므로 ㉯$=4$입니다.
그런데 ㉮$+$㉯$=2+4$는 $10+$㉰가 될 수 없으므로 틀립니다.
(3) ㉮$=3$이라면 ㉮$\times$㉮$=3\times3=9$이므로 ㉯$=9$입니다.
그리고 ㉮$+$㉯$=3+9=10+$㉰$=12$에서 ㉰$=2$이고, 모두 다른 수이므로 맞습니다.
(4) ㉮가 $4, 5, \cdots, 9$이면 ㉮$\times$㉮$=$㉯(두 자리 수)이므로 틀립니다.

❷ ㉮㉰ × ㉯ 구하기
㉮㉰$\times$㉯$=32\times9=288$

답 288

2

문제 그리기

구분	닭	흑염소	양	⟹ 86마리
리본	파란 리본	노란 리본	노란 리본	⟹ 모든 다리에 하나씩
다리 수	2개	4개	4개	⟹ 270개

? : 필요한 파란 리본과 노란 리본 수

계획–풀기

❶ 닭 수를 예상하고, 다리 수로 확인하기
(1) 닭 수를 40마리라고 예상하면 양과 흑염소 수의 합은 $86-40=46$(마리)입니다.
(닭의 다리 수)$=2\times40=80$이고,
(양과 흑염소의 다리 수)$=4\times46=184$이므로
(총 다리 수)$=80+184=264$(개)이므로 틀립니다.
(2) (1)에서 다리 수가 부족했으므로 닭 수를 39마리라고 예상하면 양과 흑염소 수의 합은 $86-39=47$(마리)입니다.
(닭의 다리 수)$=2\times39=78$이고,
(양과 흑염소의 다리 수)$=4\times47=188$이므로
(총 다리 수)$=78+188=266$(개)이므로 틀립니다.
(3) 닭 수를 1마리 줄이면 다리 수는 2개 늘어나므로 닭 수를 37마리로 예상하면 양과 흑염소의 수는 $86-37=49$(마리)입니다.
(닭의 다리 수)$=2\times37=74$이고,
(양과 흑염소의 다리 수)$=4\times49=196$이므로
(총 다리 수)$=74+196=270$(개)이므로 맞습니다.

❷ 필요한 파란 리본 수와 노란 리본 수 구하기
(파란 리본 수)$=$(전체 닭의 다리 수)$=74$개,
(노란 리본 수)$=$(전체 양과 흑염소의 다리 수)$=196$개

답 파란 리본 수: 74개, 노란 리본 수: 196개

3

문제 그리기

$\frac{3}{17} < \frac{\triangle}{17} < \frac{16}{17}$

$\frac{2}{9} < \frac{\triangle}{9} < \frac{8}{9}$

$\frac{5}{19} < \frac{\triangle}{19} < \frac{15}{19}$

? : △에 공통으로 들어갈 수 있는 수들의 합

계획-풀기

❶ △에 들어갈 수 있는 수 구하기

$\frac{3}{17}<\frac{\triangle}{17}<\frac{16}{17}$에서

△: 4, 5, 6, 7, 8, 9, 10, 11, 12, 13, 14, 15

$\frac{2}{9}<\frac{\triangle}{9}<\frac{8}{9}$에서

△: 3, 4, 5, 6, 7

$\frac{5}{19}<\frac{\triangle}{19}<\frac{15}{19}$에서

△: 6, 7, 8, 9, 10, 11, 12, 13, 14

❷ △에 공통으로 들어갈 수 있는 수들의 합 구하기

△에 공통으로 들어갈 수 있는 수는 6과 7입니다.

따라서 그 합은 6+7=13입니다.

답 13

4

문제 그리기

```
  ㉠ 6 8        8 ㉤ 3
+ 4 ㉡ ㉢     - ㉥ 6 ㉦
---------    ---------
㉣ 4 3 5        5 3 8
```

㉠~㉦ ⟹ 모두 다른 한 자리 수

? : 숫자 ㉠, ㉡, ㉢, ㉣, ㉤, ㉥, ㉦의 값

계획-풀기

❶ ㉠, ㉡, ㉢, ㉣ 구하기

숫자로 나타내어 식을 쓰면 다음과 같습니다.

```
   1 1
   ㉠ 6 8
+  4 ㉡ ㉢
---------
㉣ 4 3 5
```

8+㉢=15이므로 ㉢=15−8=7

1+6+㉡=13이므로 ㉡=13−7=6

1+㉠+4=14이므로 ㉠=14−5=9, ㉣=1

❷ ㉤, ㉥, ㉦ 구하기

```
  8 ㉤ 3
- ㉥ 6 ㉦
---------
  5 3 8
```

13−㉦=8이므로 ㉦=13−8=5

(㉤−1)−6=3이므로

㉤=3+6+1=10

받아내림해서 10이므로 ㉤=0

7−㉥=5이므로 ㉥=7−5=2

답 ㉠: 9, ㉡: 6, ㉢: 7, ㉣: 1, ㉤: 0, ㉥: 2, ㉦: 5

핵심 역량 말랑말랑 수학

64~65쪽

1 청룡 ➡ 0.1이 27개인 수는 2.7이므로 ◎=2입니다.

적룡 ➡ 0.1이 82개인 수는 8.2, $\frac{84}{10}$=8.4이므로 8.2와 8.4 사이에 있는 소수 한 자리 수는 8.3입니다.

따라서 ▲=3입니다.

황룡 ➡ 0.1이 66개인 수는 6.6이고, 6과 0.8의 합은 6.8이므로 6.6보다 크고 6.8보다 작은 소수 한 자리 수는 6.7입니다.

따라서 ▥=7입니다.

백룡 ➡ $\frac{1}{10}$이 16개인 수는 1.6이므로 1.3<1.●<1.6에서 ●는 4, 5입니다.

$\frac{1}{10}$이 58개인 수는 5.8이므로 5.4<5.●<5.8에서 ●는 5, 6, 7입니다.

따라서 ●는 5입니다.

현룡 ➡ $\frac{4}{10}<\frac{4}{\square}<\frac{4}{5}$에서 □가 될 수 있는 수는 9, 8, 7, 6의 4개이므로 △=4입니다.

다섯 개의 숫자 2, 3, 4, 5, 7 중에서 3개의 숫자를 선택하여 만들 수 있는 가장 큰 수는 754이고, 가장 작은 수는 234이므로 두 수의 차는 754−234=520입니다.

답 520

2 (1) 요정이 갇힌 층에서 성의 꼭대기까지의 높이는 23 km이고 이 높이는 전체 성의 높이를 7로 나눈 것 중의 1입니다.

따라서 (전체 성의 높이)÷7=23이므로

(전체 성의 높이)=23×7=161(km)입니다.

(2) 두 요정이 만든 밧줄의 길이는 전체 길이의 $\frac{5}{6}$이므로 남은 길이는 전체의 $\frac{1}{6}$입니다. 따라서 $\frac{5}{6}$는 $\frac{1}{6}$의 5배이므로 두 요정이 밧줄을 만드는 데는 45÷5=9(분)이 걸립니다.

답 나머지 밧줄을 완성하는 시간: 9분, 성의 높이: 161 km

3 원숭이, 캥거루, 사슴, 타조의 위치를 그림으로 나타내면 다음과 같습니다.

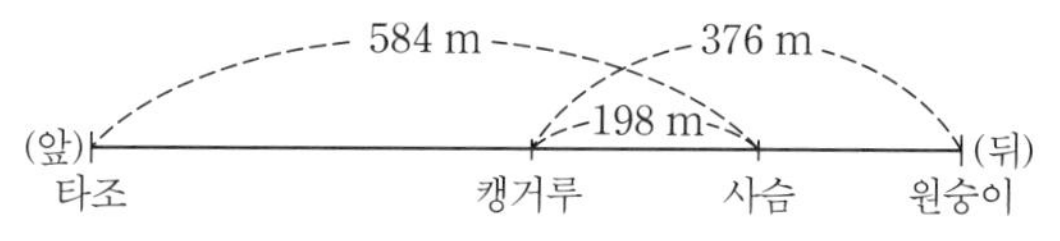

사과 범인을 찾기 위해 뒤져 봐야 하는 거리는 원숭이와 타조 사이의 거리입니다.

(원숭이와 타조 사이의 거리)

=(타조와 사슴 사이의 거리)+(캥거루와 원숭이 사이의 거리)

−(캥거루와 사슴 사이의 거리)

=584+376−198=762(m)

답 762 m

PART 2

도형과 측정

평면도형, 길이와 시간

개념 떠올리기 68~70쪽

1 답 ( )(○)( )(◎)( )(△)

2 답 각, 3, ㄱㄴㄷ, ㄷㄴㄱ, 직각삼각형

3 답

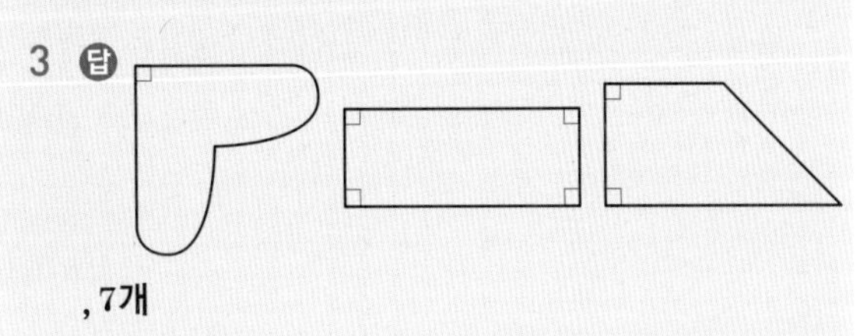

, 7개

4 답 가, 라

5 답 ㉢, ㉣

6 (가) 도형 1개로 이루어진 직각삼각형은 2개, 도형 2개로 이루어진 직각삼각형은 0개, 도형 3개로 이루어진 직각삼각형은 1개이므로 크고 작은 직각삼각형은 3개입니다.

(나) 도형 1개로 이루어진 직사각형은 6개, 도형 2개로 이루어진 직사각형은 7개, 도형 3개로 이루어진 직사각형은 2개, 도형 4개로 이루어진 직사각형은 2개, 도형 5개로 이루어진 직사각형은 0개, 도형 6개로 이루어진 직사각형은 1개이므로 크고 작은 직사각형은 모두 6+7+2+2+1=18(개)입니다.

답 (가) 3개, (나) 18개

7 답 ㉡, ㉢

8 답 ❶ 7, 254 ❷ 8, 300 ❸ 3700 ❹ 4

9 답 ❶ 분 ❷ 시간 ❸ 초 ❹ 60, 1

10 답 ❶ 2 km 690 m ❷ 5시간 35분 14초 ❸ 1시 43분 34초

STEP 1 내가 수학하기 배우기

식 만들기

72~73쪽

1

문제 그리기

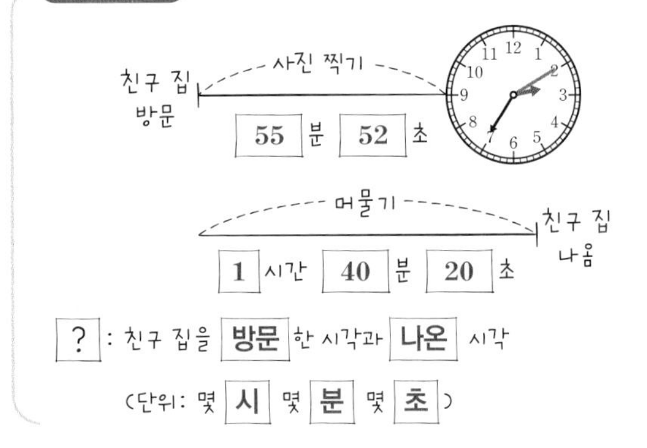

? : 친구 집을 방문한 시각과 나온 시각

(단위: 몇 시 몇 분 몇 초)

계획-풀기

❶ 시계가 가리키고 있는 시각 구하기

시계가 가리키고 있는 시각은 2시 10분 35초입니다.

→ 35분 10초

❷ 친구 집을 방문한 시각 구하기

방문해서 55분 52초 후 시각이 2시 10분 35초였으므로

방문한 시각은 2시 10분 35초−55분 52초=1시 14분 43초입니다.

→ 35분 10초,
2시 35분 10초−55분 52초=1시 39분 18초

❸ 친구 집을 나온 시각 구하기

시계를 본 시각으로부터 1시간 40분 20초 후에 집을 나왔습니다.

(친구 집을 나온 시각)=2시 10분 35초+1시간 40분 20초
=3시간 50분 55초

→ 2시 35분 10초+1시간 40분 20초=4시 15분 30초

답 방문한 시각: 1시 39분 18초, 나온 시각: 4시 15분 30초

확인하기

식 만들기 (○)

2

문제 그리기

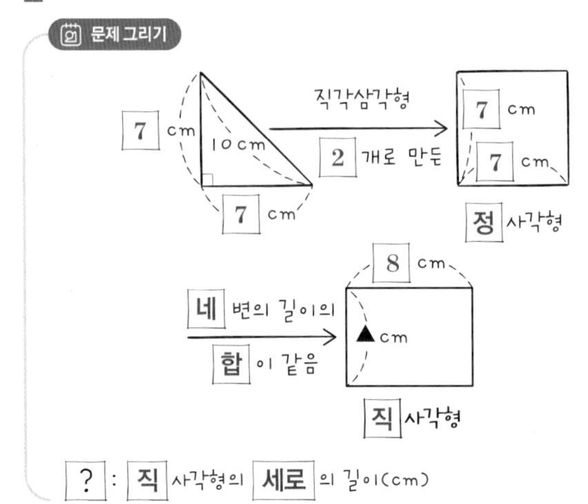

? : 직사각형의 세로의 길이(cm)

계획-풀기

❶ 직각삼각형 2개로 만든 정사각형 그리기

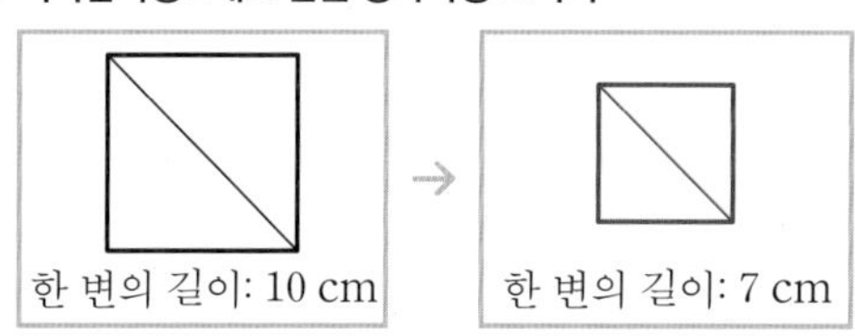

❷ 정사각형의 네 변의 길이의 합 구하기

(정사각형의 네 변의 길이의 합)

=(정사각형의 한 변의 길이)×2

=10×2=20(cm)

→ 4, 7×4=28

❸ 직사각형의 세로의 길이 구하기

직사각형의 세로의 길이를 ▲ cm라 하면

(직사각형의 네 변의 길이의 합)=8+▲+8+▲=20(cm)

▲+▲=4이므로 ▲=2입니다.

→ 28, ▲+▲=12, ▲=6

답 6 cm

확인하기

식 만들기 (○)

STEP 1 내가 수학하기 배우기 그림 그리기

75~76쪽

1

문제 그리기

가장 큰 정사각형을 만드는 선 그리기

네 변의 길이의 합: 64 cm

? : 가장 큰 정사각형을 만들고 남은 직사각형의 긴 변의 길이(cm)

계획-풀기

❶ 직사각형의 긴 변의 길이 구하기

직사각형의 긴 변의 길이를 △ cm라고 할 때,

직사각형의 네 변의 길이의 합은 6+△=36(cm)이므로

△=30입니다.

→ 8+△+8+△=64, △=24

❷ 만들 수 있는 가장 큰 정사각형의 한 변의 길이 구하기

정사각형은 네 변의 길이와 네 각의 크기가 같으므로 가장 큰 정사각형의 한 변의 길이는 직사각형의 가로와 세로의 길이 중 짧은 변의 길이인 6 cm입니다.

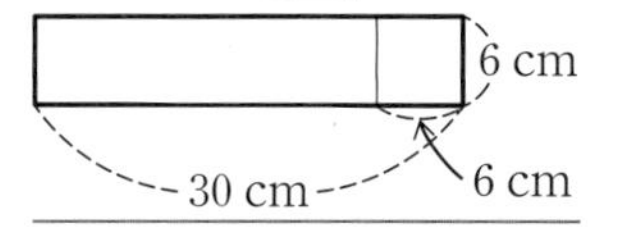

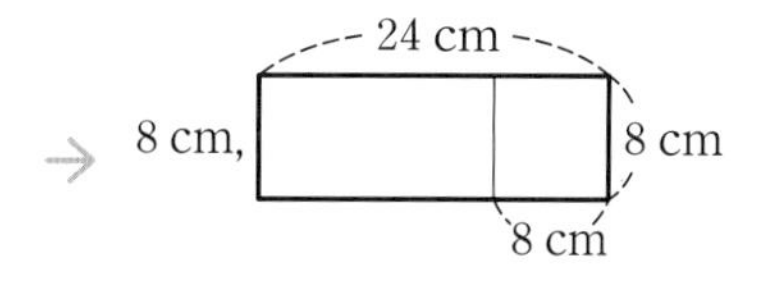

→ 8 cm,

❸ 색칠한 직사각형에서 남은 직사각형의 긴 변의 길이 구하기

정사각형을 만들고 남은 직사각형의 한 변의 길이는

30−12=18(cm)입니다.

→ 24−8=16

답 16 cm

확인하기

그림 그리기 (○)

2

문제 그리기

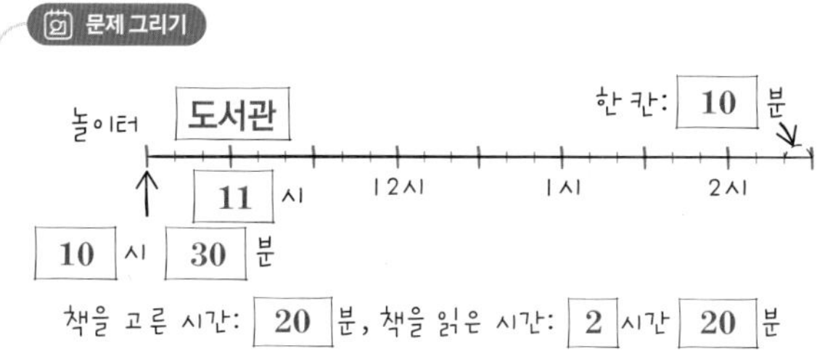

책을 고른 시간: 20 분, 책을 읽은 시간: 2 시간 20 분

? : 놀이터에 돌아온 시각(몇 시 몇 분)

계획-풀기

❶ 놀이터에서 만난 시각부터 도서관에서 나오기까지의 시간만큼 색칠하기

시간 띠에서 한 칸은 10분을 나타내고 놀이터에서 도서관까지 가는 데 30분이 걸렸고, 도서관에서 책을 고르는 데 40분이 걸렸으므로 3+4=7(칸)을 색칠하고, 그다음 책을 읽는 데는 2시간 10분 걸렸으므로 6×2+1=13(칸)을 더 색칠합니다.

→ 20분, 3+2=5(칸), 2시간 20분, 6×2+2=14(칸)

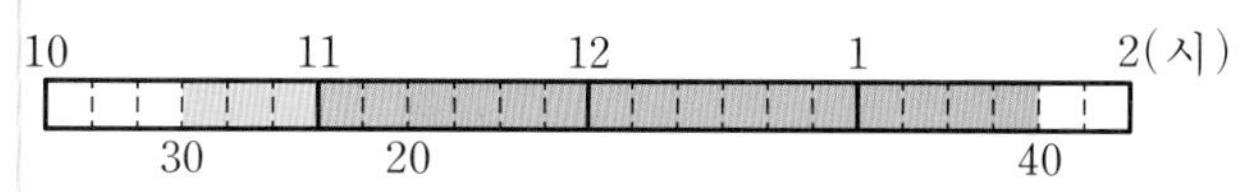

❷ 도서관에서 나와 놀이터에 돌아온 시간만큼 색칠하기

도서관에서 놀이터까지 40분이 걸렸으므로 1시 20분부터 4칸을 색칠합니다.

→ 30분, 1시 40분부터 3칸

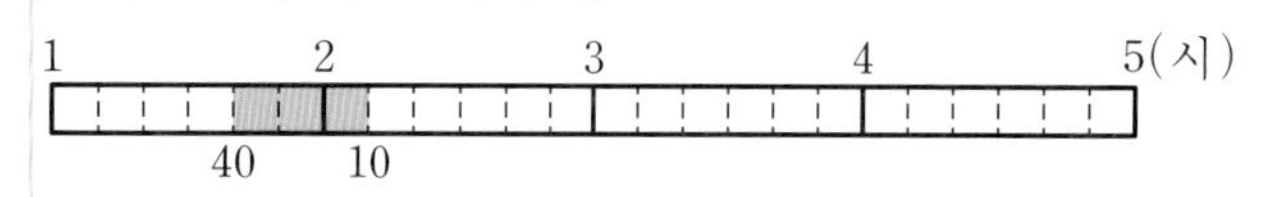

❸ 답 구하기

현정이와 주희가 놀이터에 돌아온 시각은 오후 2시입니다.

→ 2시 10분

답 오후 2시 10분

확인하기

그림 그리기 (○)

STEP 1 내가 수학하기 배우기

거꾸로 풀기

78~79쪽

1

문제 그리기

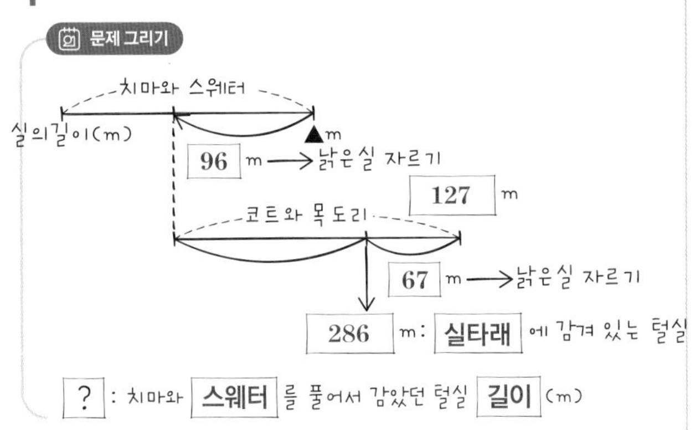

? : 치마와 스웨터 를 풀어서 감았던 털실 길이 (m)

계획-풀기

❶ **낡은 털실을 잘라낸 치마와 스웨터 털실 길이 구하기**

(낡은 털실을 잘라낸 치마와 스웨터의 털실 길이)

+(코트와 목도리를 풀은 털실 길이)−(잘라낸 낡은 털실 길이)

=(실타래에 감겨 있는 털실 길이)이므로

(낡은 털실을 잘라낸 치마와 스웨터의 털실 길이)+127+67

=286(m)입니다.

따라서

(낡은 털실을 잘라낸 치마와 스웨터 털실 길이)

=286−67−127=92(m)입니다.

→ −, 286+67−127=226

❷ **치마와 스웨터를 풀어 감았던 털실 길이 구하기**

(치마와 스웨터를 풀어 감았던 털실 길이)−(낡은 털실 길이)

=(낡은 털실을 잘라낸 치마와 스웨터의 털실 길이)이므로

(치마와 스웨터를 풀어 감았던 털실 길이)−96=92,

(치마와 스웨터를 풀어 감았던 털실 길이)=92+96=188(m)

입니다.

→ 226, 226+96=322

답 **322 m**

확인하기

거꾸로 풀기 ()

2

문제 그리기

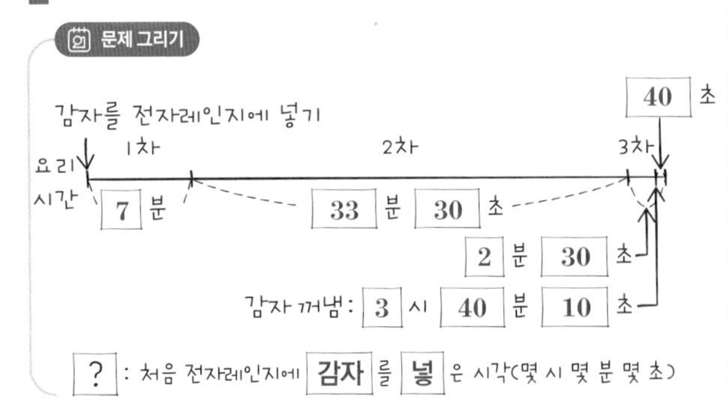

? : 처음 전자레인지에 감자 를 넣 은 시각(몇 시 몇 분 몇 초)

계획-풀기

❶ **전체 조리 시간 구하기**

감자를 전자레인지에서 7분 돌리고, 2차로 36분 40초 동안 더 익히고, 3차로 3분 20초를 입력하여 더 익히다가 예정된 시간보다 50초 전에 작동을 멈추게 하였으므로 전체 조리 시간을 구하는 식은 다음과 같습니다.

(전체 조리 시간)=7분+36분 40초+3분 20초−50초

=46분 60초−50초=46분 10초

→ 33분 30초, 2분 30초, 40초,

7분+33분 30초+2분 30초−40초,

42분 60초−40초=42분 20초

❷ **조리를 시작한 시각 구하기**

조리가 끝난 시각이 오후 3시 40분 10초였으므로 처음 감자를 전자레인지에 넣은 시각은 다음과 같습니다.

(처음 전자레인지에 감자 넣은 시각)+(익힌 시간)

=(조리가 끝난 시각)이므로

(처음 전자레인지에 감자를 넣은 시각)

=(조리가 끝난 시각)−(익힌 시간)

=3시 40분 10초−46분 10초

=2시 54분

→ 42분 20초, 2시 57분 50초

답 **오후 2시 57분 50초**

확인하기

거꾸로 풀기 (○)

STEP 2 내가 수학하기 해보기

식, 그림, 거꾸로

80~91쪽

1 식 만들기

문제 그리기

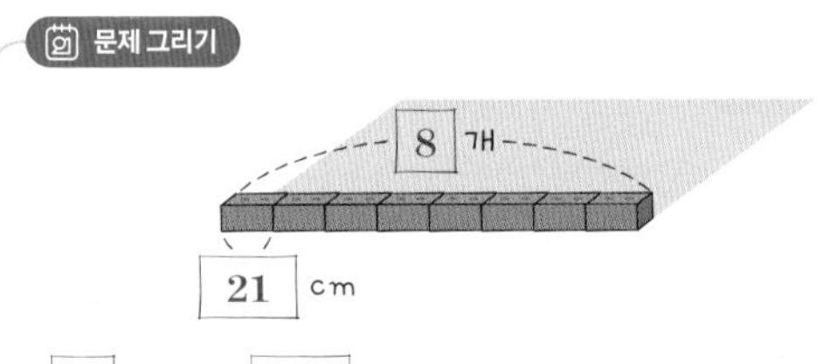

? : 화단의 가로 의 길이(몇 m 몇 cm)

계획-풀기

❶ 벽돌을 늘어놓은 화단의 가로의 길이는 몇 cm인지 구하기

(화단의 가로의 길이)=(벽돌의 가로의 길이)×(벽돌의 개수)

=21×8=168(cm)

❷ 벽돌을 늘어놓은 화단의 가로의 길이는 몇 m 몇 cm인지 구하기

(화단의 가로의 길이)=168 cm=1 m 68 cm

답 **1 m 68 cm**

2 식 만들기

문제 그리기

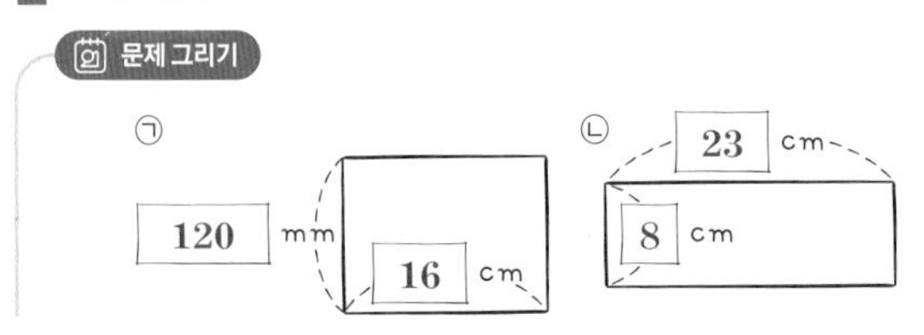

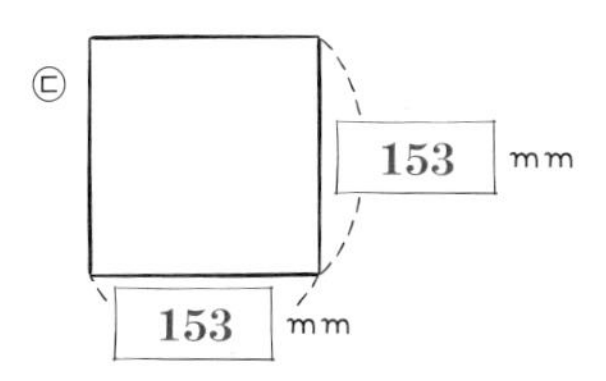

? : 네 변의 길이의 합이 가장 긴 것과 그 도형의 네 변의 길이의 합(단위: 몇 mm)

계획-풀기

❶ 사각형 ㉠, ㉡, ㉢의 네 변의 길이의 합은 몇 mm인지 각각 구하기

(1) ㉠에서

(가로의 길이)+(세로의 길이)

$=16$ cm$+120$ mm

$=160$ mm$+120$ mm

$=280$ mm이므로

㉠의 네 변의 길이의 합은 $280\times2=560$(mm)입니다.

(2) ㉡에서

(가로의 길이)+(세로의 길이)

$=23$ cm$+8$ cm

$=31$(cm)이므로

㉡의 네 변의 길이의 합은 $31\times2=62$(cm) ➡ 620(mm)입니다.

(3) (㉢의 네 변의 길이의 합)=(한 변의 길이)$\times4$

$=153\times4=612$(mm)

❷ 답 구하기

㉠, ㉡, ㉢의 각각 네 변의 길이의 합은 560 mm, 620 mm, 612 mm이므로 가장 긴 것은 ㉡이고, 그 도형의 네 변의 길이의 합은 620 mm입니다.

답 ㉡, 620 mm

3 식 만들기

문제 그리기

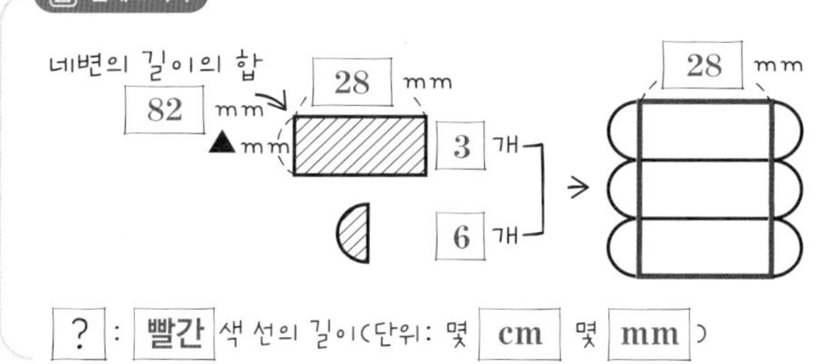

? : 빨간색 선의 길이(단위: 몇 cm 몇 mm)

계획-풀기

❶ 직사각형의 세로의 길이를 △ mm라고 할 때, 직사각형의 네 변의 길이의 합을 구하는 식 만들기

(직사각형의 네 변의 길이의 합)$=\triangle+28+\triangle+28=82$

❷ 직사각형의 세로의 길이 구하기

$\triangle+28+\triangle+28=82$, $\triangle+\triangle+56=82$, $\triangle+\triangle=82-56$, $\triangle+\triangle=26$, $13+13=26$이므로

(직사각형의 세로의 길이)$=13$(mm)입니다.

❸ 빨간색 선의 길이 구하기

(빨간색 선의 길이)=(가로의 길이)$\times2+$(세로의 길이)$\times6$

$=28\times2+13\times6=56+78=134$(mm)

⇨ 134 mm=13 cm 4 mm

답 13 cm 4 mm

4 식 만들기

문제 그리기

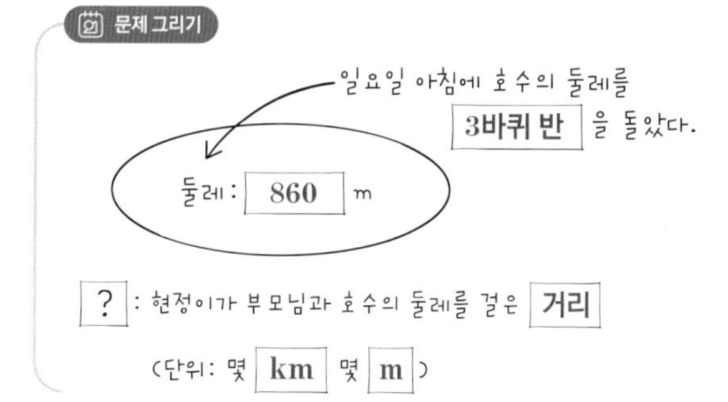

? : 현정이가 부모님과 호수의 둘레를 걸은 거리

(단위: 몇 km 몇 m)

계획-풀기

❶ 구하는 거리는 몇 m인지 구하기

860 m의 반은 430 m이고, 일요일 아침에 호수를 3바퀴 반을 걸었으므로

(구하는 거리)$=860+860+860+430=3010$(m)입니다.

❷ 구하는 거리는 몇 km 몇 m인지 구하기

(구하는 거리)=3010 m=3 km 10 m

답 3 km 10 m

5 식 만들기

문제 그리기

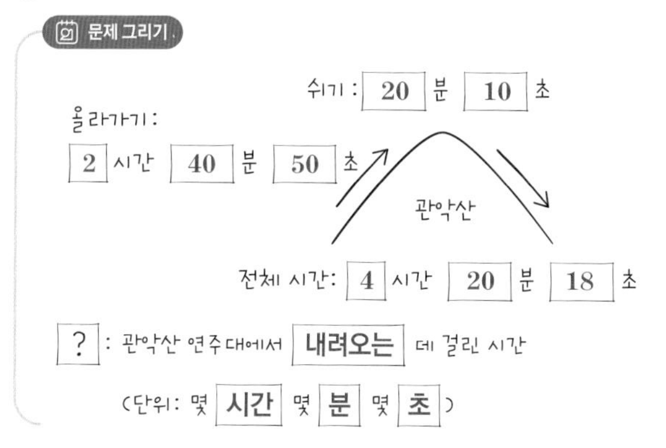

? : 관악산 연주대에서 내려오는 데 걸린 시간

(단위: 몇 시간 몇 분 몇 초)

계획-풀기

❶ 관악산 연주대까지 올라가는 시간과 쉬는 시간의 합 구하기

(관악산 연주대까지 올라가서 쉬는 시간까지 걸린 시간)

=(올라가는 시간)+(쉬는 시간)

=2시간 40분 50초+20분 10초=3시간 1분

❷ 연주대에서 내려오는 데 걸린 시간 구하기

(전체 시간)=(올라가는 시간)+(쉬는 시간)+(내려오는 시간)

4시간 20분 18초=3시간 1분+(내려오는 시간)

(내려오는 시간)=4시간 20분 18초−3시간 1분

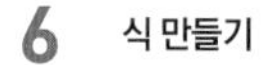

=1시간 19분 18초

답 1시간 19분 18초

6 식 만들기

문제 그리기

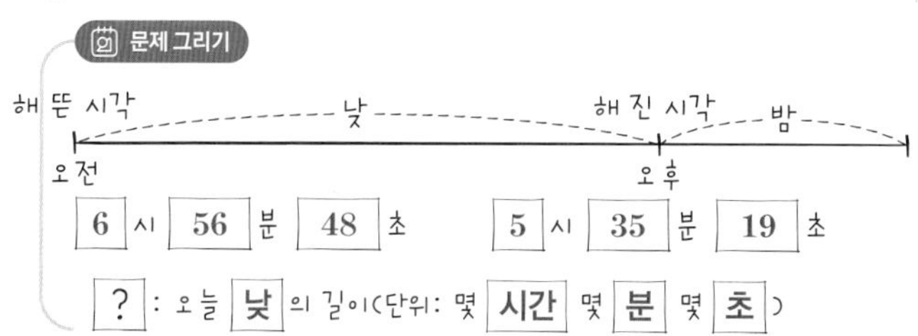

? : 오늘 낮의 길이(단위: 몇 시간 몇 분 몇 초)

계획-풀기

❶ 낮의 길이를 구하는 식 만들기

(낮의 길이)=(해 진 시각)−(해 뜬 시각)

=(오후 5시 35분 19초)−(오전 6시 56분 48초)

❷ 낮의 길이를 구하기

오후 5시를 12+5=17(시)라고 하면

17시 35분 19초−6시 56분 48초

=10시간 38분 31초

답 **10시간 38분 31초**

7 식 만들기

문제 그리기

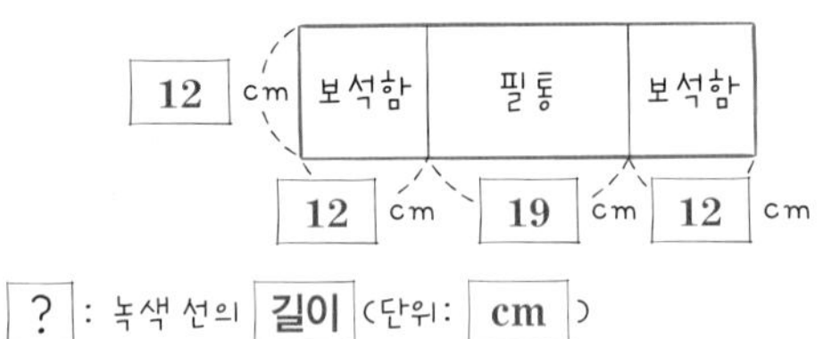

? : 녹색 선의 길이 (단위: cm)

계획-풀기

❶ 커진 필통 바닥인 직사각형의 가로의 길이 구하기

(커진 필통 바닥인 직사각형의 가로의 길이)

=12+19+12=43(cm)

❷ 녹색 선의 길이 구하기

(녹색 선의 길이)

=(세로의 길이)+(가로의 길이)+(세로의 길이)+(가로의 길이)

=12+43+12+43=110(cm)

답 **110 cm**

8 식 만들기

문제 그리기

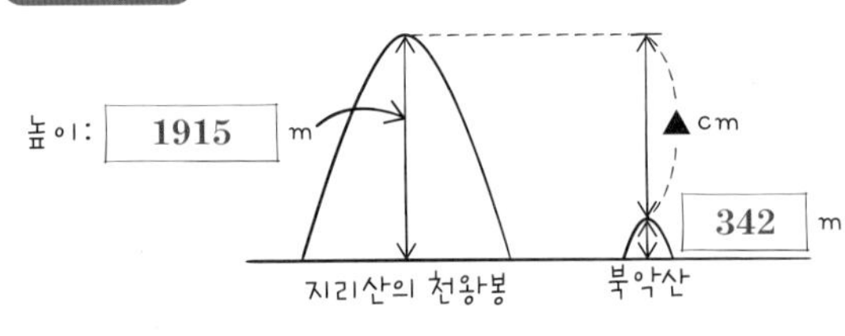

? : 지리산의 천왕봉과 북악산의 높이의 차

(단위: 몇 km 몇 m)

계획-풀기

❶ 지리산의 천왕봉이 북악산보다 몇 m 더 높은지 구하기

(지리산의 천왕봉 높이)−(북악산의 높이)

=1915 m−342 m

=1573 m

❷ 지리산의 천왕봉이 북악산보다 몇 km 몇 m 높은지 구하기

1573 m ⇨ 1 km 573 m

답 **1 km 573 m**

9 그림 그리기

문제 그리기

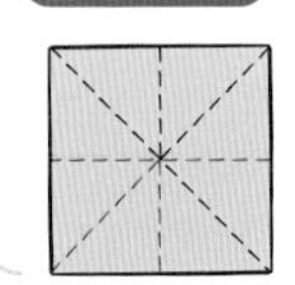

? : 선을 따라 자를 경우, 직각삼각형의 수(개)

계획-풀기

❶ 색종이를 접었다 폈을 때 접은 선을 모두 그리고, 직각 표시하기

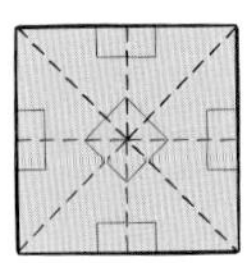

❷ 직각삼각형의 수 구하기

직각삼각형의 수: 8개

답 **8개**

10 그림 그리기

문제 그리기

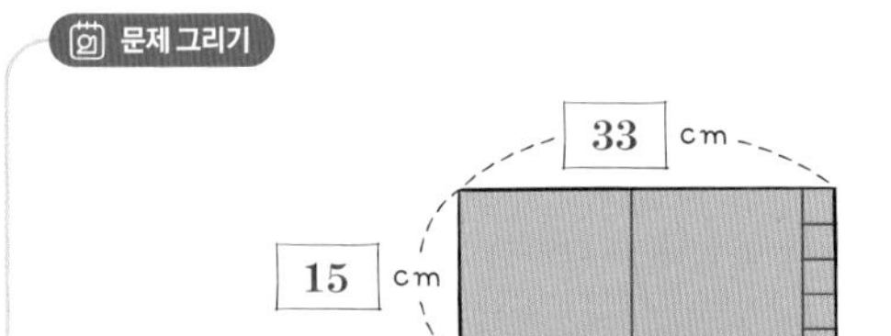

? : 색 도화지로 만들 수 있는 정사각형의 수(개)

계획-풀기

❶ 처음 잘라낸 가장 큰 정사각형 2개와 남은 직사각형의 짧은 변을 한 변으로 하는 정사각형을 그리고, 길이 표시하기

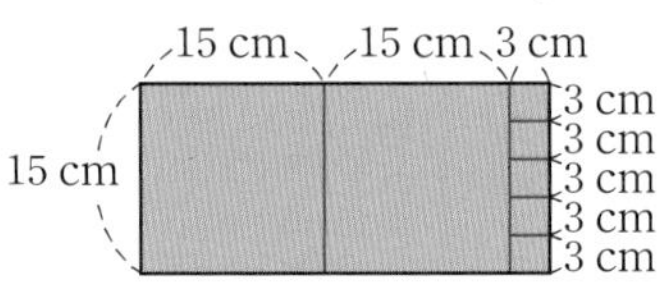

❷ 만들 수 있는 정사각형의 수 구하기

만들 수 있는 정사각형의 수는 7개입니다.

답 **7개**

11 그림 그리기

문제 그리기

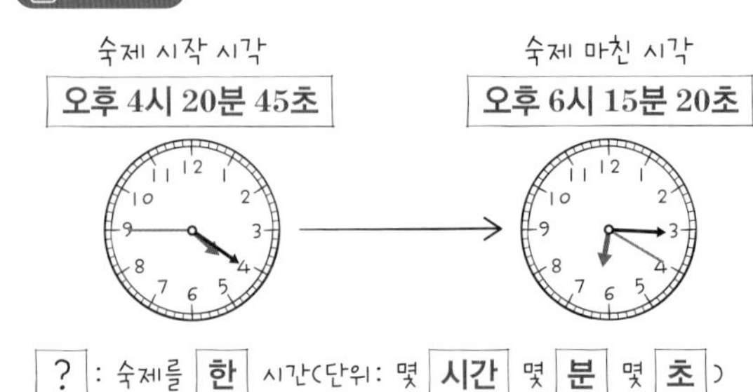

? : 숙제를 한 시간(단위: 몇 시간 몇 분 몇 초)

계획-풀기

❶ 숙제를 시작한 시각과 마친 시각 그리기

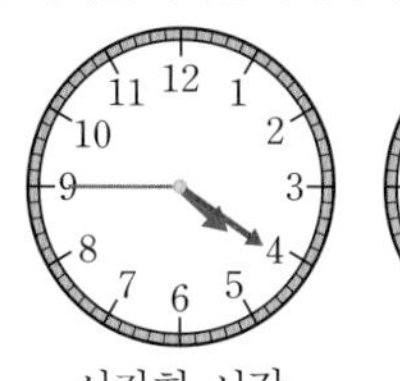
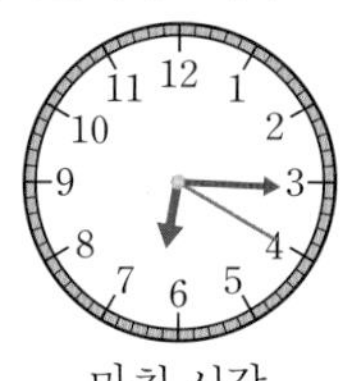

시작한 시각 마친 시각

❷ 숙제 시작 시각에서 5시까지의 시간 구하기

4시 20분 45초에서 15초 후에 4시 21분이 되고, 4시 21분에서 39분 후에 5시가 됩니다.
따라서 4시 20분 45초에서 5시까지는 39분 15초입니다.

❸ 숙제 한 시간 구하기

5시에서 1시간 15분 20초 후에 6시 15분 20초가 됩니다.

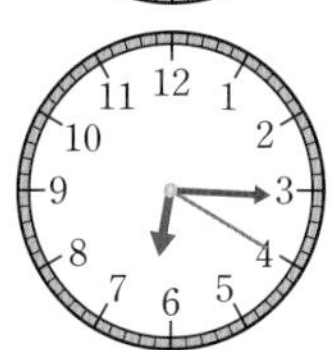

따라서 숙제를 한 시간은
39분 15초+1시간 15분 20초=1시간 54분 35초입니다.

답 **1시간 54분 35초**

12 그림 그리기

문제 그리기

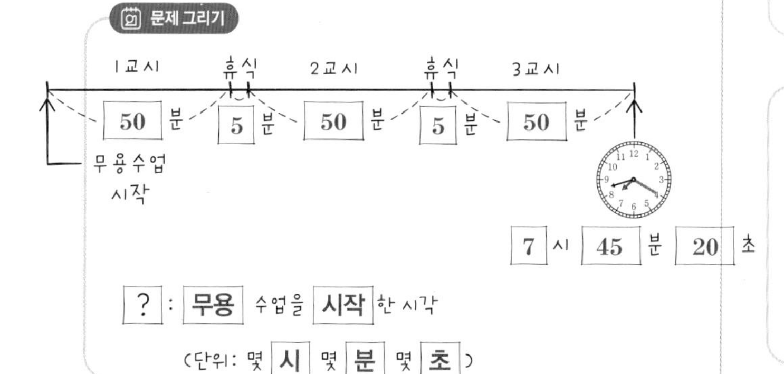

계획-풀기

❶ 3교시까지 무용 수업이 끝난 시각 구하기
(3교시 수업이 끝난 시각)=7시 45분 20초

❷ 3교시까지 수업 시간과 휴식 시간의 합 구하기
수업 시간과 휴식 시간의 합은
50+5+50+5+50=160(분) ⇨ 2시간 40분입니다.

❸ 무용 수업을 시작한 시각 구하기
(무용 수업이 끝난 시각)
=(무용 수업을 시작한 시각)+2시간 40분이므로
7시 45분 20초=(무용 수업을 시작한 시각)+2시간 40분이므로
(무용 수업을 시작한 시각)=7시 45분 20초−2시간 40분
=5시 5분 20초
입니다.

답 **5시 5분 20초**

13 그림 그리기

문제 그리기

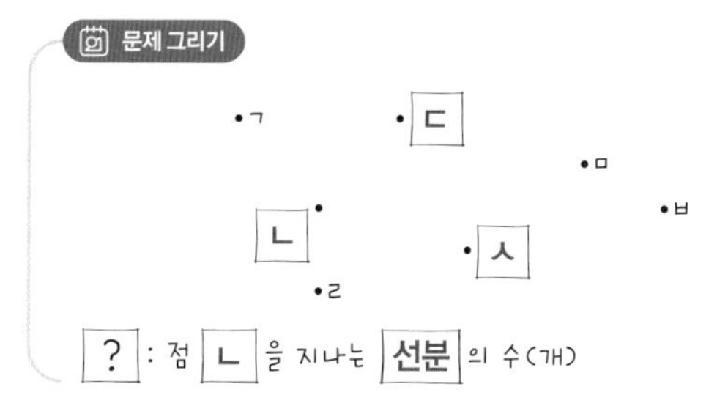

계획-풀기

❶ 2개의 점을 이어 점 ㄴ을 지나는 선분 구하기

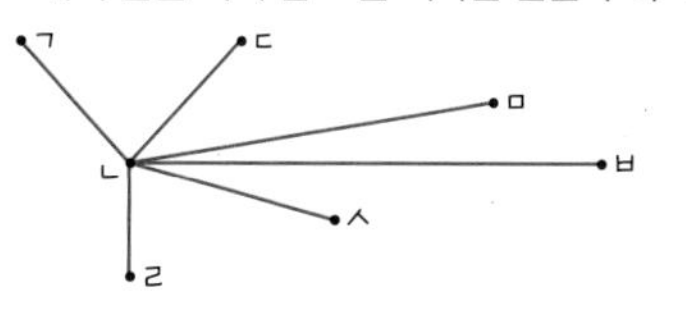

❷ 점 ㄴ을 지나는 선분은 모두 몇 개인지 구하기
점 ㄴ을 지나는 선분은 6개입니다.

답 **6개**

14 그림 그리기

문제 그리기

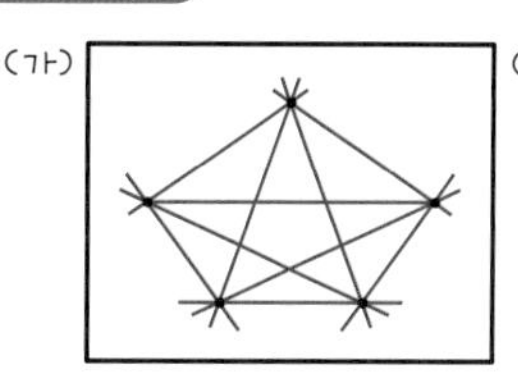

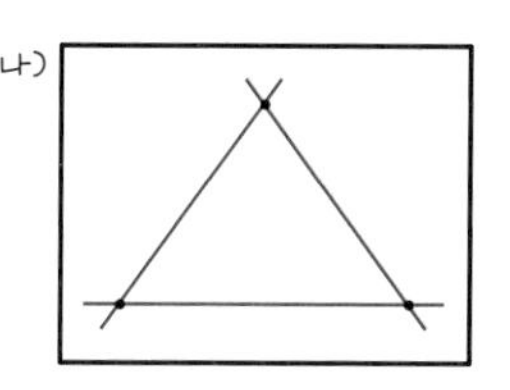

? : (가)와 (나)에서 그을 수 있는 직선의 개수의 차

계획-풀기

❶ (가)와 (나)에서 2개의 점을 이어 그을 수 있는 직선을 문제 그리기에 그리고 그 개수 각각 구하기
(가): 10개, (나): 3개

❷ (가)와 (나)에서 그을 수 있는 직선의 개수의 차 구하기
직선의 개수의 차: 10−3=7(개)

답 **7개**

15 그림 그리기

문제 그리기

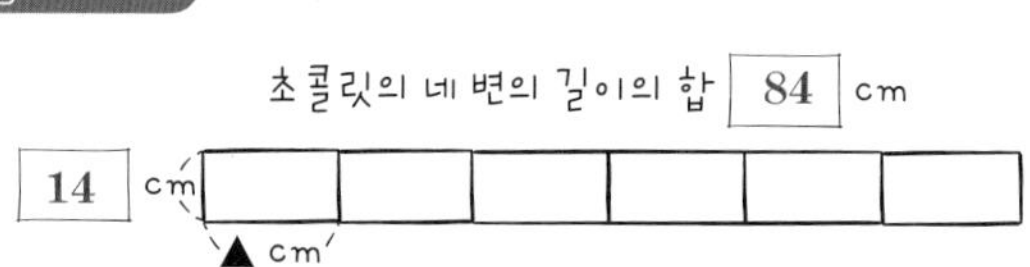

? : 초콜릿 6 개를 연결한 직사각형의 긴 변의 길이(cm)

계획-풀기

❶ 초콜릿의 긴 변의 길이를 ▲ cm라 할 때, 6개의 초콜릿을 짧은 변끼리 연결한 직사각형 그리기

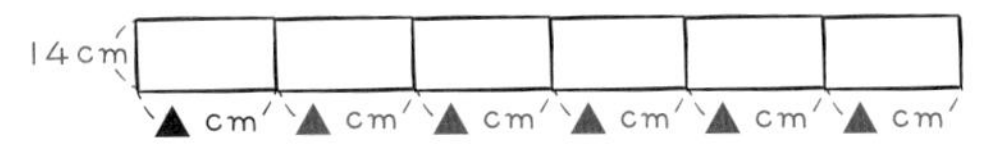

❷ 만들어진 직사각형의 긴 변의 길이 구하기

(초콜릿 한 개의 네 변의 길이의 합)=14+▲+14+▲=84에서

28+▲+▲=84, ▲+▲=84−28=56

▲+▲=56이므로

(긴 변의 길이)=▲+▲+▲+▲+▲+▲

=56+56+56=168(cm)

답 **168 cm**

16 그림 그리기

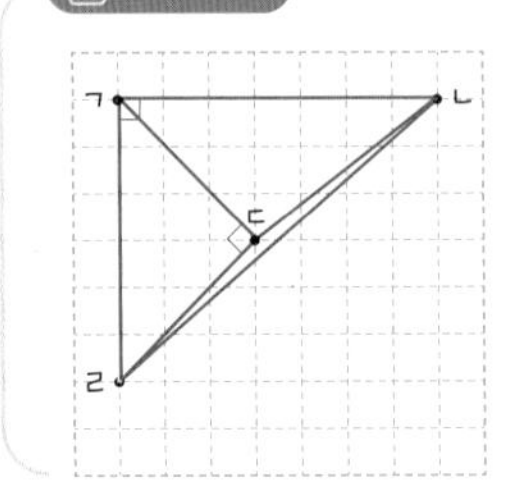

? : 세 점을 연결하여 그릴 수 있는 직각삼각형의 개수(개)

계획-풀기

❶ 세 점을 연결하여 그릴 수 있는 삼각형을 문제 그리기에 그리고 직각을 나타내기

❷ 그릴 수 있는 직각삼각형은 모두 몇 개인지 구하기

그릴 수 있는 직각삼각형은 2개입니다.

답 **2개**

17 거꾸로 풀기

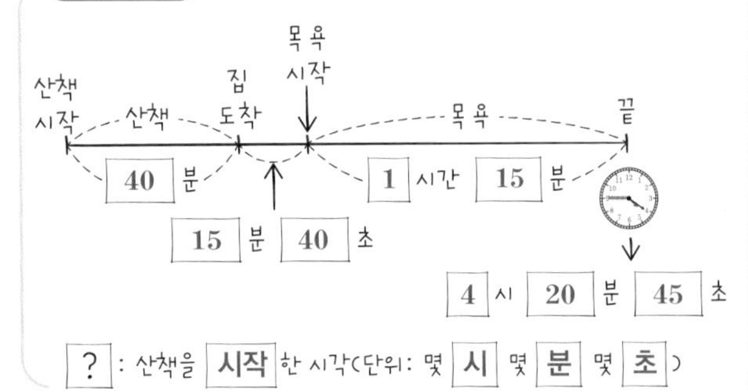

? : 산책을 시작한 시각(단위: 몇 시 몇 분 몇 초)

계획-풀기

❶ 강아지의 목욕을 시키기 시작한 시각 구하기

(강아지의 목욕을 시키기 시작한 시각)

=(목욕이 끝난 시각)−(목욕한 시간)

=4시 20분 45초−1시간 15분=3시 5분 45초

❷ 산책을 시작한 시각 구하기

(집에 도착한 시각)

=(목욕을 시작한 시각)−(목욕을 준비한 시간)

=3시 5분 45초−15분 40초=2시 50분 5초

(산책을 시작한 시각)

=(집에 도착한 시각)−(산책 시간)

=2시 50분 5초−40분=2시 10분 5초

답 **2시 10분 5초**

18 거꾸로 풀기

문제 그리기

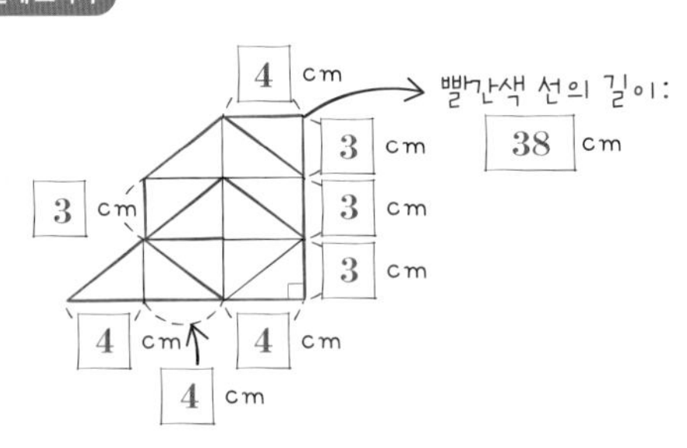

? : 작은 직각삼각형의 세 변의 길이의 합(단위: cm)

계획-풀기

❶ 작은 직각삼각형 ◺에서 파란색 변의 길이 구하기

빨간색 선 중 3 cm는 4개, 4 cm는 4개입니다.

▲cm, 3 cm, 4 cm

작은 직각삼각형에서 가장 긴 변의 길이를 ▲ cm라 하면

3+3+3+3+4+4+4+4=28(cm)이므로

28+▲+▲=38에서 ▲=5입니다.

❸ 직각삼각형의 세 변의 길이의 합 구하기

(직각삼각형의 세 변의 길이의 합)=3+4+5=12(cm)

답 **12 cm**

19 거꾸로 풀기

문제 그리기

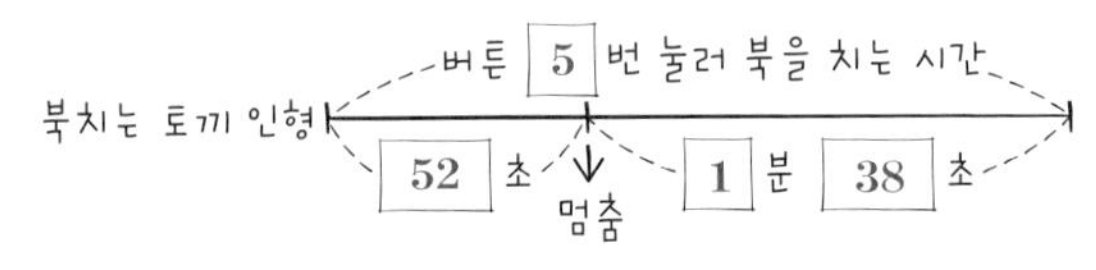

? : 버튼을 한 번 누를 때 북치는 시간(단위: 초)

계획-풀기

❶ 버튼을 5번 누를 때 토끼 인형이 북을 치는 시간 구하기

(버튼 5번 누를 때 북을 치는 시간)

=52초+1분 38초=52초+60초+38초=150초

❷ 버튼을 한 번 누를 때 토끼 인형이 북을 치는 시간 구하기

(버튼 1번 누를 때 북을 치는 시간)

=(5번 눌렀을 때 북을 치는 시간)÷5

=150÷5=30(초)

답 **30초**

20 거꾸로 풀기

문제 그리기

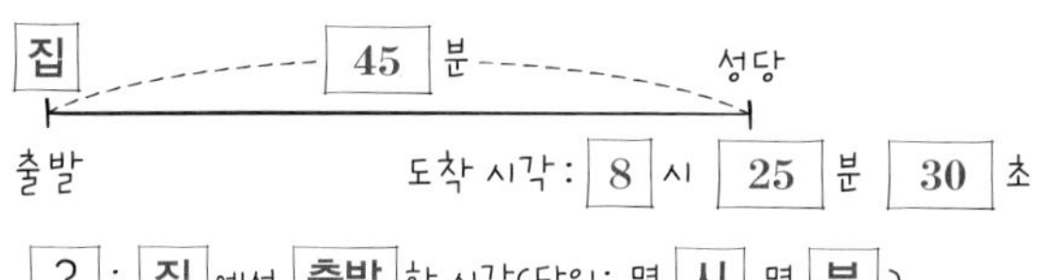

? : 집 에서 출발 한 시각(단위: 몇 시 몇 분)

계획-풀기

❶ 성당에 도착한 시각 읽기

성당에 도착한 시각: 8시 25분 30초

❷ 집에서 출발한 시각은 몇 시 몇 분인지 구하기

45분=25분+20분입니다.

8시 25분 30초에서 25분 전은 8시 30초이고, 8시 30초에서 20분 전은 7시 40분 30초입니다.

따라서 집에서 출발한 시각은 8시 25분 30초에서 45분 전인 7시 40분 30초입니다.

답 7시 40분 30초

21 거꾸로 풀기

문제 그리기

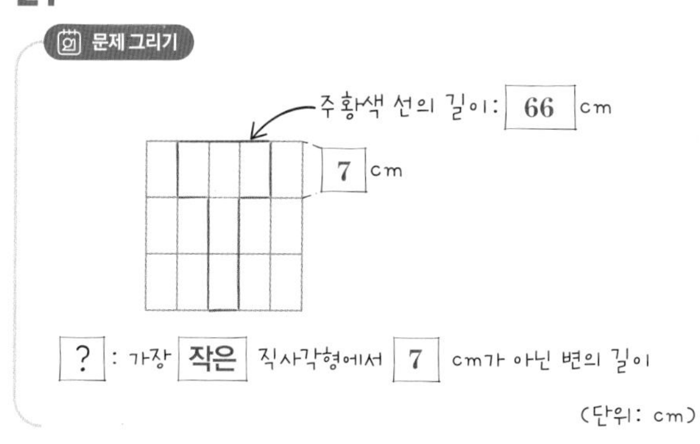

? : 가장 작은 직사각형에서 7 cm가 아닌 변의 길이

(단위: cm)

계획-풀기

❶ 주황색 선에서 7 cm인 선분의 길이의 합 구하기

주황색 선에서 7 cm인 선분은 6개이므로

(주황색 선에서 7 cm인 선분의 길이의 합)$=7\times6=42$(cm)입니다.

❷ 가장 작은 직사각형에서 7 cm가 아닌 변의 길이 구하기

(주황색 선에서 7 cm가 아닌 선분의 길이의 합)

$=66-42=24$(cm)

가장 작은 직사각형에서 7 cm가 아닌 변은 주황색 선에서 6개 있으므로 구하는 길이는 $24\div6=4$(cm)입니다.

답 4 cm

22 거꾸로 풀기

문제 그리기

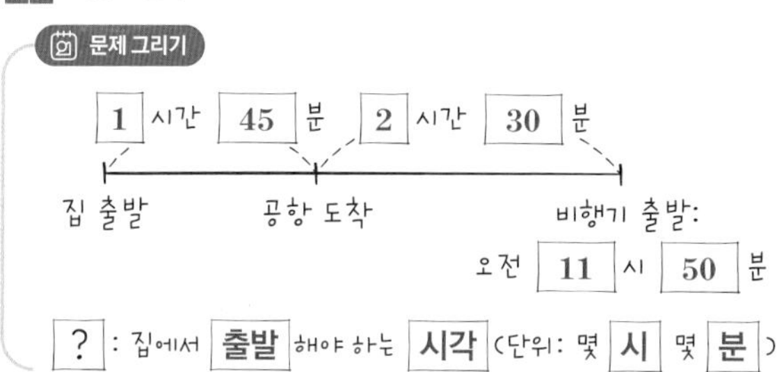

? : 집에서 출발 해야 하는 시각 (단위: 몇 시 몇 분)

계획-풀기

❶ 공항에 도착해야 하는 시각 구하기

(공항 도착 시각)+2시간 30분=(비행기 출발 시각)

(공항 도착 시각)+2시간 30분=11시 50분,

(공항 도착 시각)=11시 50분−2시간 30분=9시 20분

❷ 집에서 출발해야 하는 시각 구하기

(집에서 출발 시각)+1시간 45분=(공항 도착 시각)

(집에서 출발 시각)=(공항 도착 시각)−1시간 45분

=9시 20분−1시간 45분

=7시 35분

답 오전 7시 35분

23 거꾸로 풀기

문제 그리기

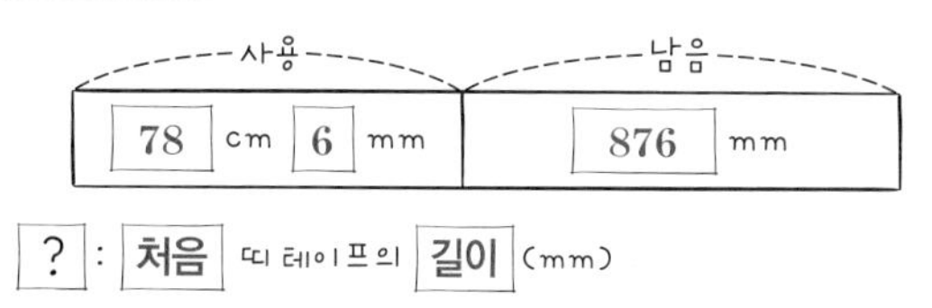

? : 처음 띠 테이프의 길이 (mm)

계획-풀기

❶ 사용한 띠 테이프의 길이를 몇 mm로 나타내기

(사용한 띠 테이프의 길이)=78 cm 6 mm=786 mm

❷ 처음 띠 테이프의 길이는 몇 mm인지 구하기

(처음 띠 테이프의 길이)

=(사용한 테이프의 길이)+(남은 테이프의 길이)

$=786+876=1662$(mm)

답 1662 mm

24 거꾸로 풀기

문제 그리기

	출발 시각	도착 시각	걸리는 시간
KTX	▲	08 : 08	2시간 2분
새마을 열차	11 : 39	14 : 36	●
무궁화 열차	■	09 : 34	2시간 44분

? : KTX와 무궁화 열차 의 출발 시각(몇 시 몇 분)과 새마을 열차의 걸리는 시간(단위: 몇 시간 몇 분)

계획-풀기

❶ KTX와 무궁화 열차의 출발 시각이 몇 시 몇 분인지 구하기

(KTX의 출발 시각)=(도착 시각)−(걸리는 시간)

=8시 8분−2시간 2분=6시 6분

(무궁화 열차의 출발 시각)=(도착 시각)−(걸리는 시간)

=9시 34분−2시간 44분

=6시 50분

❷ 새마을 열차의 걸린 시간은 몇 시간 몇 분인지 구하기

(새마을 열차의 걸리는 시간)=(도착 시각)−(출발 시각)

=14시 36분−11시 39분

=2시간 57분

답 KTX의 출발 시각: 6시 6분,
무궁화 열차의 출발 시각: 6시 50분,
새마을 열차의 걸리는 시간: 2시간 57분

STEP 1 내가 수학하기 배우기

단순화하기

93~94쪽

1

문제 그리기

▲ cm → 네 변의 길이의 합 : 188 mm

6 cm

? : 빨간색 선의 길이 (단위 : mm)

계획-풀기

❶ 직사각형의 짧은 변의 길이는 몇 mm인지 구하기

짧은 변의 길이를 ▲ mm라고 하면 6 cm=60 mm이므로 다음과 같은 식으로 나타낼 수 있습니다.

(직사각형의 네 변의 길이의 합)

=(긴 변의 길이)+(짧은 변의 길이)

=60+▲=188(mm)

따라서 ▲=188−60=128(mm)이므로

(짧은 변의 길이)=128(mm)입니다.

→ (긴 변의 길이)+(짧은 변의 길이)+(긴 변의 길이)
+(짧은 변의 길이)=60+▲+60+▲=188(mm),
120+▲+▲=188, ▲+▲=188−120=68,
▲+▲=68, ▲=34, 34

❷ 빨간색 선의 길이는 몇 mm인지 구하기

작은 직사각형의 짧은 변과 긴 변의 개수를 세어 식을 세우면 다음과 같습니다.

(짧은 변의 길이)×(개수)=128×5=640(mm)

(긴 변의 길이)×(개수)=6×23=138(mm)

(빨간색 선의 길이)=640+138=778(mm)

→ (34 mm짜리 길이)×(개수)
=34×6=204(mm),
(60−34=26(mm)짜리 길이)×(개수)
=26×4=104(mm),
(60 mm짜리 길이)×(개수)
=60×20=1200,
204+104+1200=1508

답 1508 mm

확인하기

단순화하기 (○)

2

문제 그리기

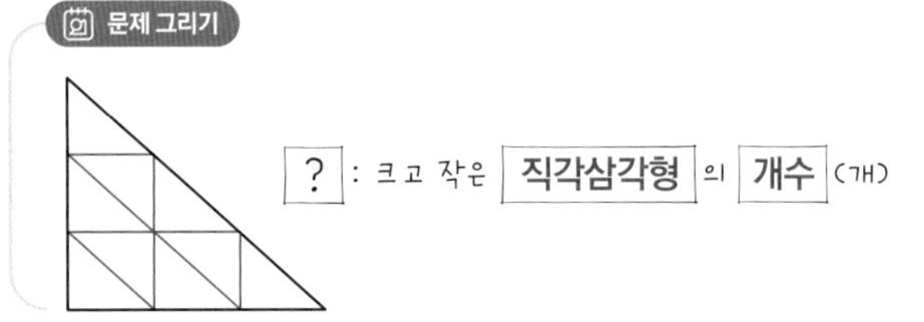

계획-풀기

❶ 작은 직각삼각형 1개, 4개, 9개로 이루어진 직각삼각형은 각각 몇 개인지 구하기

작은 직각삼각형에 번호를 정해 크고 작은 직각삼각형을 모두 찾아봅니다.

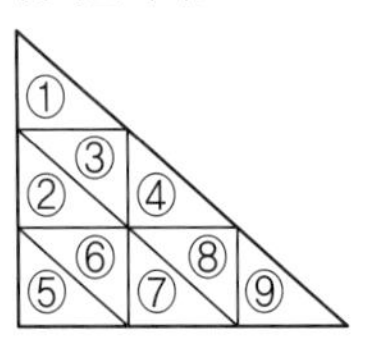

작은 직각삼각형 1개짜리: ①, ②, ③, ④, ⑤, ⑥, ⑦, ⑧, ⑨
→ 9개

작은 직각삼각형 4개짜리: 4개

작은 직각삼각형 9개짜리: 2개

→ ①, ②, ③, ④ / ②, ⑤, ⑥, ⑦ / ④, ⑦, ⑧, ⑨ → 3개,
1개

❷ 찾을 수 있는 크고 작은 직각삼각형은 모두 몇 개인지 구하기

크고 작은 직각삼각형은 모두 9+4+2=15(개)입니다.

→ 9+3+1=13(개)

답 13개

확인하기

단순화하기 (○)

STEP 1 내가 수학하기 배우기

문제정보를 복합적으로 나타내기

96~97쪽

1

문제 그리기

민지 1000 m 250 m

혜원 1 km= 1000 m 3 m

상원 2000 m 450 m

승원 1.7 km= 1700 m

? : 가장 많이 걸은 친구

계획-풀기

❶ **네 사람이 걸은 거리를 몇 m로 나타내기**

민지: 1000 m보다 250 m 더 먼 거리는 1025 m입니다.
혜원: 1 km보다 3 m 더 먼 거리는 1300 m입니다.
상원: 2000 m보다 450 m 덜 간 거리는 1550 m입니다.
승원: 1.7 km는 1 km 7 m이므로 1007 m입니다.

→ 1250 m, 1003 m, 1 km 700 m이므로 1700 m

❷ **네 사람이 걸은 거리 비교하기**

1550 m > 1300 m > 1025 m > 1007 m이므로 가장 많이 걸은 사람은 상원입니다.

→ 1700 m > 1550 m > 1250 m > 1003 m, 승원

답 **승원, 1700 m**

확인하기

문제정보를 복합적으로 나타내기 (○)

2

문제 그리기

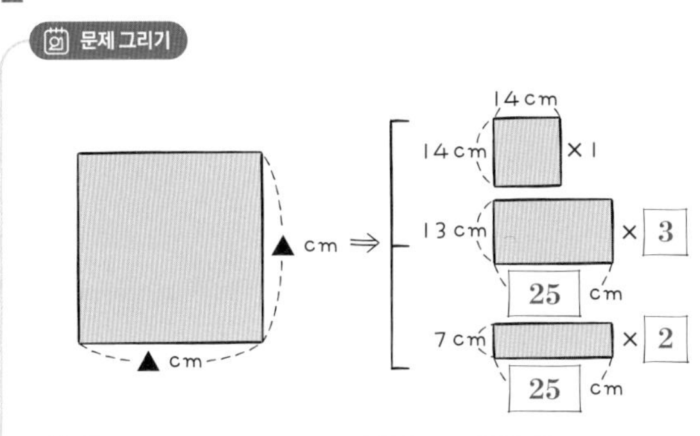

? : 처음 정사각형 케이크의 한 변의 길이 (cm)

계획-풀기

❶ **6조각의 케이크 모양 그리기**

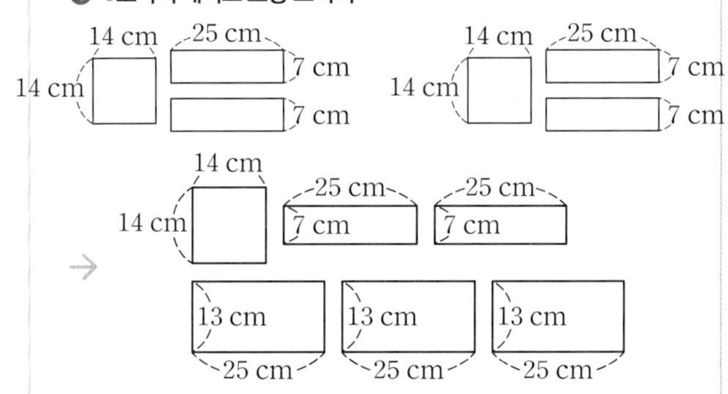

❷ **정사각형 만들기**

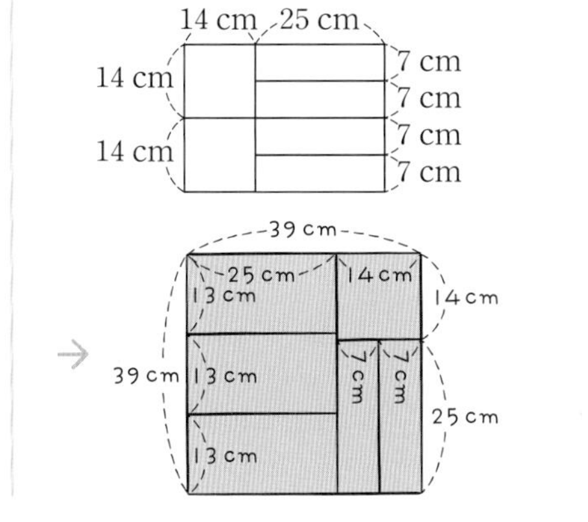

❸ **정사각형의 한 변의 길이 구하기**

정사각형은 ❷와 같으므로 한 변의 길이는 28 cm입니다.

→ 39 cm

답 **39 cm**

확인하기

문제정보를 복합적으로 나타내기 (○)

STEP 2 **내가 수학하기 해보기** 단순화하기, 문제정보를 복합적으로 나타내기

98~105쪽

1 단순화하기

문제 그리기

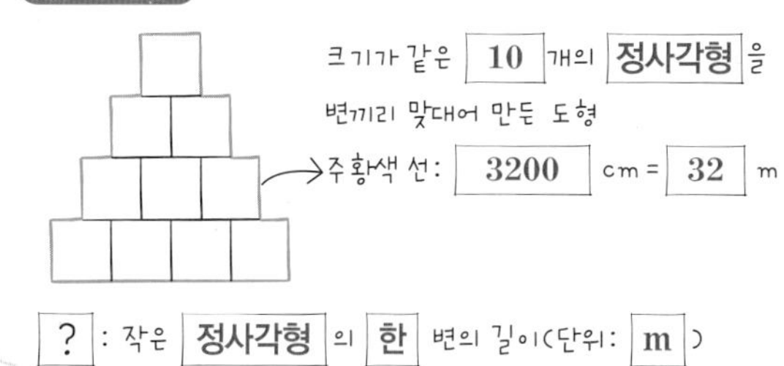

? : 작은 정사각형의 한 변의 길이(단위: m)

계획-풀기

❶ 주황색 선에는 작은 정사각형의 한 변의 길이가 몇 개인지 구하기

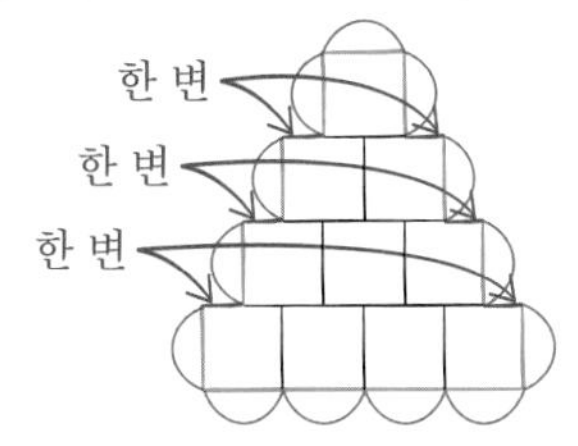

그림과 같이 주황색 선에 있는 정사각형의 한 변의 개수를 세면 (정사각형의 한 변의 길이)×16입니다.
따라서 주황색 선에는 정사각형의 한 변의 길이가 16개입니다.

❷ 정사각형의 한 변의 길이 구하기

(정사각형의 한 변의 길이)
=(주황색 선의 길이)÷(한 변의 길이의 개수)
$=32\div16=2$(m)

답 **2 m**

2 단순화하기

문제 그리기

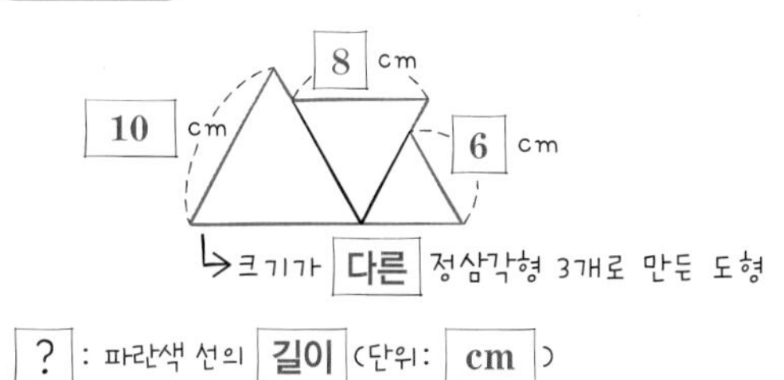

? : 파란색 선의 길이 (단위: cm)

계획-풀기

❶ 파란색 선에 각 삼각형의 한 변의 길이가 몇 개씩인지 구하기
주어진 삼각형들은 모두 정삼각형이므로 세 변의 길이가 같습니다. 따라서 다음 그림에서 녹색 선인 두 번째 삼각형의 한 변의 길이는 주황색 선 길이의 합과 같습니다. 또한 녹색 선과 빨간색 선의 합은 가장 큰 삼각형의 한 변의 길이와 같으므로 각 삼각형들의 한 변의 길이의 개수는 다음과 같습니다.

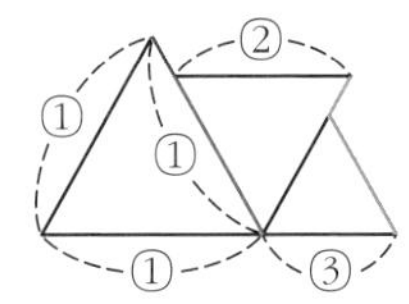

① 가장 큰 삼각형의 한 변이 3개
② 두 번째로 큰 삼각형의 한 변이 1개
③ 가장 작은 삼각형의 한 변이 1개

❷ 파란색 선의 길이 구하기
(파란색 선의 길이) $=10\times3+8\times1+6\times1$
$=30+8+6=44(\mathrm{cm})$

답 **44 cm**

3 단순화하기

문제 그리기

? : 크고 작은 직사각형의 개수(단위: 개)

계획-풀기

❶ 직사각형 1개, 2개, 3개, 5개로 이루어진 직사각형이 각각 몇 개인지 구하기
직사각형 1개짜리: 5개
직사각형 2개짜리: 4개
직사각형 3개짜리: 2개
직사각형 5개짜리: 1개

❷ 크고 작은 직사각형의 개수 구하기
(크고 작은 직사각형의 개수) $=5+4+2+1=12$(개)

답 **12개**

4 단순화하기

문제 그리기

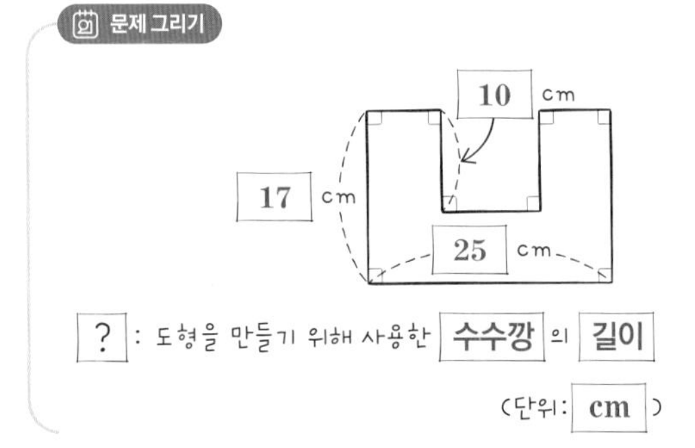

계획-풀기

❶ 다음 도형의 변 ①~④ 중에서 어느 한 변을 옮겨 직사각형 만들기

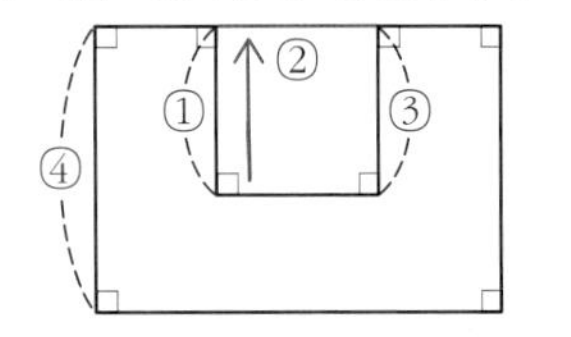

②를 옮기면 직사각형을 만들 수 있습니다.

❷ 도형을 만든 수수깡의 전체 길이 구하기
(사용한 수수깡의 길이)
=(직사각형의 세로)+(직사각형의 세로)+(직사각형의 가로)
+(직사각형의 가로)+①+③
$=17+17+25+25+10+10=104(\mathrm{cm})$

답 **104 cm**

5 단순화하기

문제 그리기

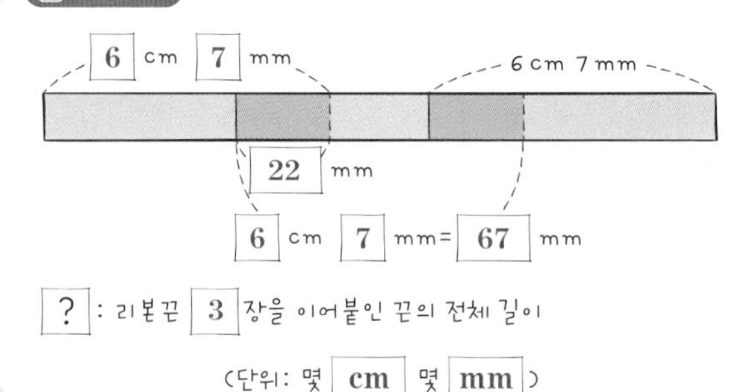

계획-풀기

❶ 연결한 리본끈 2장의 길이 구하기
(리본끈 2장의 길이의 합)=(리본끈 1장의 길이)$\times2$
$=67\times2=134(\mathrm{mm})$
(연결한 리본끈 2장의 길이)
=(리본끈 2장의 길이의 합)−(겹친 부분의 길이)
$=134-22=112(\mathrm{mm})$

❷ 리본끈 3장을 연결할 때 전체 길이 구하기
리본끈 3장을 연결할 때 겹친 곳은 2군데이므로
(연결한 리본끈 3장의 길이)
=(리본끈 3장의 길이의 합)−(겹친 2군데의 길이)
$=67+67+67-22-22=157(\mathrm{mm})$ ⇨ 15 cm 7 mm

답 **157 mm**

6 단순화하기

문제 그리기

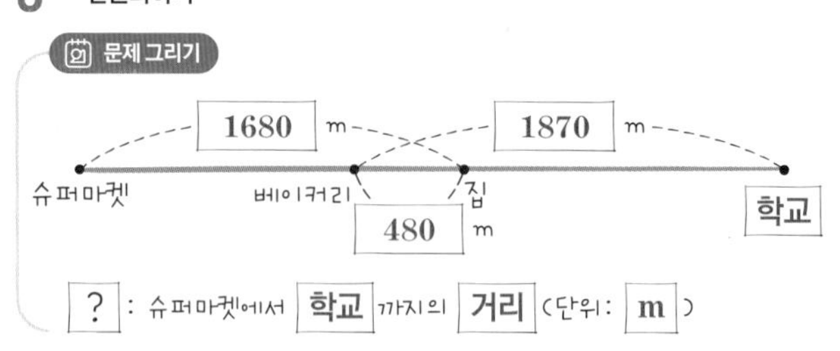

계획-풀기

❶ 슈퍼마켓에서 학교까지의 거리는 (슈퍼마켓에서 집까지의 거리)+(베이커리에서 학교까지의 거리)보다 몇 m 더 가까운지 구하기
(슈퍼마켓에서 학교까지의 거리)
=(슈퍼마켓~집)+(베이커리~학교)−(베이커리~집)
따라서 슈퍼마켓에서 학교까지의 거리가 슈퍼마켓에서 집까지의 거리와 베이커리에서 학교까지의 거리의 합보다 480 m만큼 가깝습니다.

❷ 슈퍼마켓에서 학교까지의 거리는 몇 m인지 구하기
(슈퍼마켓에서 학교까지의 거리)$=1680+1870-480$
$=3550-480=3070(\text{m})$

답 **3070 m**

7 단순화하기

문제 그리기

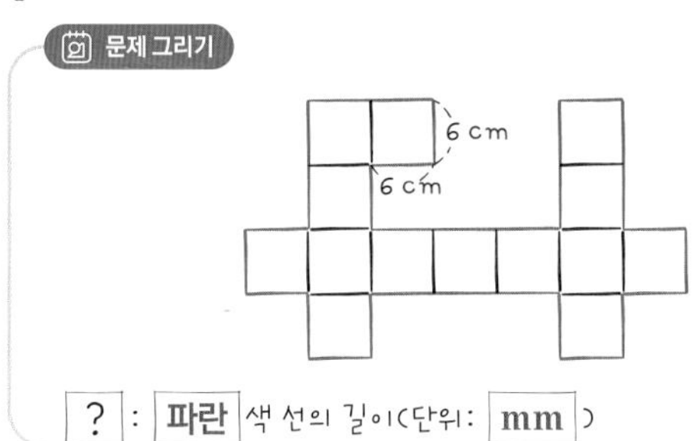

? : 파란 색 선의 길이(단위: mm)

계획-풀기

❶ 파란색 선에 정사각형의 한 변의 길이가 몇 개인지 구하기
파란색 선에 정사각형의 한 변의 길이가 30개 있습니다.

❷ 파란색 선의 길이는 몇 mm인지 구하기
(파란색 선의 길이)=(정사각형의 한 변의 길이)×(개수)
$=6\times30=180(\text{cm})$ ⇨ 1800 mm

답 **1800 mm**

8 단순화하기

문제 그리기

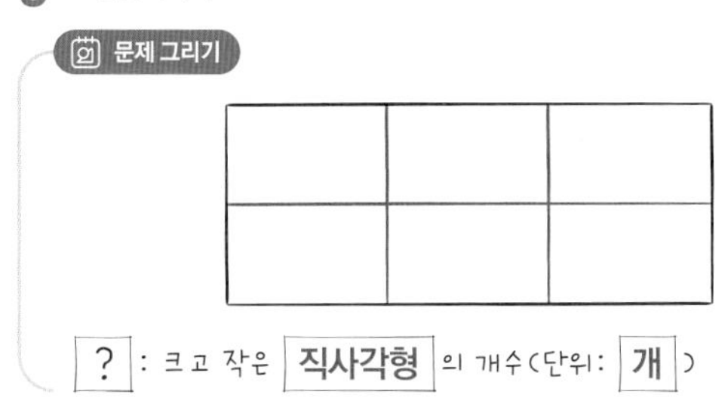

? : 크고 작은 직사각형의 개수(단위: 개)

계획-풀기

❶ 작은 직사각형 1개, 2개, 3개, 4개, 6개로 이루어진 직사각형의 개수 각각 구하기
작은 직사각형 1개짜리: 6개
작은 직사각형 2개짜리: 7개
작은 직사각형 3개짜리: 2개
작은 직사각형 4개짜리: 2개
작은 직사각형 6개짜리: 1개

❷ 크고 작은 직사각형의 개수 구하기
(크고 작은 직사각형의 개수)$=6+7+2+2+1=18$(개)

답 **18개**

9 문제정보를 복합적으로 나타내기

문제 그리기

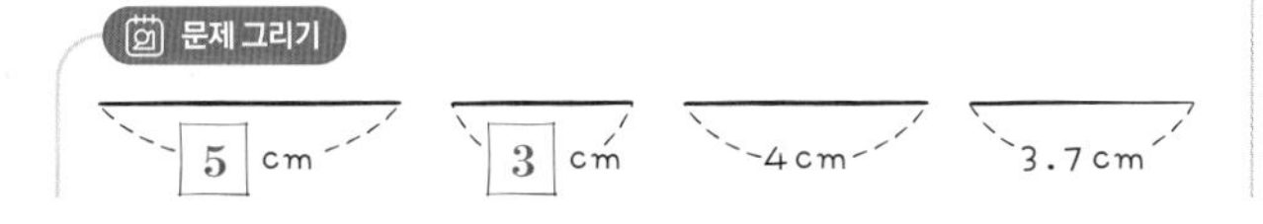

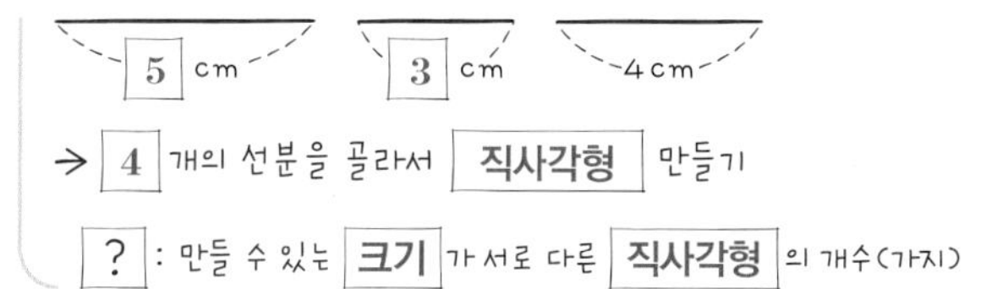

→ 4 개의 선분을 골라서 직사각형 만들기

? : 만들 수 있는 크기가 서로 다른 직사각형의 개수(가지)

계획-풀기

❶ 직사각형을 만들기 위한 조건 구하기
직사각형은 네 각이 모두 직각이며, 마주 보는 변의 길이가 같습니다.
따라서 가로와 세로의 길이로 2개씩 선택해야 합니다.

❷ 만들 수 있는 크기가 서로 다른 직사각형의 가짓수 구하기
5 cm와 4 cm, 5 cm와 3 cm, 4 cm와 3 cm의 3가지의 직사각형을 만들 수 있습니다.
3.7 cm는 1개이므로 한 변으로 할 수 없습니다.

답 **3가지**

10 문제정보를 복합적으로 나타내기

문제 그리기

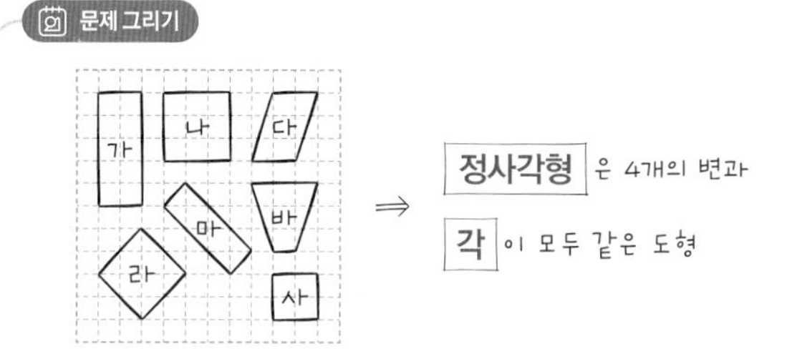

? : 정사각형의 수(단위: 개)

계획-풀기

❶ 직사각형 모두 찾기
직사각형은 마주 보는 변의 길이가 같고, 네 각이 모두 직각인 사각형입니다.
따라서 직사각형은 가, 나, 라, 마, 사입니다.

❷ 정사각형의 수 구하기
정사각형은 직사각형 중 네 변의 길이가 같은 사각형이므로 나, 라, 사의 3개입니다.

답 **3개**

11 문제정보를 복합적으로 나타내기

문제 그리기

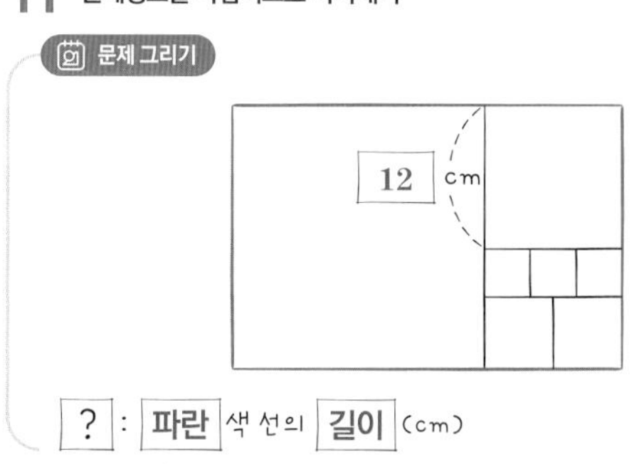

? : 파란 색 선의 길이(cm)

계획-풀기

❶ 가장 큰 정사각형의 한 변의 길이 구하기
가장 작은 정사각형의 한 변의 길이는 $12\div3=4(\text{cm})$이고, 두 번째로 작은 정사각형의 한 변의 길이는 $12\div2=6(\text{cm})$입니다.

따라서 가장 큰 정사각형의 한 변의 길이는
$12+4+6=22$(cm)입니다.

❷ 만든 직사각형의 긴 변의 길이 구하기
(직사각형의 긴 변의 길이)$=22+12=34$(cm)

❸ 파란색 선의 길이 구하기
(파란색 선의 길이)=(가로)+(세로)+(가로)+(세로)
$=34+22+34+22=112$(cm)

답 112 cm

12 문제정보를 복합적으로 나타내기

문제 그리기

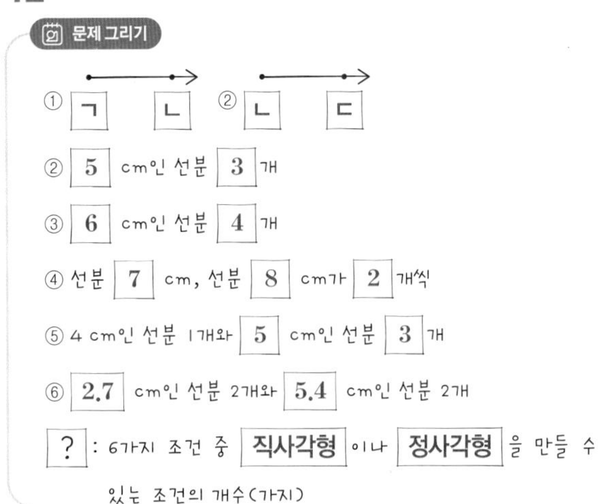

계획-풀기

❶ 직사각형을 만들 수 있는 조건의 개수 구하기
직사각형은 같은 길이의 선분이 2개씩 필요하므로 ③, ④, ⑥의 3가지입니다.

❷ 정사각형을 만들 수 있는 조건의 개수 구하기
정사각형은 같은 길이의 선분이 4개 필요하므로 ③의 1가지입니다.

답 직사각형: 3가지, 정사각형: 1가지

13 문제정보를 복합적으로 나타내기

문제 그리기

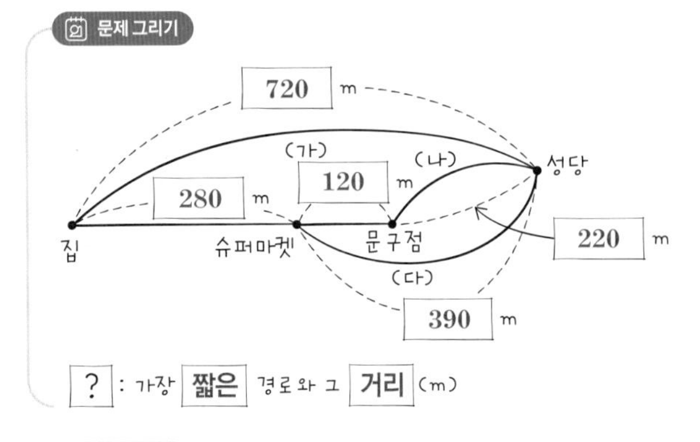

계획-풀기

❶ (가), (나), (다) 경로의 거리 각각 구하기
(가) 경로: 720 m,
(나) 경로: $280+120+220=620$(m),
(다) 경로: $280+390=670$(m)

❷ 가장 짧은 경로 구하기
$620<670<720$이므로 가장 짧은 경로는 (나)입니다.

답 (나), 620 m

14 문제정보를 복합적으로 나타내기

문제 그리기

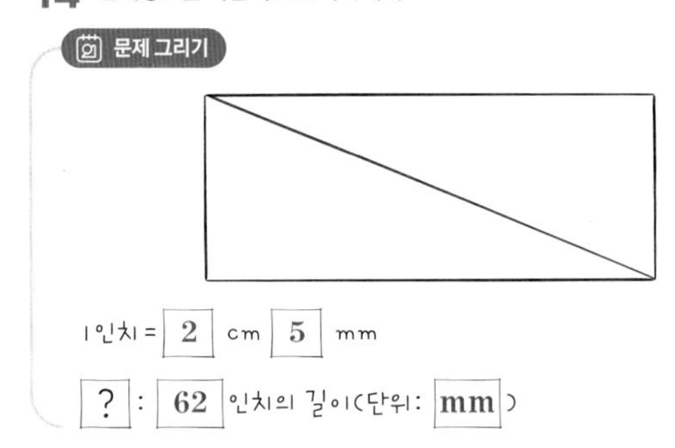

계획-풀기

(1인치)=2 cm 5 mm이고,
62인치는 2 cm가 62개, 5 mm가 62개인 것과 같으므로
$62\times2=124$(cm), $62\times5=310$(mm)에서
124 cm+310 mm=124 cm+31 cm=155 cm입니다.
155 cm ⇨ 1550 mm
[다른 풀이]
(1인치)=2 cm 5 mm=25 mm이므로
(62인치)$=25\times62=1550$(mm)입니다.

답 1550 mm

15 문제정보를 복합적으로 나타내기

문제 그리기

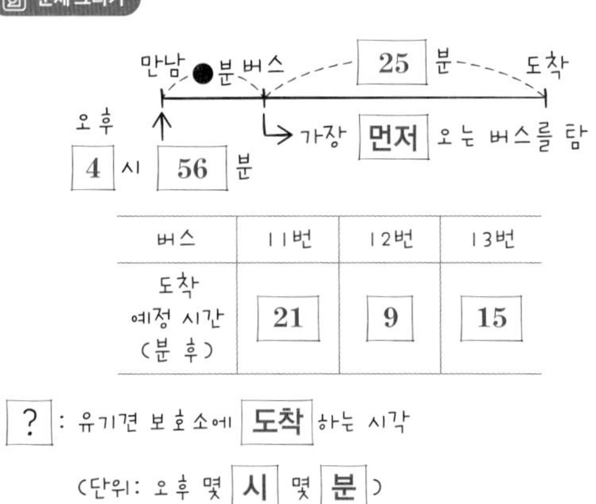

버스	11번	12번	13번
도착 예정 시간 (분 후)	21	9	15

계획-풀기

❶ 해리와 교리가 타는 버스 구하기
가장 빨리 도착하는 버스를 타야 하므로 12번 버스를 타야 합니다.

❷ 도착 시각 구하기
12번 버스가 9분 후 도착하며, 걸리는 시간은 25분입니다.
(도착 시각)=(4시 56분)+(9분)+(25분)
=4시 90분=5시 30분

답 오후 5시 30분

16 문제정보를 복합적으로 나타내기

문제 그리기

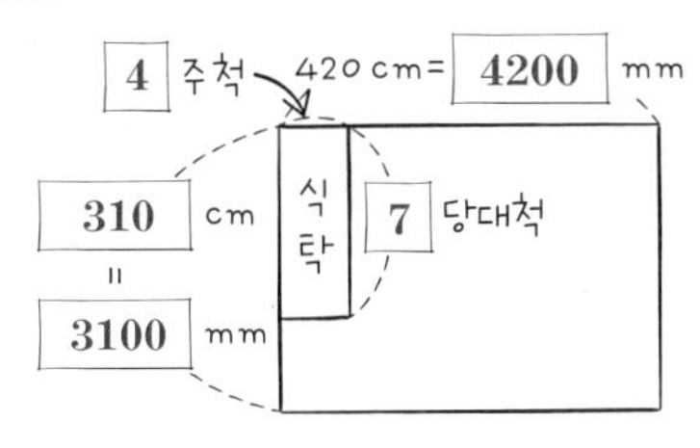

1주척: 약 20 cm

1당대척: 약 29 cm 7 mm

? : 창고에 최대로 많이 들어가는 식탁의 수 (개)

계획-풀기

❶ 1당대척과 1주척을 mm로 나타내고, 식탁의 가로와 세로의 길이는 몇 mm인지 구하기

(1당대척)=29 cm 7 mm=297 mm

(1주척)=20 cm=200 mm

식탁의 가로: (7당대척)=7×(1당대척)

=7×297=2079(mm)

식탁의 세로: (4주척)=4×(1주척)=4×200=800(mm)

❷ 창고에 최대한 많이 넣을 수 있도록 식탁을 문제 그리기에 나타내어 넣을 수 있는 식탁의 수 구하기

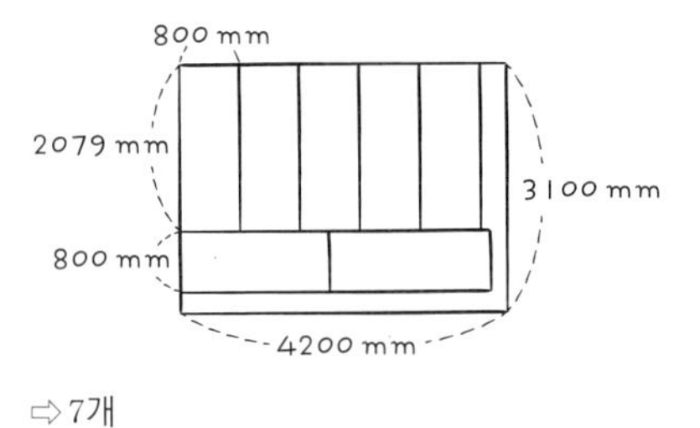

⇨ 7개

답 **7개**

STEP 3 내가 수학하기 **한 단계 UP!**

식 만들기, 거꾸로 풀기, 그림 그리기,
단순화하기, 문제정보를 복합적으로 나타내기

106~107쪽

1 문제정보를 복합적으로 나타내기

문제 그리기

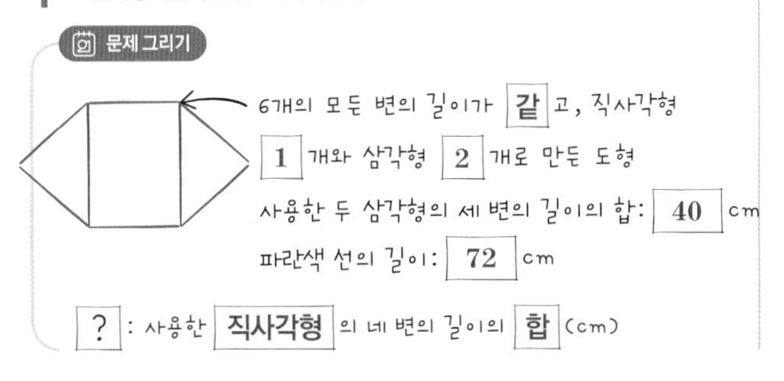

계획-풀기

❶ 직사각형의 가로의 길이 구하기

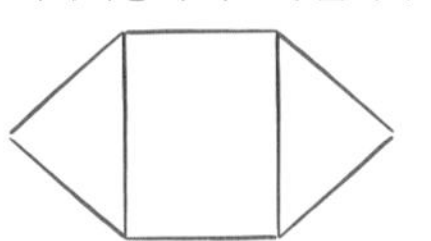

그림과 같이 직사각형과 삼각형을 맞대어 붙일 때

(직사각형의 가로의 길이)=(만든 도형의 한 변의 길이)

=72÷6=12(cm)

입니다.

❷ 직사각형의 세로의 길이 구하기

(직사각형의 세로의 길이)=(삼각형의 긴 변의 길이)

삼각형의 세 변의 길이의 합은

(삼각형의 긴 변의 길이)+(삼각형의 짧은 변의 길이)

+(삼각형의 짧은 변의 길이)이므로

40=(삼각형의 긴 변의 길이)+12+12,

(삼각형의 긴 변의 길이)=40−24=16(cm)입니다.

❸ 직사각형의 네 변의 길이의 합 구하기

(직사각형의 네 변의 길이의 합)

=(가로의 길이)+(세로의 길이)+(가로의 길이)+(세로의 길이)

=12+16+12+16=56(cm)

답 **56 cm**

2 식 만들기

문제 그리기

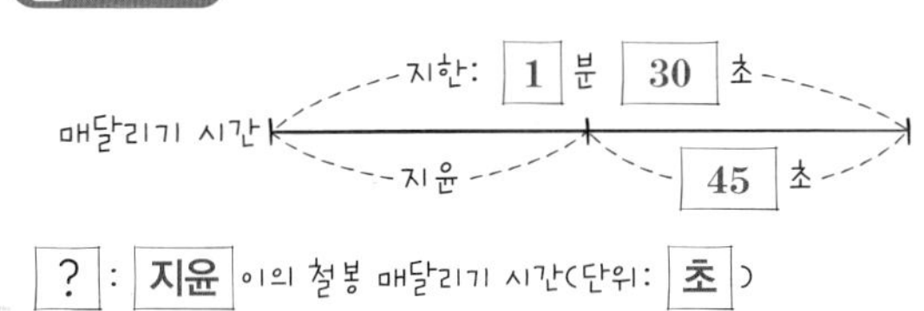

계획-풀기

❶ 지한이의 철봉 매달리기 시간을 초로 나타내기

(지한이의 매달리기 시간)=1분 30초

=60초+30초=90초

❷ 지윤이의 철봉 매달리기 시간 구하기

(지윤이의 철봉 매달리기 시간)=90−45=45(초)

답 **45초**

3 거꾸로 풀기

문제 그리기

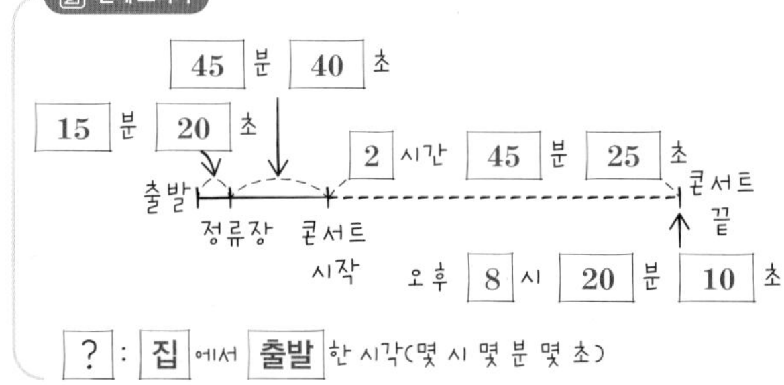

계획-풀기

❶ 콘서트장 도착 시각 구하기
(콘서트장 도착 시각)
=(콘서트가 끝난 시각)−(콘서트 시간)
=(오후 8시 20분 10초)−(2시간 45분 25초)
=(오후 7시 79분 70초)−(2시간 45분 25초)
=오후 5시 34분 45초

❷ 버스 정류장 도착 구하기
(버스 정류장 도착 시각)
=(콘서트 도착 시각)−(버스를 탄 시간)
=(오후 5시 34분 45초)−(45분 40초)
=오후 4시 49분 5초

❸ 집에서 출발한 시각 구하기
(집에서 출발한 시각)
=(버스 정류장 도착 시각)−(버스 정류장까지 이동 시간)
=(오후 4시 49분 5초)−(15분 20초)
=오후 4시 33분 45초

답 **오후 4시 33분 45초**

4 단순화하기

문제 그리기

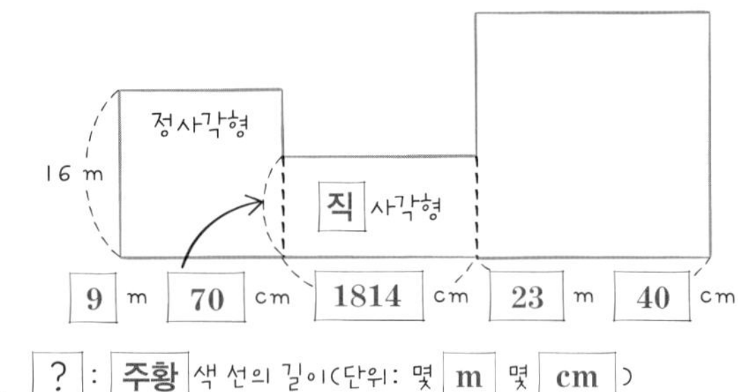

? : 주황색 선의 길이(단위: 몇 m 몇 cm)

계획-풀기

❶ 주황색 선의 길이는 몇 cm인지 구하기
작은 정사각형 왼쪽 아래 가로의 길이부터 시계 방향으로 더해 보면
(주황색 선의 길이)
=1600+1600+1600+(1600−970)+1814
+(2340−970)+2340+2340+2340+1814
=17448(cm)

❷ 주황색 선의 길이는 몇 m 몇 cm인지 구하기
17448 cm=174 m 48 cm

답 **174 m 48 cm**

5 식 만들기

문제 그리기

문고리	○	○	○
필요한 털실	76 cm 7 mm	76 cm 7 mm	76 cm 7 mm

? : 문고리 3개를 감기 위해 필요한 털실 길이 (단위: 몇 m 몇 cm 몇 mm)

계획-풀기

❶ 필요한 털실의 길이는 몇 m 몇 mm인지 구하기
(필요한 털실의 길이)
=76 cm 7 mm+76 cm 7 mm+76 cm 7 mm
=228 cm 21 mm=230 cm 1 mm

❷ 필요한 털실의 길이는 몇 m 몇 cm 몇 mm인지 구하기
230 cm 1 mm=2 m 30 cm 1 mm

답 **2 m 30 cm 1 mm**

6 그림 그리기

문제 그리기

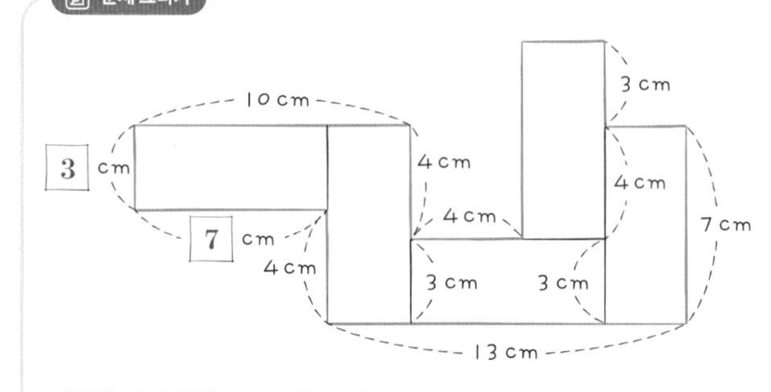

? : 주황색 선의 길이(cm)

계획-풀기

왼쪽 세로선의 길이부터 시계 방향으로 더해 보면
(주황색 선의 길이)
=3+(7+3)+(7−3)+(7−3)+7+3+(7+3−7)
+3+7+3+7+3+(7−3)+7
=68(cm)

답 **68 cm**

7 거꾸로 풀기

문제 그리기

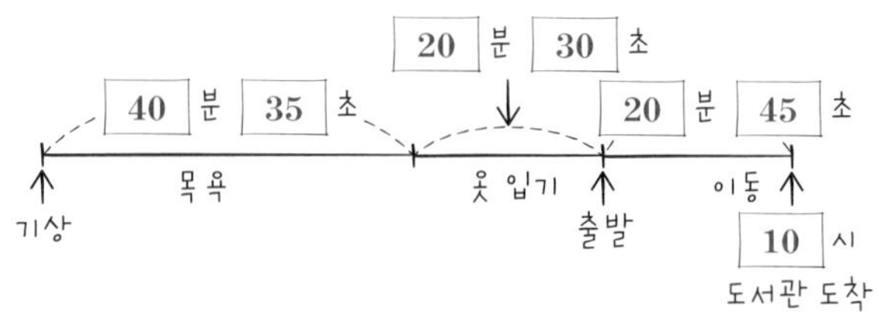

? : 두경이의 기상 시각(단위: 몇 시 몇 분 몇 초)

계획-풀기

❶ 집에서 출발해야 하는 시각 구하기
(출발 시각)+(이동 시간)=(도서관 도착 시각)
(출발 시각)=(도서관 도착 시각)−(이동 시간)
=10시−(20분 45초)
=9시 59분 60초−20분 45초
=9시 39분 15초

❷ 목욕을 끝낸 시각 구하기
(목욕을 끝낸 시각)+(옷 입는 시간)=(출발 시각)

(목욕을 끝낸 시각)=(출발 시각)−(옷 입는 시간)
=(9시 39분 15초)−(20분 30초)
=(9시 38분 75초)−(20분 30초)
=9시 18분 45초

❸ 기상 시각 구하기
(기상 시각)+(목욕 시간)=(목욕을 끝낸 시각)
(기상 시각)=(목욕을 끝낸 시각)−(목욕 시간)
=(9시 18분 45초)−(40분 35초)
=(8시 78분 45초)−(40분 35초)
=8시 38분 10초

답 **8시 38분 10초**

8 거꾸로 풀기

문제 그리기

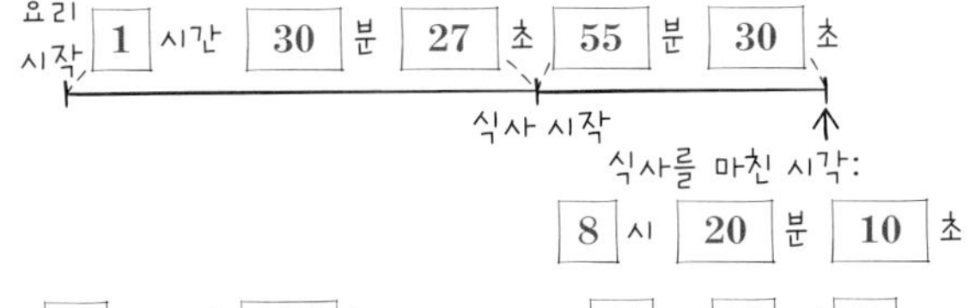

? : 요리를 시작한 시각(단위: 몇 시 몇 분 몇 초)

계획-풀기

❶ 저녁 식사를 마친 시각 구하기
(저녁 식사를 마친 시각)=8시 20분 10초

❷ 저녁 식사를 시작한 시각 구하기
(저녁 식사를 시작한 시각)
=(저녁 식사를 마친 시각)−(식사한 시간)
=(8시 20분 10초)−(55분 30초)
=(7시 79분 70초)−(55분 30초)
=7시 24분 40초

❸ 요리를 시작한 시각 구하기
(요리를 시작한 시각)
=(저녁 식사를 시작한 시각)−(요리한 시간)
=7시 24분 40초−1시간 30분 27초
=6시 84분 40초−1시간 30분 27초
=5시 54분 13초

답 **5시 54분 13초**

9 단순화하기

문제 그리기

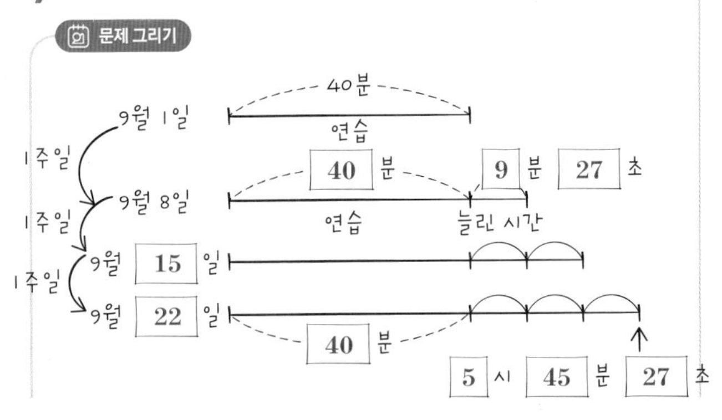

? : 9월 22 일 연습을 시작 한 시각 (단위: 몇 시 몇 분 몇 초)

계획-풀기

❶ 9월 22일 연습한 시간 구하기
(9월 22일 연습한 시간)
=(40분)+(9분 27초)+(9분 27초)+(9분 27초)
=67분 81초=1시간 8분 21초

❷ 9월 22일 연습을 시작한 시각 구하기
(연습을 시작한 시각)=(연습을 마친 시각)−(연습한 시간)
=(5시 45분 27초)−(1시간 8분 21초)
=4시 37분 6초

답 **4시 37분 6초**

10 단순화하기

문제 그리기

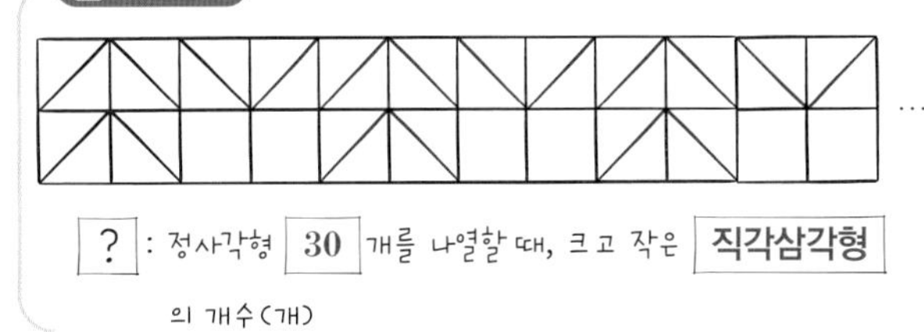

? : 정사각형 30 개를 나열할 때, 크고 작은 직각삼각형 의 개수(개)

계획-풀기

❶ 정사각형의 개수에 따른 나열에서 크고 작은 직각삼각형의 개수로 단순화하여 나타내기
정사각형 8개씩 직각삼각형으로 나누는 방법의 규칙은

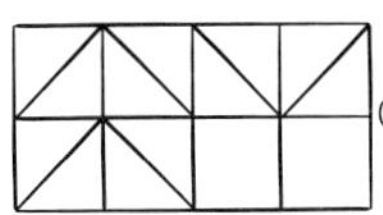

이 반복됩니다.
따라서 정사각형 8개에서 찾을 수 있는 크고 작은 직각삼각형의 개수는 다음과 같습니다.
직각삼각형 1개짜리는 12개이고, 직각삼각형 2개짜리는 3개이므로 정사각형 8개에서 찾을 수 있는 크고 작은 직각삼각형의 개수는 15개입니다.

❷ 정사각형 30개에서 찾을 수 있는 크고 작은 직각삼각형의 개수 구하기
규칙에 따른 정사각형 8개가 30개의 정사각형에 3번 ($8\times3=24$) 반복되고, 남은 정사각형 6개는

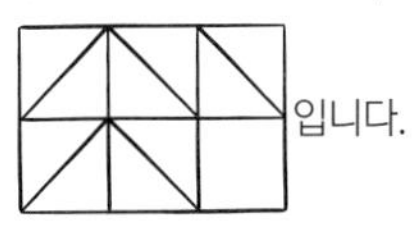

입니다.
정사각형 24개에서 크고 작은 직각삼각형의 개수는 $15\times3=45$(개)입니다.
정사각형 6개에서 직각삼각형 1개짜리는 10개이고, 2개짜리는 2개이므로 크고 작은 직각삼각형의 개수는 $10+2=12$(개)입니다.
따라서 정사각형 30개의 나열에서 찾을 수 있는 크고 작은 직각삼각형은 $45+12=57$(개)입니다.

답 **57개**

11 문제정보를 복합적으로 나타내기

문제 그리기

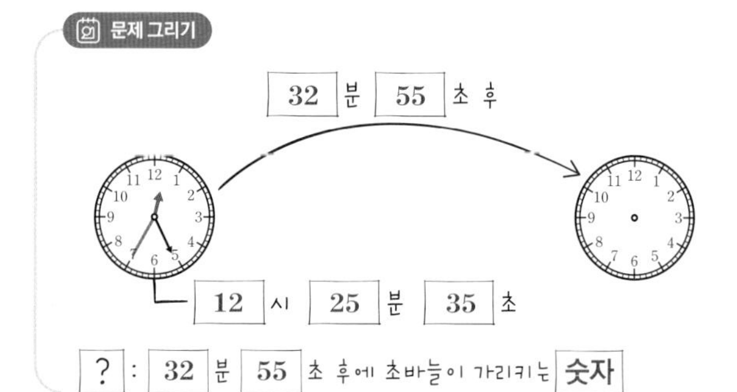

? : 32 분 55 초 후에 초바늘이 가리키는 **숫자**

계획-풀기

❶ 현재 시각 구하기
(현재 시각)=12시 25분 35초

❷ 32분 55초 후의 시각 구하기
(나중 시각)=(현재 시각)+(지난 시간)
=(12시 25분 35초)+(32분 55초)
=12시 57분 90초=12시 58분 30초

❸ 32분 55초 후의 초침이 가리키는 수 구하기
30초이므로 초바늘이 가리키는 수는 6입니다.

답 6

12 문제정보를 복합적으로 나타내기

문제 그리기

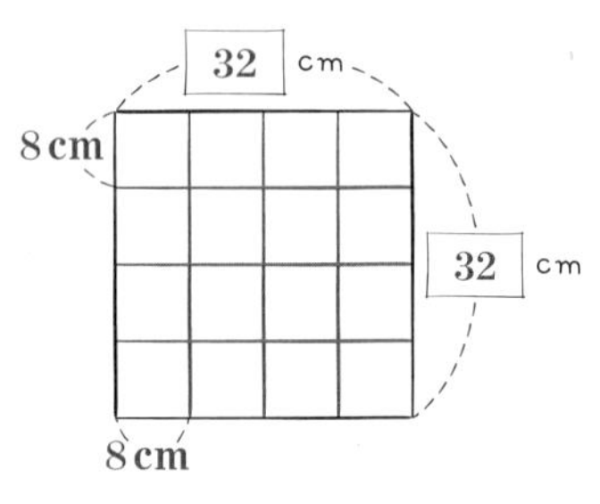

4 개의 직사각형으로 나눈 후 직사각형의 **짧은** 변을 한 변으로 하는 **정사각**형으로 나누기

? : 나누어진 작은 **정사각형**의 수(개)

계획-풀기

❶ 나누어진 직사각형의 짧은 변의 길이 구하기
(직사각형의 짧은 변의 길이)=32÷4=8(cm)

❷ 직사각형의 1개에서 나누어지는 정사각형의 수 구하기
(직사각형의 긴 변의 길이)÷(직사각형의 짧은 변의 길이)
=32÷8=4(개)

❸ 가장 작은 정사각형의 수 구하기
(가장 작은 정사각형의 수)=4×4=16(개)

답 16개

13 단순화하기

문제 그리기

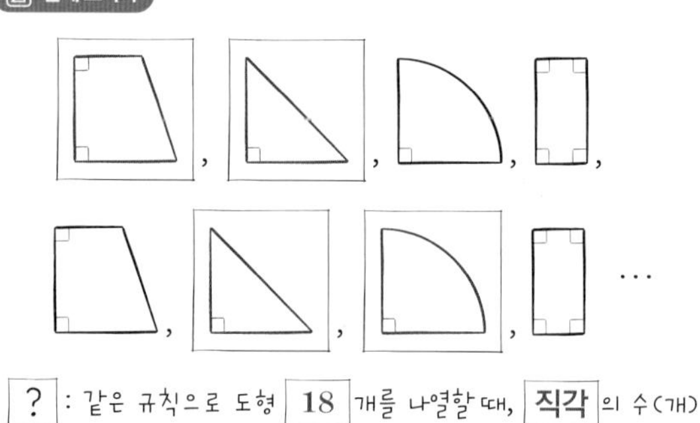

? : 같은 규칙으로 도형 18 개를 나열할 때, **직각**의 수(개)

계획-풀기

❶ 나열된 도형을 직각의 수의 나열로 나타내서 규칙 말하기
도형의 나열을 직각 수의 나열로 나타내면
2, 1, 1, 4, 2, 1, 1, 4, ⋯입니다.
그 규칙은 2, 1, 1, 4가 반복되는 규칙입니다.

❷ 18개 도형의 모든 직각의 수 구하기
18개의 도형이 나열되었으므로 4×4=16에서 직각의 수는 2, 1, 1, 4가 4번 반복되고, 그 다음에는 2, 1이 나열됩니다.
따라서 직각의 수는 다음과 같이 구할 수 있습니다.
2+1+1+4=8, 8×4=32, 32+2+1=35(개)

답 35개

14 그림 그리기

문제 그리기

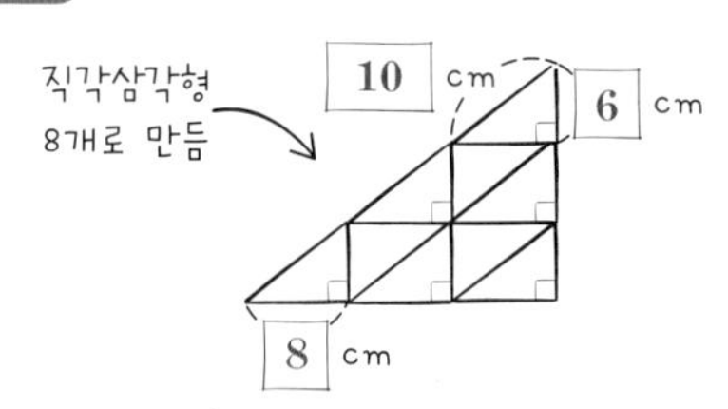

직각삼각형 8 개로 직사각형 만들기

? : 작은 직각삼각형 9 개로 만든 직각삼각형과 8 개로 만든 **직사각형**의 각 변들의 길이의 합의 **차**(cm)

계획-풀기

❶ 큰 직각삼각형의 모든 변들의 길이의 합 구하기
큰 직각삼각형의 밑변의 길이는 8×3=24(cm),
높이는 6×3=18(cm),
가장 긴 변의 길이는 10×3=30(cm)이므로
큰 직각삼각형의 세 변의 길이의 합은 24+18+30=72(cm)입니다.

❷ 만든 직사각형의 네 변의 길이의 합 구하기
직각삼각형 8개로 만든 직사각형은 다음과 같습니다.

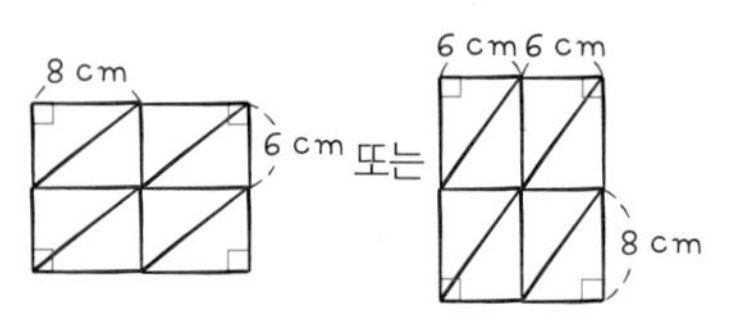

(직사각형의 네 변의 길이의 합)
=8+8+8+8+6+6+6+6=56(cm)

❸ 직각삼각형과 직사각형의 각 변들의 길이의 합의 차 구하기

(변들의 길이의 합의 차)

=(직각삼각형의 세 변의 길이의 합)

−(직사각형의 네 변의 길이의 합)

$=72-56=16$(cm)

답 16 cm

15 문제정보를 복합적으로 나타내기

문제 그리기

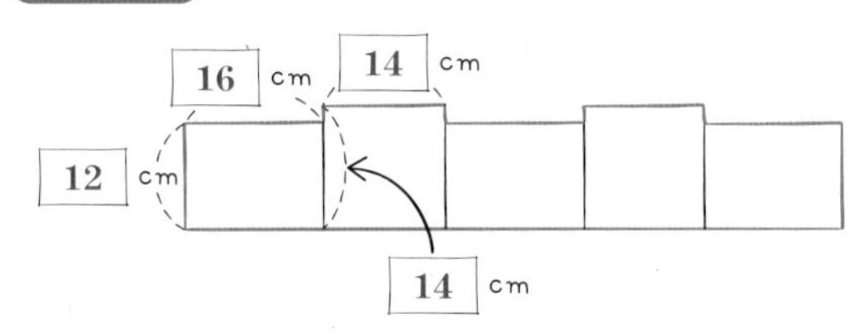

(철사 1개의 길이) = (정사각형 1개의 네 변의 길이의 합)

= (직사각형 1개의 네 변의 길이의 합)

= 56 cm

? : 녹색 선의 길이 (cm)

계획-풀기

❶ 정사각형의 한 변과 직사각형의 긴 변의 길이 구하기

(정사각형의 한 변)$=56\div4=14$(cm)

(직사각형의 긴 변)+(직사각형의 긴 변)$+12+12=56$

(직사각형의 긴 변)+(직사각형의 긴 변)$=56-24=32$,

(직사각형의 긴 변)$=16$(cm)

❷ 녹색 선의 길이 구하기

녹색 선에는 14 cm가 4개, 16 cm가 6개, 12 cm가 2개 있고,

$14-12=2$(cm)가 4개 있습니다.

$14\times4=56$, $16\times6=96$, $12\times2=24$, $2\times4=8$이므로

$56+96+24+8=184$(cm)입니다.

따라서 녹색 테이프의 길이는 184 cm입니다.

답 184 cm

16 단순화하기

문제 그리기

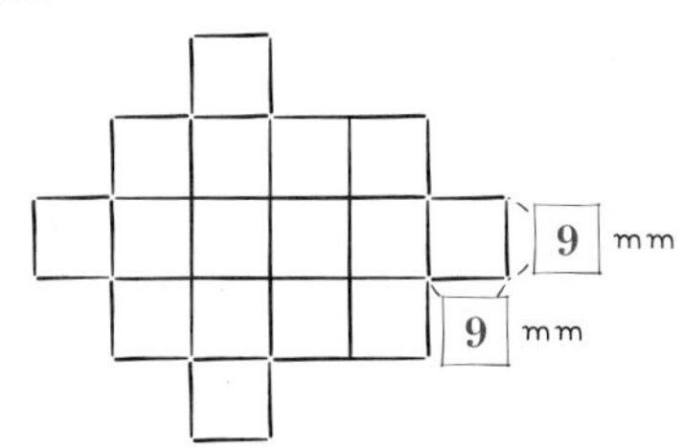

? : 다른 정사각형과 맞닿은 변이 3개 또는 4개인 정사각형의 모든 변 길이의 합(몇 cm 몇 mm)

계획-풀기

❶ 변끼리 맞닿는 변이 3개 또는 4개인 정사각형의 수 구하기

다른 정사각형과 맞닿는 변이 3개인 정사각형의 수는 2개, 다른 정사각형이 닿는 변이 4개인 정사각형의 수는 6개이므로 다른 정사각형과 닿는 변이 3개 또는 4개인 정사각형의 개수는 $2+6=8$(개)입니다.

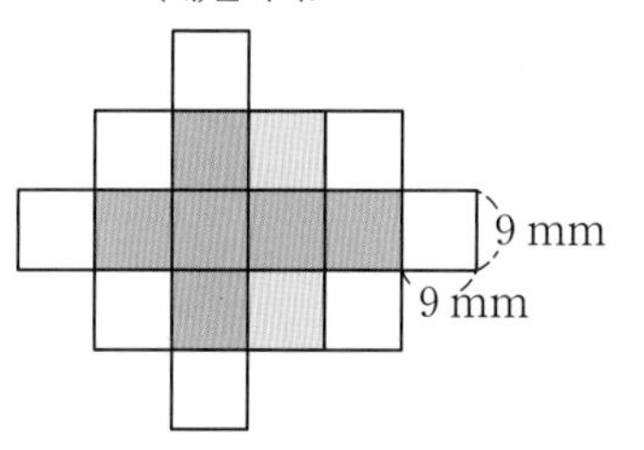

❷ ❶에서 구한 정사각형의 모든 변의 길이의 합 구하기

정사각형의 변은 4개이므로 8개의 정사각형의 변의 수의 합은 $8\times4=32$(개)입니다.

따라서 변의 길이의 합은

$32\times9=288$(mm) ⇨ 28 cm 8 mm입니다.

답 28 cm 8 mm

STEP 4 내가 수학하기 거뜬히 해내기

114~115쪽

1

문제 그리기

㉠ 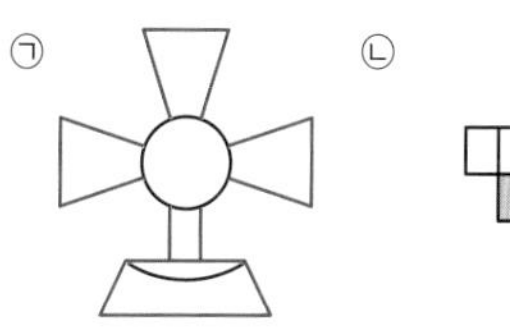

㉡ 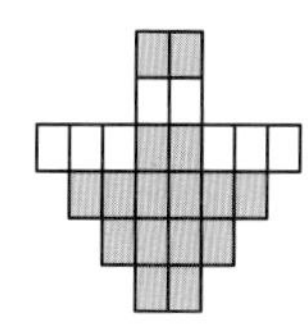

(가): ㉠에서 선분의 수(개)

(나): ㉡에서 2개 또는 4개의 변을 맞댄 직사각형의 수(개)

(다): (나)에서 구한 ★를 한 변의 길이로 하는 정사각형의 네 변의 길이의 합(cm)

? : (가), (나), (다)의 값

계획-풀기

❶ (가) 구하기

(가)=(도형 ㉠에서 선분의 수)$=15$

❷ (나) 구하기

도형 ㉡에서 맞댄 변의 개수가 2개인 직사각형은 8개, 4개인 직사각형은 8개이므로 (나)$=16$입니다.

❸ (다) 구하기

(다)=(한 변의 길이가 ★ cm인 정사각형의 네 변의 길이의 합)

$=16\times4=64$

❹ (가)+(나)+(다)의 값 구하기

(가)+(나)+(다)$=15+16+64=95$

답 95

2

문제 그리기

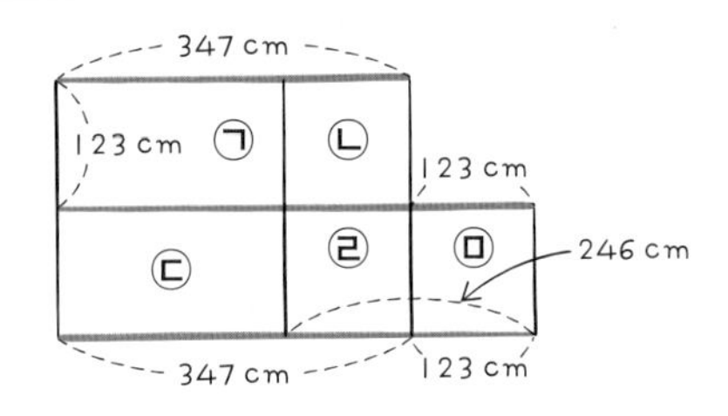

돌 1개 놓는 시간 → 2초

? : 돌을 모두 놓은 데 걸리는 시간(초)

계획-풀기

❶ 돌을 놓아야 하는 전체 길이 구하기

(녹색 선의 전체 길이) $=347+(347+123)+(347+123)$

$=1287(\text{cm})$

❷ 돌을 모두 놓은 데 걸리는 시간 구하기

전체 길이가 1287 cm이고, 한 변의 길이가 1 cm인 정사각형 모양인 돌을 붙여서 놓으므로 놓는 돌은 1287개입니다.

(돌을 모두 놓은 데 걸리는 시간) $=1287\times2=2574$(초)

답 **2574초**

3

문제 그리기

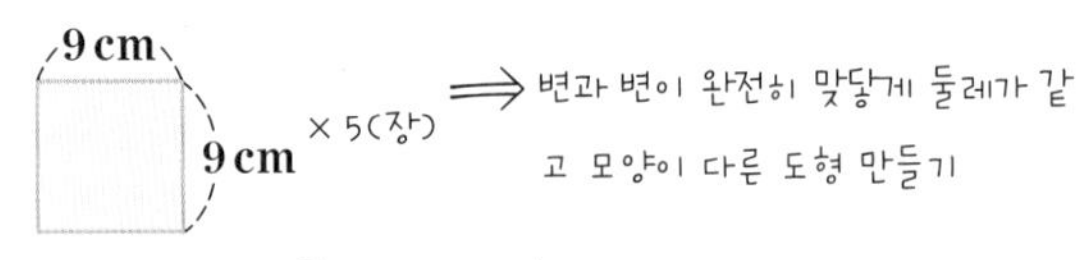

모양이 다르고 둘레가 같은 도형(3가지)

파랑새의 날개 길이(몇 m 몇 cm) = 도형의 둘레

? : 파랑새의 날개의 길이(몇 m 몇 cm)

계획-풀기

❶ 도형 만들기

위의 도형 중 3가지를 그리면 됩니다.

❷ 파랑새의 날개의 길이 구하기

❶의 도형들의 둘레는 모두 12개의 변으로 이뤄졌습니다.

(도형의 둘레) = (녹색 선의 길이)

$=9\times12=108(\text{cm})$ ⇨ 1 m 8 cm

답 **1 m 8 cm**

4

문제 그리기

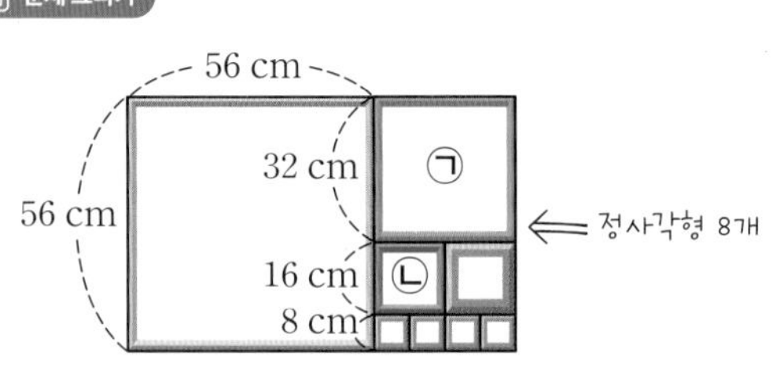

? : ㉠의 녹색 선 길이와 ㉡의 파란색 선 길이의 합 (몇 m 몇 cm)

계획-풀기

❶ 정사각형 ㉠과 ㉡의 한 변의 길이 구하기

㉡의 한 변의 길이는 8 cm의 2배이므로 $8\times2=16(\text{cm})$입니다.

정사각형 ㉠의 한 변의 길이는 ㉡의 한 변의 길이인 16 cm의 2배이므로 $16\times2=32(\text{cm})$입니다.

❷ 정사각형 ㉠의 녹색 선의 길이와 ㉡의 파란색 선의 길이의 합 구하기

(녹색 선의 길이) $=32\times4=128(\text{cm})$

(파란색 선의 길이) $=16\times4=64(\text{cm})$

(녹색 선과 파란색 선 길이의 합) $=128+64=192(\text{cm})$

⇨ 1 m 92 cm

답 **1 m 92 cm**

116~117쪽

1 7분짜리 오리와 4분짜리 오리를 동시에 물 위에 놓습니다. 이때 4분짜리 오리가 물에 잠기자마자 바로 들어 올려 다시 물 위에 놓으면 이후 7분짜리 인형이 물에 잠긴 후 다시 4분짜리 인형이 물에 잠길 때까지 1분이 걸립니다. 여기서 1분을 잴 수 있습니다.

1분을 잰 후 7분짜리 인형을 들어 올려 물에 잠기기를 2번 반복하면 $1+7+7=15$(분)을 잴 수 있습니다.

[다른 풀이]

7분짜리 오리와 4분짜리 오리를 동시에 물 위에 놓습니다. 4분짜리 오리가 물에 잠기자마자 이때 4분짜리 오리를 들어 올리면 이후 7분짜리 인형이 물에 잠길 때까지 3분을 잴 수 있습니다.

3분을 잰 후 4분짜리 인형을 물 위에 놓아 잠기기를 3번 반복하면 $3+4+4+4=15$(분)을 잴 수 있습니다.

답 **풀이 참조**

2 주어진 주사위 한 개의 모든 눈의 합은 $1+2+3+4+6+12=28$이므로 주사위 3개의 눈의 합은 $28\times3=84$입니다. 주사위 3개를 붙여 만들 때 겉면의 눈의 합이 가장 크게 되기 위해서는 맞붙는 면의 수의 합이 다음과 같이 가장 작아야 합니다. 따라서 가려진 수는 다음과 같습니다.

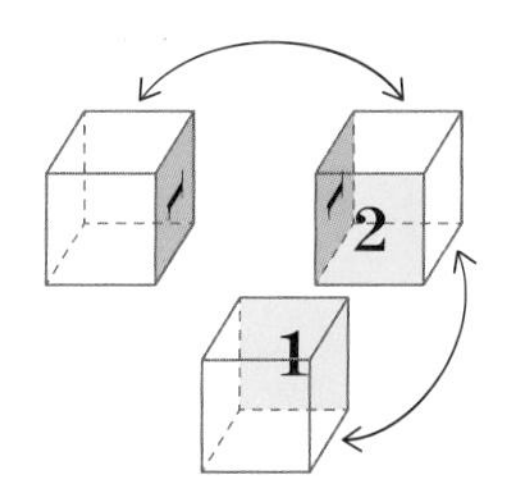

따라서 주사위 겉면의 수들의 합이 가장 큰 경우는 $84-(1+1+2+1)=84-5=79$입니다.

답 **79**

3 삼각형 ④의 세 변의 길이는 모두 같고 그 합이 6이므로 한 변의 길이는 $6\div3=2$입니다.

삼각형 ③의 한 변의 길이는 삼각형 ④의 한 변의 길이의 2배이므로 $2\times2=4$입니다.

삼각형 ②의 한 변의 길이는 삼각형 ③의 한 변의 길이의 2배이므로 $4\times2=8$이고, 삼각형 ①의 한 변의 길이는 삼각형 ②의 한 변의 길이의 2배이므로 $8\times2=16$입니다. 녹색 선은 삼각형 ①의 한 변의 길이의 6배와 같으므로 $16\times6=96$입니다.

[다른 풀이]

삼각형 ④의 세 변의 길이는 모두 같고 그 합이 6이므로 한 변의 길이는 $6\div3=2$입니다. 삼각형 ③의 한 변의 길이는 삼각형 ④의 한 변의 길이의 2배이므로 $2\times2=4$입니다. 녹색 선으로 둘러싸인 삼각형의 한 변의 길이는 삼각형 ③의 한 변의 길이의 8배이므로 녹색 선의 길이는 $4\times8\times3=96$입니다.

답 **설명은 풀이 참조, 96**

PART 3

변화와 관계 자료와 가능성

개념 떠올리기 120~122쪽

1 답

맛	개수 표시 (𝍸 ➡ 5개)
딸기	𝍸 𝍸 𝍸 𝍸 (20)
포도	𝍸 𝍸 𝍸 // (17)
오렌지	𝍸 𝍸 /// (13)
사이다	𝍸 // (7)
사과	𝍸 𝍸 (10)
레몬	𝍸 𝍸 𝍸 / (16)

2 답

맛	딸기	포도	오렌지	사이다	사과	레몬	합계
개수	20	17	13	7	10	16	83

3 답 **딸기 맛, 20개**

4 답 **사이다 맛, 7개**

5 답 ●, 노랑 - 연두 - 초록 - 초록,

○ - □ - △ - △

6 답 ◆, 주황 - 보라, ◇ - ⬭ - ◺

7 답 **28, 4**

8 ❶ 가로는 오른쪽으로 갈수록 수가 1, 2, 3, …, 10으로 1씩 커지고, 세로는 아래 방향으로 한글이 가, 나, 다, 라, 마로 바뀝니다.

❷

가1	가2	가3	가4	가5	가6	가7	가8	가9	가10
나1	나2	나3	나4				나8	나9	
다1	다2	다3						다9	
라1	라2					△			
마1	마2			⊙					

❸ 마5

9 답 **7, 8, 6**

10 4월 첫째 월요일이 △일이라면 둘째 월요일은 △+7, 셋째 월요일은 (△+7+7)일이므로 넷째 월요일은 △+7+7+7=△+21(일)입니다.
(첫째 월요일 날짜)+(넷째 월요일 날짜)=27
△+△+21=27, △+△=27−21=6이므로 △=3입니다.

답 **3일**

STEP 1 내가 수학하기 배우기

식 만들기

124~125쪽

1

문제 그리기

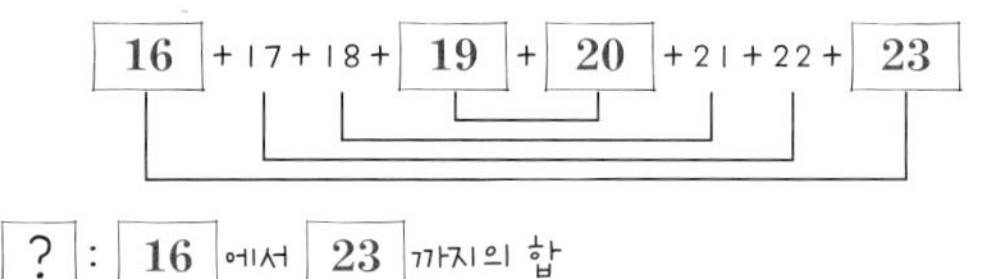

계획-풀기

❶ **두 수씩 묶어 식 세우기**

16+17=33이므로
(16+17)+(18+19)+(20+21)+(22+23)과 같이 합이 33이 되는 두 수끼리 묶으면 4묶음입니다.

→ 16+23=39이므로,
(16+23)+(17+22)+(18+21)+(19+20), 39가

❷ **16에서 23까지 수들의 합 구하기**

16+17+18+19+20+21+22+23=33×4=132

→ 39×4=156

답 **156**

확인하기

식 만들기 (○)

2

문제 그리기

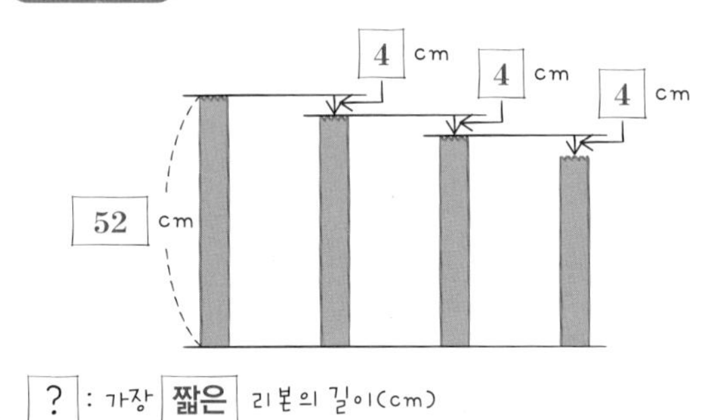

계획-풀기

❶ **리본의 길이를 식으로 나타내기**

2번째, 3번째, 4번째로 긴 리본들의 길이에 대한 규칙을 식으로 쓰면 다음과 같습니다.
(2번째로 긴 리본의 길이)=52−3
(3번째로 긴 리본의 길이)=52−3−3
(4번째로 긴 리본의 길이)=52−3−3−3

→ 52−4, 52−4−4, 52−4−4−4

❷ **가장 짧은 리본의 길이 구하기**

(가장 짧은 리본의 길이)=(4번째로 긴 리본의 길이)
=52−3−3−3=43(cm)

→ 52−4−4−4=40(cm)

답 **40 cm**

확인하기

식 만들기 (○)

STEP 1 **내가 수학하기 배우기** 표 만들기

127~128쪽

1

문제 그리기

순서	첫째	둘째	셋째	넷째
○의 수(개)	3	3	3+3	3+3
●의 수(개)	0	3	3	3+3

? : 다섯째 놓일 사탕 수(개)

계획-풀기

❶ 순서에 따라 놓는 사탕 수를 구하는 식을 표로 나타내기

순서	첫째	둘째	셋째	넷째
사탕 수의 합을 구하는 식	3	3	3+3	3+3

→ 3+3, 3+3+3, 3+3+3+3

❷ 사탕 수의 합에 대한 규칙 찾기

전체 사탕의 수는 첫째부터 홀수 번째에만 3개씩 늘어납니다.

→ 첫째부터 단계가 올라갈 때마다

❸ 다섯째에 놓일 사탕 수 구하기

(다섯째에 놓일 사탕 수)=3+3+3=9(개)

→ 3+3+3+3+3=15(개)

답 15개

확인하기

표 만들기 (○)

2

문제 그리기

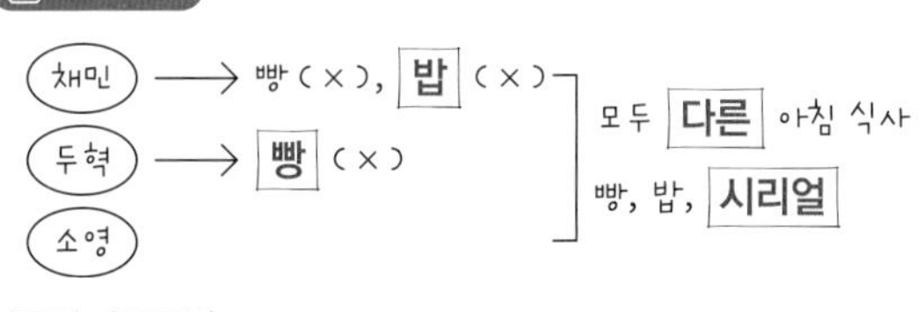

? : 소영(이)의 아침 식사 메뉴

계획-풀기

❶ 표를 만들어 세 친구들의 아침 식사가 무엇인지 나타내기

아침 식사 \ 사람	채민	두혁	소영
빵	○	×	○
밥	×	○	○
시리얼	×	○	○

→

아침 식사 \ 사람	채민	두혁	소영
빵	×		
밥			×
시리얼	○	×	×

❷ 소영이가 먹는 아침 식사 메뉴 구하기

소영이가 먹는 아침 식사는 빵이거나 시리얼입니다.

→ 빵입니다.

답 빵

확인하기

표 만들기 (○)

STEP 2 **내가 수학하기 해보기** 식 만들기, 표 만들기

129~136쪽

1 식 만들기

문제 그리기

	도깨비 마을	이야기 주머니	짧아진 바지	사람이 된 들쥐	합계
학생 수(명)	▲	▲+4	6	5	25

? : 도깨비 마을을 읽은 학생 수

계획-풀기

❶ '도깨비 마을'을 읽은 학생 수를 ▲명이라고 할 때, '이야기 주머니'를 읽은 학생 수를 식으로 나타내기

(도깨비 마을을 읽은 학생 수)=▲명

(이야기 주머니를 읽은 학생 수)=(▲+4)명

❷ '도깨비 마을'을 읽은 학생 수 구하기

(짧아진 바지와 사람이 된 들쥐를 읽은 학생 수)=6+5

=11(명)

(도깨비 마을과 이야기 주머니를 읽은 학생 수)

=(전체 학생 수)−(짧아진 바지와 사람이 된 들쥐를 읽은 학생 수)

=25−11=14

▲+▲+4=14, ▲+▲=10, ▲=10÷2=5

따라서 도깨비 마을을 읽은 학생 수는 5명입니다.

답 5명

2 식 만들기

문제 그리기

	노란색	주황색	녹색	보라색	합계
스티커 수(개)	9	8	▲+ 7	▲	54

? : 녹색 스티커 수(개)

계획-풀기

❶ 보라색 스티커 수를 ▲개라고 할 때, 녹색 스티커 수를 식으로 나타내기
(보라색 스티커 수)=▲이므로
(녹색 스티커 수)=▲+7입니다.

❷ 녹색 스티커 수 구하기
9+8+(▲+7)+▲=54
17+(▲+7)+▲=54
▲+7+▲=54−17=37
▲+▲=30이므로 ▲=15이고
녹색 스티커 수는 ▲+7=15+7=22(개)입니다.

답 22개

3 식 만들기

문제 그리기

연속된 세 자연수 : ▲, (▲+1), (▲+ 2)

▲+(▲+ 1)+(▲+ 2)= 66

? : 세 자연수 중 가장 큰 자연수

계획-풀기

❶ 세 수 중 가장 작은 수를 △라고 할 때, 연속된 세 자연수를 △를 사용하여 나타내기
(가장 작은 자연수)=△, (가운데 자연수)=△+1,
(가장 큰 자연수)=△+2

❷ 연속된 세 자연수 중 가장 큰 자연수 구하기
(세 수의 합)=66이므로
△+△+1+△+2=△+△+△+3=66에서
△+△+△=66−3=63입니다.
63=21+21+21이므로 △=21이고, 가장 큰 자연수는 21+2=23입니다.

답 23

4 식 만들기

문제 그리기

사과 농장	해	달	바람	별	합계
사과 수(개)	24	▲	▲+ 9	27	98

? : 달 농장에서 구입한 사과 수(개)

계획-풀기

❶ 달 농장에서 구입한 사과 수를 △개라고 할 때, 바람 농장에서 구입한 사과 수를 식으로 나타내기
(달 농장에서 구입한 사과 수)=△개,
(바람 농장에서 구입한 사과 수)=(△+9)개

❷ 달 농장에서 구입한 사과 수 구하기
(해와 별 농장에서 구입한 사과 수)=24+27=51(개)
(달과 바람 농장에서 구입한 사과 수)
=(전체 사과 수)−(해와 별 농장에서 구입한 사과 수)
△+△+9=98−51, △+△+9=47, △+△=47−9,
△+△=38, △+△=19+19, △=19

답 19개

5 식 만들기

문제 그리기

단계	1	2	3	4	…
식	1×2	2×3	3× 4	4 × 5	…
바둑돌 수(개)	2	6	12	20	…

? : 바둑돌 72 개를 놓는 단계 수(단계)

계획-풀기

❶ 바둑돌을 놓는 규칙을 말로 나타내기
바둑돌의 수는 (단계 수)와 (다음 단계 수)의 곱입니다.

❷ 바둑돌이 72개를 놓아야 할 때는 몇 단계인지 구하기
그 단계 수를 ▲라고 할 때,
(▲단계 바둑돌의 수)=▲와 (▲+1)의 곱입니다.
72=8×9이므로 ▲=8입니다.

답 8단계

6 식 만들기

문제 그리기

	목	금	토	일
	▲			
	▲+ 7			
	▲+ 14			

→ ▲+▲+ 7 +▲+ 14 = 54

? : 7월 23 일의 요일(요일)

계획-풀기

❶ 이번 주 목요일의 날짜 구하기
이번 주 목요일을 ▲일이라고 할 때, 세 목요일의 날짜의 합을 구하는 식은 ▲+(▲+7)+(▲+14)=54입니다.
▲+▲+▲+21=54, ▲+▲+▲=54−21,
▲+▲+▲=33, 33=11+11+11에서
▲=11이므로 이번 주 목요일은 7월 11일입니다.

❷ 7월 23일은 무슨 요일인지 구하기
이번 주 목요일은 11일이므로 다음 주 목요일은 18일, 그 다음 주 목요일이 25일입니다.
따라서 7월 23일은 화요일입니다.

답 **화요일**

7 식 만들기

문제 그리기

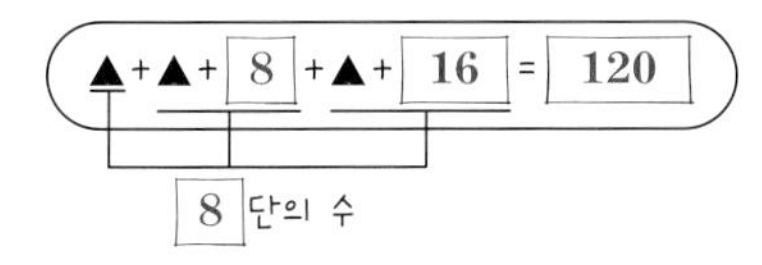

? : 8단의 연속 된 숫자 3 개

계획-풀기

❶ 지워진 8단의 수를 △를 이용한 식으로 나타내기
구구단표의 8단은 8씩 커지므로 연속된 수 중 가장 작은 수를 △라고 하면, 가운데 수는 △+8, 가장 큰 수는 △+16입니다.

❷ 지워진 연속된 8단의 세 수 구하기
(연속된 세 수의 합)=(가장 작은 수)+(가운데 수)+(가장 큰 수)
120=△+△+8+△+16=△+24, △+24=120,
△+△+△=120−24=96
96=32+32+32에서 △=32이므로 연속된 세 수는 32, 40, 48입니다.

답 **32, 40, 48**

8 식 만들기

문제 그리기

셋째 화요일: ▲
넷째 화요일: ▲+ 7
▲+▲+ 7 = 39

? : 이 달의 넷 째 수 요일의 날짜

계획-풀기

❶ 셋째 화요일과 넷째 화요일의 날짜를 △를 이용하여 나타내기
셋째 화요일을 △일이라고 하면, 넷째 화요일은 (△+7)일입니다.

❷ 이 달의 넷째 수요일은 며칠인지 구하기
셋째 화요일과 넷째 화요일의 날짜의 합이 39일이므로
△+△+7=39입니다.
△+△=39−7=32
32=16+16이므로 △=16입니다.
따라서 넷째 화요일이 16+7=23(일)이므로 넷째 수요일은 24일입니다.

답 **24일**

9 표 만들기

문제 그리기

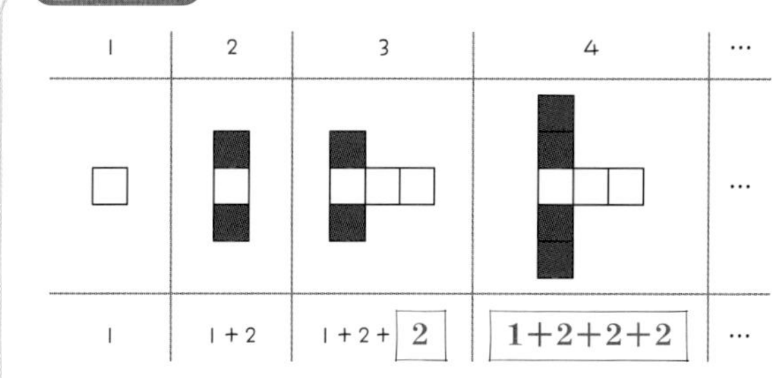

? : 7 단계에 필요한 카드 수(단위: 장)

계획-풀기

❶ 순서에 따라 놓이는 카드 수를 표로 나타내기

순서(단계)	1	2	3	4	5	6	7
카드 수(장)	1	3	5	7	9	11	13

❷ 7단계에 필요한 카드 수 구하기
7단계에 필요한 카드 수는 1+2+2+2+2+2+2=13(장)입니다.

답 **13장**

10 표 만들기

문제 그리기

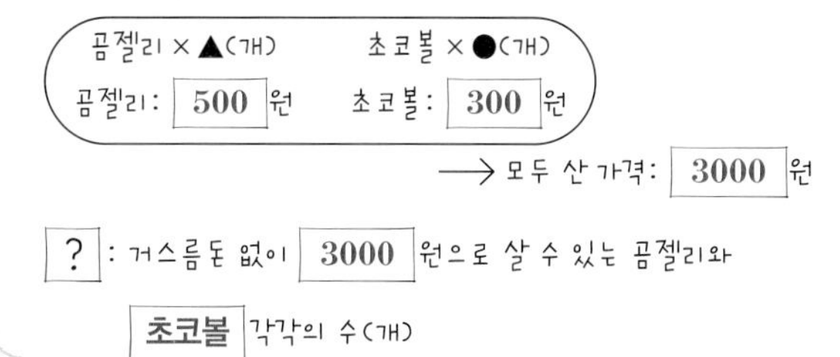

? : 거스름돈 없이 3000 원으로 살 수 있는 곰젤리와 초코볼 각각의 수(개)

계획-풀기

❶ 더 비싼 곰젤리를 기준으로 각 항목을 정하여 표 완성하기

곰젤리의 수(개)	1	2	3	4
곰젤리의 금액(원)	500	1000	1500	2000
초코볼의 수(개)	8	6	5	3
초코볼의 금액(원)	2400	1800	1500	900
전체 금액(원)	2900	2800	3000	2900

❷ 거스름돈 없이 3000원으로 살 수 있는 곰젤리와 초코볼의 수 구하기
곰젤리 3개와 초코볼 5개를 사면 3000원입니다.

답 **곰젤리: 3개, 초코볼: 5개**

11 표 만들기

문제 그리기

삼각형 수	1	2	3	4	5
식	3	3+3	3+3+ 1	3+3+ 1 + 2	3+3+ 1 + 2 + 3

? : 삼각형 6 개를 만들기 위한 성냥개비 수(개)

계획-풀기

❶ 다음 표의 빈칸에 알맞은 수와 식을 써서 표 완성하기

순서	1	2	3	4	5	6
가장 작은 삼각형의 수(개)	1	2	3	4	5	6
필요한 성냥개비 수를 구하는 식	3	3+3	3+3 +1	3+3 +1 +2	3+3 +1 +2 +3	3+3 +1 +2 +3 +1

❷ 가장 작은 삼각형을 6개 만들었을 때 필요한 성냥개비 수 구하기
$3+3+1+2+3+1=13$(개)

답 **13개**

12 표 만들기

문제 그리기

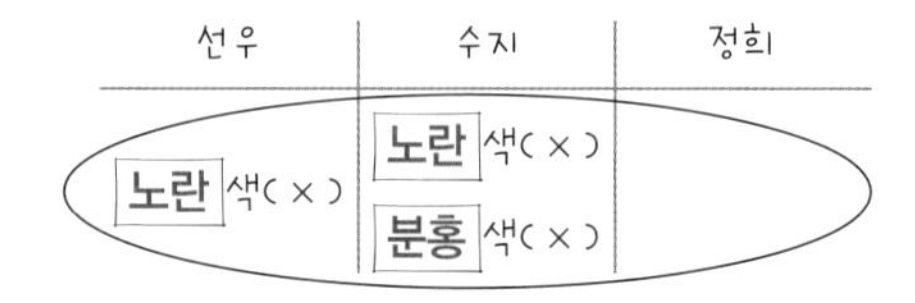

곰 인형의 색은 모두 다르고, 분홍, 연두, 노란색입니다.

? : 정희가 받은 곰 인형의 색

계획-풀기

❶ 친구들이 가진 곰 인형의 색이 아닌 것을 ×로 나타내기를 완성하기

곰 인형 색 \ 사람	선우	수지	정희
분홍색		×	
연두색			
노란색	×	×	

❷ 정희가 받은 곰 인형의 색 구하기
위의 표에서 선우와 수지의 곰 인형의 색이 모두 노란색이 아니므로 정희의 곰 인형의 색은 노란색입니다.

답 **노란색**

13 표 만들기

문제 그리기

	수혁	민지	호원
만화책	4	1	1
게임책		4	▲

→ 합: 12 권

? : 호원이가 가져온 게임책의 권수(권),
만화책과 게임책의 권수(권)

계획-풀기

❶ 친구들이 가져온 책의 권수를 기록한 표를 이용하여 ●와 ▲ 구하기

	수혁	민지	호원	합계
만화책	4	1	1	6
게임책	0	4	▲	
합계	4	5	●	12

수혁이와 민지가 가져온 책은 4권과 5권이고, 전체 책이 12권이므로 $4+5+●=12$(권)입니다.
따라서 ●$=3$이고, 호원이가 가져온 게임책은 $3-1=2$(권)입니다.

❷ 친구 3명이 가져온 만화책과 게임책은 각각 몇 권인지 구하기
만화책은 6권, 게임책은 $4+2=6$(권)입니다.

답 **호원이가 가져온 게임책: 2권, 만화책: 6권, 게임책: 6권**

14 표 만들기

문제 그리기

순서	1	2	3	4	…
블럭 수	■	■ ○	■ ○ ■	■ ○ ■ ○	…

? : 8번째 놓이는 블록의 종류별 개수와 그 합

계획-풀기

❶ 각 순서의 블록 종류와 수를 표로 나타내기

순서(번째)	1	2	3	4	5	6	7	8
■ 개수(개)	1	1	2	2	3	3	4	4
○ 개수(개)	0	1	1	2	2	3	3	4
합계	1	2	3	4	5	6	7	8

❷ 8번째에서 블록의 종류별 개수와 그 합 구하기
■ 4개와 ○ 4개가 번갈아 나열되므로 그 합은 8개입니다.

답 **■: 4개, ○: 4개, 8개**

15 표 만들기

문제 그리기

순서	1	2	3	4
선분 길이의 합	1	1+2	1+2+4	1+2+4+8

? : 일곱째 도형의 선분의 길이의 합(cm)

계획-풀기

❶ 도형의 선분의 길이의 합에 대한 식을 나타낸 표 완성하기

순서	1	2	3	4	5	6	7
길이의 합(식)	1	1+2	1+2+4	1+2+4+8	1+2+4+8+16	1+2+4+8+16+32	1+2+4+8+16+32+64
합계	1	3	7	15	31	63	127

❷ 일곱째 놓이는 도형의 선분의 길이의 합 구하기

$1+2+4+8+16+32+64=127$(cm)

답 127 cm

16 표 만들기

문제 그리기

	1	2	3	4	5	6	7
명주	가위	가위	바위	바위	바위	바위	바위
상수	바위	바위	보	보	가위	가위	가위
명주의 승패	×	×	×	×	○	○	○

명주 → 가위 + 바위

상수 → 가위 + 바위 + 보

? : 상수가 낸 가위, 바위, 보의 종류별 횟수(회)

계획-풀기

❶ 명주와 상수가 낸 가위, 바위, 보를 나타낸 표 완성하기

회	1	2	3	4	5	6	7
명주	가위	가위	바위	바위	바위	바위	바위
상수	바위	바위	보	보	가위	가위	가위
명주의 승패	패	패	패	패	승	승	승

❷ 상수가 낸 가위, 바위, 보의 종류별 횟수 구하기

상수는 가위 3회, 바위 2회, 보 2회를 냈습니다.

답 가위: 3회, 바위: 2회, 보: 2회

STEP 1 내가 수학하기 배우기

규칙 찾기

138~139쪽

1

문제 그리기

	23	24	25	26
7	1	8	5	2
8	4	♥	0	8
9	7	6	●	4

→ 수의 곱셈을 이용하여 만든 규칙

? : ♥와 ●의 수

계획-풀기

❶ 수 배열표의 규칙 찾기

$23 \times 7 = 161$, $23 \times 8 = 184$

가로와 세로의 두 수가 만나는 곳에는 두 수의 곱셈의 결과에서 십의 자리 숫자를 씁니다.

→ 일의 자리 숫자

❷ ♥와 ●에 알맞은 수 구하기

$24 \times 8 = 192$, $25 \times 9 = 225$

위 ❶에서 찾은 규칙을 적용해서 ♥와 ●의 수를 구하면 ♥=9, ●=2입니다.

→ ♥=2, ●=5

답 ♥=2, ●=5

확인하기

규칙 찾기 (○)

2

문제 그리기

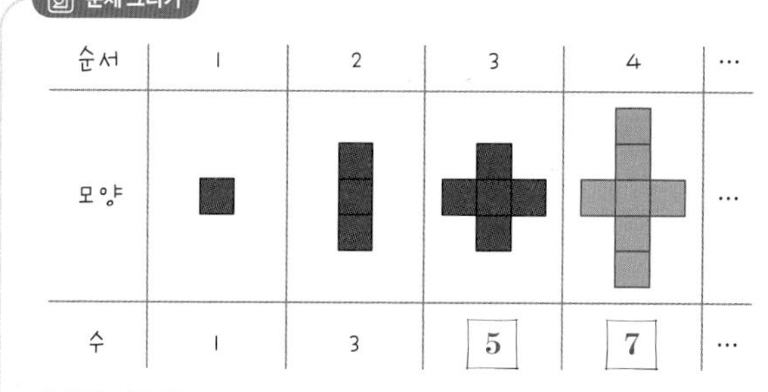

? : 6단계 모양과 사각형 수

계획-풀기

❶ 그리는 모양의 규칙을 찾아서 말로 나타내기

1단계 가운데 사각형에서부터 위와 아래에 각 2개씩 늘어나고, 그다음 단계에는 왼쪽과 오른쪽 사각형이 각 2개씩 늘어나며, 그 규칙이 계속 반복됩니다.

→ 각 1개씩, 각 1개씩

❷ 나열된 모양에서 각 단계의 사각형 수를 식으로 나타내기(▲는 2, 3, 4, ...입니다.)

(▲단계 사각형 수)=((▲−4)단계 사각형 수)+4

→ ▲−1, +2

❸ 다섯째와 여섯째에 알맞은 모양을 그리고, 사각형 수 구하기

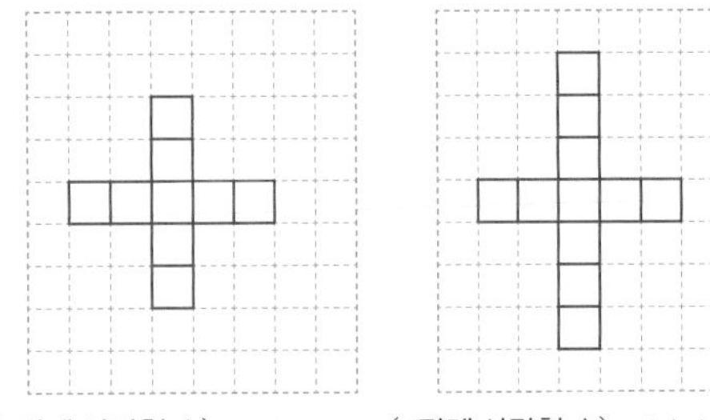

(5단계 사각형 수)=5+4=9 (6단계 사각형 수)=6+4=10

→ 7+2=9, 9+2=11

답 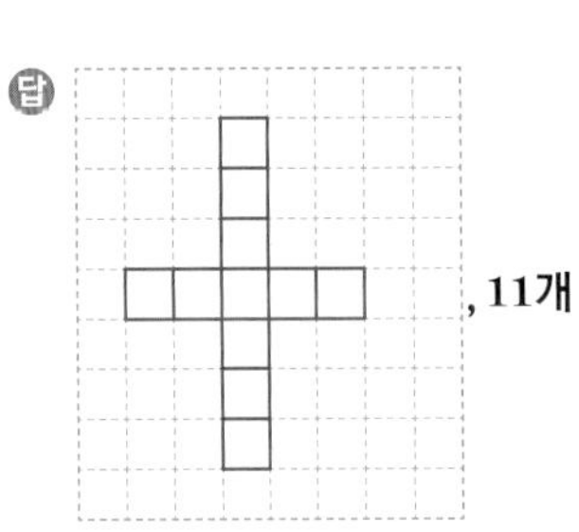 , 11개

확인하기

규칙 찾기 (○)

STEP 1 내가 수학하기 배우기 문제정보를 복합적으로 나타내기

141~142쪽

1

문제 그리기

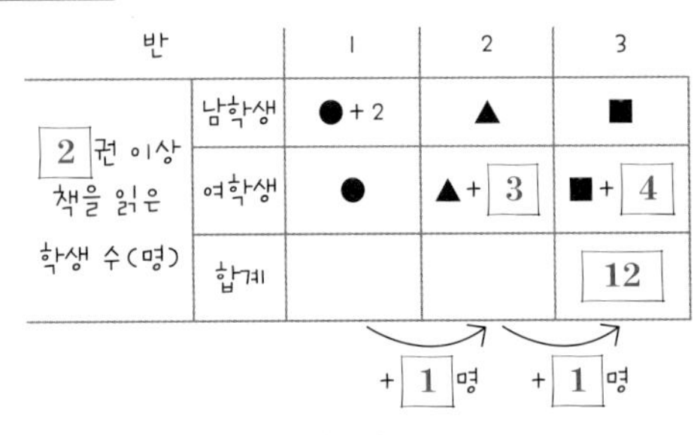

⇒ 3 반이 가장 많이, 1 반이 가장 적게 읽음

? : 2 반 여 학생 수(명)

계획-풀기

❶ 2권 이상 책을 읽은 학생 수가 가장 많은 반과 가장 적은 반의 학생 수의 차 구하기

2권 이상 책을 읽은 학생 수가 가장 많은 반은 3반이고, 가장 적은 반은 1반이고, 전체 학급이 3반이므로 그 차는 3명입니다.

→ 2명

❷ 각 반의 책을 2권 이상 읽은 학생 수 구하기

2명씩 차이가 나므로 가장 많은 학생 수인 3반은 15명이고, 2반은 13명, 1반은 11명입니다.

→ 1명씩, 12명, 11명, 10명

❸ 2반의 책을 2권 이상 읽은 남학생 수와 여학생 수 구하기

2반은 여학생이 남학생보다 5명 더 많으므로 2반 학생 수 13명에서 5명을 빼고 똑같이 2로 나눈 뒤에 다시 5명을 더합니다.

13−5=8, 8÷2=4이므로 (여학생의 수)=4+5=9(명)

→ 3명, 11명, 3명, 3명, 11−3=8, 4+3=7(명)

답 7명

확인하기

문제정보를 복합적으로 나타내기 (○)

2

문제 그리기

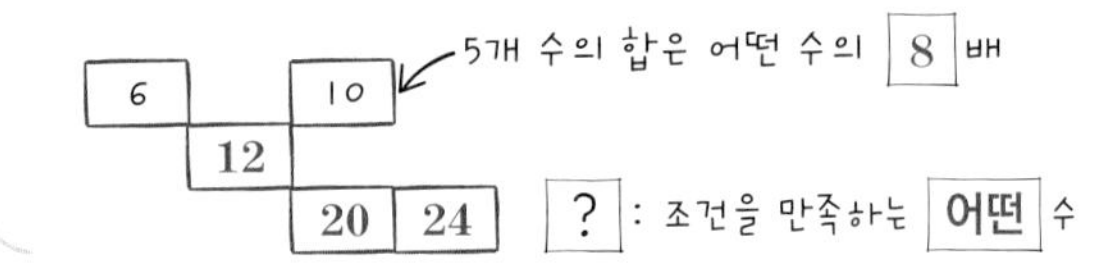

계획-풀기

❶ 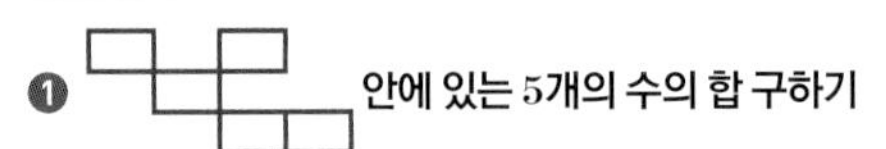 안에 있는 5개의 수의 합 구하기

6+10+12+19+23=70

→ 20, 24, 72

❷ "어떤 수의 5배가 (도형) 안의 5개의 수의 합과 같습니다."를 식으로 나타내기

어떤 수를 □라 하면 □×5=70입니다.

→ □×8=72

❸ 조건을 만족하는 어떤 수 구하기

□×5=70, □=70÷5, □=14

→ □×8=72, □=72÷8, □=9

답 9

확인하기

문제정보를 복합적으로 나타내기 (○)

1 규칙 찾기

문제 그리기

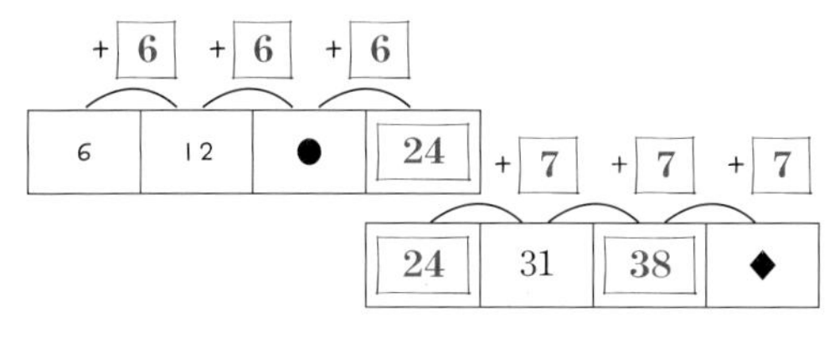

? : ●과 ◆

계획-풀기

❶ 수 배열의 규칙 찾기

윗줄의 규칙은

6부터 시작하여 6씩 커지는 수가 오른쪽에 있습니다.

아랫줄의 규칙은

24부터 시작하여 7씩 커지는 수가 오른쪽에 있습니다.

❷ ●와 ◆에 알맞은 수 구하기

●$=12+6=18$

◆$=38+7=45$

답 ●$=18$, ◆$=45$

2 규칙 찾기

문제 그리기

규칙: 6 개가 반복

나열된 순서: 체리 케이크 - 사과 파이 - 호두 파이 - 치즈 케이크 - 딸기 케이크 - 초코 파이 - …

? : 20 번째 디저트

계획-풀기

❶ 디저트가 회전하는 순서에 대한 규칙 찾기

회전하는 디저트의 순서는 '체리 케이크 - 사과 파이 - 호두 파이 - 치즈 케이크 - 딸기 케이크 - 초코 파이'인 6개의 디저트가 반복되는 규칙입니다.

❷ 20번째 디저트 구하기

$6\times3=18$이므로 20번째 디저트는 6개의 디저트가 3번 반복된 후 2번째입니다. 따라서 20번째 디저트는 사과 파이입니다.

답 사과 파이

3 규칙 찾기

문제 그리기

일	월	화	수	목	금	토
		1	2	3		
		8	9	6월은 30 일까지		

? : 7 월 4 일의 요일

계획-풀기

❶ 6월의 마지막 날은 무슨 요일인지 구하기

6월 1일이 화요일이므로 6월 8일, 15일, 22일, 29일은 화요일이고, 6월 30일은 수요일입니다.

❷ 현이의 생일은 무슨 요일인지 구하기

7월 1일은 목요일, 2일은 금요일, 3일은 토요일이므로 7월 4일은 일요일입니다.

답 일요일

4 규칙 찾기

문제 그리기

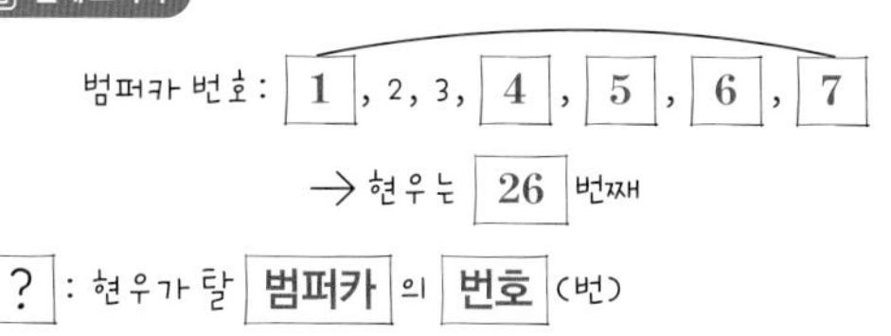

? : 현우가 탈 범퍼카 의 번호 (번)

계획-풀기

❶ 범퍼카 번호의 규칙 찾기

범퍼카는 1번부터 7번까지가 대기 번호 순서대로 돌아갑니다.

❷ 현우가 탈 범퍼카의 번호 구하기

$7\times3=21$이고 $26-21=5$이므로 현우가 탈 범퍼카의 번호는 5번입니다.

답 5번

5 규칙 찾기

문제 그리기

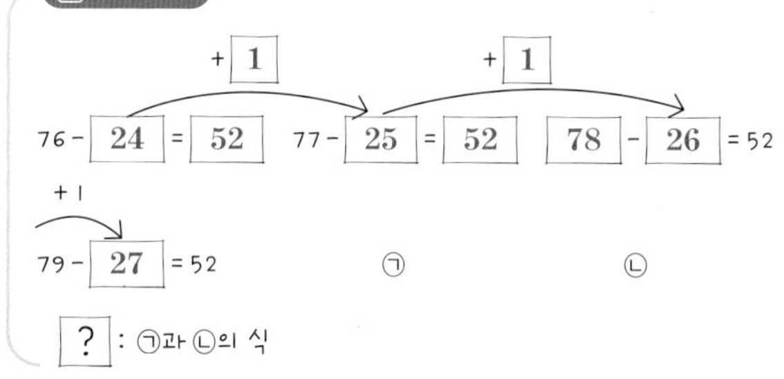

? : ㉠과 ㉡의 식

계획-풀기

❶ 규칙을 말로 나타내기

규칙은 뺄셈식에서 (빼는 수)와 (빼어지는 수)는 모두 1씩 커지며 계산 결과는 모두 52입니다.

❷ ㉠, ㉡의 빈칸에 알맞은 식 구하기

㉠: $80-28=52$, ㉡: $81-29=52$

답 ㉠: $80-28=52$, ㉡: $81-29=52$

6 규칙 찾기

문제 그리기

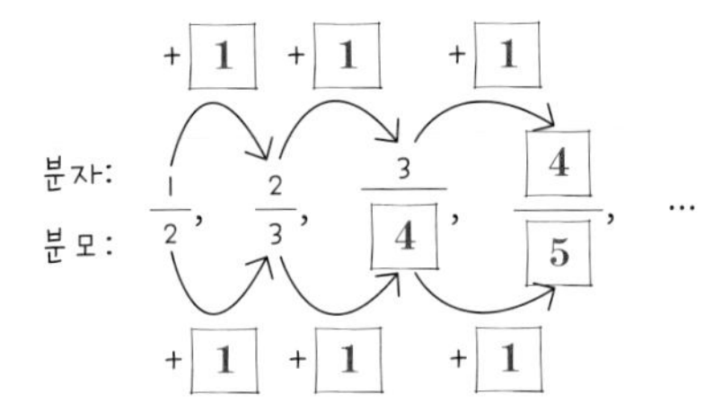

? : 42 번째 놓이는 분수

계획-풀기

❶ 분자와 분모의 규칙을 말로 나타내기
분자는 1부터 시작하여 1씩 커집니다.
분모는 2부터 시작하여 1씩 커집니다.
분모는 분자보다 1만큼 더 큰 수입니다.

❷ 42번째 분수 구하기
42번째의 분수에서 분자는 42이고, 분모는 43이므로 구하는 분수는 $\frac{42}{43}$입니다.

답 $\frac{42}{43}$

7 규칙 찾기

문제 그리기

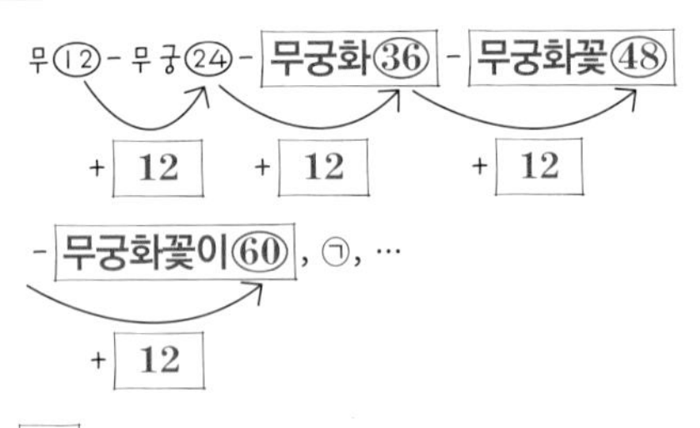

? : ㉠에 알맞은 말과 수

계획-풀기

❶ 말에 대한 규칙 구하기
말은 '무'부터 시작하여 '무궁화꽃이피었습니다'가 한 글자씩 많아집니다.

❷ 수에 대한 규칙 구하기
수는 12부터 시작하여 12씩 커집니다.

❸ ㉠ 구하기
㉠에서 말은 '무궁화꽃이피'이고, 수는 72입니다.

답 무궁화꽃이피 72

8 규칙 찾기

문제 그리기

순서	첫째	둘째
곱셈식	10 × 4 = 40	100 × 44 = 4400

순서	셋째	넷째
곱셈식	1000 × 444 = 444000	(가)

? : 넷 째인 (가)의 곱셈식

계획-풀기

❶ 곱해지는 수의 규칙 구하기
곱해지는 수는 10부터 시작하여 10배씩 커져서 0이 하나씩 늘어납니다.

❷ 곱하는 수와 답의 규칙 구하기
곱하는 수는 4부터 시작하여 숫자 4의 개수가 1개씩 늘어납니다.
계산 결과는 40부터 시작하여 4와 0의 개수가 하나씩 늘어난 수가 됩니다.

❸ (가)에 알맞은 곱셈식 구하기
(가)에 알맞은 곱셈식은 $10000 \times 4444 = 44440000$

답 $10000 \times 4444 = 44440000$

9 문제정보를 복합적으로 나타내기

문제 그리기

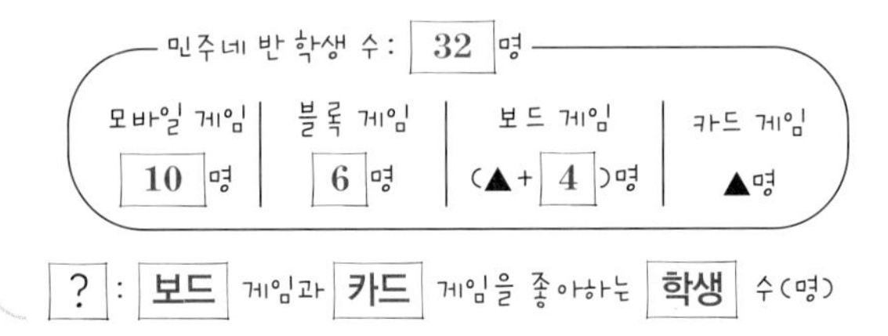

? : 보드 게임과 카드 게임을 좋아하는 학생 수(명)

계획-풀기

❶ 카드 게임을 좋아하는 학생 수를 △명이라 하면 보드 게임을 좋아하는 학생 수는 어떻게 나타낼 수 있는지 구하기
카드 게임을 좋아하는 학생 수를 △명이라고 하면
보드 게임을 좋아하는 학생 수는 4명이 더 많으므로 (△+4)명입니다.

❷ 보드 게임과 카드 게임을 좋아하는 학생 수 구하기
(모바일 게임과 블록 게임을 좋아하는 학생 수)=10+6
=16(명)
(카드 게임과 보드 게임을 좋아하는 학생 수)
=(전체 학생 수)−(모바일 게임과 블록 게임을 좋아하는 학생 수)
=32−16=16(명)
(카드 게임과 보드 게임을 좋아하는 학생 수)=△+△+4=16,
△+△=16−4, △+△=12, 12=6+6에서 △=6이므로
카드 게임을 좋아하는 학생 수는 6명이고, 보드 게임을 좋아하는 학생 수는 10명입니다.

답 보드 게임을 좋아하는 학생 수: 10명,
카드 게임을 좋아하는 학생 수: 6명

10 문제정보를 복합적으로 나타내기

문제 그리기

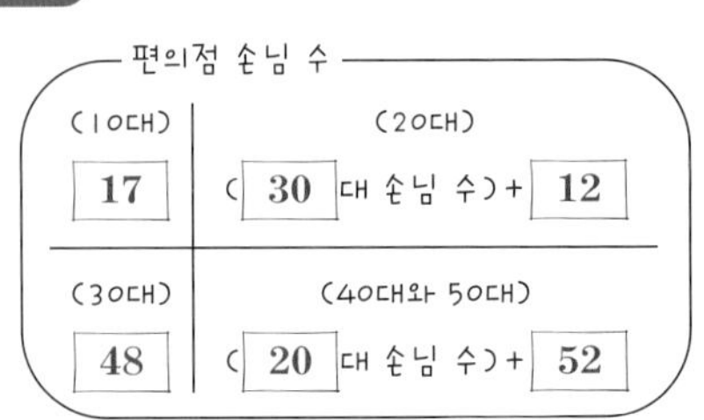

? : 하루 동안 편의점을 이용한 손님 수(명)

계획-풀기

❶ 20대 손님 수 구하기
(30대 손님 수)=48명
(20대 손님 수)=(30대 손님 수)+12=48+12=60(명)

❷ 40대와 50대 손님 수 구하기
(20대 손님 수)=60명
(40대와 50대 손님 수)=(20대 손님 수)+52
=60+52=112(명)

❸ 하루 동안 편의점을 이용한 손님 수 구하기
(전체 손님 수)=17+60+48+112=237(명)

답 **237명**

11 문제정보를 복합적으로 나타내기

문제 그리기

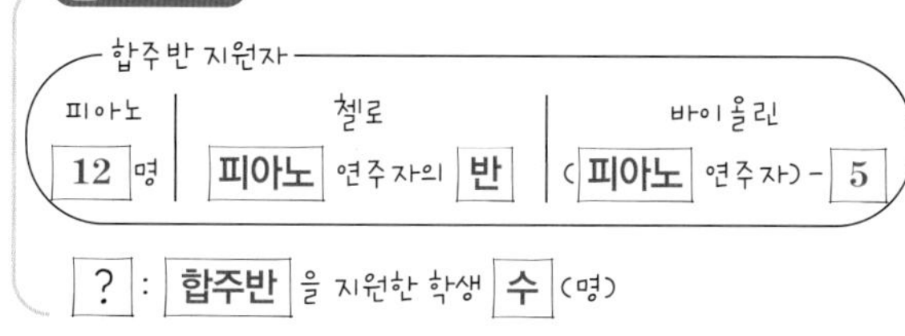

계획-풀기

❶ 첼로를 연주할 수 있는 학생 수 구하기
(첼로를 연주할 수 있는 학생 수)
=(피아노를 연주할 수 있는 학생 수)÷2=12÷2=6(명)

❷ 바이올린을 연주할 수 있는 학생 수 구하기
(바이올린을 연주할 수 있는 학생 수)
=(피아노를 연주할 수 있는 학생 수)−5=12−5=7(명)

❸ 합주반을 지원한 학생 수 구하기
(합주반 지원자 수)
=(피아노를 연주할 수 있는 학생 수)
+(첼로를 연주할 수 있는 학생 수)
+(바이올린을 연주할 수 있는 학생 수)
=12+6+7=25(명)

답 **25명**

12 문제정보를 복합적으로 나타내기

문제 그리기

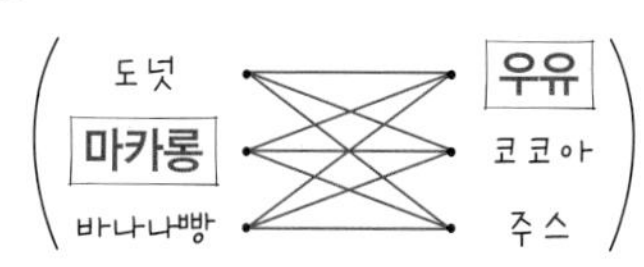

? : 간식(빵류, 음료 류)의 가능한 개수(가지)

계획-풀기

❶ 빵류와 음료류를 하나씩 고르는 방법 구하기
(도넛, 우유), (도넛, 코코아), (도넛, 주스),
(마카롱, 우유), (마카롱, 코코아), (마카롱, 주스),
(바나나빵, 우유), (바나나빵, 코코아), (바나나빵, 주스)

❷ 빵류와 음료류를 하나씩 짝을 지어 간식을 내놓는 방법의 수 구하기
빵류와 음료류를 하나씩 짝을 지어 간식을 내놓는 방법은 모두 9가지입니다.

답 **9가지**

13 문제정보를 복합적으로 나타내기

문제 그리기

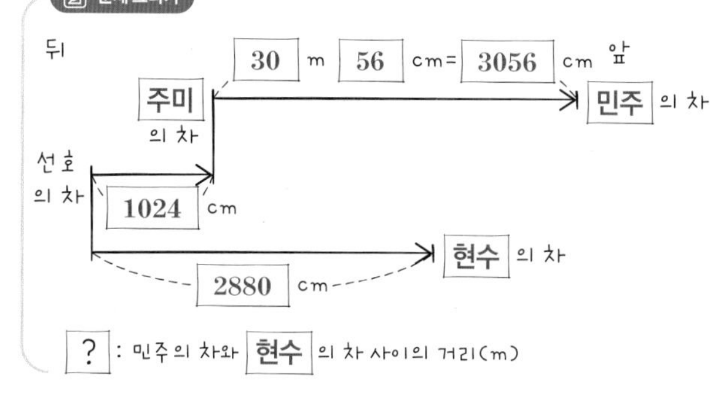

계획-풀기

❶ 다음 선분 위에 네 사람의 위치를 표시하기

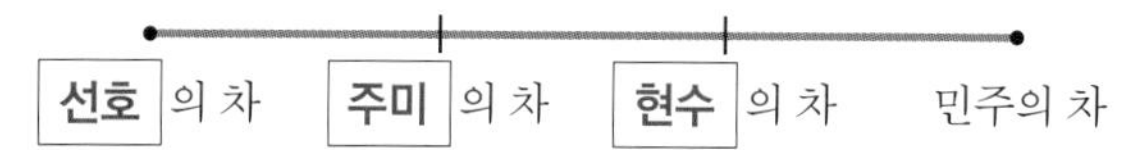

❷ 민주의 차와 현수의 차 사이의 거리 구하기
(민주의 차와 선호의 차 사이의 거리)=1024 cm+3056 cm
=4080(cm)
민주의 차와 현수의 차 사이의 거리: 4080−2880
=1200(cm) ⇨ 12 m

답 **12 m**

14 문제정보를 복합적으로 나타내기

문제 그리기

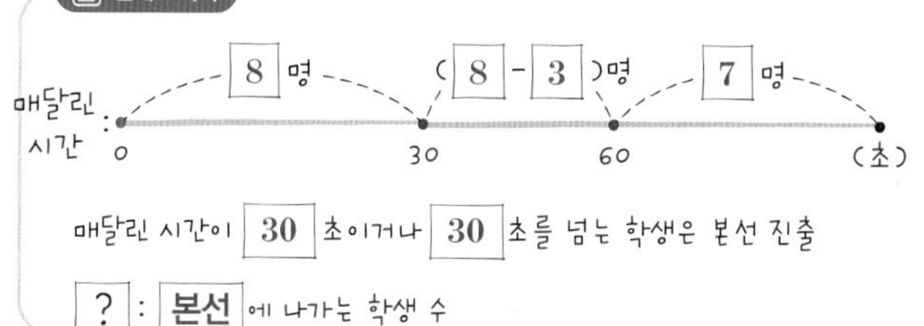

계획-풀기

❶ 30초에서 1분보다 적게 매달린 학생 수 구하기
(30초에서 1분보다 적은 학생 수)
=(30초가 안되는 학생 수)−3
=8−3=5(명)

❷ 본선에 나가는 학생 수 구하기
(30초이거나 30초를 넘는 학생 수)
=(30초에서 1분보다 적은 학생 수)
+(1분이거나 1분을 넘는 학생 수)
=5+7=12(명)

답 12명

15 문제정보를 복합적으로 나타내기

문제 그리기

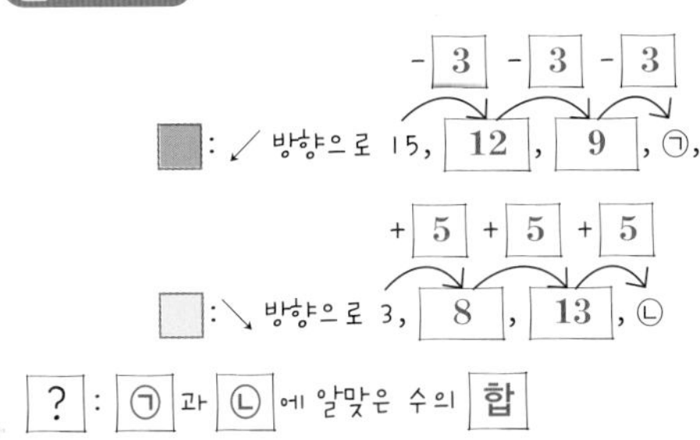

계획-풀기

❶ 안의 규칙을 찾아 ㉠에 알맞은 수 구하기
↗ 방향으로 15부터 3씩 작아지므로 ㉠에 알맞은 수는 6입니다.

❷ 안의 규칙을 찾아 ㉡에 알맞은 수 구하기
↘ 방향으로 3부터 5씩 커지므로 ㉡에 알맞은 수는 18입니다.

❸ ㉠과 ㉡에 알맞은 수의 합 구하기
㉠+㉡=6+18=24

답 24

16 문제정보를 복합적으로 나타내기

문제 그리기

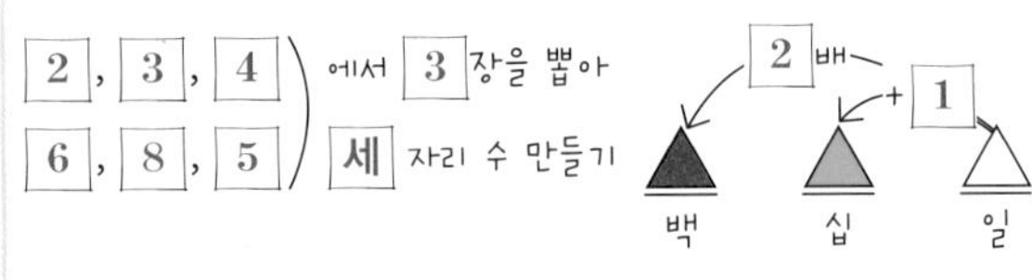

? : 조건을 모두 만족하는 세 자리 수들의 합

계획-풀기

❶ 조건을 만족하는 세 자리 수 구하기
① 일의 자리 숫자가 2인 경우: 십의 자리 숫자는 2+1=3,
백의 자리 숫자: 2×2=4
➡ 432
② 일의 자리 숫자가 3인 경우: 십의 자리 숫자는 3+1=4,
백의 자리 숫자: 3×2=6
➡ 643
③ 일의 자리 숫자가 4인 경우: 십의 자리 숫자는 4+1=5,
백의 자리 숫자: 4×2=8
➡ 854
일의 자리 숫자가 4보다 크면 백의 자리 숫자가 두 자리 수가 되므로 안됩니다.

❷ 조건을 만족하는 세 자리 수들의 합 구하기
(세 자리 수들의 합)=432+643+854=1929

답 1929

STEP 3 내가 수학하기 한 단계 UP!

식 만들기, 표 만들기, 규칙 찾기, 문제정보를 복합적으로 나타내기

151~158쪽

1 식 만들기

문제 그리기

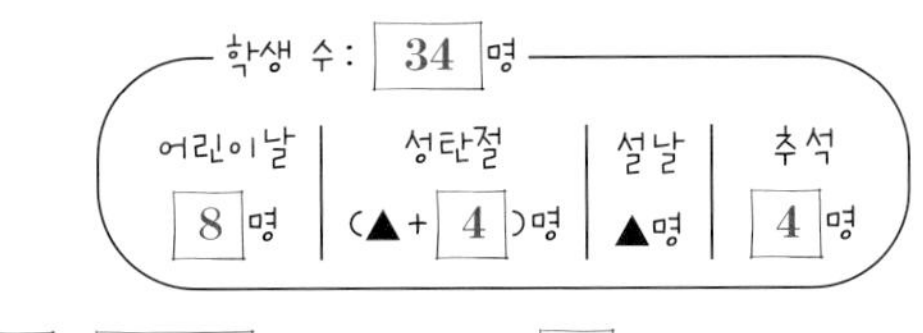

? : 성탄절을 기대하는 학생 수(명)

계획-풀기

❶ 설날과 성탄절을 기대하는 학생 수 구하기
(어린이날이나 추석을 기대하는 학생 수)=8+4=12(명)
(설날이나 성탄절을 기대하는 학생 수)
=(전체 학생 수)−(어린이날이나 추석을 기대하는 학생 수)
=34−12=22(명)

❷ 성탄절을 기대하는 학생 수 구하기
설날을 기대하는 학생 수를 ▲명이라 하면
설날이나 성탄절을 기대하는 학생 수는 22명이므로
▲+▲+4=22입니다.
▲+▲=22−4=18이고, 18=9+9이므로 설날을 기대하는 학생 수는 9명이고, 성탄절을 기대하는 학생 수는 9+4=13(명)입니다.

답 13명

2 문제정보를 복합적으로 나타내기

문제 그리기

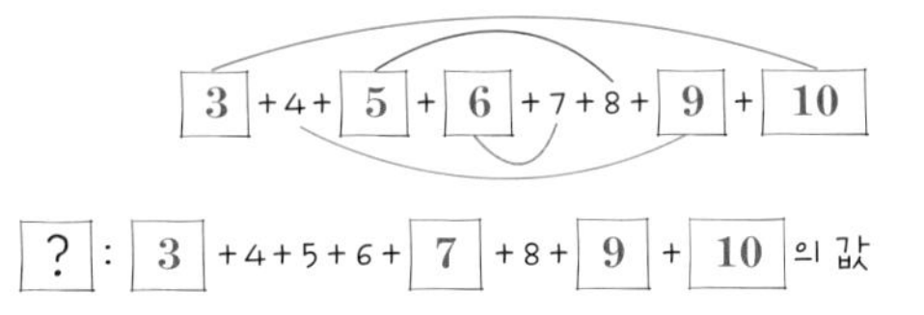

계획-풀기

❶ 덧셈식을 곱셈식으로 나타내기
보기에서 제시한 규칙과 같이 일정하게 커지는 수의 합은 양 끝부터 짝을 지은 값과 같습니다.
3+4+5+6+7+8+9+10
=(3+10)+(4+9)+(5+8)+(6+7)
=13+13+13+13=13×4

❷ 답 구하기
3+4+5+6+7+8+9+10=13×4=52

답 52

3 규칙 찾기

문제 그리기

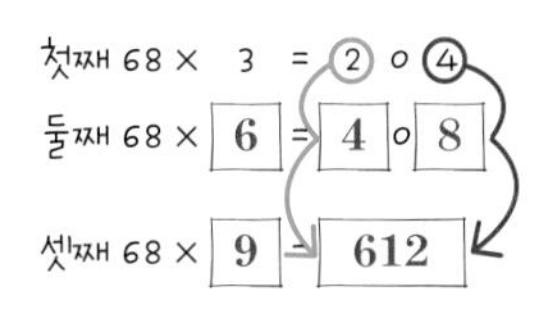

? : 68 × 15 의 값

계획-풀기

❶ 곱하는 수와 계산 결과에 대한 규칙을 말로 쓰기
곱하는 수는 3씩 커집니다.
계산한 값에서 백의 자리 수는 2씩 커지고 일의 자리 수는 4씩 커집니다.

❷ 형우가 구한 곱셈식을 구하기
넷째 곱셈식은 68 × 12 = 816이고,
다섯째 곱셈식은 68 × 15 = 1020입니다.

답 **1020**

4 문제정보를 복합적으로 나타내기

문제 그리기

순서 (번째)	1	2	3	4	…
블록 수 (개)	1	3	6	10	…
덧셈식	1	1+2	1+2+3	1+2+3+4	…

? : 여덟 째 블록 수(개)

계획-풀기

❶ 블록을 쌓은 규칙을 첫째부터 셋째까지 덧셈식으로 나타내기
첫째: 1, 둘째: 1+2, 셋째: 1+2+3

❷ 여덟째 블록의 수 구하기
여덟째 블록의 수는 1부터 8까지 더한 값입니다.

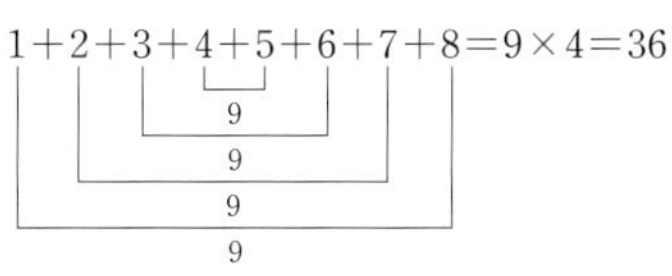

답 **36**

5 식 만들기

문제 그리기

▲, (▲+2), (▲+ 4)
연속된 세 짝 수

▲+(▲+ 2)+(▲+ 4)= 132

? : 합이 132 인 연속하는 세 짝 수 중 가장 큰 수

계획-풀기

❶ 가장 작은 수를 △라고 할 때, 다른 두 수를 △를 이용하여 나타내기
가장 작은 수: △
가운데 수: △+2
가장 큰 수: △+4

❷ 가장 큰 짝수 구하기
연속하는 세 짝수의 합은
△+(△+2)+(△+4)=△+△+△+6이므로
△+△+△+6=132입니다.
△+△+△=132−6=126
△+△+△=42+42+42=126이므로 △는 42이고, 가장 큰 짝수는 △+4=42+4=46입니다.

답 **46**

6 표 만들기

문제 그리기

순서(번째)	1	2	3	…
검은 바둑돌(개)	1	2	3	…
흰 바둑돌(개)	1	2	3	…

? : 5 번째 놓이는 검은 바둑돌과 흰 바둑돌의 수 (개)

계획-풀기

❶ 순서에 따라 놓이는 바둑돌 수를 표로 나타내기

순서(번째)	1	2	3	4	5
검은 바둑돌 수	1	2	3	4	5
흰 바둑돌 수	1	2	3	4	5

❷ 5번째 오는 검은 바둑돌과 흰 바둑돌의 수 구하기
5번째에 오는 검은 바둑돌은 5개, 흰 바둑돌은 5개입니다.

답 **5개, 5개**

7 표 만들기

문제 그리기

보라 큐빅: ○ → 2개
노란 큐빅: △ → 2개

? : 보라 큐빅과 노란 큐빅을 나열하는 방법 의 수(가지)

계획-풀기

❶ 나열하는 방법을 표로 나타내기(보라 큐빅은 ○, 노란 큐빅은 △로 표시하며 표는 남아도 됩니다.)

나열 순서	1	2	3	4	5	6		
첫째	○	○	○	△	△	△		
둘째	○	△	△	△	○	○		
셋째	△	○	△	○	△	○		
넷째	△	△	○	○	○	△		

❷ 큐빅을 일렬로 놓는 방법은 모두 몇 가지인지 구하기
큐빅을 일렬로 놓는 방법은 모두 6가지입니다.

답 6가지

❸ ●와 ◆의 값의 차 구하기
◆−●$=1204-505=699$

답 699

8 표 만들기

문제 그리기

순서	첫째	둘째	셋째	넷째
검은 사각형 수(개)	1+3	2+5	3+7	4+9
흰 사각형 수(개)	1×1×2	2×2×2	3×3×2	4×4×2

? : 다섯째 검은색 사각형과 흰색 사각형의 수(개)

계획-풀기

❶ 검은색 사각형과 흰색 사각형의 개수를 식으로 나타내어 표 완성하기

순서	첫째	둘째	셋째	넷째	다섯째
검은색 사각형의 수(개)	$1+3$	$2+5$	$3+7$	$4+9$	$5+11$
흰색 사각형의 수(개)	$1\times1\times2$	$2\times2\times2$	$3\times3\times2$	$4\times4\times2$	$5\times5\times2$

❷ 다섯째에 놓이는 검은색 사각형과 흰색 사각형의 수 구하기
(다섯째 검은색 사각형의 수)$=5+11=16$(개)
(다섯째 흰색 사각형의 수)$=5\times5\times2=50$(개)

답 검은색: 16개, 흰색: 50개

9 규칙 찾기

문제 그리기

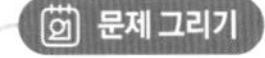
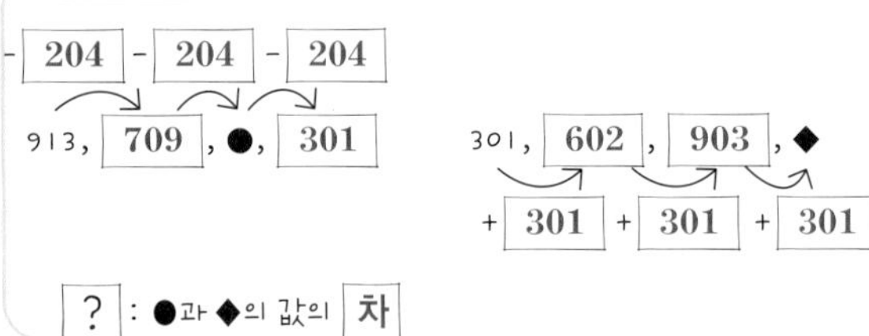

? : ●과 ◆의 값의 차

계획-풀기

❶ 수 배열의 규칙 찾기
윗줄은 913부터 시작하여
204씩 작아지는 수가 오른쪽에 있습니다.
아랫줄은 301부터 시작하여
301씩 커지는 수가 오른쪽에 있습니다.

❷ ●와 ◆의 값 구하기
●$=709-204=505$, ◆$=903+301=1204$

10 규칙 찾기

문제 그리기

순서	1	2	3	4	5	6
파란색 수(개)	1	1	1+3	1+3	1+3+5	1+3+5
노란색 수(개)	0	2	2	2+4	2+4	2+4+6

? : 여섯째 모양에서 파란색과 노란색 작은 정사각형의 수

계획-풀기

❶ 규칙 찾기
파란색 정사각형은 짝수째는 이전 수와 같고, 1을 제외한 홀수째에는 이전 수에 순서를 나타내는 수만큼 더해집니다.
노란색 정사각형은 1을 제외한 홀수째에는 이전 짝수째 수와 같고, 짝수째에는 이전 수에 순서를 나타내는 수만큼 더해집니다.

❷ 여섯째 모양에서 파란색과 노란색 작은 정사각형의 수 구하기

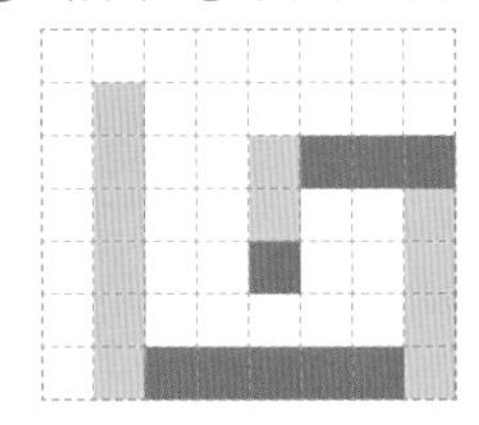

(여섯째 파란색 정사각형의 수)$=1+3+5=9$(개),
(여섯째 노란색 정사각형의 수)$=2+4+6=12$(개)

답 9개, 12개

11 규칙 찾기

문제 그리기

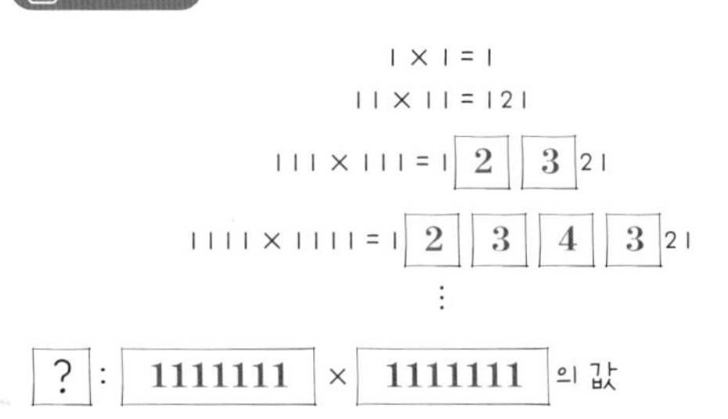

? : 1111111 × 1111111의 값

계획-풀기

1이 1개인 수: $1\times1=1$
1이 2개인 수: $11\times11=121$
1이 3개인 수: $111\times111=12321$
1이 4개인 수: $1111\times1111=1234321$
1이 5개인 수: $11111\times11111=123454321$
1이 6개인 수: $111111\times111111=12345654321$
1이 7개인 수: $1111111\times1111111=1234567654321$

답 1234567654321

12 규칙 찾기

문제 그리기

$6=5\times1+1$ ⤵ $+\boxed{2}$

$6+7=5\times2+3$ ⤵ $+\boxed{3}$

$6+7+8=5\times\boxed{3}+\boxed{6}$ ⤵ $+\boxed{4}$

$6+7+8+9=5\times\boxed{4}+\boxed{10}$ ⤵ $+\boxed{5}$

$6+7+8+9+\boxed{10}=\blacktriangle+\boxed{15}$

? : △에 알맞은 식

계획-풀기

❶ 규칙 찾기

첫째 식에서는 더한 수의 개수가 1개이고 그 수는 5에 1을 곱하고 1을 더한 것과 같습니다.

둘째 식에서는 더한 수의 개수가 2개이고 그 수는 5에 2를 곱하고 3을 더한 것과 같습니다.

셋째 식에서는 더한 수의 개수가 3개이고 그 수는 5에 3을 곱하고 6을 더한 것과 같습니다.

⋯

따라서 규칙은 5에 더한 수의 개수만큼 곱하고, 그 곱한 수에 1, $1+2$, $1+2+3$, ⋯을 더해나가는 규칙입니다.

❷ □ 안에 알맞은 식 구하기

□ 안에 알맞은 식은 5×5입니다.

답 5×5

13 문제정보를 복합적으로 나타내기

문제 그리기

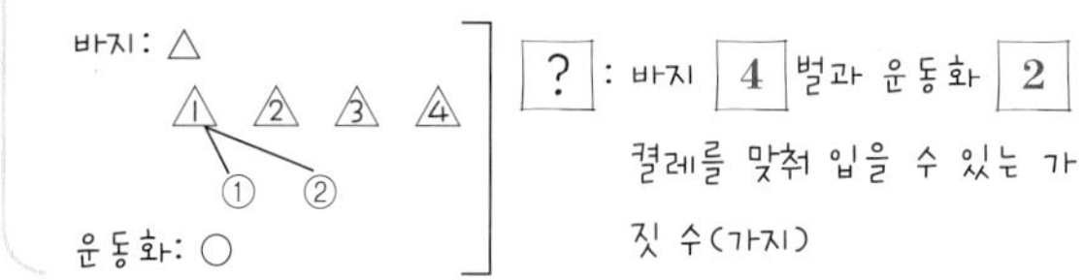

? : 바지 4 벌과 운동화 2 켤레를 맞춰 입을 수 있는 가짓 수(가지)

계획-풀기

❶ 바지 한 벌에 선택할 수 있는 운동화는 몇 가지인지 구하기

운동화는 2켤레이므로 2가지입니다.

❷ 바지와 운동화를 하나씩 맞춰 입을 수 있는 경우는 몇 가지인지 구하기

(바지, 운동화) ➡ (△1, ①), (△2, ①), (△3, ①), (△4, ①), (△1, ②), (△2, ②), (△3, ②), (△4, ②)이므로 8가지입니다.

답 8가지

14 식 만들기

문제 그리기

재료	아크릴	나무	돌	스티로폼
학생 수(명)	5	▲	8	▲+7

전체: 32 명

? : 나무와 스티로폼을 원하는 각각의 학생 수(명)

계획-풀기

❶ 집짓기 재료로 나무와 스티로폼을 원하는 학생 수의 차 구하기

스티로폼을 원하는 학생이 나무를 원하는 학생보다 7명 더 많으므로 학생 수의 차는 7명입니다.

❷ 집짓기 재료로 나무와 스티로폼을 원하는 학생 수 각각 구하기

나무를 원하는 학생 수를 △명이라고 하면 스티로폼을 원하는 학생 수는 (△+7)명입니다.

(아크릴 또는 돌을 원하는 학생 수)$=5+8=13$(명)

(나무 또는 스티로폼을 원하는 학생 수)

$=$(전체 학생 수)$-$(아크릴 또는 돌을 원하는 학생 수)

$△+(△+7)=32-13$, $△+△+7=19$,

$△+△=19-7$, $△+△=12$ 이고,

$12=6+6$이므로 $△=6$입니다.

따라서 나무를 원하는 학생은 6명, 스티로폼을 원하는 학생은 $6+7=13$(명)입니다.

답 나무: 6명, 스티로폼: 13명

15 문제정보를 복합적으로 나타내기

문제 그리기

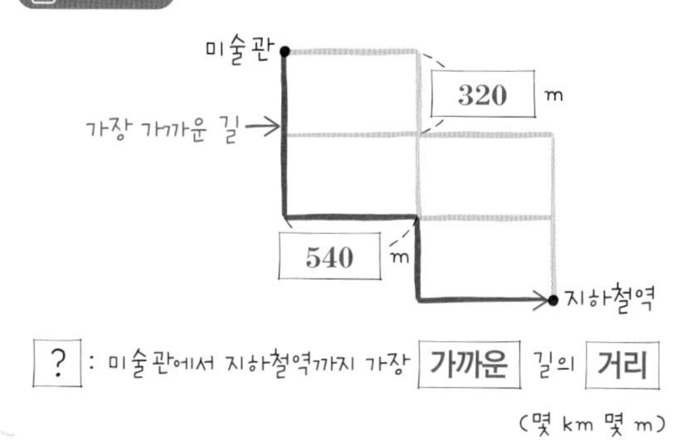

? : 미술관에서 지하철역까지 가장 가까운 길의 거리 (몇 km 몇 m)

계획-풀기

❶ 가장 가까운 길은 320 m씩, 540 m씩 각각 몇 번씩 가면 되는지 구하기

가장 가까운 길은 되돌아가지 않고 320 m씩 3번, 540 m씩 2번 가는 길입니다.

❷ 미술관에서 지하철역까지 가는 가장 가까운 거리 구하기

(320 m씩 3번)$=320\times3=960$(m),

(540 m씩 2번)$=540\times2=1080$(m)이므로

(미술관에서 지하철역까지 가장 가까운 거리)

$=960+1080=2040$(m) ⇨ 2 km 40 m

입니다.

답 2 km 40 m

16 문제정보를 복합적으로 나타내기

문제 그리기

	코코아	콜라	사이다	귤주스
500 원	2	1	1	2
100 원	1	3	2	2

학생 5 명이 모은 동전 수: 500원 6 개, 100원 14 개

? : 5 명이 모은 동전으로 남 거나 모자라지 않게 음료 수를 모두 1잔씩 먹는 방법

계획-풀기

학생은 모두 5명이므로 코코아와 귤주스를 모두 마시면 500원짜리 동전이 모자랍니다.

500원 동전은 6개이므로 한 사람만 코코아나 귤주스를 마시고, 나머지 4명은 콜라나 사이다를 마셔야 합니다.

(1) 한 명이 코코아를 마시는 경우

남은 4명은 500원짜리 동전 4개, 100원짜리 동전 13개로 마셔야 하기 때문에 콜라나 사이다를 마셔야 합니다. 100원이 13개인데 한 산낭 100원 농선이 3개가 필요한 콜라를 마셔도

(사람 수)×(동전 수)$=4\times3=12$(개)이므로 맞지 않습니다.

(2) 한 명이 귤주스를 마시는 경우

남은 4명은 500원짜리 동전 4개, 100원짜리 동전 12개로 마셔야 합니다. 모두 콜라를 마시면

(사람 수)×(동전 수)$=4\times3=12$(개)이므로

5명이 귤주스 1잔과 콜라 4잔을 마시면 남는 동전 없이 모두 마실 수 있습니다.

답 **귤주스 1잔과 콜라 4잔**

STEP 4 내가 수학하기 거뜬히 해내기

159~160쪽

1 그림 그리기

문제 그리기

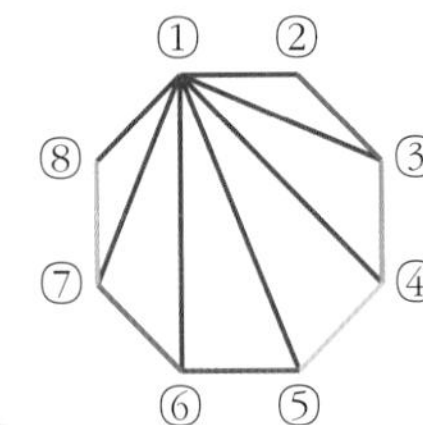

(2명의 경기 수)

=(꼭짓점끼리 연결한 선분의 수)

? : 탁구왕을 뽑기 위한 경기 수

계획-풀기

❶ 가능한 경기 수 알아보기

변이 8개인 팔각형의 각 꼭짓점에 동아리 회원 8명이 앉아서 서로 경기할 사람을 정합니다. 그 경기 수는 각 꼭짓점에서 다른 꼭짓점으로 겹쳐지지 않게 그을 수 있는 선분의 수와 같습니다.

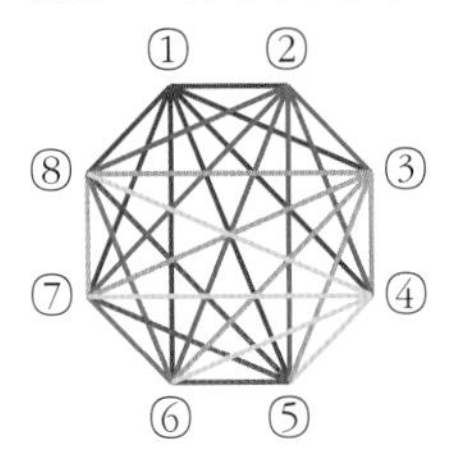

- ①에서 그을 수 있는 선분은 ②, ③, ④, ⑤, ⑥, ⑦, ⑧에 긋는 7개입니다.
- ②에서 겹치지 않게 그을 수 있는 선분은 ③, ④, ⑤, ⑥, ⑦, ⑧에 긋는 6개입니다.
- ③에서 겹치지 않게 그을 수 있는 선분은 ④, ⑤, ⑥, ⑦, ⑧에 긋는 5개입니다.
- ④에서 겹치지 않게 그을 수 있는 선분은 ⑤, ⑥, ⑦, ⑧에 긋는 4개입니다.
- ⑤에서 겹치지 않게 그을 수 있는 선분은 ⑥, ⑦, ⑧에 긋는 3개입니다.
- ⑥에서 겹치지 않게 그을 수 있는 선분은 ⑦, ⑧에 긋는 2개입니다.
- ⑦에서 겹치지 않게 그을 수 있는 선분은 ⑧에 긋는 1개입니다.

❷ 전체 경기 수 구하기

(전체 경기 수)$=7+6+5+4+3+2+1=28$(번)

답 **28번**

2 표 만들기+식 만들기

문제 그리기

	주운 낙엽 수(개)
비가 오지 않는 날	24
비가 오는 날	12

10월 한 달 동안 주운 낙엽 수: 612개

? : 10월에 비가 온 날수와 비가 오지 않은 날수의 차

계획-풀기

10월 한 달 내내 비가 오지 않았다고 하면 10월은 31일이므로 주운 낙엽의 수가 $31\times24=744$(개)입니다. 비가 오지 않은 날과 비가 온 날 주운 낙엽 수의 차는 $24-12=12$(개)이므로 비가 온 날수만큼 그 차를 빼주면 주운 낙엽 수를 구할 수 있습니다.

(주운 낙엽의 수)

=(31일간 매일 24개씩 주운 낙엽 수)

−(비 온 날과 비가 오지 않은 날의 낙엽 수의 차)×(비 온 날수)

$=744-12\times$(비 온 날수)

따라서 표를 이용하면 다음과 같습니다.

비 온 날수(일)	15	14	13	12	11
주운 낙엽 수(개)	564	576	588	600	612

따라서 비 온 날은 11일, 비가 오지 않은 날은 $31-11=20$(일)이므로 비가 온 날은 비가 오지 않은 날보다 $20-11=9$(일) 더 적습니다.

답 **9일**

3 단순화하기+식 만들기

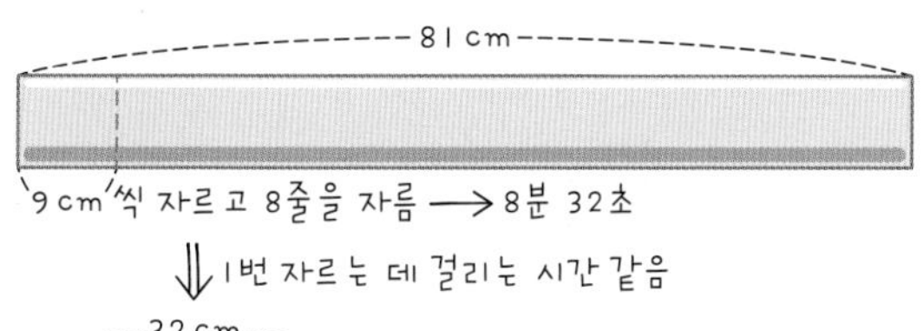

⇓ 1번 자르는 데 걸리는 시간 같음

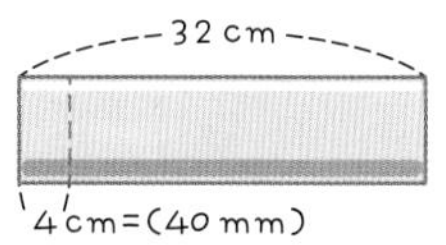

? : 32 cm 가래떡 한 줄을 40 mm 길이로 모두 자르는 데 걸리는 시간(초)

계획-풀기

❶ 81 cm짜리 가래떡 한 줄을 자르는 데 걸린 시간 구하기
8줄을 자르는 데 걸린 시간이 8분 32초이므로
1줄을 자르는 데 걸린 시간은
(8분 32초)÷8=(1분 4초)입니다.

❷ 길이가 81 cm인 가래떡 1줄을 9 cm씩 자르는 횟수 구하기
떡 한 줄의 길이가 81 cm이고, 한 도막의 길이가 9 cm가 되게 잘랐으므로 전체 1줄을 9도막으로 자른 것입니다.
따라서 자른 횟수는 9−1=8(번)입니다.

❸ 한 번 자르는 데 걸린 시간 구하기
1줄을 자르는 데 걸린 시간은 1분 4초=64초이므로 1번 자르는 데 걸린 시간은
64÷8=8(초)입니다.

❹ 32 cm짜리 가래떡을 40 mm로 자르는 데 걸리는 시간 구하기
40 mm는 4 cm이므로 32 cm를 자르면 32÷4=8(도막)이고, 자른 횟수는 8−1=7(번)입니다.
따라서 32 cm짜리 가래떡 한 줄을 자르는 데 걸리는 시간은
8×7=56(초)입니다.

답 **56초**

4 문제정보를 복합적으로 나타내기

문제 그리기

호수의 백조 수: △마리
호수의 오리 수: (△+△+△)마리] 모두 32마리

⟹ (백조 수)+(오리 수)=△+△+△+△=32(마리)

(경필이가 그린 백조 수)=(△+△+△)÷3+2

(현정이가 그린 오리 수)=(△+△+△)×3−56

? : 경필이가 그린 백조 수와 현정이가 그린 오리 수(마리)

계획-풀기

❶ 호수에 있는 백조 수와 오리 수 구하기
호수에 있는 백조 수를 △마리라고 하면
오리 수는 (△+△+△)마리입니다.
(호수의 백조 수와 오리 수)=△+(△+△+△)=32(마리)
이므로 △=32÷4=8입니다.
따라서 백조 수는 8마리이고, 오리 수는 24마리입니다.

❷ 경필이가 그린 백조 수와 현정이가 그린 오리 수 구하기
경필이의 그림에 있는 백조 수는 호수의 오리 수를 3으로 나눈 몫보다 2만큼 큰 수입니다.
(호수의 오리 수)÷3=24÷3=8이므로
경필이가 그린 백조 수는 8+2=10(마리)입니다.
현정이가 그린 오리 수는 호수의 오리 수의 3배보다 56마리가 적은 수입니다.
(호수의 오리의 수)×3=24×3=72이므로
현정이가 그린 오리 수는 72−56=16(마리)입니다.

답 **경필이가 그린 백조 수: 10마리,**
현정이가 그린 오리 수: 16마리

핵심 역량 말랑말랑 수학

161~162쪽

1 (1) 두 번째 방법
각 변에 난쟁이 수가 가장 많을 때는 꼭짓점에만 난쟁이가 4명씩 탈 때입니다.
따라서 난쟁이가 한 변에 최대 8명씩 타게 됩니다.

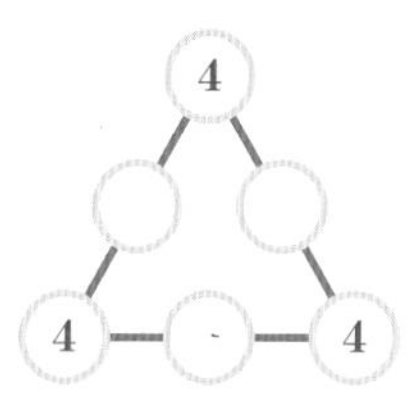

(2) 세 번째 방법
각 변에 난쟁이의 수가 두 번째로 많을 때는 겹쳐지는 꼭짓점에 난쟁이가 많이 탈수록 한 줄에 놓인 배에 탄 난쟁이의 수가 늘어나므로 각 줄에 8보다 1 작은 수인 7명씩 타도록 12명을 배치해 봅니다. 다음과 같이 꼭짓점 부분에 놓인 배에 3명씩 탑니다.

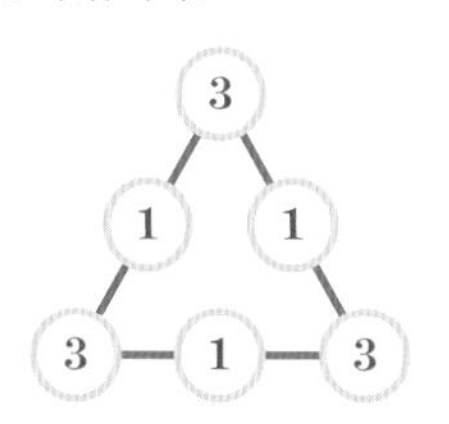

그 외에도 다음과 같은 방법들이 있고, 이 방법 외에도 더 있습니다. 세 번째 방법은 각 변의 합이 7이 되면 됩니다.

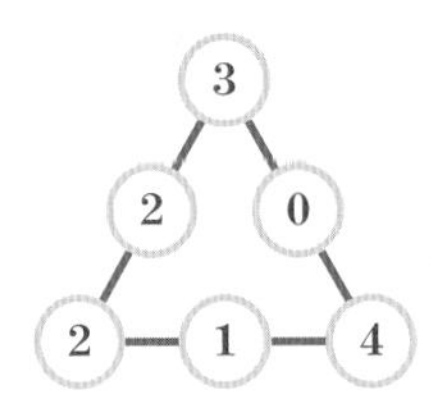

답 두 번째 방법: 8명, 세 번째 방법: 7명

2 (가), (나), (다)는 모두 ◐를 시계 방향으로 직각만큼 돌리기를 한 모양의 순서인 ◐, ◓, ◑, ◒를 오른쪽과 같은 방향으로 나열한 것입니다.

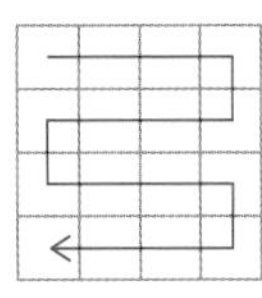

(가)에서는 같은 모양을 2개씩 반복한 후 3개씩 반복한 것이고, (나)에서는 같은 모양을 3개씩 반복한 후 4개씩 반복한 것이고, (다)에서는 같은 모양을 4개씩 반복한 후 5개씩 반복한 것입니다.

따라서 (나)와 (다)의 빈 곳의 알맞은 모양은 다음과 같습니다.

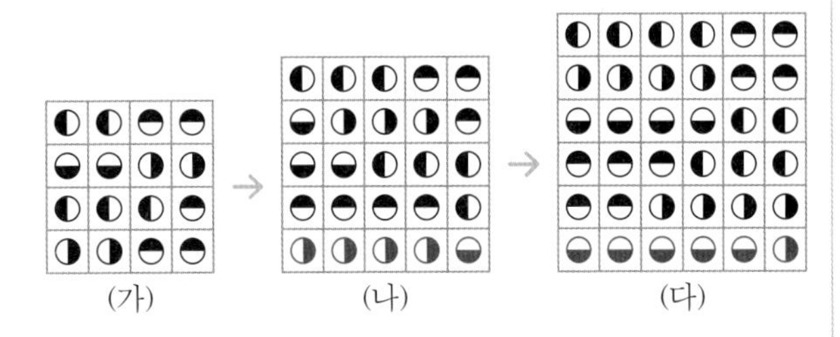

답 풀이 참조

KC마크는 이 제품이
공통안전기준에
적합함을 의미합니다.

ISBN 979-11-6822-361-5 63410